普通高等教育"十二五"规划教材
21世纪高等学校教材

计算机应用基础案例式实训教程

主编　刘云芳　曹华　李海芸

U0348840

国防工业出版社
·北京·

内容简介

本书采用“组织结构分层，案例任务驱动，实验实训结合”的方式编写，集讲述、实训、实验为一体。本书特色是：将计算机基础知识点以任务为中心；通过提出任务、分析任务、实现任务的方式组织知识点内容；对涉及的内容又按基础应用、综合应用、高级应用三个层次逐步提高、循序渐进；每个任务讲述结束后，通过实验实践部分加强学生的实践应用能力。

全书共分12章，主要内容包括计算机基础知识、Windows XP操作系统、网络基础及Internet应用、Word基础应用（基本操作及格式设置）、Word综合应用（图文混排）、Word高级应用（长文档编排及邮件合并）、Excel基础应用（数据输入及公式计算）、Excel综合应用（函数、筛选、排序、分类汇总）、Excel高级应用（图表、数据透视表）、PowerPoint基础应用（多媒体数据设置、动画设置、放映方式设置）、PowerPoint高级应用（自定义模板、母版）、常用工具软件（压缩软件、下载软件、杀毒软件、多媒体播放软件等）。本书附录部分主要介绍一级MS Office等级考试大纲、等级考试环境和练习题。

本书可作为各类高等院校计算机基础课的教材，也可作为自学教材和培训教材。

图书在版编目（CIP）数据

计算机应用基础案例式实训教程/刘云芳，曹华，李海芸主编. —北京：国防工业出版社，2014.4

ISBN 978-7-118-09307-0

Ⅰ.①计… Ⅱ.①刘…②曹…③李… Ⅲ.①电子计算机-高等学校-教材 Ⅳ.①TP3

中国版本图书馆CIP数据核字（2014）第038867号

※

国防工业出版社出版发行

（北京市海淀区紫竹院南路23号 邮政编码100048）

北京奥鑫印刷厂印刷

新华书店经售

*

开本 787×1092 1/16 **印张** 20¼ **字数** 460千字

2014年4月第1版第1次印刷 **印数** 1—4000册 **定价** 42.00元

国防书店：（010）88540777 发行邮购：（010）88540776

发行传真：（010）88540755 发行业务：（010）88540717

前　言

“大学计算机基础”课程是高等教育培养技术应用型人才的基础课程,该课程教学的最终目的是拓展学生的视野,为学生后续各自专业的学习提供工具性帮助。为突出和加强计算机基础应用的实践性和实用性,本书采用“组织结构分层,案例任务驱动,实训实验结合”的方式组织编写,将知识点融入到具体的任务案例中,由基础应用到综合应用、再到高级应用,分层展开的内容组织结构使得学生对相关知识点的学习和掌握能够循序渐进,实验实训加强了知识点的实践应用,提高了学生解决实际问题的能力。

本书以教育部非计算机专业计算机基础课程教学要求和教学大纲为依托,结合学生具体学习层次,联系课程应用价值及发展趋势,改变了以往同类教材过于强调理论知识点、依据理论知识点组织教学、内容不符合实际应用特点以及实践操作层次不分的模式,力求适应计算机基础教学的改革需求,提高计算机基础课程的社会适应性、反映教学需求、促进教学发展。

本书的特点如下:

1. 注重内容的实用性

本书充分考虑学生在学习和日后工作中的应用需求,并结合计算机一级 MS Office 等级考试大纲,在内容选取上尽量选取实用的知识点并由此扩展,具有很强的实用性。

2. 分层组织内容

本书结合学生的不同起点和接受能力,将内容分为基础、综合、高级三个层次,学生可结合自己的实际接受水平及爱好,在掌握基础知识点的基础上通过高级部分提升计算机应用能力。

3. 典型任务案例驱动

本书内容以结合实际应用的具体任务案例为驱动,带着案例中的疑问,结合对案例的分析引出相对应的知识点,激发学生的学习兴趣,提高教学质量。

4. 教学与实验相结合

本书为加强课程的实践应用性,为每个任务案例设置了对应的实验实践内容,将教师的课堂教学与学生的实践练习紧密结合起来,体现了课程的实践性。

本书的作者都是多年从事计算机基础教学的一线教师,具有丰富的教学经验,也参与过相关教材的建设,较好地保证了本书的质量。本书第 1、第 3、第 4、第 5、第 6 章和附录由刘云芳同志编写;第 7、第 8、第 9 和第 12 章由曹华同志编写;第 2、第 10 和第 11 章由李海芸同志编写;全书由刘云芳同志负责制定编写大纲并进行统稿和定稿工作。

本书在编写的过程中，参考了相关资料，得到了国防工业出版社相关编辑的支持和帮助，天水师范学院计算机基础教学部的老师提出了许多宝贵的意见，在此，我们一并表示衷心感谢。

由于作者水平有限，书中难免有疏漏或不当之处，恳请专家与读者提出意见，以便进一步修改。

目　　录

第 1 章　计算机基础知识

提出任务

21 世纪是一个高度信息化的时代，人类已进入到一个充分利用信息资源的社会。以计算机技术、通信技术和控制技术为核心的现代信息技术和能源、材料一样，是支持人类社会发展的三大支柱之一，信息已成为重要的社会资源。因此，对信息的收集、存储、加工和利用是人类关键性的社会活动。

那么，在对信息进行处理的过程中，计算机扮演了什么样的角色？信息和计算机处理的数据有着什么样的联系与区别？大学生应该培养什么样的信息素养？信息技术和计算机技术有着怎样的发展过程与发展趋势？计算机可以应用于日常生活的哪些方面？文字、图片等截然不同的数据在计算机中是怎样表示的？计算机系统由哪几部分组成？计算机有怎样的工作原理？在计算机使用过程中，遇到计算机病毒该如何处理？

曹军今年刚上大一，学校开设的很多课程需要借助计算机相关技术与功能来完成，学校开设的课程中也有“计算机基础”，但由于曹军之前对相关的计算机技术和信息资讯不是太了解，所以上面提到的问题也是曹军想学习的。为尽快掌握相关内容，曹军便向讲授“计算机基础”课程的李老师请教学习重点与方法。

分析任务

面对以上诸多问题，李老师建议和曹军有同样疑问的同学们在学习时应从以下几方面入手了解:

- 区别信息与数据的概念;
- 明确计算机是信息处理强有力的工具;
- 了解信息技术的相关前沿动态;
- 了解计算机发展历史及应用领域和特点;
- 掌握数据在计算机中的表示方法;
- 掌握计算机的组成及工作特点;
- 掌握微机的组成与工作特点;
- 了解计算机病毒及其防治方法。

实现任务

1.1 信息技术概述

1.1.1 社会信息化与计算机

社会信息化就是有意识地、科学地、规范地、大量地运用“信息”来控制“物质”，使之科学地、合理地、有效地运动、转换和消耗。目前，人类已经进入到一个知识经济的年代。所谓知识经济是指以知识为基础的经济，是指直接围绕和依赖知识进行的社会活动，包括政治的、经济的、军事的、文化的、生活的。而知识的生产、扩散和应用是以信息为资源的。因此，信息的产生和对信息的收集、存储、加工及利用是人类关键性的社会活动。

信息技术广泛地应用于印刷和出版业、工业和制造业、金融和商业、军事领域、通信系统、医疗卫生及教育培训、科学计算和研究等领域。信息已成为现代社会和现代人重要的社会资源。各国政府都以积极的态度促进、领导本国的信息化建设。信息技术在众多科学技术的群体中将越来越显示其强大的生命力。

社会信息化与计算机技术、通信技术和控制技术有着最为密切的相互依赖关系，计算机技术是信息处理最有效、最强大的手段和工具。社会信息化必须有计算机技术的支持才能实现，没有计算机技术就没有社会信息化。反之，信息处理技术又是推动计算机技术、通信技术和控制技术发展的强大源动力。因此，普及计算机应用技术的教育是推广信息化建设的基础，掌握计算机的应用能力是现代人获取信息的基本素质。

1.1.2 信息与数据

信息和数据之间既有联系又有区别，具有不可分割的、相互依存的密切关系。

1. 信息

信息(Information)是现实世界中一切事物的(概念的、物质的)本质属性、存在方式和运动状态的实质性反映。任何事物的存在，都伴随着相应的信息的存在；信息反映事物的特征、运动和行为；信息能借助媒体传播和扩散。信息有很广泛的意义，目前没有公认的定义。我们在这里把“事物发出的消息、情报、数据、指令、信号等包含的意义”定义为信息。

信息被认知、记载、识别、求精、证明就形成了知识。人类几千年的科学技术成果都是获取信息、认识信息、进行创新的伟大成果。信息已成为重要的社会资源，根据其内容的使用价值分为三类：消息、资料和知识。联合国教科文组织把信息化社会的知识结构描述为多层次金字塔结构：数据、信息、知识、智慧。今天，人们淹没在浩瀚的信息大洋中，要从中获取自己需要的信息，这是一种急需培养的极为重要的能力。

2. 数据

数据(Data)是表达和传播信息的载体或工具，是信息具体的、格式化的表现形式，是反映客观实体属性值的可识别的物理符号序列。这种格式化形式的数据有利于通信、解释和处理。国际标准化组织(ISO)对数据的定义是“数据是对事实、概念或指令的一种特殊的表示形式。这种特殊的表示形式可以用人工的方式或自动化的装置进行通信、翻译转换或者进行加工处理。”

数据是有类型的。从实际使用的角度看，数据分为“数值数据”和“非数值数据”两大类。它包括的种类有数值、字符串、文本、声音、日期、逻辑值、图形与图像等多种媒体数据，人们可以通过一组不同类型的数据来描述某一客观实体。例如，学生可以通过学号(字符型)、姓名(字符型)、籍贯(字符型)、出生日期(日期型)、学习经历(备注型)、入学成绩(数值型)等类型数据来描述。

1.1.3 信息系统技术

一般来说，信息的采集、加工、存储、传递和利用的过程中所涉及的技术都是信息技术。联合国科教文组织对信息技术的定义是“应用在信息加工和处理中的科学、技术与工程的训练方法和管理技巧”。

1. 信息获取技术

信息获取技术是利用信息的基础条件。目前，采集信息的技术主要有传感技术、遥测技术和遥感技术。人类通常用眼、耳、鼻、舌、身等感觉器官来捕获信息。随着光学技术和电子技术的发展，使用显微镜、望远镜、照相机、摄像机、侦察卫星、电子鼻或其他测量各种气味的装置以及各种测量温度、湿度、振动、压力的仪表等来帮助我们获取有关的“参数”信息，控制有关的设备或装置的运行。

2. 信息传输技术

信息传输技术就是指通信技术，它是现代信息技术的基础。通信技术的功能就是使信息在大范围内快速、准确、有效地传递，使广大的人们共享信息。20 世纪以来，微波通信、光缆通信、卫星通信、计算机网络等通信技术得到迅猛发展，手持移动通信装置正以惊人的速度普及。“任何人可以在任何时间、任何地方同任何人通信”的时代已经到来。

3. 信息处理技术

信息处理是指对获取的信息进行识别、转换、存储、加工、再生、检索、处理或作为控制信号源。信息处理通常分为“非数值数据处理”和“数值数据处理”两大类。“非数值数据处理”用计算机作处理机，其软件系统一般由数据库管理系统和用高级语言开发的信息管理应用程序组成。“数值数据处理”用控制设备作为处理机，它接受传递来的信息，并对信息进行分析、计算，然后，发送指令信号对目标系统的运动状态和方式实施控制。

1.1.4 大学生信息素养的培养

1. 什么是信息素养

信息素养是传统文化素养的延伸和拓展，主要由信息意识、信息伦理道德、信息知识以及信息能力组成。信息素养既是一种对信息社会的基本适应能力，又是一种涉及各方面的知识，是一个特殊的、涵盖面很宽的综合能力，它包含人文的、技术的、经济的、法律的诸多因素，和许多学科有着紧密的联系。

信息能力是信息素养的核心，它包括信息的获取、信息的分析、信息的加工和信息的存储等。信息技术支持信息素养，通晓信息技术强调对技术的理解、认识和使用技能。而信息素养的重点是内容、传播、分析，包括信息检索以及评价，涉及更宽的方面。它是一种了解、搜集、评估和利用信息的知识结构，既需要通过熟练的信息技术，也需要通过完善的调查方法、通过鉴别和推理来完成。信息素养是一种信息能力，信息技术是它的一种工具。

2. 大学生信息素养的培养

信息素养的养成可以培养人独立自主学习的态度和方法，使之具有批判精神以及强烈的社会责任感和参与意识，具有追求新信息、运用新信息的意识和能力，善于运用科学的方法，从瞬息万变的事物中捕捉信息，从易被人忽视的现象中引申、创造新信息。

信息素养与思想道德素养、文化知识素养、身体素养、心理素养一样，是大学生的基本素养的构成要素。信息素养应该成为大学教育的重要组成部分，信息素养教育是一种以培养学生信息意识和信息处理能力为目标的教育，它并不是一种纯粹的技能教育，而是要培养学生具有适应信息社会的知识结构，开发学生终身学习能力、创新能力和发散性、批判性思维能力的素质教育。

信息素养是当代高校学生应具备的素质，是终身学习能力形成所必备的基本技能。高校信息素养教育的目标是把高校学生培养成为合格的信息素养人，让他们能够独立自主地学习；具有完成信息过程的能力；能够使用多种信息技术和系统；具有促进信息利用的主观价值；具有有关信息世界的全面知识；能够批判地处理信息并形成自己的信息观和信息风格。把信息素养水平作为评价学生的一个标志，适当地开展研究性学习活动，使学生将所学的情报理论应用到实践中，结合所学专业，获取信息，这样可以对他们所学专业信息有更全面、更深刻的了解，从而提高其专业知识水平，同时也可以考察他们的信息素养水平。

1.1.5 信息技术的发展与展望

1. 3D 打印机

3D 打印机，即快速成形技术的一种机器，它是一种以数字模型文件为基础，运用粉末状金属、塑料甚至食物原料等可粘合材料，通过逐层打印的方式来构造物体的技术。3D 打印机打印出的产品，可以即时使用。过去其常在模具制造、工业设计等领域被用于制造模型，现正逐渐用于一些产品的直接制造，意味着这项技术正在普及。3D 打印机与传统打印机最大的区别在于它使用的“墨水”是实实在在的原材料。

3D 打印机的应用对象可以是任何行业，只要这些行业需要模型和原型。3D 打印机需求量较大的行业包括政府、航天和国防、医疗设备、高科技、教育业以及制造业等。如一位 83 岁的老人由于患有慢性的骨头感染，因此换上了由 3D 打印机“打印”出来的下颚骨，成为世界上首个使用 3D 打印产品做人体骨骼的案例。

2. 物联网

物联网是新一代信息技术的重要组成部分，其英文名称是“The Internet of things”。由此，顾名思义，“物联网就是物物相连的互联网”。这有两层意思：第一，物联网的核心和基础仍然是互联网，是在互联网基础上的延伸和扩展的网络；第二，其用户端延伸和扩展到了任何物品与物品之间，进行信息交换和通信。物联网就是“物物相连的互联网”。物联网通过智能感知、识别技术、普适计算和网络的融合应用，被称为继计算机、互联网之后世界信息产业发展的第三次浪潮。

物联网的实践应用最早可以追溯到1990年施乐公司的网络可乐贩售机——Networked Coke Machine。目前，物联网的用途已遍及智能交通、环境保护、政府工作、公共安全、平安家居、智能消防、工业监测、景观照明管控等多个领域。2012年我国物联网产业市场规模达3650亿元。从智能安防到智能电网，从二维码普及到智慧城市落地，作为被寄予厚望的新兴产业，物联网正四处开花，悄然影响着人们的生活。

3. 数字城市

所谓“数字城市”，是指充分利用数字化及相关计算机技术和手段，对城市基础设施及与生活发展相关的各方面内容进行全方面的信息化处理和利用，具有对城市地理、资源、生态、环境、人口、经济、社会等复杂系统的数字网络化管理、服务与决策功能的信息体系。

数字城市是城市信息技术的综合应用。典型应用包括电子政务、电子商务、城市智能交通、市政基础设施管理、公共信息服务、教育管理、社会保障管理、城市环境质量监测与管理、社区管理等几乎所有的城市生活管理方面和经济层面。

发达国家早在 1998 年就开始了“数字家庭”和“数字城市”的综合建设实验。美国已成立了数字城市公司，在因特网上发布美国最有影响的 60 个城市的信息。之后，我国“数字城市”的建设也大力展开，并逐步取得了效益和成功。

1.2　计算机概述

计算机是一种能够快速、高效地对各种信息进行存储和处理的电子设备。自1946年诞生的世界上第一台计算机ENIAC至今，计算机已发展了半个多世纪。计算机及其应用已渗透到人类社会的各个领域，极大地推动了信息化社会的发展，已成为人们工作、生活不可缺少的现代化工具。

1.2.1　计算机的发展史

1. 计算机的分代

1946年2月15日，世界上第一台计算机“ENIAC”在美国宾夕法尼亚大学诞生，如图1-1所示。主要元件是电子管，每秒钟能完成5000次加法、300多次乘法运算，占地170平方米，重30多吨。所采用的存储程序体系结构是由美籍数学家冯·诺依曼(Von Neumann)确立的。

图 1-1　ENIAC

自“ENIAC”开始，在其后60多年的发展历程中，电子元器件对计算机的发展起到了决定性的作用。根据计算机所采用的电子器件，可以将计算机的发展历程分为如下四个阶段。

第一代：电子管计算机(1946年—1957年)，电子管时代的计算机奠定了冯·诺依曼式计算机结构的基础。该时代计算机的主要特点是用电子管作为其逻辑元件，用机器语言或汇编语言来编写程序，主要用于科学计算。代表产品是UNIVAC-1。

第二代：晶体管计算机(1958年—1964年)，该时代计算机的主要特点是用晶体管作为其逻辑元件，开始使用计算机高级程序设计语言，这一代计算机不仅用于科学计算，还用于数据处理和事务处理及工业控制。代表产品是IBM-700。

第三代：集成电路计算机(1965年—1969年)，该时代计算机的主要特点是以中、小规模集成电路为电子器件，出现操作系统，计算机的功能越来越强，应用范围越来越广。计算的应用扩展到生产管理、交通管理、情报检索、自动控制等领域。代表产品是IBM-360。

第四代：大规模及超大规模集成电路计算机(1970年至今)，该时代计算机的主要特点是用大规模及超大规模集成电路作为其逻辑元件，数据库及网络技术的发展及应用，使得本时代的计算机在社会生活的各个领域都得到了突破性的应用。代表产品是IBMI-4300和IBM-9000。

目前，正在研制的第五代计算机采用更接近人类的思维与推理方式，被称为“智能化”计算机。第五代计算机将把信息采集、存储、处理、通信和人工智能结合一起，具有形式推理、联想、学习和解释能力，它的系统结构将突破传统的冯·诺依曼式计算机的体系结构。

我国计算机的发展起源于 1956 年，是由著名数学家华罗庚倡导并提议的。1958 年，我国第一台计算机——103 型通用数字电子计算机研制成功，运行速度为每秒 1500 次；1977 年，中国第一台微型计算机 DJS-050 机研制成功；1983 年，“银河 I 号”巨型计算机研制成功，运算速度达每秒 1 亿次；1996 年，国产联想电脑在国内微机市场销售量第一；2002 年 8 月，联想集团研制成功了中国第一台万亿次巨型计算机——“联想深腾 1800 大规模计算机系统”，浮点运算速度达到每秒 1.027 万亿次。在国产计算机中，微型机的代表机型有长城、紫光、联想等；大型机的代表机型有银河、曙光和神威；我国第一款通用 CPU 是“龙芯”。

2. 计算机的分类

由于计算机科学技术的飞速发展，计算机已经成为一个庞大的家族，根据计算机的处理对象、计算机的用途以及计算机的规模不同，可将计算机分类如下：

(1) 按处理对象分类。

计算机按其处理对象及其数据的表示形式可分为数字计算机(Digital Computer)、模拟计算机(Analog Computer)和数字模拟混合计算机(Hybrid Computer)三类。

① 数字计算机。该类计算机输入、处理、输出和存储的数据都是数字量(0 和 1 所构成的二进制数的形式)，这些数据在时间上是离散的。非数字量的数据(如字符、声音、图像等)只要经过编码后也可以处理。通常使用的计算机都是数字计算机。

② 模拟计算机。该类计算机输入、处理、输出和存储的数据都是模拟量(如电压、电流、温度等)，这些数据在时间上是连续的。模拟计算机不如数字计算机精确，通用性

不强，但解题速度快，主要用于过程控制的模拟仿真。

③ 数字模拟混合计算机。该类计算机将数字技术和模拟技术相混合，兼有数字计算机和模拟计算机的功能。

(2) 按用途分类。

计算机按照其用途及使用的范围可分为通用计算机(General Purpose Computer)和专用计算机(Special Purpose Computer)两类。

① 通用计算机：该类计算机具有广泛的用途和使用范围，可以用于科学计算、数据处理和过程控制等。

② 专用计算机：该类计算机适用于某一特殊的应用领域，如智能仪表、生产过程控制、军事装备的自动控制等。

(3) 按规模分类。

计算机按照其规模可分为巨型计算机、大/中型计算机、小型计算机、微型计算机、工作站、服务器。

① 巨型计算机(Super Computer)：巨型计算机是指运算速度快、存储容量大，每秒可达 1 亿次以上浮点运算速度，主存储容量高达几百 MB 甚至几 GB。这类机器价格相当昂贵，主要用于复杂、尖端的科学研究领域，特别是军事科学计算。我国研制成功的银河 I 型亿次机、银河 II 型十亿次机、银河 III 型百亿次计算机、联想 iCluster1800 万亿次机都是巨型机。

② 大/中型计算机(Mainframe Computer)：该类计算机也具有较高的运算速度，每秒钟可以执行几千万条指令，并具有较大的存储容量及较好的通用性，但价格比较昂贵，通常被用来作为银行、铁路等行业的大型应用系统中的计算机网络的主机来使用。

③ 小型计算机(Mini-Computer)：小型计算机运算速度和存储容量略低于大/中型计算机，但与终端和各种外部设备连接比较容易，适合作为联机系统的主机，或用于工业生产过程的自动控制。

④ 微型计算机(Micro-Computer)：以运算器和控制器为核心，加上由大规模集成电路制作的存储器、输入/输出接口和系统总线，就构成体积小、结构紧凑、价格低但又具有一定功能的微型计算机。以微型计算机为核心，再配以相应的外部设备(如键盘、显示器、鼠标器、打印机)、电源、辅助电路和控制微型计算机工作的软件就构成了一个完整的微型计算机系统。微型计算机系统又称微电脑或个人计算机，简称 PC(Personal Computer)。它的问世在计算机的普及应用中发挥了重大的推动作用。

⑤ 工作站(Workstation)：它是为了某种特殊用途由高性能的微型计算机系统、输入/输出设备以及专用软件组成。例如，图形工作站包括有高性能的主机、扫描仪、数字化仪、高精度的屏幕显示器、其他通用的输入输出设备以及图形处理软件，它具有很强的对图形进行输入、处理、输出和存储的能力，在工程设计以及多媒体信息处理中有广泛的应用。

⑥ 服务器(Server)：服务器是一种在网络环境下为多用户提供服务的共享设备，一般分为文件服务器、通信服务器、打印服务器等。该设备连接在网络上，网络用户在通信软件的支持下远程登录，共享各种服务。

由于科学技术的发展，微型计算机与工作站、小型计算机乃至中、大型计算机之间的界限已经愈来愈模糊。无论按哪一种分类方法，各类计算机之间的主要区别仍是运算速度、存储容量及机器体积等。

1.2.2 计算机的特点

计算机是一种能自动、高速进行科学计算和信息处理的电子设备。它具有以下特点：

1. 运算速度快

计算机内部有一个由数字逻辑电路组成的运算部件，可以高速、准确地进行运算。计算机的运算速度使用MIPS(每秒执行一百万条指令)或GIPS(每秒执行一亿条指令)为单位来度量。目前的巨型计算机的运算速度已达到每秒万亿次，微型计算机也可达到每秒亿次以上。过去人工计算需要几年甚至更长时间完成的工作，而现在用计算机只需几天、甚至几分钟就可以完成。

2. 运算精度高

计算机采用二进制进行计算，其计算精度随表示二进制数的位数的增加而提高。当然，先进科学的算法对提高计算精度也是至关重要的。一般计算机可以有十几位甚至几十位(二进制)有效数字，计算精度可达到千分之几到百万分之几，是其他任何计算工具望尘莫及的。

3. 记忆能力强

计算机的存储器具有存储数据、程序以及各种计算处理结果的能力。

4. 自动化程度高

计算机内部的操作运算都是按照事先编好的程序自动进行的。用户一旦向计算机发出指令，它就能按照程序规定的步骤自动完成指定的任务，中间不需要人为干预。

5. 初步智能化

计算机具有逻辑判断能力，能够进行各种基本的逻辑判断。并且，能根据判断的结果，自动决定下一步做什么，具有一定的智能性。

1.2.3 计算机的主要应用

计算机的应用已经渗透到社会各个领域，正在改变着人们传统的工作、学习和生活方式。

1. 科学计算

科学计算是计算机最早的应用领域之一。比如，在气象预报、卫星轨道计算、宇宙飞船的研制等一些尖端的科学领域中显得尤为重要。

2. 信息处理

信息处理是计算机应用中最为广泛的领域。信息处理包括信息的收集、组织、存储、分类、排序、检索、统计、传输、制表等。信息处理的计算相对简单，但数据输入、处理量很大。目前，信息处理广泛地应用于办公自动化、企业管理、情报检索、财务管理等方面。

3. 过程控制

过程控制又称为实时控制，是计算机在工业领域中应用的主要体现。过程控制是指使用计算机及时采集数据，并将数据实时进行分析、处理，按最佳值迅速对控制对象进行控制。过程控制大大地提高了工业生产的实时性和准确性，提高了劳动效率和产品质量，降低了成本。例如，数控机床、产品的在线监测等。

4. 计算机辅助系统

计算机辅助系统包括：计算机辅助设计(CAD)，是指用计算机及其相应软件帮助各类设计人员进行产品设计，比如机械设计、建筑设计、电路板设计等；计算机辅助制造(CAM)，是指用计算机进行生产设备的管理、控制和操作的技术；计算机辅助教育(CBE)，包括计算机辅助教学(CAI)、计算机辅助测试(CAT)和计算机管理教学。

5. 网络与通信

计算机网络可以将地理位置上分散的计算机连接起来，使得用户可以不受地域的限制进行信息的交流与通信，方便地实现信息资源的检索与共享。

6. 人工智能

人工智能是指让计算机具有模拟人的感觉、行为、思维过程的机理，使计算机具备逻辑推理和学习等能力。目前，主要体现在机器人、专家系统和模式识别等三个方面。目前，已研制出各种“机器人”，有的能代替人从事各种复杂、危险的劳动；有的能与人下棋等。如计算机模拟名医为病人进行诊断的医疗诊断系统；计算机模拟名厨利用经典菜单为万人快速制餐的点餐系统等。

7. 多媒体应用

多媒体技术是一门综合技术，它改变了计算机只能单纯处理数字和文字信息的不足，使计算机能综合处理图形、文字、声音、图像等信息，扩展了计算机的应用领域。目前，多媒体技术已经在电子商务、远程医疗、远程教学等领域发展成熟。

8. 电子商务

电子商务(Electronic Business，EB)是指利用计算机和网络进行商务活动，具体地说，是指综合利用网络进行商品交易服务、金融汇兑、网络广告或提供娱乐节目等商业活动。电子商务是一种比传统商务更好的商务方式，它旨在通过网络完成核心业务，它向人们提供新的商业机会、市场需求以及各种挑战。

1.2.4 计算机的发展趋势

现代计算机的发展正朝着巨型化、微型化的方向发展，计算机的传输和应用正朝着网络化、智能化的方向发展，并越来越广泛地应用于我们的工作、生活和学习中，对社会生活起到不可估量的影响。

目前，正在研制的第五代计算机采用的是更接近人类的思维与推理方式，被称为“智能化”计算机。第五代计算机将把信息采集、存储、处理、通信和人工智能结合在一起，具有形式推理、联想、学习和解释能力，它的系统结构将突破传统的冯·诺依曼机器的概念。比如，利用光子取代电子进行数据运算、传输和存储的光子计算机；采用由生物工程技术产生的蛋白质分子构成的生物芯片的生物计算机；利用处于多现实态下的原子进行运算的量子计算机等。近年来，新型计算机已经取得了一定程度的进展。

1.3　信息在计算机中的表示

1.3.1　数制、运算及其转换

1. 基本概念

计算机最基本的功能是对信息进行计算或加工处理。这些信息可以分为数值和非数值(字符、图形、图像、声音和视频等)两大类。任何信息在计算机内部都是用二进制数的形式来表示、存储或处理。因此，进入计算机内的各种信息都要经过二进制编码的转换，转换成用“0”或“1”表示的二进制数。当然，从计算机输出的数据则要进行逆向的转换。各类数据在计算机中的转换过程如图1-2所示。

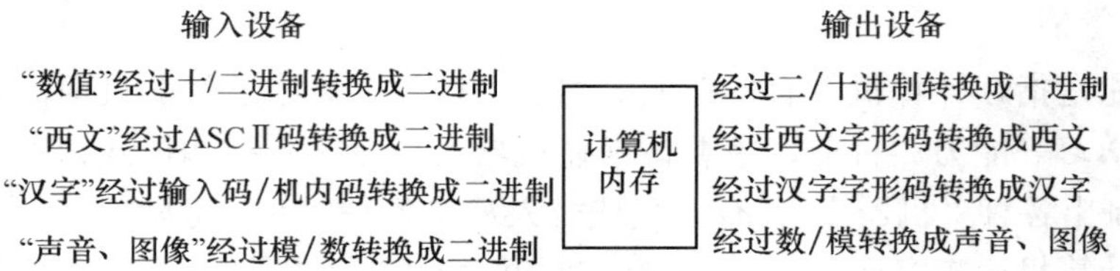

图 1-2　各类数据在计算机中的转换过程

2. 计算机使用的数制

人们在日常生活中，最常使用的是十进制数，但在计算机内一律采用二进制数。计算机内部采用二进制数具有很多的优点。但其最大缺点是：代码冗长、书写或阅读都不方便、容易出错。所以，十进制数、八进制数和十六进制数成为常用的数制。

1) 计算机内部采用二进制数的优点

(1) 物理上容易实现。

二进制数是用“0”或“1”两个数码来表示。而电子元器件大都具有两个稳定状态：电压的高和低、晶体管的导通与截止、电容的充电与放电。这两种状态分明、稳定可靠、抗干扰性强，正好用来表示二进制数的两个数码“0”和“1”。因此，二进制数物理上最容易实现。如果采用十进制数，每位就需要一个具有10个稳定状态的器件来表示，显然，这种器件的设计要困难得多。

(2) 算术运算规则简单。

计算机内部采用二进制数运算简单，加法规则可简单归纳为“逢二进一”。比如，二进制数的加法运算规则有三种：1+1=10；1+0=0+1=1；0+0=0。若用十进制数则有几十种。例如，$(1101)_B+(1110)_B$的运算如下：

$$\begin{array}{r} (1101)_B \\ +(1110)_B \\ \hline 11011_B \end{array}$$

(3) 适合逻辑运算。

二进制数只有“0”和“1”两个符号，不仅适合算术运算，而且适合逻辑运算。采用二进制数可以使算术运算和逻辑运算共用同一个运算器，运算电路可以得到简化。这是因为逻辑变量也只有“假”或“真”两种状态。“0”或“1”两个取值正好用来表示逻辑值的“假”或“真”，为计算机的逻辑运算提供了条件。

一个多位二进制数可以看作是多个独立的逻辑量的组合。所以，两个多位二进制数可以看作是多个逻辑量的组合，同样可以进行按位的逻辑运算。

例如，A=10101，B=11001，求 $A \wedge B$；$A \vee B$；$\overline{A}$。

$$\begin{array}{r} 10101 \\ \wedge\, 11001 \\ \hline 10001 \end{array} \qquad \begin{array}{r} 10101 \\ \vee\; 11001 \\ \hline 11101 \end{array} \qquad \begin{array}{r} \text{NOT. } 10101 \\ \hline 01010 \end{array}$$

2) R进位制数的特点

任意R进制计数制都有三个重要的元素：数码(A_i)、基数(R)和位权(R^i)。比如，我们熟悉的十进制，其数码有0、1、2、3、4、5、6、7、8、9；基数是10，执行逢十进一的运算规则；位权是10^i。

(1) 进位制数的基本数码、基数及运算规则。

无论哪种进位制数都有基本数字符号(数码)；都有一个基数(R)，按基数(R)执行“逢R进一、借一当R”的进、借位加、减运算规则。表1-1是计算机中常用的各种进制数的表示。

表 1-1　计算机中常用的各种进制数的表示

进位制	十进制	二进制	八进制	十六进制
基本数字符号(数码)	0、1、2、3、4、5、6、7、8、9	0、1	0、1、2、3、4、5、6、7	0、1、2、3、4、5、6、7、8、9、A、B、C、D、E、F
基数(R)	R=10	R=2	R=8	R=16
加法规则	逢十进一	逢二进一	逢八进一	逢十六进一
位权值	10^i	2^i	8^i	16^i
表示形式	D	B	O	H

这里有两点要注意：R进制最大的数码是R-1，而不是R。进位制的每一位数只能用一个数码表示。在十六进制中，10～15数码用A～F来表示。

(2) 位权值。

在任何进位制中，进位制数的每一位数码都各有一个位权值。位权值是用以该计数制的基数(R)为底，数码所处的位置序号为指数的整数次幂来表示的，代表该数码的实际大小。位置序号的计法以小数点为基准，整数部分自右向左依次为0、1、2…递增，小数部分自左向右依次为−1、−2、−3…递减。某进位制中各位数码所表示的数值等于该数码乘以一个与该数码所处位置对应的“位权值”。

例如：

十进制数$(465.72)_D$可表示为

$$(465.72)_D=4\times10^2+6\times10^1+5\times10^0+7\times10^{-1}+2\times10^{-2}=675.32$$

二进制数$(1101.01)_B$可表示为

$$(1101.01)_B=1\times2^3+1\times2^2+0\times2^1+1\times2^0+0\times2^{-1}+1\times2^{-2}=(13.25)_D$$

可以看出，各种进位计数制中权的值就是基数R的某次幂。因此，对任何一种进位计数制表示的数都可以写成按权展开的多项式之和，任意一个R进制数N可表示为

$$N=A_{n-1}\times R^{n-1}+A_{n-2}\times R^{n-2}+\cdots+A_1\times R^1+A_0\times R^0+A_{-1}\times R^{-1}+\cdots+A_{-m}\times R^{-m}\sum_{i=-m}^{n-1}a_i\times r^i$$

式中：A_i是数码；R是基数；R^i是权值。不同的基数表示不同的进制数。

3. 不同进位计数制间的转换

1) 二、八、十六进制转换成十进制

展开式$N=A_{n-1}\times R^{n-1}+A_{n-2}\times R^{n-2}+\cdots+A_1\times R^1+A_0\times R^0+A_{-1}\times R^{-1}+\cdots+A_{-m}\times R^{-m}$提供了将$R$进制转换为十进制的方法，只要将各位数码乘以各自的权值进行累加，就可得出十进制数值。例如：

将二进制转换为十进制：

$$(110001.101)_B=1\times2^5+1\times2^4+0\times2^3+0\times2^2+0\times2^1+1\times2^0+1\times2^{-1}+0\times2^{-2}+1\times2^{-3}=(49.625)_D$$

将八进制转换为十进制：

$$(120.2)_O=1\times8^2+2\times8^1+0\times8^0+2\times8^{-1}=(80.25)_D$$

将十六进制转换为十进制：

$$(A002.8)_H=10\times16^3+0\times16^2+0\times16^1+2\times16^0+8\times16^{-1}=(4098.5)_D$$

2) 十进制数转换为二、八、十六进制数

一个十进制数一般可以分成整数部分和小数部分。将十进制数转换成二、八、十六进制数时，其整数部分和小数部分应分别遵循不同的转换规则。然后，再将它们组合起来。

整数部分采用除基数R取余法，即将十进制整数部分不断地除以R取余数，直到商为0。余数从右到左排列，首次取得的余数最右(低位)，末次取得的余数最左(高位)。十进制整数可以精确地转换为二进制整数。

小数部分采用乘基数R倒取整法，即将十进制小数部分不断地乘以R取整数，直到小数部分为0或达到所需的精度为止(小数部分可能永远不会得到0)。所得的整数从小数点自左向右排列取有效精度，首次取得的整数最左(高位)，末次取得的整数最右(低位)。十进制小数不一定能精确地转换为二进制小数，其结果是一个近似值。

例如，将十进制4.304转换成对应的二进制数。

整数部分：		小数部分：	
2 | 4		0.304×2=0.608	整数部分0
2 | 2	余数0	0.608×2=1.216	整数部分1
2 | 1	余数0	0.216×2=0.432	整数部分0
0	余数1	0.432×2=0.864	整数部分0

整数部分精确地转换为100，小数部分转换为0100，是一个近似值。整数部分与小数部分组合起来得到一个二进制近似值：$(4.304)_D=(100.0100)_B$。

例如，将十进制数114.12转换成八进制数。

整数部分：		小数部分：	
8 | 114		0.12×8=0.96	整数部分0
8 | 14	余数2	0.96×8=7.68	整数部分7
8 | 1	余数6	0.68×8=5.44	整数部分5
0	余数1	0.44×8=3.52	四舍五入整数部分取4

整数部分得到162，小数部分得到0754，整数部分与小数部分组合起来转换结果得到

$$(114.12)_D=(162.0754)_O$$

从以上例题，我们可以看到：把十进制数转换为二、八、十六进制数时，可能存在误差。当然，如果我们提高精度，误差则会越来越小。如本例第四步还存在余数0.52，可以继续转换来提高精度。

例如，将十进制数53.25转换成十六进制数。

整数部分：

16 | 53

16 | 3　　余数5

0　　余数3

小数部分：

0.25×16=4.0　　取整数4

整数部分得到 35，小数部分得到 4，整数部分与小数部分组合起来得到转换结果：

$$(53.25)_D=(35.4)_H$$

3) 二、八、十六进制数之间的相互转换

十进制数转换成二进制数的转换过程书写比较长。为了方便，人们常常把十进制数转换成八进制数或十六进制数，再转换成二进制数。二进制、八进制和十六进制之间存在特殊的关系：$8^1=2^3$，$16^1=2^4$。也就是说，一位八进制数相当于等价的三位二进制数，一位十六进制数相当于等价的四位二进制数。因此，八进制和十六进制与二进制的转换就比较容易，如表1-2和表1-3所列。

表 1-2　二进制数与八进制数转换表

八进制数	0	1	2	3	4	5	6	7
二进制数	000	001	010	011	100	101	110	111

表 1-3　二进制数与十六进制数转换表

十六进制数	0	1	2	3	4	5	6	7
二进制数	0000	0001	0010	0011	0100	0101	0110	0111
十六进制数	8	9	A	B	C	D	E	F
二进制数	1000	1001	1010	1011	1100	1101	1110	1111

(1) 二进制数转换成八进制数、十六进制数。

根据上述对应关系，二进制数转换成八进制数、十六进制数的步骤是：

① 二进制数转换成八进制数时，以小数点为中心向左、右两边按三位为一组分组，两头不足三位的用“0”补齐。同样，二进制数转换十六进制数时，以小数点为中心向左、右两边按四位为一组分组，两头不足四位的用“0”补齐。

② 将每个分组用一位对应的八进制数或十六进制数表示，得出的结果即为所求的八进制数或十六进制数。

例如：

将二进制数$(111\ 101\ 101\ 110.\ 100101)_B$转换成八进制数。

$(\underline{111}\ \underline{101}\ \underline{101}\ \underline{110}.\underline{100}\ \underline{101})_B=(7556.45)_O$

7 5 5 6 4 5

将二进制数$(1111100110.11010011)_B$转换成十六进制数。

$(\underline{0011}\ \underline{1110}\ \underline{0110}.\underline{1101}\ \underline{0011})_B=(3E5.D3)_H$

3 E 5 D 3

(2) 八进制数、十六进制数转换成二进制数。

八进制数或十六进制数转换成二进制数的方法是：将八进制数或十六进制数的每一位数转换成用三位或四位表示的对应等价二进制数。然后，按顺序连接起来即可得到转换结果。对于最前面的“0”或最后面的“0”可除出。

例如：

将八进制数$(5123.74)_O$转换成二进制数。

$(5123.74)_O=\underline{101}\ \underline{001}\ \underline{010}\ \underline{011}.\underline{111}\ \underline{100}=(101001010011.1111)_B$

5 1 2 3 7 4

将十六进制数$(2C9D.A1)_H$转换成二进制数。

$(2C9D.A1)_H=\underline{0010}\ \underline{1101}\ \underline{1001}\ \underline{1101}.\underline{1010}=(10110110011101.1010)_B$

2 D 9 D A

1.3.2 数据在计算机中的表示

1. 计算机中的数据单位

在计算机内部，常用的数据单位有位、字节和字。

(1) 位(bit)。

bit 是 binary digit(二进制数位)的缩写，音译为比特。它是指二进制数的一个位，其单位符号为 b。位是计算机数据的最小单位，一位只能表示“0”或“1”两种状态之一。在实际使用中，常用多个位的组合来表示数据。

(2) 字节(Byte)。

字节是存储器系统的最小单位，单位符号为 B。通常把 8 个二进制位作为一个字节，即 1B＝8b。在计算机中一个西文字符通常用一个字节来表示，一个汉字符号通常用两个字节来表示。由于字节表示的是存储容量的最小单位，在实际应用中，常用更大的存储单位 KB、MB 和 GB。它们的关系如下：

$$1KB=2^{10}B=1024B，1MB=2^{10}KB=1024KB，1GB=2^{10}MB=1024MB$$

(3) 字长(Word)。

字长是指计算机内部一次基本动作能处理的二进制位数，如 16 位、32 位、64 位等。例如，字长为 64 位，即该计算机一次能并行传送和计算 64 位二进制数。可见字长反映的是特定结构的计算机的处理能力，“字长”越长，计算机运算速度和效率越高。

2. 数值型数据长度、符号位和小数点的基本概念

在计算机中表示一个数值型数据，需要理解好3个问题：数的长度、数的符号位和小数点的表示。

1) 数据长度

在日常的数学概念中，数的长度可以是参差不齐的，有多少位就写多少位。但是，

在计算机中为了存储和处理的方便，同一计算机中相同类型的数据长度常常是统一的，与数的实际长度无关，不足的部分则用“0”填充。

例如，在PC机中一个整数可能占两个或4个字节，一个实数可能占4个或8个字节，这当然是由计算机的字长来决定的。数值的表示范围受到字长或数据类型的限制，字长和数据类型确定了，数据的表示范围也就确定了。

2) 符号位的表示

在计算机中数的符号位也是用“0”和“1”来表示。通常把一个数的最高位定义为符号位，“0”表示正，“1”表示负，其余的位则表示数值。若一个数占一个字节，则最大值为01111111，即十进制的127。“0”是最高位，表示符号位。若数值超过127，则“溢出”。这时就要用浮点数来表示。通常，把计算机中存放的正负号数码化的数称为机器数，把计算机外部由正负号表示的数称为真值数。

例如，真值数$(-0101100)_B$，其机器数为10101100。存放在机器中的形式：

1	0	1	0	1	1	0	0

数符

3) 小数点的表示

在计算机中有整数和实数之分。整数是没有小数部分的数，也可以认为小数点约定在数的最右边。实数是带有小数部分的数，小数点的位置可以是固定的，也可以是可变的。小数点的位置固定的称为定点数，小数点的位置变化的称为浮点数。为了节省存储空间，小数点的位置总是隐含不占位的。

3. 定点数的表示方法

在定点数中，小数点的位置一旦约定，就不再改变。目前，常用的定点数有定点整数和定点小数两种。

(1) 定点整数的表示。

定点整数分为带符号的和不带符号的两种，小数点总是约定在数的最右边。对带符号的整数，符号位占一位，总是放在最高位。根据机器的字长，它们可以用8、16、32位等表示，各自表示的范围如表1-4所列。从中可以看出，整数表示的数是精确的，但数的范围是有限的，不能表示特大的数。

表 1-4　不同字长的数的表示范围

二进制数	无符号整数的表示范围	有符号整数的表示范围
8	$0 \sim 255(2^8-1)$	$-128 \sim 127(2^7-1)$
16	$0 \sim 65535(2^{16}-1)$	$-32768 \sim 32767(2^{15}-1)$
32	$0 \sim 2^{32}-1$	$-2^{31} \sim 2^{31}-1$

假如计算机的字长为8位，则定点整数$(-65)_D=(-1000001)_B$，在机内表示的形式：

(2) 定点小数的表示。

定点小数也分为带符号的和不带符号的两种，小数位总是约定在最高数值位的前面，用于表示小于1的纯小数。对带符号的小数，符号位占一位，总是放在最高位。

假如计算机的字长为8位，则定点小数$(-0.6876)_D=(-0.101100000000001101)_B$，本例中的二进制数是无限小数，在存储时只能截取前15位，第15位以后的略去。在机内表示的形式：

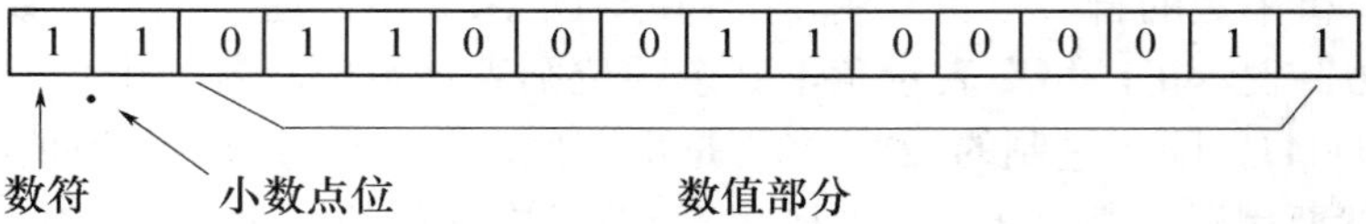

从上面的例题中可以看到：用定点数表示的整数，范围有限，不能表示特大的数。用定点数表示的小数，精度也有限。这样的范围和精度，即使在一般的应用中也很难满足需要。虽然可以通过定点数的字长扩充来扩大数的范围和提高数的精度，但每个数占用的存储空间也增加。所以，为了扩大数的范围和提高数的精度，采用“浮点数”或称“科学计数法”来表示。

4. 浮点数的表示方法

浮点表示来源于数学中的指数表示形式，任何一个浮点数可表示为$N=\pm S\times 2^{\pm j}$，其中j称为N的阶码，j前面的正负号称为阶符，S称为N的尾数，S前面的正负号称为数符。在浮点表示方法中，小数点的位置是浮动的，阶码j可取不同的值。如二进制数$(110.011)_B$可表示为：$N=(111.011)_B=0.111011\times 2^3=1.11011\times 2^2=11101.1\times 2^{-2}$等多种形式。为便于小数在计算机中的表示，规定浮点数必须写成规格化的形式。规格化的形式规定尾数的绝对值大于等于0.1并且小于1，从而唯一地规定了小数位的位置。例如，十进制数−22345.678以规格化的形式表示为-0.22345678×10^5。一个浮点数存放的形式为

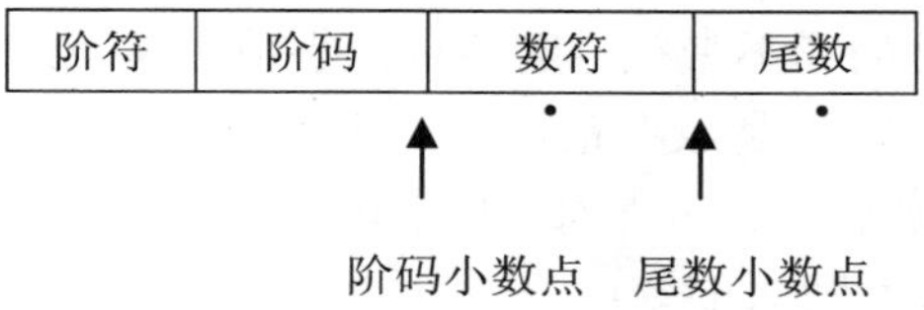

在浮点数表示中，数符和阶符各占一位；阶码只能是一个带符号的定点整数，阶码的位数表示数的大小范围，阶码本身的小数点约定在阶码的最右面；尾数是定点纯小数，表示数的有效部分，其本身的小数点约定在数符和尾数之间，尾数的位数表示数的精度。在不同字长的计算机中，浮点数占的字长也不同，一般为两个或4个机器字长。

假如浮点数占的字长是两个，共16位。设尾数为8位，阶码为6位。那么，二进制数$N=(-10001.010)_B=-0.1000101\times 2^5$，浮点数的存放形式：

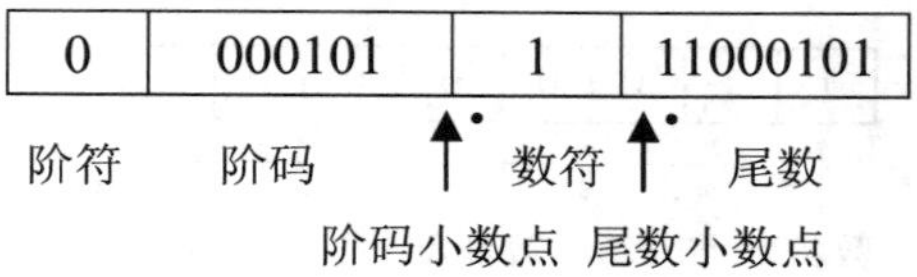

5. 原码、补码和反码

为便于理解，以假设字长为8位的整数为例，来介绍反码和补码的概念及应用。

1) 原码

整数N的原码是指：数存放时其数符位用“0”表示正数，用“1”表示负数，其数值部分用数的绝对值的二进制表示。这种表示方法简明、易懂，称为“原码”编码方式，通常用$[N]_{原}$表示N的原码。例如：$[+5]_{原}$=00000101，$[-5]_{原}$=10000101；$[+4]_{原}$=00000100，$[-4]_{原}$=10000100；$[+0]_{原}$=00000000，$[-0]_{原}$=10000000。那么，为什么要提出补码和反码的概念？这是因为计算机在计算时，既要做加法运算，又要做减法运算。而操作数也既有正数，又有负数。这样，若符号位同时和数值参加运算，用“原码”运算就会产生错误的结果，我们来看一个例题：-5+4的结果应当为-1。但在计算机中，若符号位同时和数值参加运算，结果却错误为-9。运算如下：

-5的机器数为　10000101
4的机器数为　+ 00000100
　　　　　　　10001001　　　　结果为-9

这时，如果去考虑符号位的处理方法，则运算会变得复杂。为了解决这个问题，人们在处理负数的问题时提出了反码和补码编码方式。因此，在机器中负数有原码、反码和补码3种表示方法。

2) 反码

整数N的反码指：对于符号位为“0”的正整数，反码与原码相同；对于符号位为“1”的负整数，就是其数值位N的绝对值取反，即除符号位外各位取反。通常用$[N]_{反}$表示N的反码。例如：

$(+5)_{原}$=00000101，$(+5)_{反}$=00000101；$(-5)_{原}$=10000101，$(-5)_{反}$=11111010
$(+1)_{原}$=00000001，$(+1)_{反}$=00000001；$(-1)_{原}$=10000001，$(-1)_{反}$=11111110
$(+0)_{原}$=00000000，$(-0)_{反}$=00000000；$(-0)_{原}$=10000000，$(-0)_{反}$=11111111

反码运算也不方便，它是用来作求补码的过渡码。

3) 补码

整数N的补码指：对于正整数补码与原码相同；对于数符为“1”的负整数，就是其数值位N的绝对值取反后，最右边一位加1，也就是反码加1。通常用$[N]_{补}$表示N的补码。在补码的表示中，“0”有唯一的编码，$[+0]_{补}=[-0]_{补}$=00000000。利用补码可以方便地进行运算。下面看两个例题。

例一　-5+4的运算如下：

$(-5)_{反}$=11111010，$(-5)_{补}$=11111011；　　11111011
$(4)_{反}$=00000100，$(4)_{补}$=00000100；　　+ 00000100
　　　　　　　　　　　　　　　　　　　　　　11111111

运算结果为11111111，正好是-1的补码形式。

例二　(-9)+(-5) 的运算如下：

$(-9)_{反}$=11110110，$(-9)_{补}$=11110111；　　11110111
$(-5)_{反}$=11111010，$(-5)_{补}$=11111011；　　+ 11111011
　　　　　　　　　　　　　　　　　　　　　　[1]11110010

丢失高位1，运算结果为11110010，正好是-14的补码形式。

从上面两个例题中可以看出：利用补码能方便地实现正负数的加法运算，规则也简单。在数的有效存放范围内，符号位可如同数值一样参加运算，也允许产生最高位的进位丢失。所以，补码的使用较为广泛。二进制的减法可以用补码的加法实现。

1.3.3 数据编码技术

在计算机中，所有的数据都是用二进制的形式存储和处理的。任何数值数据、字符数据(ASCII码、汉字)、声音、图形、图像数据都必须按照特定的规则进行二进制编码，才能被计算机识别和接受。

1. 二—十进制编码

我们知道，在计算机内都采用二进制计算，但二进制书写起来很长，也不便阅读。通常数值数据在输入机器之前，采用常规的十进制编码，运算结果也以常规的十进制输出。这就要求在输入时，要将十进制转换成二进制，输出时，要将二进制转换成十进制。这项工作就是采用二—十进制编码技术，由计算机来完成的。

所谓二—十进制编码就是将十进制的每一位写成二进制的形式。十进制中有 0～9 共 10 种不同状态，每种状态用 4 位二进制来表示。在十进制与二进制之间，对于不同的对应规律，可以有不同的二—十进制编码，常用的是 8421 码，又称 BCD 码。

这种编码最简单，其表示方法与通常的二进制一样，每一位对应一个固定的常数，从左到右分别为 8，4，2，1 权码，即 2^3，2^2，2^1，2^0。所不同的是，4 位二进制数有 0000～1111 这 16 种状态，而 8421 码只取 0000～1001 这 10 种状态，1010～1111 的状态在这里没有意义。例如：$(68)_D=(\underline{0110}\ \underline{1000})_{BCD}$。

表 1-5 列出了十进制数与 BCD 码和二进制数的对应关系。

表 1-5 十进制数与 BCD 码对应关系和二进制数的对应关系

十进制数	BCD 码	二进制数	十进制数	BCD 码	二进制数
0	0000	0000	5	0101	0101
1	0001	0001	6	0110	0110
2	0010	0010	7	0111	0111
3	0011	0011	8	1000	1000
4	0100	0100	9	1001	1001

2. 字符编码

ASCII 码是由美国国家标准委员会制定的一种包括数字、字母、通用符号、控制符号在内的字符编码，全称为美国国家信息交换标准代码(American Standard Code for Information Interchange)。

ASCII 码能表示 128 种国际上通用的西文字符，只需用 7 个二进制位(2^7=128)表示。ASCII 码采用 7 位二进制表示一个字符时，为了便于对字符进行检索，把 7 位二进制数分为高 3 位($b_7b_6b_5$)和低 4 位($b_4b_3b_2b_1$)，见表 1-6。利用该表可查找数字、运算符、标点符号以及控制字符与 ASCII 码之间的对应关系。

没有必要记住 7 位 ASCII 码表，但对各类字符在表中的安排有几点是应该掌握的：

(1) ASCII 码为 7 位码，每个符号由 7 个比特来表示，共含 128 种不同的编码。

(2) 十进制码值 0～32(NUL～SP)和 127(DEL)共 34 个码是控制码。主要用于对计算机通信中的通信控制和对外部设备的控制，不对应任何可印刷字符。

(3) 其余 95 个码为可打印/显示字符。其中数字符 0～9，大写英文字母 A～Z 和小写英文字母 a～z 分别按它们的自然顺序安排在表的不同位置。这三组字符在表的先后次序是数字符、大写英文字母、小写英文字母。所以，如果知道一个字符的码值，就可以推算出同组的其他字符的码值。例如，字母“A”的码值是$(65)_D$。那么“C”的码值就是$(67)_D$。

(4) 小写英文字母的码值比对应的大写英文字母的码值大$(32)_D$。

(5) 空格字符 SP 的编码值是$(32)_D$。

在计算机中一个字节为 8 位，为了提高信息传输的可靠性，在 ASCII 码中把最高位(b_8)作为奇偶校验位。所谓奇偶校验位是指在代码传输过程中，用来检验是否出现错误的一种方法，一般分奇校验和偶校验两种。

表 1-6 7 位 ASCII 码编码表

$b_7b_6b_5$ / $b_4b_3b_2b_1$	000	001	010	011	100	101	110	111
0000	NUL	DLE	SP	0	@	P	、	p
0001	SOH	DC1	!	1	A	Q	a	q
0010	STX	DC2	“	2	B	R	b	r
0011	ETX	DC3	#	3	C	S	c	s
0100	EOT	DC4	$	4	D	T	d	t
0101	ENQ	NAK	%	5	E	U	e	u
0110	ACK	SYN	&	6	F	V	f	v
0111	BEL	ETB	‘	7	G	W	g	w
1000	BS	CAN	(	8	H	X	h	x
1001	HT	EM	)	9	I	Y	i	y
1010	LF	SUB	*	:	J	Z	j	z
1011	VT	ESC	+	;	K	[	k	{
1100	FF	FS	,	<	L	\	l	|
1101	CR	GS	-	=	M	]	m	}
1110	SO	RS	.	>	N	↑	n	～
1111	SI	US	/	?	O	←	o	DEL

3. 汉字编码

非图形字符编码共有 128 个字符。所以，采用 7 位(占一个字节)标准的 ASCII 码已经够用。而且，在一个计算机系统中，输入、存储和输出都可以使用同一编码技术，输入码与机内码是一样的。所以，字符编码比较简单。而汉字是象形文字，字数繁多，最常用的 6763 个汉字需要 6763 种码才能区分，又有许多同音字。并且，在计算机系统中，输入、内部存储、输出所使用编码技术都有所不同，输入码与机内码是不一样的，需要进行一系列的汉字编码及转换。因此，汉字的编码要复杂得多。

汉字处理技术，首先要解决的是汉字的输入、内部编码(机内码)及输出问题。根据汉字处理过程中不同的要求，有多种编码，主要分为 4 类：汉字输入编码、汉字交换码、汉字内码和汉字字型码。汉字信息处理各编码及流程见图 1-3。

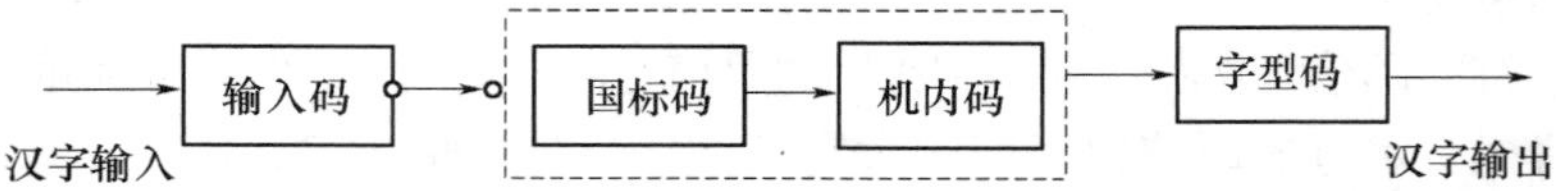

图 1-3　汉字信息处理各编码及流程

1) 汉字交换码

为了能直接使用西文标准键盘来输入汉字，必须为汉字设计相应的编码。1980 年我国制定并颁布了《国家标准信息交换用汉字编码字符集·基本集》，代号为 GB 2312—80，简称国标码。该标准规定了 7445 个编码，每个编码用两个字节存储。其中包括 6763 个常用汉字代码和序号、数字、罗马数字、英、俄、日文字母等 682 个其他非汉字图形字符代码。6763 个常用汉字代码包括使用频度较高的一级汉字 3755 个，按汉语拼音字母顺序排列；使用频度低一些的二级汉字 3008 个，按偏旁部首顺序排列，部首顺序依笔画多少排序。

(1) 区位码。

区位码类似 ASCII 码表，也是一张国标码表。这张区位码由 94 行×94 列的表格组成，将 7445 个汉字和符号分成 94 区(行)，每个区分 94 位(列)排列。汉字或符号就排列在这 94 行×94 列的表格中，共可表示 128×128=16384 个编码。

每个汉字或字符占表中的一个格子，用它在表中所占的行号(区号)和列号(位号)表示其位置。这样，一个汉字或字符在表中的位置就能唯一确定。一个汉字的区号与位号的组合就是该汉字或字符的“区位码”，区位码与每个汉字或字符之间有一一对应的关系。

(2) 国标码。

“国标码”又称交换码，它主要用于不同汉字处理系统之间进行汉字交换。国标码也采用两个字节表示，它与上述区位码的关系是：将某个汉字的“区号”和“位号”分别都加上十进制的32_D或十六进制数20_H。例如：

“中”字的十进制区位码是5448_D，将十进制的区号或十进制的位号分别转换成两个十六进制的数，则“中”字的十六进制区位码为3630_H。在区号和位号上分别加上20_H，则“中”字的十六进制国标码为5650_H。

2) 汉字机内码

汉字机内码是在计算机内部传输、处理和存储的汉字代码。从国标码的组成可以看出，它的每个字节的编码就是 ASCII 码。那么，计算机既要处理汉字，也要处理西文，如何避免与单字节的 ASCII 码产生歧义？为了实现中、西文兼容，通常将“国标码”的每个字节的最高位 b_7 由“0”转换设置为“1”，也就是说将“国标码”转换为机内码。简单地说，汉字机内码是由汉字的国标码加$(8080)_H$后形成的。而 ASCII 码的最高位恒定为“0”，这样，机器就可以利用字节的最高位来区分某个码值是代表汉字还是代表 ASCII 码字符。例如，汉字“大”字的国标码为$(3473)_H$，两个字节的最高位均为“0”(图 1-4(a))。把两个最高位全改成“1”变成$(B4F3)_H$，就得到“大”字的机内码(图 1-4(b))。由此可见，同一汉字的交换码与汉字机内码内容并不相同，而对 ASCII 字符来说机内码与交换码的码值是一样的。如下例，当两个相邻字节的机内码值为$(3473)_H$时，因它们的最高位都是“0”，计算机将把它们识别为 4 和小写 *s* 两个 ASCII 字符，见图 1-4(c)。

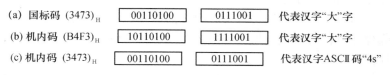

(a) 国标码 $(3473)_H$	00110100	0111001	代表汉字“大”字
(b) 机内码 $(B4F3)_H$	10110100	1111001	代表汉字“大”字
(c) 机内码 $(3473)_H$	00110100	0111001	代表汉字ASCII 码“4s”

图 1-4　国标码、汉字机内码、ASCII 机内码的比较

3) 汉字输入码

汉字的输入和输出是汉字处理系统中的一个重要组成部分。将汉字通过键盘输入到计算机而编制的代码称为汉字输入码，又称为外码，通常也叫汉字输入法。根据汉字的发音、字形等特点编制的汉字的输入码分为以下 4 种。

(1) 拼音码。

拼音码是以汉语拼音为基础的输入法，如智能 ABC、搜狗拼音等都属于拼音码。拼音码的优点是易学易记，但由于汉字同音字太多，输入重码率很高。

(2) 字形编码。

字形编码是根据汉字的字形结构编码的，五笔型输入法是这类编码的典型代表。字形编码把汉字的笔画部件用字母或数字进行编码，它的优点是重码少，输入速度快，适合专业录入人员使用。但要求必须记住字根、学会拆字和形成编码。

(3) 音形混合码。

音形混合码是以拼音为主，辅以字形和字义的一种编码方法。例如，全息码就是利用了汉字的部首、笔画、拼音和笔顺的汉字信息的关系进行编码的。

(4) 数字编码。

数字编码就是用数字串代表一个汉字的输入，如电报码、区位码等。数字编码输入的优点是无重码，且输入码和内部编码的转换比较方便，但每个编码都是由 4 个数字组成的数字串，编码难以记忆。

需要指出，无论采用哪一种汉字输入法，当用户向计算机输入汉字时，存入计算机中的总是它的机内码，与所采用的输入法无关。实际上不管使用何种输入法，在输入码与机内码之间总是存在着一一对应的关系。

4) 汉字字形码

汉字字形码是为显示或打印输出汉字时，所使用的一种编码。这种编码是通过点阵形式来表示汉字的字形。它用一位二进制数与点阵中的一个点对应，每个点由“0”和“1”表示“白”和“黑”两种颜色，将汉字字形数字化。在输出汉字时，计算机首先根据该汉字的内码找出该汉字的字形码在汉字库中的位置，找到字形的描述信息，然后，取出该字形码，作为图形的点阵数据输出字形，在屏幕上显示或在打印机上打印。

点阵字形码的质量随点阵的加密而提高。通常汉字显示使用 16×16、24×24、32×32、48×48 等点阵。但是，随着点阵的加密，存储一个汉字所占用的存储空间也加大。例如，存储 16×16 的点阵字形码的字节数为 16×16÷8=32 个字节；存储 24×24 的点阵字形码的字节数为 24×24÷8=72 个字节；存储 32×32 的点阵字形码的字节数为 32×32÷8=128 个字节。

4. 音频、图像和视频信息的表示形式

媒体(Media)就是人与人之间实现信息交流的中介，简单地说就是信息的载体，也称为媒介。多媒体(Multimedia)就是多重媒体的意思，可以理解为直接作用于人的感官的文字、图形图像、动画、声音和视频等各种媒体的统称，即多种信息载体的表现形式和传递方式。多媒体计算机就是既能处理数值信息和字符型信息，也能处理声音、图像等多媒体信息的计算机。

计算机只能处理数字化的二进制数据。因此，无论音频、图像或视频信息，在进入 CPU 之前都要先转换为二进制数据，才能交由 CPU 加工/处理。反之，从 CPU 输出的声音或图像信息，也要把二进制数据转换为音频或视频模拟信号，然后交声像设备播放。在这些输入、输出过程中，信息的转换都是由声像设备的接口电路完成的，即声频接口板(声频卡)完成声频信息的转换，视频接口板(视频卡)完成视频信息的转换。当多媒体计算机运行时，上述转换不需要用户干预。

1.4 计算机系统的组成

一台完整的计算机系统是由硬件系统和软件系统共同组成的。硬件系统是组成计算机系统的各种物理设备的总称；软件系统是为运行、管理和维护计算机而编制的各种程序、数据和文档的总称。硬件是计算机系统的物质基础，软件是发挥计算机功能的关键，计算机是依靠硬件和软件的协同工作来执行给定任务的，二者缺一不可。

1.4.1 计算机系统的硬件组成

计算机的基本结构如图 1-5 所示，由运算器、控制器、存储器、输入设备和输出设备五部分组成。运算器和控制器一起组成 CPU(中央处理器或微处理器)，CPU 是计算机的核心。图中实线为数据流，虚线为控制流。

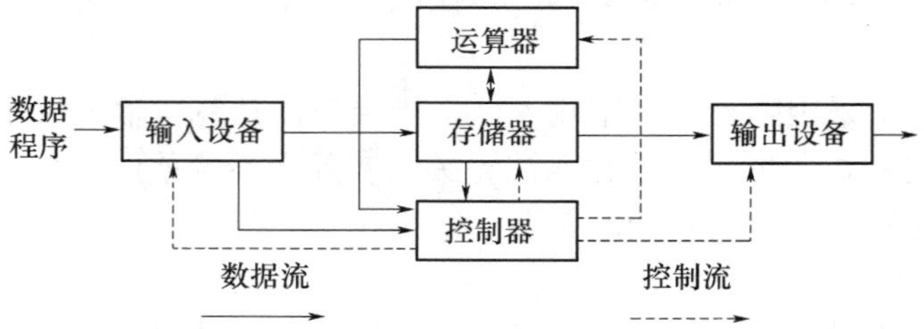

图 1-5 计算机系统的硬件组成

(1) 运算器。

运算器也称为算术逻辑单元 ALU(Arithmetic Logic Unit)。运算器的功能是：在控制器的控制下，对数据进行加、减、乘、除等基本算术运算和进行逻辑判断、逻辑比较等基本逻辑运算。运算器的运算速度是计算机重要的技术指标之一。

(2) 控制器。

控制器一般由程序计数器(PC)、指令寄存器(IP)、指令译码器(ID)、时序控制电路和微操作控制电路组成。控制器是计算机的控制中心，它控制计算机各个部件有条不紊地工作，自动执行程序。

中央处理器 CPU(Centra1 Processing Unit)是整个计算机系统的核心，运算器和控制器都集成在 CPU 之中。

(3) 存储器。

存储器的主要功能是存放程序和数据，是计算机的记忆部件。存储器通常分为内存储器(简称内存或主存)和外存储器(也称辅存)。

(4) 输入设备。

输入设备用来接受用户输入的原始数据和程序，并将它们变为计算机能识别的二进制数形式存放到内存中。

(5) 输出设备。

输出设备用于将存放在内存中由计算机处理的结果转变为人们能识别的形式。

1.4.2　计算机系统的软件组成

计算机软件系统是计算机系统的重要组成部分。计算机软件是程序、运行程序所需要的数据和使用、维护计算机所需的有关文档的总称。软件系统分为系统软件和应用软件两大类。

1. 系统软件

系统软件是控制计算机运行，管理计算机的各种资源并为应用软件提供支持和服务的平台。只有在系统软件的支持下，计算机才能运行各种应用程序。所以，系统软件是开发和运行各种应用软件的平台。系统软件通常包括以下种类。

1) 操作系统

为了使计算机系统中的所有软、硬件资源协调一致、有条不紊地工作，就必须有一个软件来控制和管理，这个软件就是操作系统。可以在微型机上运行的操作系统有 MS-DOS、Windows、Unix、OS/2、Linux 等。

2) 语言处理程序

计算机语言是程序设计的重要工具，它是指计算机能够接受和处理且具有约定格式的一种语言，计算机语言的种类非常多，一般可分为机器语言、汇编语言和高级语言。

(1) 机器语言(Machine Language)。

机器语言是第一代计算机程序设计语言，是人和计算机交互的一种最原始的语言。它是由“0”或“1”代码组成的，能被计算机直接识别和执行的指令系统。一条指令就是指挥计算机完成特定任务的一条操作命令，如图 1-6 所示。

操作码	操作数地址

图 1-6　机器指令格式

这种语言编程质量高、运行速度快。但由于机器语言非常难于学习、记忆，只适合专业人员使用。现在，人们编程时已经不再采用机器语言。

(2) 汇编语言(Assembly Language)。

汇编语言是第二代计算机程序设计语言。汇编语言是最接近机器指令的一种低级语言，它用便于人们记忆的符号来替代机器指令的操作码和操作数，如图 1-7 所示。

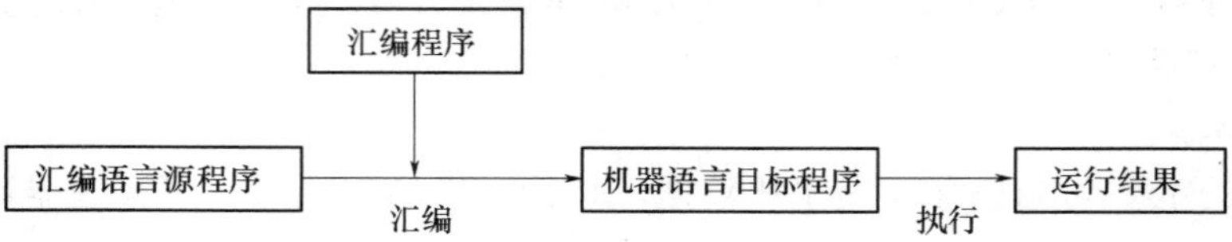

图 1-7　汇编语言源程序的执行过程

汇编语言仍然是面向机器的语言。CPU 不能直接理解和执行用汇编语言编写的程序，必须通过汇编程序将汇编语言的指令翻译成机器语言指令表示的目标程序才能被机器理解和执行。

例如，A=10+5 的汇编语言程序如下：

MOV	A，10	把 10 放入累加器 A 中
ADD	A，5	5 与累加器 A 中的值相加，结果仍然放入累加器 A 中
HLT		结束程序

可见，用汇编语言编写程序比机器语言容易，也改善了程序的可读性。通常对于使用频率极高的、影响程序执行速度的底层函数和过程采用汇编语言编写。

(3) 高级语言。

高级语言是第三代计算机程序设计语言。高级语言是一种比较接近自然语言和数学表达式的、面向问题的程序设计语言。当前，广泛流行的高级程序设计语言有 C、Visal C++、Java 等，它们都具有结构化和面向对象的程序设计特点。

高级程序设计语言编写的程序与机器无关，程序的可读性好、可移植性好，容易学、容易编写。但高级语言所编制的程序不能被计算机直接识别和执行，用高级语言编写的源程序必须经过编译程序翻译成机器语言或称目标程序并连接后才能被识别和执行。

把源程序翻译成机器语言程序的方法有“解释”和“编译”两种。如图 1-8 所示，“解释”性编译程序用的是“对源程序语句解释一条执行一条的边解释边执行”的方法，它不生成目标程序，不利于源程序的保密；“编译”性编译程序，是对源程序进行检查，只有当源程序没有语法、词法错误后，编译程序才将整个源程序翻译成等价的机器语言程序。所以，编译方法有利于源程序的保密。

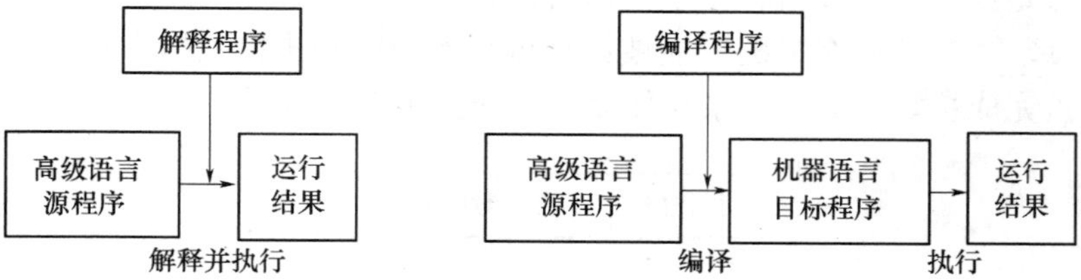

图 1-8　高级语言的解释执行和编译执行过程

3) 数据库管理系统

数据库管理系统(DBMS)是一种组织、储存、管理和处理信息的系统软件。

4) 服务程序

服务程序也称为实用程序，用于完成一些与管理计算机系统资源及文件有关的任务。例如，诊断程序、卸载程序、备份程序等。

2. 应用软件

应用软件(Application Software)是指利用计算机的软、硬件资源为某一应用领域解决某类具体问题而专门开发设计的软件。如文字处理软件、表格处理软件、图形处理软件等。

1.4.3 计算机基本工作原理

1. 冯・诺依曼计算机的设计思想

现代计算机的基本体系结构，沿用美籍匈牙利著名科学家冯・诺依曼提出的设计思想：

(1) 计算机应由五个基本部分组成：运算器、控制器、存储器、输入设备和输出设备。

(2) 采用了程序存储和程序控制的原理。程序和数据存放在同一个存储器中，并按地址访问；机器的运行受程序的控制。

(3) 程序和数据以二进制表示。

冯・诺依曼结构的计算机，其工作原理可以概括为“存取程序和程序控制”。存取程序是指将事先编好的程序和处理中所需数据通过输入设备输入内存储器中。程序控制是指控制器从内存储器中逐条读取程序中的指令，按每条指令的要求执行所规定的操作，并将结果送回内存储器中。也就是说，计算机的工作是在程序的控制下运行，而程序又是预先存储在计算机内存中。当我们要利用计算机完成一项处理任务时，首先，要把任务转换成程序；然后，将程序存储在计算机的内存中。计算机从程序的开始位置(某一条指令)开始工作，其工作路线必须按照程序设计的路线进行，自动地执行并完成任务，直到结束的那条指令执行完为止。

2. 计算机指令和指令系统

1) 指令

“指令”是计算机和人之间唯一的交互工具，它是由“0”或“1”代码组成的。人们只有通过指令的方式才能向计算机“提交”操作任务。

指令由操作码(又称指令码)和操作数两部分编码组成。操作码表示“做什么”，指出该指令要完成的操作类型或性质，操作数指出参加运算的数或数所在的单元地址。

2) 指令系统

一种计算机所有指令的集合，称为该计算机的指令系统。不同类型的计算机，其指令条数有所不同。

3) 指令的执行过程

我们从指令的执行过程来认识计算机的基本工作原理。指令的执行过程分为四步：

(1) 读取指令。

按照程序计数器中的地址，控制器从内存读取程序中的一条指令，送往指令寄存器。

(2) 分析指令。

对指令寄存器中存放的指令进行分析。

(3) 执行指令。

由控制器按指令的要求发出控制信息，执行所规定的操作，并将结果送回内存储器中。

(4) 结束完成指令。

一条指令执行完成，程序计数器自动加1或将转移地址码送入程序计数器，再自动取下一条指令。如此循环，直至遇到停止命令结束。一条指令从取出、分析取数到完成指令所需的全部时间称为指令周期。

3. 程序及程序的执行过程

1) 程序

程序就是为完成一个处理任务而设计的一系列指令的有序集合。

2) 程序的执行过程

计算机在运行时，从程序的开始位置起，CPU从内存中读取一条指令到CPU执行。执行完成后，再从内存中读取下一条指令到CPU执行。CPU不断地取指令、分析指令、执行指令、直至遇到停止命令结束的过程，就是程序的执行过程。

1.5 微型计算机的硬件基础

微机系统组成如图 1-9 所示。

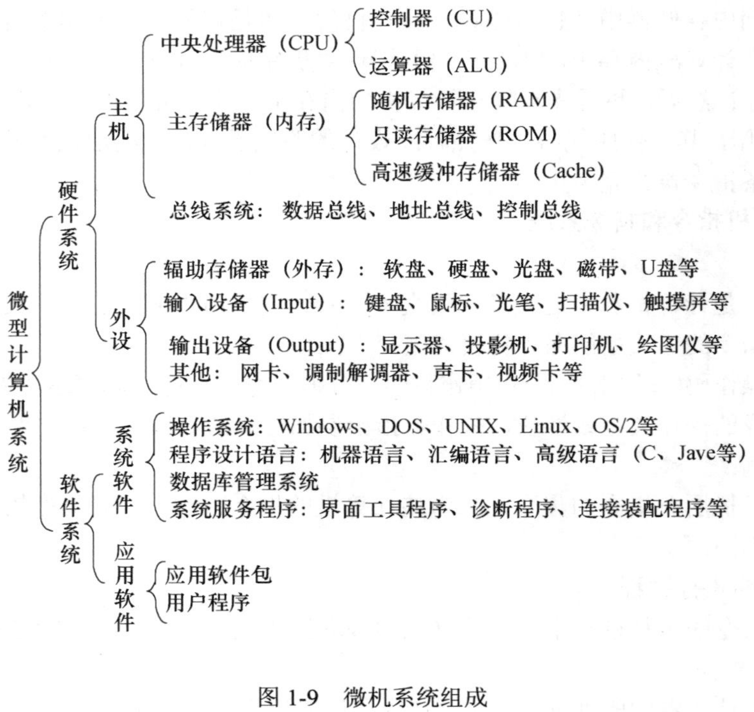

图 1-9　微机系统组成

1.5.1　微型计算机硬件组成

微型计算机也称微机、电脑、个人计算机或 PC(Personal Computer)等，是计算机家族中的一员。普通用户日常见到和接触的大多都是微型计算机，图 1-10 所示是微型计算机(笔记本式、台式机)外型。

图 1-10　微型计算机(笔记本式、台式机)

微型计算机和其他计算机一样，也是由运算器、控制器、存储器、输入设备和输出设备五大部件组成的。随着大规模和超大规模集成电路技术的迅猛发展，将运算器和控制器集成在一片很小的半导体芯片上，这种芯片称为微处理器(CPU)。以微处理器为基础，配以存储器、I/O 设备、连接各部件的总线就构成了微型计算机的硬件系统。微型计算机硬件系统由主机和外部设备两大部分组成。

1. 主机

主机是指计算机机箱内的主要部件，包括主板、中央处理器 CPU、内存储器、输入/输出接口插槽(I/O 接口)、电源、硬盘，其主要部分是 CPU 和内存储器。

1) 系统主板

主板的主要技术指标有控制芯片组及总线结构与扩展槽。控制芯片组是系统主板的灵魂，它决定了主板的结构、主板的功能及CPU良好的协同工作能力，如图1-11所示。Intel系列是目前使用最多的主板芯片组，市场的占有率超过90%。

图 1-11　微型计算机主板

2) 中央处理器 CPU

中央处理器 CPU(Central Processing Unit)是整个计算机系统的核心，运算器和控制器集成在 CPU 之中。CPU 直接与内存储器交换数据，它的作用是完成各种运算，并控制计算机各部件协调地工作。

常用的微处理器有 Intel 公司的奔腾(Pentium)、赛扬(Celeron)、安腾(Itarnium)系列和 AMD 公司的 K6 和 K7 等系列，如图 1-12 所示。

图 1-12　Intel、AMD、VIA 公司的 CPU 产品

CPU 的主要性能指标：

(1) 字长。

字长是 CPU 一次能处理的二进制数据位数，字长的大小直接反映了计算机的数据处理能力，字长越长，CPU 可同时处理的二进制位数越多，运算能力越强，计算精度就越高。早期的微型计算机字长有 8 位、16 位、32 位，而目前的 Pentium 机的字长是 64 位。

(2) 主频。

主频即 CPU 的时钟频率，简单说是 CPU 运算时的工作频率(1s 内发生的同步脉冲数)的简称。单位是 Hz(赫兹)。它决定了计算机的运行速度。随着计算机的发展，主频由过去 MHz(兆赫)发展到了现在的 GHz(千兆赫，1GHz=1024MHz)。一般地，主频越高，CPU 的运算速度也就越快。

3) 内存储器

计算机的内存储器(Main Memory)通常由半导体器件构成。内存是计算机信息交流的中心，它与计算机的各个部件进行数据传送。用户通过输入设备输入的程序和数据最初是送入内存；控制器执行的指令和运算器处理的数据也取自内存；程序运行的中间结果和最终结果也保存在内存；输出设备输出的信息也来自内存；CPU 能直接与内存储器交换数据。

目前使用的微机，内存容量一般为 2～-4GB，有的甚至更大。内存中每一个基本存储单元都被赋予一个唯一的序号，称为地址(Address)。CPU 凭借地址，准确地控制每一个存储单元。

根据内存储器的特征和功能，内存储器分为只读存储器(Rom)、随机存储器(Ram)和高速缓冲存储器(Cache)三类。

(1) 只读存储器(Rom)。

Rom 是只能读、不能写的存储器，故称为只读存储器。在系统主板上的 Rom-Bios，主要用于存放引导程序、系统加电自检程序、初始化系统各功能模块等。这些信息由计算机制造商写入并经固化处理，一般用户是无法修改的。它的特点是即使断电，Rom 中的信息仍然保持，不会丢失。

(2) 随机存储器(Ram)。

随机存储器(Ram)是可读、可写的存储器。通常所说的计算机内存就是指 Ram 存储器。断电后，Ram 中的信息会全部丢失。

随机存储器(Ram)主要用于存放要运行的程序和数据。Ram 是仅次于 CPU 的宝贵资源，目前，微型计算机的内存(Ram)的容量，一般在 2GB 左右。内存的大小受 CPU 可管理的最大内存容量的限制，目前 CPU 可管理的内存容量达到 G 数量级。

(3) 高速缓冲存储器(Cache)。

Cache 称为高速缓冲存储器，它是介于 CPU 和内存之间的一种高速存取数据的芯片，是 CPU 和 RAM 之间的通信桥梁。我们知道，随着 CPU 工作频率的不断提高，它访问数据的周期甚至达到几纳秒(ns)，而 Ram 访问数据的周期最快也需要 50 毫秒(ms)。这时，CPU 不得不处于等待状态。因此，Ram 的读写速度已成为提高计算机系统运行速度的瓶颈问题。解决的方法是在 CPU 与内存之间引进高速缓冲存储器。高速缓冲存储器完成 CPU 与内存之间信息的自动调度，保存计算机运行过程中重复访问的数据或程序。这样，高速运行部件和指令部件就与 Cache 建立了直接联系。从而，避免到速度较慢的内存中访问信息，实现了内存与 CPU 在速度上的匹配。

4) 电源

电源有内部电源和外部电源之分，内部电源安装在机箱内部，外部电源指 UPS 电源。

UPS 电源(Uninterruptible Power Supply)，又称为不间断电源。它是一种在市电间断时，利用后备电池通过逆变供电的装置。

2. 外部设备

输入输出设备统称为外部设备，它们通过主机的串、并接口与主板的总线相连。

1) 输入设备

输入设备是将外部可读数据转换成计算机内部的数字编码的设备，即向计算机输入程序、数据及各种信息的设备。在微型机系统中最常用的输入设备是键盘、鼠标、扫描仪等。

(1) 键盘。

键盘内含处理器和控制电路，可以将用户的各种数据和程序信息以 ASCII 码的形式送入主机的内存储器。常用的键盘是 104 键，分为字母键(主键)、功能键、控制键和数字(编辑)键 4 个区域。此外，还有便携式计算机上使用的带鼠标功能的跟踪球(Trace Ball)和触摸板(Touch Pad)多功能键盘。如图 1-13 所示为键盘操作指法。

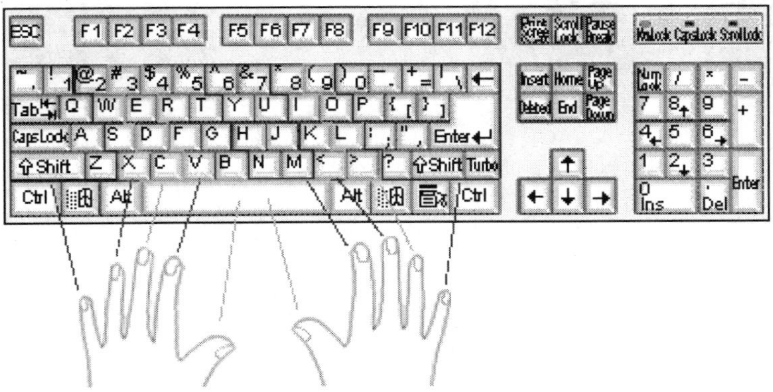

图 1-13　键盘操作指法示意图

(2) 鼠标。

鼠标(Mouse)是一种通过移动光标(Cursor)而实现选择操作的输入设备，如图 1-14 所示。鼠标可以代替键盘快速、准确地实现光标定位或完成某些特定的操作功能。常用的鼠标有机械式和光电式两种，光电式的控制精度要高于机械式的。鼠标有两个键(左、右)或3个键(左、中、右)两种形式。常有的操作有指向、左键单击、双击、右键单击。

(3) 扫描仪。

扫描仪(Scanner)是一种图像和文字的输入设备。扫描仪依靠光学扫描机构和有关的软件把大量的文字或图片信息扫描到计算机中，以便对这些信息进行识别、编辑、显示和打印等处理。在Pentium微机中，扫描仪可以直接使用并行端口与主机连接。

(4) 触摸屏。

触摸屏(Touch Screen)是一种能对物体接触产生反应的屏幕，作为计算机的定位输入设备。当人的手指或其他杆状物触到屏幕上不同位置时，计算机便接收到触摸信号并由软件进行相应的处理，这是多媒体计算机所必需的。

(5) 数码相机。

数码相机是一种采用光电子技术摄取静止图像的照相机。将其与计算机的串行通信端口连接，就可把摄取的照片转储到计算机内，还可以利用相关的软件进行照片编辑。

2) 输出设备

输出设备是将计算内部的数字编码转换成可读的字符、图形或声音的设备。在微型机系统中最常用的基本输出设备有显示器和打印机。

(1) 显示器。

目前在微型计算机中使用最多的是液晶显示器。显示器(图 1-15)大小以显示器屏幕的对角线长度来表示，单位为英寸，常用的显示器为15英寸和17英寸。显示器通过显卡与计算机相连。

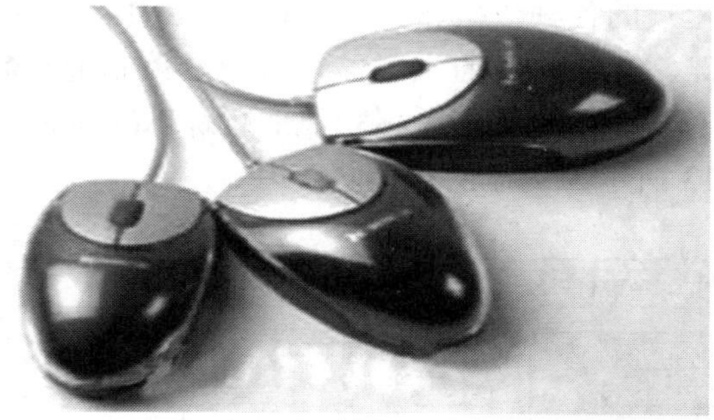

图 1-14　鼠标

图 1-15　显示器

显示器的性能指标是由分辨率、刷新率、显示内存以及颜色的位数来决定的。

分辨率：显示器所显示的图形和文字是由许多“点”组成的，这些点称为像素。屏幕上水平方向和竖直方向所显示的点数(像素数)即为分辨率。如 800×600 表示显示器在水平方向上能显示800个点，在竖直方向上能显示600个点。分辨率越高，屏幕可以显示的内容越多，图像也越清晰。

刷新率：刷新率是指屏幕上的图像每秒钟刷新的次数，以Hz为单位。刷新率越高，显示器上图像的闪烁感就越小，图像就越平稳。只有刷新率在75Hz以上，人眼才没有明显的感觉。

显示内存：显示内存又称显存，一般设置在显示卡内，它是 CPU 与显示器之间的数据缓冲区。显示器要从显存中读取信息再进行显示，显存越大，屏幕上的图像越连续。

(2) 打印机。

打印机分为击打式和非击打式两大类。击打式打印机主要有点阵式针击打印机和高速宽行打印机；非击打式打印机有喷墨式打印机和激光打印机(图 1-16)。

点阵式打印机主要由走纸机构、打印头和色带组成。打印头通常由 24 根针组成，这些针击打在色带上，从而，在下面的纸张上印出字符。点阵式针击打印机价格便宜，但噪声大、字迹质量不高。

喷墨打印机是使用喷墨来代替针击，它靠墨水通过精致的喷头喷射到纸面上而形成字符和图形。喷墨打印机价格便宜、体积小、噪声低、打印质量高，但对打印纸的要求高、墨水消耗量大、打印速度慢。

激光打印机是激光技术和电子照相技术的复合产物。它将计算机的输出信号转换成静电磁信号，磁信号使磁粉吸附在纸上形成有色字符。激光打印机打印字符质量高，字符光滑美观，打印速度快，打印时噪声小，但价格较高。

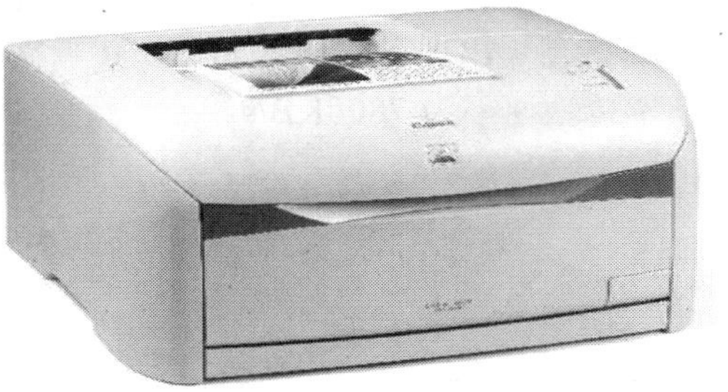

图 1-16　打印机

3) 外存储器

外存储器又叫辅助存储器，主要用来长期保存有关的程序和数据。外存储器只和内存交换数据，通常不和计算机的其他部件交换数据。外存储器的特点是容量大、价格低、断电后信息不会丢失、可以长期保存信息。不足之处是读写速度比内存慢。常用的外存储器有硬盘、光盘存储器、可移动硬盘和 U 盘等。

(1) 硬盘。

硬盘是计算机中不可缺少的存储设备。一台独立运行的计算机如果没有硬盘，无论是操作系统、应用软件还是用户的文件都将无处保存。硬盘是由若干磁性盘片组成的，每张磁性盘片是一种涂有磁性材料的铝合金圆盘。

硬盘的盘片和硬盘的驱动器是密封在一起的，所以通常说硬盘和硬盘驱动器是一回事，如图 1-17 所示。硬盘的性能指标由它的容量和转速决定。硬盘的容量比软盘大得多，以 GB 为度量单位，通常为 40～120GB。硬盘存储器的另一个技术指标是转速，它影响寻址时间，现在转速一般为 7200r/min。硬盘读写速度也比软盘快得多，硬盘数据传输速率因数据传输模式不同而不同，通常在 3.3～40MB/s。当前主流的硬盘品牌有迈拓、西部数据等。

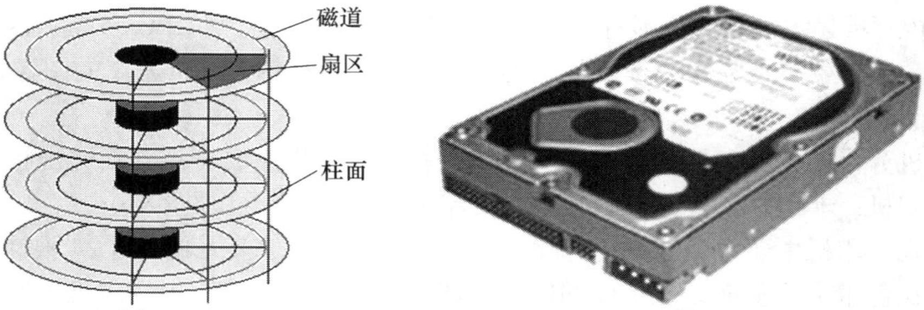

(a) (b)

图 1-17 硬盘

(2) 光盘。

光盘是一种能够存储大量数据的外部存储媒体，一张压缩光盘的直径大约是 4.5 英寸，厚度为 1/8 英寸，能容纳约 660MB 的数据。光盘用盘面的凸凹不平表示“0”和“1”信息，光驱利用其激光头产生激光扫描光盘盘面，从而读出“0”和“1”信息。光盘具有体积小、容量大(1 张 CD-ROM 的容量可达 650MB)、易于长期存放等优点，很受用户欢迎。

光盘驱动器的主要技术指标是数据传输速率(俗称倍速)和容量。第一代光驱的数据传输速率只有一倍速 150KB/s；接着，出现了二倍速光驱，其数据传输速率是 300KB/s；如今已有 52 倍速的光驱，基本传输速率为 7800KB/s。

图 1-18 光驱

(3) 优盘和移动硬盘。

优盘、移动硬盘是近些年来新兴的电子盘，可以通过 USB 接口即插即用。优盘又名“闪存盘”，是一种采用快闪存储器(Flash Memory)为存储介质，通过 USB 与计算机交换数据的新一代可移动存储装置，如图 1-19 所示。优盘在读写、复制及删除数据等操作上就像一般抽取式磁盘装置一样。目前，优盘的存储空间达 8GB，可重复擦写 100 万次以上。由于优盘具有防潮耐高低温、抗震、防电磁波、容量大、造型精巧、携带方便等优点，因此受到微机用户的普遍欢迎。

(a) (b)

图 1-19 优盘和移动硬盘

1.5.2　微型计算机的系统总线结构

微型计算机又称个人计算机，这是计算机领域中发展最快的一类计算机。微型计算机的硬件结构遵循计算机的一般原理和结构框架。它同样是由控制器、运算器、存储器、输入设备和输出设备组成，控制器和运算器组合构成中央微处理器(简称 CPU)。

微型计算机硬件结构的最重要的特点是总线(Bus)结构。计算机上的任何接口板插入扩展槽后，都是通过如图 1-20 所示的系统总线的“数据总线”、“地址总线”、“控制总线”来与 CPU、内存和各种设备相连接及通信。

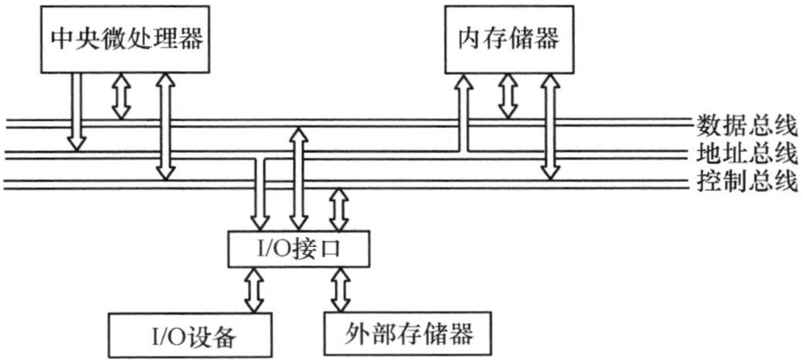

图 1-20　微机系统总线结构

1. 总线

所谓总线是计算机各部件之间传输信息的公共通道。总线连接计算机中 CPU 内部及 CPU 与内存、外存和 I/O 设备的一组物理信号线，通常它也决定扩展槽的形式。

总线又分为内部总线和系统总线。内部总线用于在 CPU 内部连接运算器、控制器和寄存器。系统总线用于连接 CPU 与内存、外存、I/O 外部设备。我们通常所说的总线都是指系统总线。

2. 总线的分类

系统总线上有三类信号：数据信号、地址信号和控制信号。因此，系统总线也分为数据总线(Data Bus)、地址总线(Address Bus)和控制总线(Control Bus)三类。数据总线上传输数据；地址总线上传输数据存放的存储地址；控制总线上传输控制信号。例如：微处理器若要从内存储器某单元中读取一个数，微处理器的地址形成部件就把形成的内存单元地址通过地址总线送到内存储器的地址寄存器中。内存储器按这个地址把指定单元中存储的数传送到它自己的数据寄存器中，并送到数据总线上。这时，微处理器就可以在数据总线上获取这个数据。这一过程中的所有活动都由微处理器通过控制总线发出的控制信号来控制执行。

3. 常用的总线结构

个人计算机的常用总线标准有 PCI 总线(Peripheral Component Interconnect，外围设备部件连接)和 AGP(Advanced Graphies Port)等。

PCI 总线是一种先进的局部总线，PCI 在 CPU 与外部设备之间提供了一条独立的数据通道，使图形、视频及音频数据能直接与 CPU 取得联系、同时工作。PCI 总线的数据传送宽度是 32 位，可扩展到 64 位，它已成为局部总线的标准，也是当前使用最多的总线标准。

AGP 总线是 Intel 公司为 Pentium 处理器开发的总线标准，是一种可自由扩展的图形总线结构。它能增加图形控制器的可用带宽，有效地解决了 3D 图形处理的瓶颈问题。

4. 总线的主要技术参数

总线的主要技术参数有总线的类型、总线的位数(又称数据宽度)。总线的位数或称总线的宽度，一般为 8～64bit，总线的宽度越宽，它的工作频率及传输速度就越高。

1.5.3 微型计算机与外部设备接口

接口就是外部设备与计算机的连接端口，微型计算机常用的接口有串行接口、并行接口、USB(Universal Serial Bus)通用串行总线接口、IEEE1394 接口、硬盘接口等。

1. 串行接口

串行接口常称为异步通信卡接口(RS-232-C)，是美国电子工业协会(Electronic Industry Association，EIA)制定的一种接口标准。串行接口插座有 9 针和 25 针两种类型，最大的通信距离为 15m，每次只能传送一位数据。串行接口主要用于连接鼠标和调制解调器。串行接口在系统中被赋予专门的设备名 Com1、Com2。

2. 并行接口

并行接口简称并口，在系统中被赋予专门的设备名 LPT，所以也称为 LPT 接口。并行接口是采用并行通信协议的扩展接口，每次只能传送一字节数据。所以，并口的数据传输率比串口快 8 倍，标准并口的数据传输率为 1Mbit/s。一般用来连接打印机、扫描仪等。所以，并口又被称为打印口。

3. USB(Universal Serial Bus)通用串行总线接口

多媒体技术的发展，对外设与主机之间的数据传输率有了更高的需求。因此，USB 总线技术应运而生。

USB 接口的主要特点：即插即用，可热插拔。USB 连接器将各种各样的外设 I/O 端口合而为一，使之可热插拔，具有自动配置能力。用户只要简单地将外设插入到 PC 以外的总线中，PC 就能自动识别和配置 USB 设备。

4. 硬盘接口

硬盘接口是硬盘与主机系统间的连接部件，其作用是在硬盘缓存和主机内存之间传输数据。在整个系统中，硬盘接口的优劣直接影响着程序运行的快慢和系统性能好坏。从整体的角度上，硬盘接口分为 IDE、SATA、SCSI 和光纤通道四种。

(1) IDE 接口标准。

IDE(Integrated Drive Electronics，电子集成驱动器)是为普通 PC 机硬盘设计的标准接口。其最大特点是把“硬盘控制器”集成到硬盘驱动器内，而不是把控制器放置在硬盘适配卡中，该做法减少了硬盘接口的电缆数目与长度，增强了数据传输的可靠性。

(2) SATA 接口标准。

SATA 接口已直接集成到主板上，不再需要单独的硬盘适配卡。SATA 管理的最大硬盘容量 8.4GB，具备了更强的纠错能力，能对传输指令、数据进行检查。

(3) SCSI 接口标准。

SCSI(Small Computer System Interface，小型计算机系统接口)是采用高速数据传输技术的一种广泛应用于小型机上的硬盘接口标准。具有应用范围广、多任务、CPU 占用率低，以及热插拔等优点。主要应用于中、高端服务器，近几年也应用于微机系统。

(4) 光纤通道。

光纤通道(Fibre Channel)最初不是为硬盘设计开发的接口技术，是专门为网络系统设计的。但随着存储系统对速度的需求，才逐渐应用到硬盘系统中，它的出现大大提高了多硬盘系统的通信速度。

小结：早期的计算机的低速设备键盘和鼠标接在串口 Com1 和 Com2，高速设备打印机接在并行接口 LPT；目前计算机的键盘、鼠标和打印机都可接在 USB 接口。USB 接口将淘汰其他接口。

1.5.4　微型计算机的性能指标

计算机的性能指标是衡量一个计算机系统优劣的标准。微型计算机主要有以下几个重要的性能指标。

1. 字长

字长是指计算机在单位时间内，CPU 内部各寄存器之间一次能直接处理的二进制数的最大位数。CPU 内部有一系列用于暂时存放数据和程序的存储单元，称为寄存器。各个寄存器之间通过内部数据线来传递数据，每条内部数据线只能传递一位二进制数。字长越长，则运算的速度越快、运算精度越高、计算机的功能越强。目前，微型计算机的字长为 32 位或 64 位。

2. 内存容量

内存容量是指内存储器中单元的个数。如有 128MB、2GB 等内存容量规格。计算机内存容量越大，能容纳的数据和程序就越多、程序运行的速度就越快、信息处理的能力就越强。

3. 存取周期

存取周期是指对内存储器进行一次完整的存取(读/写)操作所花的时间，一般在几十到几百毫微秒。存取周期越短，存取速度就越快、计算机的运算速度越快。

4. 主频

主频是指计算机的 CPU 时钟频率，其单位有 MHz、GHz。主频大小决定了微机运算速度的快慢，主频越高运算速度就越快。

5. 运算速度

运算速度是指计算机每秒钟执行的加法指令数目，常用 MIPS(每秒百万次)或 GIPS 来表示。早期计算机只能完成几十次到几千次，现代计算机能完成几百万次到几千万次，中大型计算机能完成数万亿次。这个指标更能直观地反映机器的速度。

除以上的主要指标外，还有诸如可靠性、可维护性、性能价格比等指标也是评价计算机硬件优劣的标准。

1.5.5　配置微型计算机硬件系统

1. 硬件系统的增强性配置

目前计算机增强性配置是指配有高速度大硬盘、大内存、图形加速显示、高速的 DVD

光驱。如果配置多媒体计算机系统，应该增加一些音频视频采集卡、图形采集卡等多媒体扩展卡，以及刻录机、扫描仪、录音录像机、音响和数码相机等外部设备，这些构建强大的多媒体硬件环境。

随着技术的进步，微机的各种部件都在不断地更新换代，受市场需求和竞争的影响，其价格更是变化无常，让人无所适从。微机的配置不同，其性能上会有很大的差异，所以微机的配置和组装是至关重要的。

2. 配置注意事项

(1) 选择 CPU 时，可依据主频速度进行优先考虑。

(2) 根据已选定的 CPU 类型及工作主频等技术指标，选择支持它的主板。

(3) 建议目前至少配备 2GB 的内存。

(4) 硬盘在考虑到转速的同时容量要越大越好。

(5) 显示器应根据实际需要选择屏幕尺寸。

(6) 选择电源时应注意电源匣中的风扇噪声要小。

1.6 计算机病毒及防范

1.6.1 计算机病毒概述

1. 计算机病毒的定义

计算机病毒是指编制或者在计算机程序中插入的，破坏计算机功能或者毁坏数据、影响计算机使用，并能自我复制的一组计算机指令或者程序代码。

2. 计算机病毒的分类

计算机病毒按其攻击的对象分为文件感染型病毒、引导扇区型病毒、宏病毒等。

3. 计算机病毒的特点

(1) 破坏性。

凡是由软件手段能触及计算机资源的地方均可能受到计算机病毒的破坏。其表现：占用 CPU 时间和内存开销，从而造成进程堵塞。对数据或文件进行破坏，甚至造成系统瘫痪。

(2) 传染性。

病毒可以从一个程序传染到另一个程序，从一台计算机传染到另一台计算机，从一个计算机网络传染到另一个计算机网络。

(3) 潜伏性。

有些计算机病毒侵入计算机系统后，病毒一般不立即发作，而是寄生、潜伏在合法的程序中而不被人们发现，等待一定的激发条件，如日期、时间、文件运行的次数等。一旦条件成熟，就会像定时炸弹一样立即发作，如 CIH 病毒的发作时间是 4 月 26 日。

(4) 隐蔽性。

计算机病毒不能以独立文件的形式存在，是依附在其他合法的硬、软件资源中，是没有文件名的秘密程序，很难被发现。

(5) 衍生性。

由于计算机病毒是一段计算机系统可执行的程序，因此，这些模块很容易被病毒本身或其他模仿者所修改，使之成为一种不同于原病毒的新的计算机病毒。

4. 计算机病毒的表现特征

(1) 显示器上出现了莫名其妙的数据或图案。

(2) 数据或文件发生丢失。

(3) 程序的长度发生了改变。

(4) 磁盘的空间发生了改变，明显缩小。

(5) 程序运行发生异常。

(6) 系统运行速度明显减慢。

(7) 经常发生死机现象。

(8) 访问外设时发生异常。

5. 计算机病毒的传播途径

计算机病毒具有自我复制和传播的特点，只要是能够进行数据交换的介质软盘、光盘、U 盘、可移动硬盘、硬盘、网络等都可能成为计算机病毒传播途径。

1.6.2 计算机病毒的防范

计算机技术和病毒技术都在不断地发展，但是病毒相对于反病毒软件来说总是超前的。所以，对待计算机病毒应该采取“预防为主、防治结合”的策略，牢固树立起计算机安全意识，防患于未然。防范计算机病毒主要可采取以下措施：

(1) 专机专用。

(2) 安装具有实时监测功能的反病毒软件或防病毒卡，定期检查，发现病毒应及时消除，有效预防计算机病毒的侵袭。

(3) 建立文件备份。

(4) 固定启动方式。

(5) 不要使用盗版软件和来路不明的存储设备。

(6) 网上下载的软件使用前先进行病毒查杀。

(7) 分类管理数据，对各类数据、文档和程序应分类备份保存。

1.6.3 计算机病毒的清除

(1) 首先对系统破坏程度有一个全面的了解，并根据破坏的程度来决定采用有效清除计算机病毒的方法和对策。如受破坏的大多是系统文件和应用程序文件，并且感染程度较深，那么可以采取重装系统的办法来达到清除计算机病毒的目的。

(2) 修复前，尽可能再次备份重要的数据文件。备份不能做在被感染破坏的系统内，也不应该与平时的常规备份混在一起。

(3) 启动防杀计算机病毒软件，并对整个硬盘进行扫描。如果可执行文件中的计算机病毒不能被清除，一般应将其删除。然后，重新安装相应的应用程序。

(4) 杀毒完成后，重启计算机，再次用防杀计算机病毒软件检查系统中是否还存在计算机病毒，并确定被感染破坏的数据确实被完全恢复。

第 2 章　Windows XP 操作系统

操作系统(Operating System，OS)是配置在计算机硬件上的第一层软件，是对计算机硬件的第一次扩充。其他所有的软件如语言处理程序、数据库管理系统等系统软件和大量的应用软件，都将依赖于操作系统的支持。因此，OS 在计算机系统中占据了特殊及重要的地位。

提出任务

喜欢计算机的小明，终于在上大学前如愿购买了自己喜欢的计算机。开始之初，计算机中存放的文件和安装的各种应用程序不多，用起来一切都好。可随着时间的推移，计算机中存储的文件越来越多，查找一个文件越来越慢，弄得小明经常为找文件花费大量的时间，而且系统运行速度越来越慢。为了解决这个问题，小明咨询了学校计算机协会的同学，同学告诉他，如果掌握了 Windows XP 操作系统的相关知识，并对计算机系统资源能够合理应用和管理及设置，就可以避免这一现象。

分析任务

为了解决小明提出的问题，计算机协会的同学建议他从以下几方面入手:

- ◆ 掌握桌面的基本操作;
- ◆ 任务栏和“开始”菜单的设置;
- ◆ 文件和文件夹的基本操作;
- ◆ 添加和删除应用程序。

实现任务

2.1　操作系统概述

2.1.1　操作系统概念

操作系统是协调和控制计算机各个组成部分有条不紊工作的一个系统软件，是计算机所有软、硬件资源的组织者和管理者。操作系统为用户和计算机交互提供了平台和接口，是系统软件的核心，其他所有软件都必须在操作系统的支持下才能运行。

计算机系统中的主要部件之间之所以能够相互配合、协调一致地工作，都是靠操作系统的统一管理、控制才得以实现。

在微机上常见的操作系统有 Dos、Windows、Unix、Linux、Netware 等。目前 Windows 操作系统已成为微机的主流操作系统。

2.1.2 操作系统的地位和功能

如前所述，操作系统的地位是：紧贴系统硬件之上，所有其他软件之下，是其他软件的共同环境。在整个计算机系统中，操作系统充当“总管家”和“服务生”的角色，即操作系统是管理硬件资源协调后台工作的“总管家”，同时又是提供用户与计算机交互接口的“服务生”。“总管家”角色使得操作系统可以提高系统资源的利用率，通过对计算机系统的软、硬件资源进行合理的调度与分配，改善资源的共享和利用状况，最大限度地发挥计算机系统工作效率，提高计算机系统在单位时间内处理任务的能力；“服务生”角色使得操作系统可以提供软件开发的运行环境，任何一种高级语言都需要在操作系统的支持下才能运行，为用户提供方便友好的界面，改善用户与计算机的交互能力。

具体来讲，操作系统具有存储管理、处理机(CPU)管理、设备管理、文件管理和用户接口管理等功能。

1. 存储器管理

存储器是计算机重要的资源之一。对存储器的管理，不仅直接影响到存储器的利用率，而且还影响着整个计算机系统的性能。存储器管理的功能主要包括分配内存和内存扩充。

存储器分配就是根据用户程序的要求，有效、合理地分配内存空间并对内存进行保护，当多个用户程序同时被装入内存后，要保证各个程序和数据彼此互不干扰；当某个用户程序工作结束时，要及时收回它所占用的内存空间，以便再装入其他程序。

内存扩充是指在计算机运行过程中，只是把当前使用的数据保留在内存中，其他暂时不用的数据放在虚拟内存(外存)中，虚拟内存空间用户可自行设置。

2. 处理机(CPU)管理

在多任务的操作系统中，允许多个程序加载到内存中执行。但实际上，在任一时刻 CPU 仅能执行一个程序，内存中的多个程序是交替执行的。CPU 管理的主要任务就是对 CPU 资源进行分配，把 CPU 的时间有效、合理地分配给各个正在运行的程序，交替地占用 CPU 的时间，对多个程序的运行进行有效的控制和管理。

3. 设备管理

设备管理是指对计算机的外部设备的管理，如存储设备、显示器、键盘、打印机等设备。设备管理的主要任务，是完成用户提出的 I/O 请求，为用户分配 I/O 设备，提高 CPU 和 I/O 设备的利用率，提高 I/O 速度。

4. 文件管理

在计算机系统中，总是把程序和数据以文件的形式存储在磁盘上，供用户共享或指定用户使用。因此，操作系统必须配置文件管理功能，称之为文件系统。所谓文件系统是指操作系统对包括软件资源在内的所有信息资源进行管理和存取，并保证文件安全的一个系统文件。目前，Windows 支持 FAT、FAT32 和 NTFS 三种文件系统。

在文件系统的管理下，用户可以按照文件名访问文件，而不必考虑各种外存储器的差异，不必了解文件在外存储器上存放的物理位置。文件系统为用户提供了一个简单、统一的访问文件的方法。

5. 用户接口管理

为了方便用户使用操作系统，操作系统又向用户提供了统一的、独立于设备的“用户与操作系统的接口”的管理功能。用户接口包括命令接口、程序接口和图形接口。

2.1.3 常用操作系统介绍

操作系统多种多样，其功能和使用方法也相差很大。

1. 按与用户对话的界面分类

按交互界面操作系统分类，有命令行界面操作系统和图形界面操作系统。Ms-DOS是典型的命令行界面操作系统，在这种操作系统中，用户要在操作系统的提示符下，输入在操作系统的相应命令才能操作计算机，执行相应的任务。Windows 是典型的图形界面操作系统，在这种操作系统中，用户都是通过菜单或命令按钮的形式来操作计算机，执行相应的任务。

2. 按能运行的任务数分类

按能运行任务的多少分类，有单任务操作系统和多任务操作系统。Ms-DOS 是典型的单任务操作系统，在这种操作系统中，用户一次只能提交一个任务，待该任务处理完毕后，才能提交下一个任务。Windows 是典型的多任务操作系统，在该操作系统中，用户一次能提交多个任务，系统可以同时接受并处理。

3. 按系统的功能标准分类

1) 批处理系统

批处理系统支持多个用户程序同时执行，属于多任务作业流处理系统。在批处理系统中，用户可以把由程序、数据以及说明如何运行该作业的操作说明书组成的作业成批地装入计算机系统。然后，由操作系统按照一定策略让这一批作业按一定组合和次序进入主存储器去执行。最后，将作业运行结果交给用户。

2) 分时操作系统

分时操作系统支持多个终端用户，同时使用计算机系统。用户在自己的终端上既可以输入命令请求系统服务，也能在终端上编辑、修改、运行程序等操作。分时操作系统的主要特点是将 CPU 的时间划分成时间片，采用时间片轮转(分时轮流检测)的方式轮流接收和处理各个用户从终端输入的命令。采用时间片轮转的方式处理用户的服务请求，可保证各用户彼此独立、各不干扰。使得每个用户感觉不到别人也在使用这台计算机，好像他独占了这台计算机。典型的分时操作系统有 Unix、Linux 等。

3) 实时操作系统

实时操作系统能够及时响应随机发生的外部事件，并在严格的时间范围内完成对该事件的信号采集、计算和输出。实时操作系统广泛地应用于生产过程的控制和对信息的及时处理。如飞机自动导航、飞机订票系统等。

4) 网络操作系统

计算机网络就是通过通信设备和线路将地理上分散的、具有自治功能的多个计算机系统相互连接起来，实现信息交换、资源共享、互连操作和协作处理的系统。网络操作系统适合多用户、多任务环境，支持网络间通信和计算，网络资源共享、管理以及系统容错、安全保护等功能。常用的网络操作系统有 Novell NetWare、Windows NT 等。

5) 分布式操作系统

分布式的 OS 也是通过通信网络将地理上分散的、具有自治功能的数据处理系统或计算机系统相互连接起来，但计算机无主次之分，均分任务负荷，提供特定功能以实现信息交换和资源共享，协作完成一个共同任务。分布式操作系统是在地理上分散的计算机上实现逻辑上集中的操作系统，它更强调分布式计算和处理，对多机合作和系统重构，坚强性及容错能力有更高的要求。

实际上，许多操作系统同时兼有多种类型系统的特点。因此，不能简单地用一个标准划分。而且，操作系统具有很强的通用性，具体使用哪一种操作系统，要视硬件环境及用户开发产品的需求而定。

2.2　Windows XP 操作系统概述

Windows XP 是建立于 Windows NT 技术之上的由微软公司推出的一个纯 32 位、多任务、支持虚存功能的基于图形用户界面的操作系统。

2.2.1　Windows XP 的运行环境和安装

1. 中文 Windows XP 的最低硬件需求(表 2-1)

表 2-1　Windows XP 配置要求

硬 件	基本配置	建议配置
CPU	233MHz x 86 兼容	300MHz 以上 x86 兼容
内存	64MB	128MB 或更高
硬盘安装空间	1.5GB 空间或分区	5GB 以上空间
运行空间	200MB	500MB 以上
显示卡	标准 VGA 卡或更高分辨率的图形卡	支持硬件 3D 的 32 位真彩色显示卡

2. Windows XP 的安装方式

中文版 Windows XP 的安装可以通过多种方式进行，通常使用升级安装、全新安装、双系统共存安装三种方式：

(1) 升级安装。

如果用户的计算机上安装了 Microsoft 公司其他版本的 Windows 操作系统，可以覆盖原有的系统而升级到 Windows XP 版本。

(2) 全新安装。

如果用户新购买的计算机还未安装操作系统，或者机器上原有的操作系统已格式化，可以采用这种方式进行安装。在安装时需要在 DOS 状态下进行，用户可先运行 Windows XP 的安装光盘，找到相应的安装文件，然后在 DOS 命令行下执行 Setup 安装命令，在安装系统向导的提示下即可完成相关的操作。

(3) 双系统共存安装。

如果用户的计算机上已经安装了操作系统，也可以在保留现有系统的基础上安装

Windows XP，新安装的 Windows XP 将被安装在一个独立的分区中，与原有的系统共同存在，但不会互相影响。

2.2.2 Windows XP 的启动与退出

1. 启动 Windows XP

(1) 打开显示器。

(2) 打开主机电源，系统进入自检状态，完成后出现启动界面，选择用户名并输入密码(如果设置了密码)，按回车键后即可进入 Windows XP 系统。

2. 注销与切换 Windows XP 用户

Windows XP 在多个用户间共享一台计算机比以前更加容易。每个使用该计算机的用户都可以通过个性化设置和私人文件创建独立的密码保护帐户。

单击“开始”按钮，在弹出的开始菜单中选择“注销”命令后，在出现的“关闭 Windows”对话框中可选择“切换用户”或者“注销”，执行切换或注销用户操作。

切换用户：在不关闭当前登录用户的情况下而切换到另一个用户，用户可以不关闭正在运行的程序，而当再次返回时系统会保留原来的状态。

注销：保存设置并关闭当前登录用户，用户不必重新启动计算机就可以实现多用户登录。

3. 关闭 Windows XP

(1) 单击“开始”按钮，或按 Ctrl+Esc 组合键，打开“开始”菜单，选择“关机”选项，打开“关闭 Windows XP”对话框。

(2) 在 Windows XP 对话框中，可执行 4 种操作，即待机、关闭、重新启动和取消。

待机：系统将保持当前的运行，计算机将转入低功耗状态，当用户再次使用计算机时，在桌面上移动鼠标即可以恢复原来的状态，此项操作通常在用户暂时不使用计算机，而又不希望其他人在自己的计算机上任意操作时使用。

关闭：系统将关闭正在运行的所有应用程序，并清除所建立的临时文件。

重新启动：系统将在关闭所有应用程序后自动进行热启动。

取消：系统将取消此次关机操作。

4. 开关机注意事项：

(1) 开机操作次序：先外部设备后主机。

(2) 关机操作次序与开机相反。

(3) 在使用中不要频繁地开机与关机。

(4) 关机之后再要开机时，应稍等片刻。

2.2.3 Windows XP 的鼠标和键盘的操作

1. 鼠标操作及指针含义

在 Windows XP 中，鼠标操作是最基本的操作。鼠标指针一般称为光标，当鼠标在平面上移动时，光标也就在屏幕上作相应的移动，并将光标所在位置的 X、Y 坐标值送入计算机。

1) 常用鼠标操作

选择：移动鼠标，使鼠标箭头指向目标的操作。

单击：单击鼠标左键，用来选择一个目标，如文件、菜单命令等。一般可以用于激活目标或显示工具提示信息。

双击：双击鼠标左键，一般用来启动一个应用程序或窗口。

右击：单击鼠标右键，通常用来打开“快捷菜单”。

拖动(曳)：单击目标，按住左键，移动鼠标，在另一个位置释放鼠标左键的过程。

2) 常见指针含义，见表 2-2

表 2-2　指针含义

含　义	指针形状	含　义	指针形状	含　义	指针形状	含　义	指针形状
正常选择		调整垂直	↕	精确选持	+	移动	✥
帮助选择		调整水平	↔	选定文本	I	候选	↑
后台运行		沿对角线调整 1	⤡	手写		链接选择	
忙		沿对角线调整 2	⤢	不可用	⊘		

2. 键盘操作

在某些特殊场合，使用键盘操作可能比使用鼠标操作更方便。

1) 键区介绍

(1) 字母键区。

字母键区有 10 个数字键(上档为符号键)、26 个英文字母键、符号键(具有上下档)和特殊键。

(2) 功能键区。

功能键区共有 12 个功能键，用于输入某一条命令或调用某一种功能。在不同软件、不同版本中，其设置和作用有所不同，也可以自行设置。

(3) 数字键区。

数字键区具有编辑功能和数字功能。Numlock 键是控制数字键区是处于编辑功能还是数字功能的开关键。当按 Numlock(数字锁定)键时，Numlock 指示灯亮时为数字功能，灯灭时为编辑功能，相当于控制键的功能。

(4) 控制键区。

2) 指法练习

在键盘上共有 8 个基本键位，它们位于键盘的第二行，分别是 A、S、D、F、J、K、L、;。在同一行中 G 键和 H 键不是基准键，但它也分别用左手和右手的食指来控制，如图 2-1 所示。

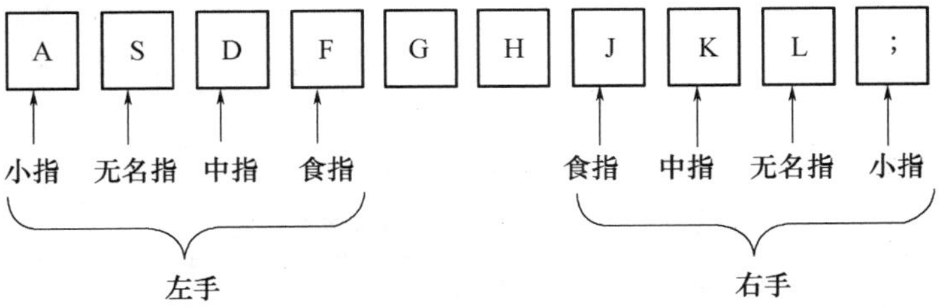

图 2-1　8 个基本键位手指分工

除了这 8 个基准键位外，我们把打字区其他字母、数字分为上位键、下位键，它们都由固定的手指分工控制，如图 2-2 所示。

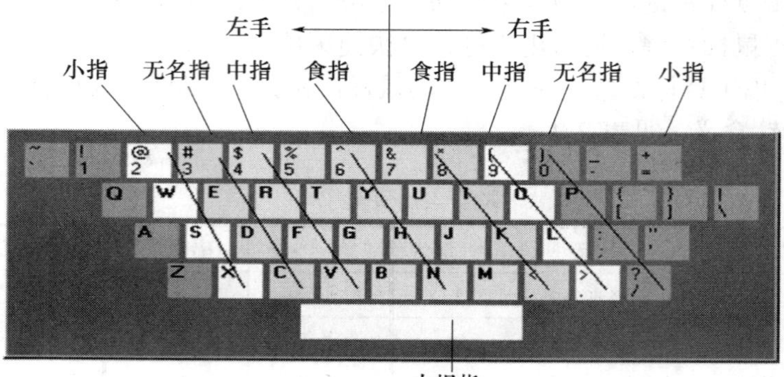

图 2-2　其他键位手指分工

主键盘区：与英文打字机的键盘类似，可直接键入英文字母和数字。

数字小键盘区：位于键盘右侧，主要用输入数据。

功能键区：在键盘第一行，有 12 个功能键 F1～F12。

编辑键区：位于主键盘与数字小键盘的中间，用于光标和编辑操作。

表 2-3　常用键的基本功能

键　名	含　义	功　　能
Shift	上档键	按下 Shift 键的同时再按某键，可得到上档字符
Caps Lock	大小写字母转换键	Caps Lock 灯亮表示处于大写状态，否则为小写状态
Space	空格键	按一下该键，输入一个空格字符
Backspace	退格键	按下此键可使光标回退一格，删除一个字符
Enter	回车(换行)键	对命令的响应；光标移到下一行，在编辑中起分行作用
Tab	制表定位键	按一下该键，光标右移 8 个字符位置
Alt	组合键	此键通常和其他键组成特殊功能键
Ctrl	控制键	必须和其他键组合在一起使用
Ctrl+C		表示终止程序或指令的执行
Ctrl+Alt+Del		系统的热启动，使用的方法是，按住 Ctrl 和 Alt 键不放，再按 Del 键
Insert/Ins	插入/改写的转换开关	如果处于“插入”状态，可以在光标左侧插入字符；如果处于“改写”状态，则输入的内容会自动替换原来光标右侧的字符
Delete/Del	删除键	删除光标右侧的字符
Home	光标键	将光标移至光标所在行的行首
End	光标键	将光标移至光标所在行的行尾
Page Up	翻页键	向上翻页
Page Down	翻页键	向下翻页

(续)

键　名	含　义	功　　能
↑	光标键	将光标上移一行
←	光标键	将光标左移一个字符
↓	光标键	将光标下移一行
→	光标键	将光标右移一个字符
Prtsc SysRq	屏幕打印控制键	按下此键，可以将当前整个屏幕的内容复制到剪贴板上
Pause Break	暂停键	按下该键可以使正在执行的程序或命令暂停执行，当需要继续往下执行时，按下任意键即可

3) 汉字输入

(1) 汉字输入法的启动。

在 Windows 中，可以随时用 Ctrl+Space 组合键来启动或关闭中文输入法，还可以用 Ctrl+Shift 组合键在英文和各种中文输入法之间进行切换。当然，也可以单击“En”指示器，如图 2-3 所示的快捷菜单中选择相应的中文输入方法。

当中文输入法选定后，屏幕上会出现一个中文输入法状态框(表 2-4)。

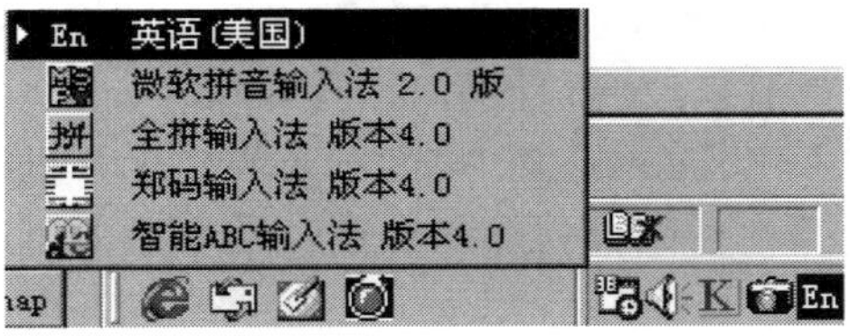

图 2-3　汉字输入法选择快捷菜单

表 2-4　输入法状态框条目

按 钮	作 用	热 键
	切换中英文输入模式	Ctrl+Space
	切换中文与大写字母输入模式	Caps Lock
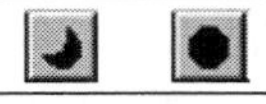	切换全半角模式	Shift+Space
	切换中英标点模式	Ctrl+.
	软键盘开关	无

要输入汉字，键盘必须处于小写状态，且输入法状态框处于中文输入状态。在大写的状态下不能输入汉字，利用键盘上左侧的 Caps Lock 键可以切换大小写状态。单击输入法状态框最左侧的“中英文切换”按钮也可以切换中英输入。

软键盘是数字序号、数学符号、单位符号、制表符及特殊符号等的输入键盘。右键单击软键盘，可用选择、打开各种软键盘，进行各种符号输入，如图 2-4 所示。

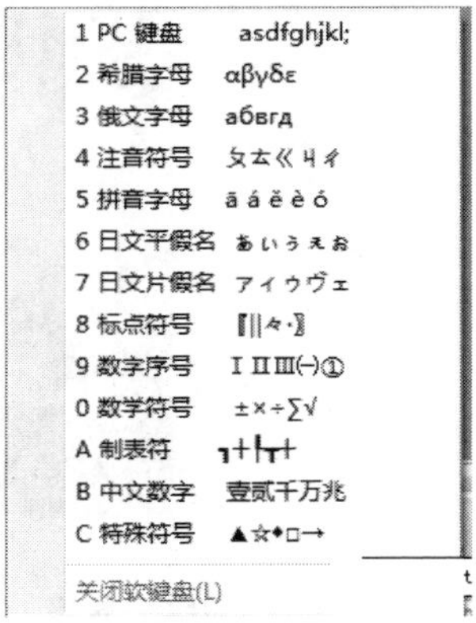

图 2-4　软键盘

(2) 智能 ABC 输入法。

智能 ABC 输入法是一种以拼音为主的智能化键盘输入法，是中文 Windows 中自带的一种汉字输入方法，具有简单易学、快速灵活的特点。

(3) 智能 ABC 中特殊符号的使用。

① 隔音符号[‘]；

② 韵母 ü 用 v 来代替。

(4) 中文标点的输入，见表 2-5。

表 2-5　中文标点符号对应表

中文标点	键　位	说　明	中文标点	键　位	说　明
。句号	.		）右括号	)	
，逗号	,		〈《单双书名号	<	自动嵌套
；分号	;		〉》单双书名号	>	自动嵌套
：冒号	:		……省略号	^	双符处理
？问号	?		——破折号	-	双符处理
！感叹号	!		、顿号	\	
“”双引号	“	自动配对	·间隔号	@	
‘’单引号	‘	自动配对	—连接号	&	
（左括号	(		￥人民币符号	$	

2.2.4 Windows XP 桌面

Windows XP 是多任务多用户的操作系统，因而，用户在进入 Windows XP 之前必须选择一个用户身份方可登录。而且，Windows XP 系统允许用户拥有自己的桌面环境。如果一台计算机由多个用户使用，那么，每个用户都可以设置自己喜欢的桌面环境。

如果计算机未设置开机密码，则系统直接进入 Windows XP 桌面；若设置了开机密码，则系统显示的第一幅画面是登录界面，用户需在密码框内输入密码，回车后方可进入 Windows XP 桌面，如图 2-5 所示。

“桌面”就是在安装好 Windows XP 后，用户启动计算机登录到系统后看到的屏幕上的较大区域。这个区域像背景画面，类似于桌上的桌布，可以由用户根据自己的喜好设置，对操作系统的功能没有任何影响。

图 2-5　Window XP 桌面

1. 桌面图标

桌面图标通常由代表 Windows XP 的各种组成对象的小图标及文字说明组成，可以将它们看作到达计算机上存储的文件和程序的大门。双击某图标，可以打开该图标对应的文件或程序。

系统默认的桌面图标排列方式为非自动排列。如果想要按自己的意图随便排列桌面图标，只要右击桌面空白区域，然后把“排列图标”子菜单“自动排列”的选择去掉就可以了。

桌面图标由系统部件图标、应用程序快捷图标、文档图标和文件夹图标四部分组成。

1) 系统部件图标

Windows 系统部件图标是在安装系统时，由系统自动生成，包括“我的电脑”、“我的文档”、“网上邻居”、“回收站”、“IE 浏览器”。其他图标可由用户根据实际需求添加。系统部件图标及其功能如下：

“我的电脑” 通常位于桌面的左上角，双击该图标可浏览本计算机上的所有资源。

“我的文档” 是 Windows XP 系统预先设置的一个文件夹，它用于保存用户编辑和使用的文件夹，其内容包括画图、写字板、Office 等。

“网上邻居” 展示的是与本机相连的网络中的其他计算机。

“回收站” 用来存放用户删除的文件或文件夹。在 Windows 系统中，当用户使用单一的“删除”功能删除文件或文件夹时，系统并未真正将其彻底删除，而是加上删除标记，并存放在回收站中，这为删除操作提供了一道安全防线。如经过一段时间后，确认这些删除的文件或文件夹已无用处，可在回收站中进行手工清除；否则可从回收站将其恢复到原位置。

“Internet Explorer” IE 浏览器用于搜索浏览网页信息。

2) 文档图标

文档是指用 Word、Excel 等创建的文件，可以直接发送到桌面创建快捷方式图标。在桌面上双击相应的快捷方式图标，便可快速打开该文档。

3) 文件夹图标

文件夹是 Windows 提供的用于存放和管理文件的空间位置。文件夹图标也可以由用户创建，需要时可双击文件夹图标快速打开文件夹。

4) 应用程序快捷图标

快捷方式是 Windows XP 操作系统的应用技巧，快捷方式使用户能够直观迅速地执行程序和文档，用户只需双击快捷方式图标便可执行相应的应用程序，而不是在“开始”菜单的多个级联菜单中去搜索查询，也不需要在文件夹里面去查找。用户可以在任何地方创建一个快捷方式，如 Word 快捷图标。

各种应用程序，如 Word 等，在安装应用程序后，都可以由用户创建其快捷方式图标。在桌面上双击相应的快捷方式图标，便可启动该应用程序运行。其常用的创建方法是：鼠标左键单击“开始”，指向“程序”，右键单击需要建立快捷图标的应用程序执行文件。在弹出的下拉菜单中，将鼠标指向“发送到”，单击下拉菜单的“桌面快捷方式”。

文档图标和文件夹图标快捷方式的创建方法是：右键单击“开始”，在弹出的快捷菜单中，左键单击“资源管理器”。在“资源管理器”窗口中，右键单击要创建桌面快捷方式的文件夹或文件名。在弹出的快捷菜单中将鼠标指向“发送到”，单击下拉菜单的“桌面快捷方式”。

2. “开始”菜单

“开始”菜单是运行 Windows XP 的入口，位于任务栏的左下端，用来打开 Windows XP 中的所有应用程序，其中包括用户可以使用的所有操作系统工具软件和用户自己安装的应用程序。

(1)“开始”菜单的常见操作。

单击带有右箭头▸的菜单项，将出现一个级联菜单，其中显示了多个菜单项。

单击带有省略号(…)的菜单项时，将出现一个对话框。

只有单击既不带箭头又不带省略号的菜单项时，才启动一个应用程序。

单击菜单底部的向下箭头 »，即可显示全部内容。

(2)“开始”菜单的设置。

① 右击任务栏的空白处或“开始”按钮选择“属性”命令。

② 在“开始菜单”选项卡中单击“自定义”按钮，打开“自定义开始菜单”对话框。

③ 进行相应选择后，单击“确定”即可。

(3)“开始”菜单中各命令项的功能如表 2-6 所列。

表 2-6 “开始”菜单命令项

菜单项命令	功 能
我的文档	用于存储和打开文本文件、表格、演示文档以及其他类型的文档
我最近的文档	列出最近打开过的文件列表，单击该列表中某个文件可将其打开
图片收藏	用于存储和查看数字图片及图形文件
我的音乐	用于存储和播放音乐及其他音频文件
我的电脑	用于访问磁盘驱动器、照相机、打印机、扫描仪及其他连接到计算机的硬件
控制面板	用于自定义计算机的外观和功能、添加或删除程序、设置网络连接和管理用户帐户
设定程序访问和默认值	用于制定某些动作的默认程序，诸如制定 Web 浏览、编辑图片、发送电子邮件、播放音乐和视频等活动所使用的默认程序
连接到	用于连接到新的网络，如 ADSL 等
帮助和支持	用于浏览和搜索有关使用 Windows 和计算机的帮助主题
搜索	用于使用高级选项功能搜索计算机
运行	用于运行程序或打开文件夹

3. 快速启动栏

一般情况下，人们把常用的程序图标复制到这里，以方便快速地启动该程序。一些应用程序在完成安装后也会自动在此栏生成快速启动图标。

快速启动栏可以通过“显示属性”对话框中“桌面”标签的“自定义桌面”加以设置。

4. 任务栏

任务栏位于 Windows XP 桌面最下方的中间处，它显示了系统正在运行的程序和打开的窗口、当前时间等内容。用户通过任务栏可以完成许多操作，也可以对它进行一系列的设置，如图 2-6 所示。

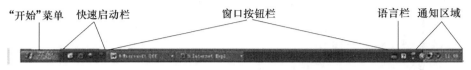

图 2-6　Windows XP 任务栏

常见操作如下：

(1) 改变任务栏的锁定状态。

① 右击任务栏空白区域，选择"锁定任务栏"命令。

② 若在选项前出现"" 标记，则表明任务栏已被锁定，反之为未被锁定。

(2) 改变任务栏的位置。

① 确定任务栏处于非锁定状态；

② 在任务栏上的空白部分单击鼠标左键；

③ 将鼠标指针拖动到屏幕上要放置任务栏的位置后，释放鼠标。

(3) 改变任务栏及各区域大小。

① 确定任务栏处于非锁定状态；

② 将鼠标指针悬停在任务栏的边缘或任务栏上的某一工具栏的边缘；

③ 当显示鼠标指针变为双箭头形状时，按下鼠标左键不放拖动到合适位置后，释放鼠标按钮。

(4) 设置任务栏属性。

① 右击任务栏空白区域，选择"属性"命令；

② 在"任务栏和开始菜单属性"对话框中可以自定义任务栏外观及通知区域。

5. 语言栏

语言栏显示目前使用的语言及文字输入法。按 Ctrl+空格键可以实现中英文间的转换；按 Ctrl+Shift 键可以实现中文不同输入法间的转换，按 Shift+空格键可以实现全角/半角切换。

6. 通知栏

位于 Windows XP 桌面的最右端，有音量控制器、系统时间、外部存储器使用标识等。

2.2.5 Windows XP 窗口

窗口是桌面内的框架，用于显示文件和程序的内容。在 Windows XP 桌面上可以根据需要打开多个窗口和对话框，窗口和对话框是 Windows 的基本组成部件。

通常情况下，窗口与应用程序是一一对应的关系，每运行一个应用程序就会在桌面上打开一个窗口，在窗口中可以浏览 Windows 的文件、图标等对象，并可进行各种相应的操作，对窗口本身也可以进行打开、关闭、移动、缩放等操作。

1. Windows XP 窗口的组成

Windows XP 窗口如图 2-7 所示。

图 2-7 Windows XP 窗口

(1) 标题栏。

标题栏位于窗口上端，自左向右依次是控制菜单图标，文档名称、应用或项目名称(窗口名称)、“最小化”按钮、“最大化”按钮和“关闭”按钮。

(2) 菜单栏。

菜单栏位于标题栏的下方，由多个主菜单项组成，每个菜单项又对应一个下拉菜单。在下拉菜单菜中，有些菜单命令的右边有一个黑三角符号▶，表示该菜单命令还有二级下拉菜单；有的菜单命令右边还有省略号(…)，表示该菜单命令执行后将打开一个对话框，用户可在对话框中与系统交互信息；有些菜单命令选项是灰色的 链接(K)…，表示不可用；有些菜单命令名字前带对钩号“√”或黑色圆点●记号，表明在多项中带有记号的是被选中的。对钩号“√”记号可以有多项选择，黑色圆点●记号只可能选择一项。随着应用程序的不同，菜单栏的内容会有所不同。

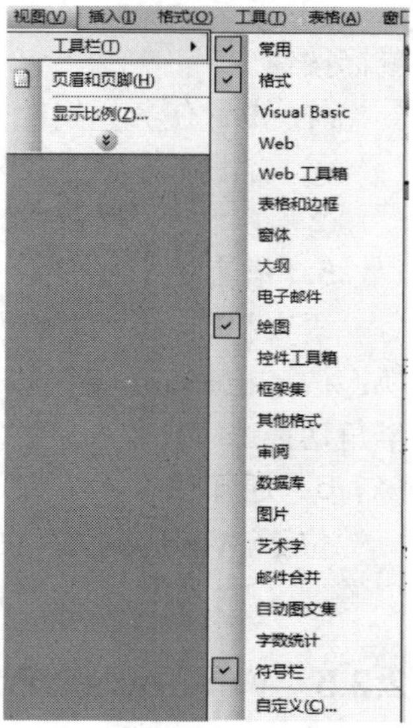

图 2-8 Windows XP “工具栏”设置

(3) 常用命令工具栏。

一些常用的菜单命令以图标按钮的形式排列在菜单栏下面的工具栏中。用户可以根据需要自定义工具栏，方法是：选择“视图”→“工具栏”，根据需要进行设置，如图 2-8 所示。

(4) 应用程序工作区。

窗口中面积最大的部分是应用程序的工作区，各种应用程序都是在这一区域工作。如：写字板、记事本、Word 都是利用这个区域来创建、编辑文档。随着应用程序的不同，工作区界面会有所差异。

(5) 水平和垂直滚动条。

水平和垂直滚动条通常有两个滚动箭头和一个滚动框，用于在水平方向或垂直方向实现浏览可视工作区域以外的内容。方法是单击或拖动上箭头、下箭头或滚动条。

(6) 状态栏。

在窗口的下部，用来显示当前工作的信息以及一些重要的状态信息。

2. 窗口的分类

根据窗口的性质，可以将窗口分为应用程序窗口、文档窗口和对话框 3 类。

(1) 应用程序窗口。

它是运行程序或打开文件夹时出现的窗口，可以在桌面上自由移动，并可最大化或最小化。一般由标题栏、菜单栏、工具栏、地址栏、状态栏、窗口工作区等组成，如图 2-9 所示。

(2) 文档窗口。

文档窗口存在于应用程序窗口内，是应用程序运行时所调入的文档的窗口。文档窗口只能在应用程序窗口之内完成最大化、最小化、移动、缩放等操作，如图 2-10 所示。

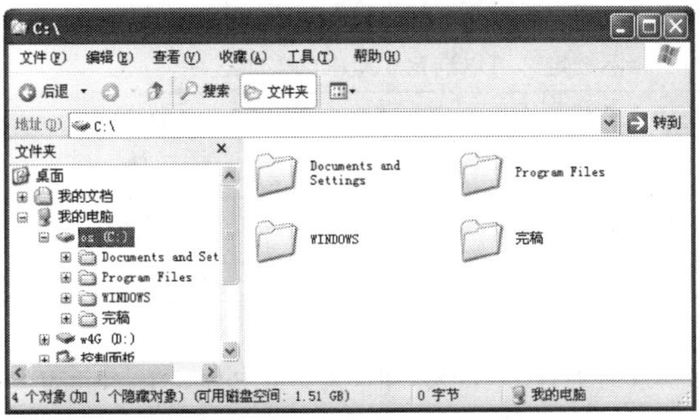

图 2-9　Windows XP 应用程序窗口

图 2-10　Windows XP 文档窗口

(3) 对话框。

在 Windows XP 的菜单命令中，命令项后面带有省略号(...)的表示该命令被选定后会在屏幕上弹出一个特殊的窗口，在该窗口中列出了该命令所需的各种参数、项目名称、提示信息及参数等可选项，这种窗口称为对话框。对话框主要用于人与系统之间的信息交流。用户通过对话框不仅可以应答系统提出的诸如口令、文件名等问题，也可以对系统的硬件和软件进行设定、对各种属性进行修改，如图 2-11 所示。

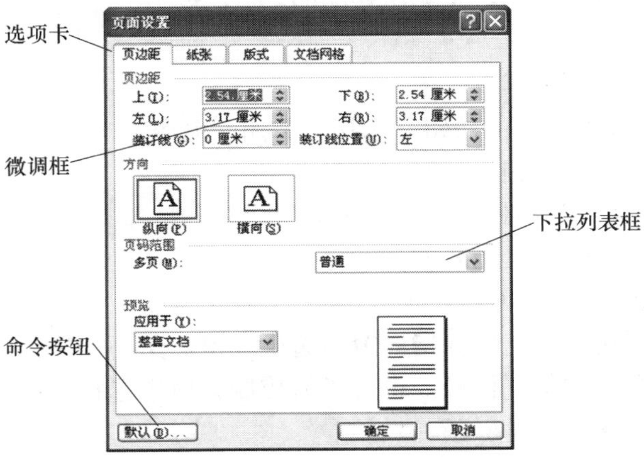

图 2-11　Windows XP 对话框

对话框中各组成元素的作用如表 2-7 所列。

表 2-7 “对话框”组成元素

元 素	作 用
标题	对话框的工作主题
标签	通过单击不同的标签，可以在动态对话框中切换不同的标签
列表框	显示多个选项，由用户选定其中一项。当选项一次不能全部显示在列表框中时，系统会提供滚动条帮助用户快速查找
下拉列表框	单击下拉列表框右侧的下拉按钮，可以打开下拉列表，显示所有选项。列表关闭时，框内所显示的就是选定的信息
文本框	可以在其中输入文字信息
微调框	单击右边的上下箭头可以改变数值的大小，也可以直接在框内输入数值
复选框	单击某选项表示选定或取消该项，“√”表示选定。可以选定一组中的多个选项
单选按钮	是一组相互排斥的选项，即在一组选项中选择一个，且只能选择一个，被选定的按钮中心出现一个圆点
标尺与游标	标尺与游标用来控制那些不能用整型数描述的数值量，用鼠标拖动的方法在标尺上拖动游标，可以改变这个数值量的大小
命令按钮	单击一个命令按钮即可执行一个命令。如果一个命令按钮呈灰色，则表示该按钮是不可选的；如果一个命令按钮后跟有省略号(…)，则表示打开另一个对话框。对话框中常见的是矩形带文字的命令按钮
“帮助”按钮	单击这个按钮，然后再单击要了解的项目，即可获得有关项目的信息
“关闭”按钮	单击这个按钮，关闭对话框

3. 窗口的基本操作

1) 移动窗口

将鼠标指针指向需要移动窗口的“标题栏”，按下左键不放开，拖动鼠标到合适位置松开。也可以从“标题栏”的“控制菜单”中选择“移动”命令，拖动方向键，移动到合适位置。但当窗口最大化时，是无法移动的。

2) 窗口的关闭

(1) 单击“关闭”按钮。

(2) 右击窗口在任务栏上的按钮，选择“关闭”命令。

(3) 双击“控制菜单”按钮。

(4) 单击“控制菜单”按钮，选择“关闭”命令。

(5) 同时按下键盘上的 Alt+F4 键。

3) 调整窗口大小

当窗口不是最大化时，把鼠标指向窗口边框或窗口角，当指针变成双箭头形状时，按下左键拖动鼠标至合适位置松开。也可以从控制菜单中选择“大小”命令后，按方向键，把边框或窗口角移到合适位置。

也可单击实现窗口最小化形式、单击实现窗口最大化形式、单击实现窗口还

原形式。

4) 滚动窗口内容

当窗口的内容太多，无法同时显示时，可以利用向上垂直滚动条、向下垂直滚动条、向上/下滚动框、前一页、下一页的操作来移动显示内容。

5) 切换窗口

当多个窗口同时打开时，单击要切换到的窗口中的某一点，或单击要切换到窗口中的标题栏，或在任务栏上单击对应窗口的按钮，均可以实现窗口的切换。利用 Alt+Tab 组合键也可以实现窗口的切换。

6) 排列窗口

右击任务栏空白区域，在快捷菜单中选择窗口排列布局。窗口排列有层叠窗口、横向平铺、纵向平铺、显示桌面四种方式，如图 2-12 所示。

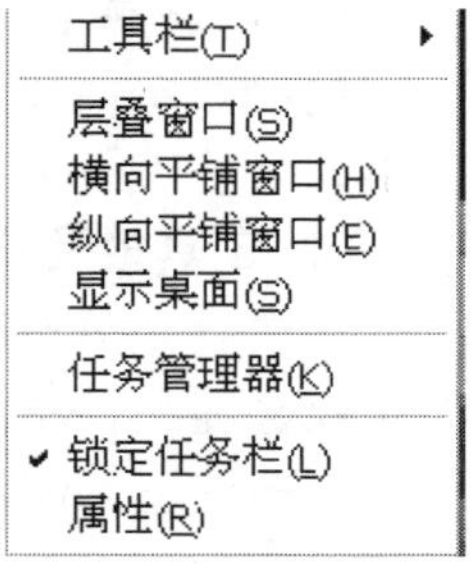

图 2-12 排列窗口

2.2.6 Windows XP 菜单及工具栏

1. 菜单

在 Windows XP 的每一个窗口中几乎都有菜单栏，在菜单栏中的每个菜单项下又有菜单，提供了一组相应的操作命令，称为下拉菜单。这里把菜单栏、菜单项和下拉菜单统称为菜单(表 2-8)。

表 2-8 Windows XP “菜单”

菜单类型	功 能	操作方式
“开始”菜单	Windows XP 命令	单击“开始”按钮
控制菜单	控制窗口	单击窗口的程序图标
快捷菜单	针对具体对象的命令	右键单击对象
窗口主菜单	应用程序的命令	单击菜单名

2. 菜单的基本操作

(1) 打开下拉菜单。

① 单击菜单名，即可打开该下拉菜单。

② 若要选择菜单中列出的一个命令，单击该命令。

③ 若菜单命令项带有“Alt+字母”或“Ctrl+字母”，表明同时按下 Alt 键或 Ctrl 和菜单名后边的英文字母，即可打开该下拉菜单。

④ 若菜单命令项带有省略号“…”，表示单击该菜单命令项时会弹出一个对话框。

⑤ 若菜单命令项以灰色显示，则表明该菜单命令项当前不可用。

⑥ 若菜单命令项带有向右的箭头▶，则表明单击该命令项后会打开子菜单。

⑦ 若菜单命令项带有原点●，则表示目前有效的单选项。

⑧ 若菜单命令项带有“√”，则表示目前有效的复选项。

(2) 取消菜单选择。

打开菜单后若想取消菜单的选择，单击菜单以外的任何地方或按 Esc 键，即可取消菜单选择。

3. 快捷菜单

在 Windows XP 中右击某对象时，会弹出一个带有关于该对象的常用命令的菜单，称为快捷菜单。这种操作方法不但直观，而且菜单紧挨着选择的对象，是一种方便、快捷的操作方法。例如右击文件、文件夹或磁盘驱动器，都会弹出一个快捷菜单。

4. 控制菜单

控制菜单主要用于窗口的操作，单击窗口标题栏的窗口图标，可打开该窗口的控制菜单。

5. 工具栏及其操作

工具栏是菜单中各项命令的快捷按钮，使用时只需单击工具栏上的命令按钮。大多数按钮会在指针指向时显示一些有关功能的文本。

要改变工具栏的位置，将鼠标指针指向工具栏最左端，当鼠标指针变为十字移动箭头形状✥时，按住左键不放拖动到目的位置，释放鼠标即可。

2.2.7 设置个性化桌面环境

Windows XP 是多任务多用户的操作系统，因而，用户在进入 Windows XP 之前必须选择一个用户身份方可登录。而且，Windows XP 系统允许用户拥有自己的桌面环境。如果一台计算机由多个用户使用，那么，每个用户都可以设置自己喜欢的桌面环境。Windows XP 中进行个性化环境设置的部件为“控制面板”。

1. 设置桌面背景

(1) 在“控制面板”中双击“显示”图标，在打开“显示属性”对话框中选择“桌面”标签，打开如图 2-13 所示的对话框，在“背景”列表框中或通过“浏览”按钮选择符合个人喜好的背景图案。

图 2-13 “显示属性”对话框

(2) 在“位置”下拉列表中选择合适的显示方式，其中：

“居中”表示按图片原尺寸将图片放在屏幕中央；

“平铺”表示按图片原尺寸排列一幅或多幅图片，使之充满屏幕；

“拉伸”表示将图片按照屏幕尺寸进行双向拉伸，使之充满屏幕。

(3) 按“确定”完成设置。

2. 设置屏幕保护程序

屏幕保护程序是当用户在一段时间内不使用计算机时，屏幕信息自动锁住并隐藏，取而代之的是移动位图或图案——屏幕保护程序。设置屏幕保护程序，可在“显示属性”对话框中设置，如图 2-14 所示。

(1) 选择屏幕保护程序。在“屏幕保护程序”下拉列表中选择动画，并通过对话框中的模拟显示器观看动画效果，或通过“预览”按钮进行；如果要优化屏幕保护程序，可单击“设置”按钮。

(2) 通过“等待”设置计算机从停止操作到启动屏幕保护程序的闲置时间。

(3) 通过复选框选定是否需要在屏幕保护程序终止并恢复原状态时验证启动密码。屏幕保护程序的密码与 Windows XP 的登录密码相同，如果不知道用户在 CMOS 中设置的登录密码，则无法取消该屏幕保护程序，从而起到计算机安全保护的作用。

(4) 单击“应用”或“确定”按钮完成设置。

3. 设置窗口外观

窗口的外观由组成窗口的多个元素组成，Windows XP 向用户提供了一个窗口外观的方案库，在默认情况下，Windows XP 采用“Windows XP 样式”的外观方案，即通常看到的：

(1) 活动窗口的标题栏为蓝色。

(2) 非活动窗口的标题栏为灰色。

(3) 窗口内的菜单栏、地址栏边框、状态栏为浅蓝色。

(4) 窗口的工作区为白色。

(5) 窗口内的文字为黑色。

在 Windows XP 中，可以从系统提供的外观方案中加以选择来改变窗口的外观。设置步骤如下：

(1) 在“显示属性”对话框中选择“外观”标签，打开如图 2-15 所示的对话框，在“窗口和按钮”下拉列表中选择符合个人喜好的窗口样式。

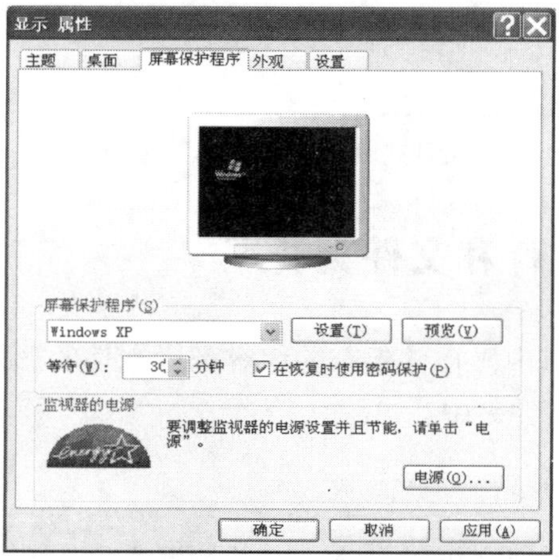

图 2-14　“显示属性”对话框

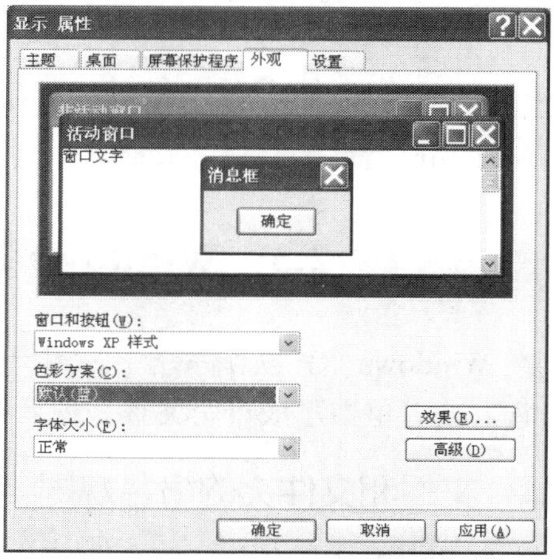

图 2-15　“显示属性”对话框

(2) 在“色彩方案”下拉列表中选择喜欢的背景颜色和渐变颜色。

(3) 在“字体大小”下拉列表中选择说明桌面图标功能的文字大小、颜色等。

(4) 单击“应用”或“确定”完成设置。

4. 设置显示器属性

(1) 在“显示属性”对话框中选择“设置”标签，打开如图 2-16 所示的对话框。

(2) 通过拖动滑块来设置显示器的分辨率。分辨率表示像素点的多少，其范围取决于计算机显示器的性能。分辨率越高，像素点越多，可显示的内容越多，所显示的对象越小。普通的适配器和显示器通常有 3 种选择：640×480、800×600、1024×768。高品质的适配器和显示器还会有 1152×865、1280×1024、600×1200 等选择。

(3) 颜色质量一般有多种选择，如低(8 位)、16 色、256 色、增强色(16 位)和真彩色(24 位)、真彩色(32 位)，用户可以根据所使用计算机的性能和自己的需求选择。

(4) 单击“确定”按钮完成设置。

5. 设置系统时间

Windows XP 桌面的右下角有一个日期和时间标识项，通过它可以设置、修改系统的日期和时间。将鼠标指向该标识项，单击右键，选择“调整日期”→“时间”命令，将会出现如图 2-17 所示的对话框。选择“时区”标签，进行时区设置。之后，选择“时间和日期”标签，进行时间和日期设置。

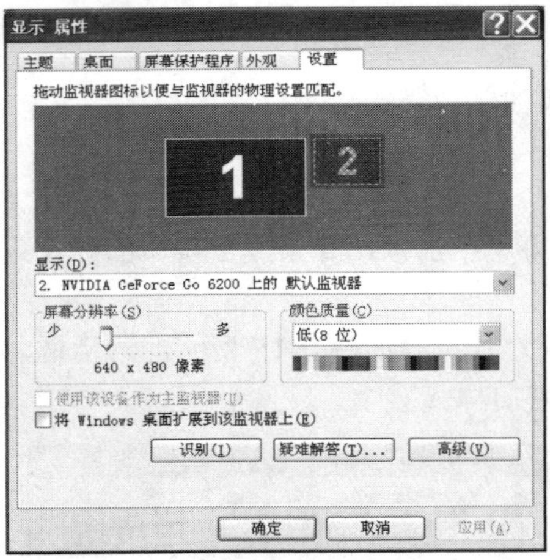

图 2-16 “显示属性”对话框

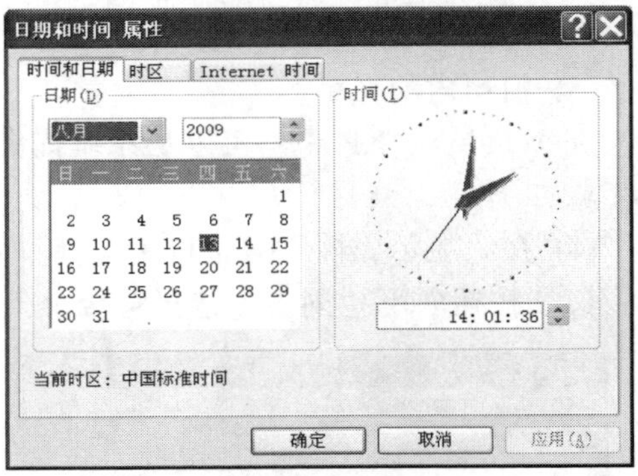

图 2-17 “时间和日期”对话框

2.3 Windows XP 文件和文件夹管理

在 Windows XP 操作系统中，用户在计算机中操作并保存的内容都以文件的形式存在，它们或者单独形成一个文件，或者存在于文件夹中。

2.3.1 文件和文件夹的命名规则

文件名由主文件名与扩展名两部分组成，扩展名可以省略。一般情况下，主文件名与扩展名之间用“.”分隔。表 2-9 为常见文件扩展名。

表 2-9　常见文件扩展名

扩 展 名	含 义	扩 展 名	含 义
exe/com	可执行命令或程序文件	gif/jpg/bmp	图形文件
txt	文本文件	doc	Word 文档文件
ppt	PowerPoint 演示文稿	mp3/wav	音频文件
xls	电子簿文件	rar/zip	压缩文件

在 Windows XP 中，对文件名的命名有如下规定：

(1) 文件名由文件名和扩展名组成，二者之间用“·”分隔。

(2) 文件名支持长文件名，可使用最多 255 个字符，可使用多种字符，不能使用系统保留的设备名。

(3) 文件名不区分大小写。

(4) 文件名中可以使用汉字、数字字符 0～9、英文字符 A～Z 和 a～z，还可以使用空格字符和加号(+)、逗号(，)、分号(；)、左右方括号([ ])和等号(=)，但不允许使用尖括号(<>)、正斜杠(/)、反斜杠(\)、竖杠(|)、冒号(：)、双撇号(″)。

(5) 文件的扩展名由 3 个字符组成，可以用来标明文件的类型。

(6) 查找时可使用通配符“*”和“？”，其中“*”表示多个字符，“？”表示一个字符。

(7) 注意：文件或文件夹名的命名应尽量做到“见名知义”。

2.3.2 文件和文件夹的管理途径

在 Windows XP 中，文件或文件夹的管理可以通过两种方法实现，一种是通过“我的电脑”中的文件夹窗口，另一种是通过“Windows 资源管理器”。

1. 通过“我的电脑”中的文件夹窗口进行管理

在双击打开的“我的电脑”窗口中双击要操作的磁盘图标即可打开该盘上相应的文件夹窗口，如果需要，还可以依次打开其下的各级子文件夹，如图 2-18 所示。

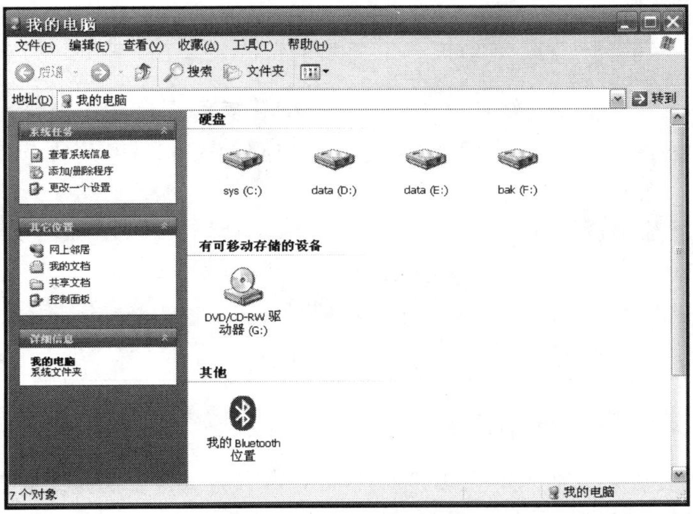

图 2-18　“我的电脑”窗口

2. 通过“Windows 资源管理器”进行管理

“Windows 资源管理器”是一个用于查看和管理系统中所有文件和资源的文件管理工具。通过它可以管理硬盘、映射网络驱动器、外围驱动器、文件和文件夹，还可以用以查看控制面板和打印机的内容、浏览 Internet 的主页。

由于“Windows 资源管理器”在一个窗口之中集成了所有资源，利用它可以很方便地在不同的资源之间进行切换并实施操作。

单击“开始”按钮，选择“所有程序”子菜单中的“附件”，然后选择“Windows 资源管理器”命令，即可启动“Windows 资源管理器”。

“Windows 资源管理器”窗口有两个窗格，如图 2-19 所示。

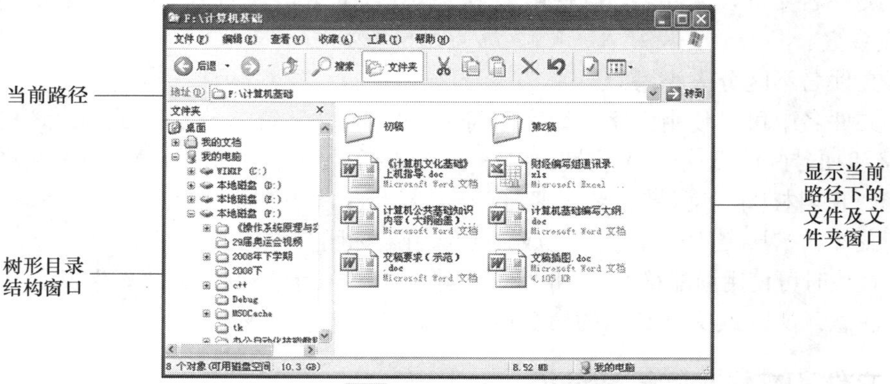

图 2-19 “资源管理器”窗口

左窗格是文件夹框，以树形结构列出了系统中所有的资源，有些文件夹的前面有“+”标记，该标记表示在此文件夹下还有下一级子文件夹。单击该标记后，其下一级子文件及文件夹展开，该文件夹前面的标记变为“－”。

右窗格是文件夹的内容框，显示当前选定文件夹中的文件和文件夹等内容，亦可以看成一个文件夹窗口。

提示：

◆ “Windows 资源管理器”可以比“我的电脑”管理更多的系统资源。

◆ “我的电脑”适于浏览资源和单文件夹操作，“Windows 资源管理器”适于多文件夹操作。

◆ “我的电脑”为每个文件夹打开一个窗口，比较适合浏览每个文件夹的内容和对一个文件夹的内容进行操作，如文件的删除、重命名等；“Windows 资源管理器”因为有左右两个窗格，更适合于不同文件夹之间的操作，如从一个文件夹复制文件到另一个文件夹等。

2.3.3 文件和文件夹的显示方式

对创建好的文件和文件夹，可以选择不同的查看方式。方法是选择文件或文件夹所在位置，单击右键，在弹出的快捷菜单中选择“查看”选项，如图 2-20 所示。

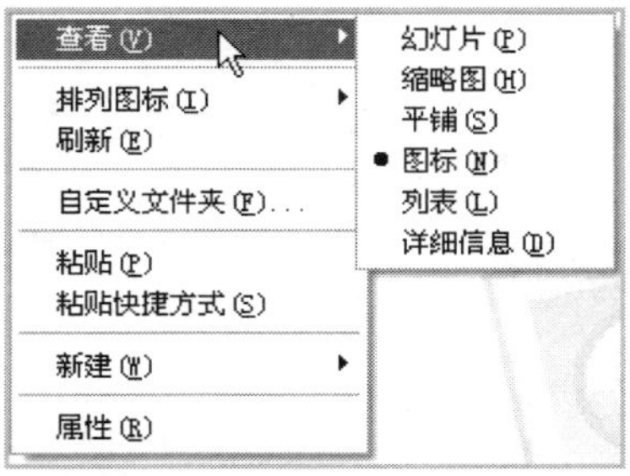

图 2-20　文件或文件夹查看方式

2.3.4　文件和文件夹的基本操作

1. 创建文件、文件夹及文件的快捷方式

(1) 创建新文件。

在“我的电脑”文件夹窗口或“Windows 资源管理器”的左窗格中，选定新文件所在的文件夹，执行“文件”→“新建”菜单命令，从弹出的子菜单中选取文件类型，窗口中出现临时名称的文件，键入新的文件名称，按 Enter 键或鼠标单击其他区域完成操作。

(2) 创建新文件夹。

方法一：选定新文件夹所在的位置，执行“文件”→“新建”菜单命令，从弹出的子菜单中选择“文件夹”命令，窗口中出现临时名称的文件夹，键入新的文件夹名称，按 Enter 键或鼠标单击其他区域完成操作。

方法二：选定新文件夹所在的位置，在空白处单击鼠标右键，从弹出的快捷菜单中选择“新建” →“文件夹”菜单命令，亦能创建新文件夹。

(3) 创建文件的快捷方式。

当为一个文件创建快捷方式后，就可以使用该快捷方式打开文件或运行程序。创建快捷方式的步骤如下：

① 选定要创建快捷方式的文件或文件夹；

② 执行“文件”→“新建”→“快捷方式”菜单命令，在弹出的对话框中的“请键入项目的位置”文本框中输入要创建快捷方式文件的路径和名称，或通过“浏览”按钮选择文件；

③ 单击“下一步”按钮，输入快捷方式文件的名称，选择快捷方式的图标，从而完成快捷方式的创建。

也可以右键单击选中的文件或文件夹，在弹出的快捷菜单中选择“创建快捷方式”或“发送到”→“桌面快捷方式”。如图 2-21 所示。

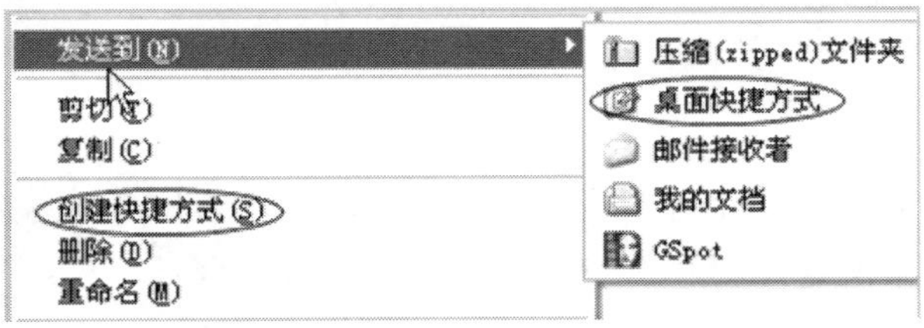

图 2-21　创建快捷方式

2. 打开文件或文件夹

对于已经创建的文件或文件夹，如需要打开对其进行查看，可以使用以下 3 种方法：

方法一：执行“文件” →“打开”命令。

方法二：选取要打开的文件或文件夹，单击鼠标右键，在弹出的快捷菜单中执行“打开”命令。

方法三：双击需要打开的文件或文件夹。

3. 选择文件或文件夹

(1) 选择单个文件或文件夹：选择文件或文件夹时，如果只是单个文件或文件夹选取，只需用鼠标单击该文件或文件夹即可。

(2) 选择不连续文件或文件夹：当选择非连续的多个文件或文件夹时，需在按住 Ctrl 键的同时，再用鼠标逐个单击要选取的文件。

(3) 选择连续文件或文件夹：当选择连续的多个文件或文件夹时，则可以常用以下两种方法实现：

方法一：在按住 Shift 键的同时，分别单击同一直线上(包括对角线)的首、尾两个文件，即可将首、尾两个文件和它们中间的一系列文件全部选定。

方法二：用鼠标拖曳出一个方框选取文件，在方框内的文件都将被选定。

(4) 选择所有文件或文件夹：如果用户需要选取窗口中所有的文件，也可以采取两种方法实现：

方法一：执行菜单栏中的“编辑” →“全部选定”命令；

方法二：将鼠标置于窗口的空白处，按下 Ctrl+A 键。

4. 复制、剪切文件或文件夹

(1) 使用菜单。

① 选定要复制、剪切的文件或文件夹。

② 如果要复制文件，只需执行菜单栏中的“编辑” →“复制”命令，或直接单击工具栏上的“复制到”按钮，打开“浏览文件夹”对话框，选择需要复制到的文件夹后，单击“确定”按钮即可。

③ 如果要剪切文件，执行菜单栏中的“编辑” →“剪切”命令，或直接单击工具栏上的“移至”按钮，打开“浏览文件夹”对话框，选择需要移动的文件夹后，单击“确定”按钮即可。

(2) 使用“拖动”方法。

如果文件或文件夹移动的始末位置在同一驱动器下，按住 Ctrl 键不放，用鼠标将选定的文件或文件夹拖曳到目标位置，完成的是“复制”操作。若不按 Ctrl 键进行移动操作，完成同一驱动器下的“剪切”操作。如果文件或文件夹移动的始末位置在不同驱动器下，完成的是“复制”操作。

> **说明：**复制与剪切操作相同点是均可以完成文件或文件夹的移动并在“剪切板”上留有备份，不同的是复制操作后原始位置仍保留原文件或文件夹，而剪切操作后原文件或文件夹消失。

5. 撤消操作

如果想撤消刚刚做过的复制、剪切、重命名等操作，可执行菜单栏中的“编辑”→“撤消”命令，或直接单击工具栏上的“撤消”按钮。

6. 删除文件或文件夹

删除文件或文件夹最快的方法就是在选定要删除的对象后按 Delete 键。此外，还可以用其他两种方法进行删除操作。

方法一：用鼠标右击要删除的对象，在弹出的快捷菜单中选择“删除”命令。

方法二：在选定删除对象后用鼠标将其直接拖放到回收站中。

> **说明：** 按照上述两种方法操作，删除的文件或文件夹将进入“回收站”。若想将这些文件或文件夹直接根除，可在使用方法一或方法二选择“删除”命令的同时按下“Shift”键。必须强调，此操作要慎之又慎，以免误操作而造成无法挽回的损失。

7. 恢复删除操作

如果删除操作后立即恢复，只需执行菜单栏中的“编辑”→“撤消”命令，或直接单击工具栏上的“撤消”按钮即可；如果要恢复已经删除一段时间的文件或文件夹，需要到“回收站”中进行还原操作(图 2-22)。

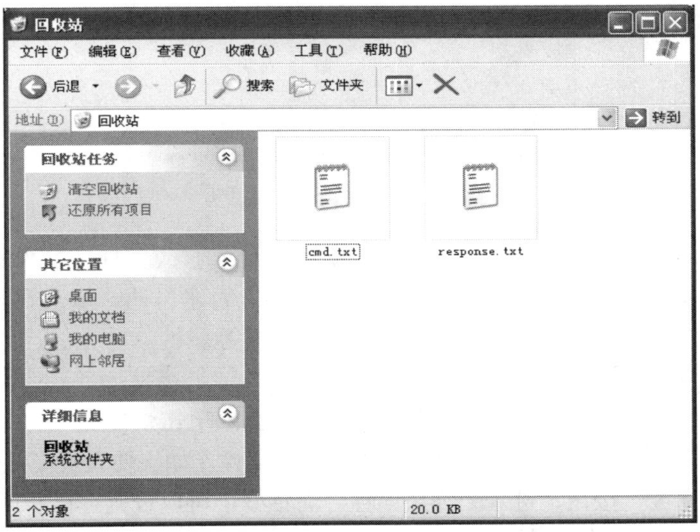

图 2-22　“回收站”窗口

8. 为文件或文件夹重命名

已创建的文件和文件夹，可以根据需要重新命名。采用以下三种方法可实现：

方法一：选定文件或文件夹，执行菜单栏中的“文件”→“重命名”命令，输入新名称即可。

方法二：直接用鼠标右击文件或文件夹，在弹出的快捷菜单中选择“重命名”命令，文件或文件夹名称处于改写状态，输入新名称。

方法三：选定文件或文件夹，缓慢单击文件或文件夹两次，待文件名处于改写状态时，输入新名称。

9. 设置文件或文件夹属性

文件属性反映的是文件的特征信息(图 2-23)，一般包括：

(1) 时间属性。文件的创建时间；文件最近一次被修改的时间；文件最近一次被访问的时间。

(2) 空间属性。文件的位置；文件的大小；文件所占的磁盘空间。

(3) 操作属性。文件的只读属性；文件的隐含属性；文件的系统属性；文件的存档属性。

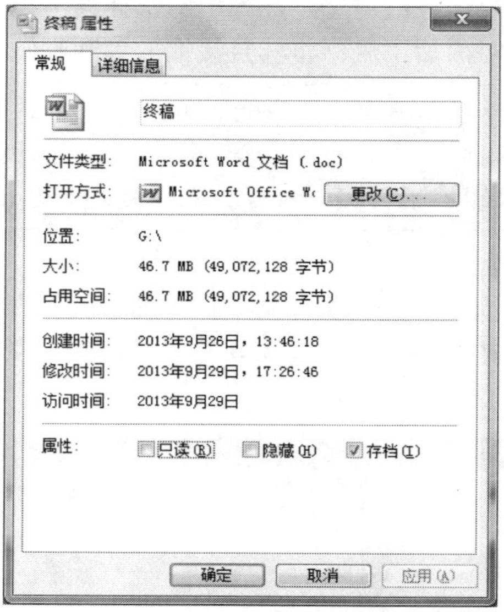

图 2-23 “文件属性”对话框

在“Windows 资源管理器”中，可以方便地查看或修改文件或文件夹的属性。属性包括文件类型、打开方式、位置、大小、占用空间、创建日期、修改日期、访问日期、只读、隐藏等。在高级属性中还可以设置存档和压缩等属性。

查看或修改文件或文件夹属性的方法：

方法一：右键单击需要设置属性的文件或文件夹，单击快捷菜单中“属性”。然后，在弹出的“属性”对话框中选择“只读”或“隐藏”属性。如果要设置高级属性，单击“属性”对话框的“高级”按钮，进入“高级属性”对话框，可以设置存档和压缩等属性。

方法二：单击需要设置属性的文件或文件夹，单击“文件”、“属性”。在弹出的属性对话框的属性栏中选择相应的属性，单击“确定”。如果要改变隐藏文件的显示情况，可选择“工具”→“文件夹选项”，在“文件夹选项”对话框中进行显示或不显示的选择。

如果改成是“隐藏”或“系统”，则在“Windows 资源管理器”中不显示出来(文件夹没有系统属性)；如果具有“只读”或“系统”属性，则删除时需要一个附加的确认，从而减小了因误操作而将文件删除的可能性。

10. 文件的搜索

在实际操作中，经常会遇到这样的情况：不太清楚文件或文件夹所在位置或不太清楚文件或文件夹的准确名称。此时，使用 Windows XP 提供的搜索功能，便可很快找到目标。

方法一：在“开始”菜单中选择“搜索”命令，打开“搜索”对话框，如图 2-24 所示。在左窗格中选择“所有文件和文件夹”，左窗格更换新的提示，按提示信息输入尽可能详实的内容后，按“搜索”按钮即可。

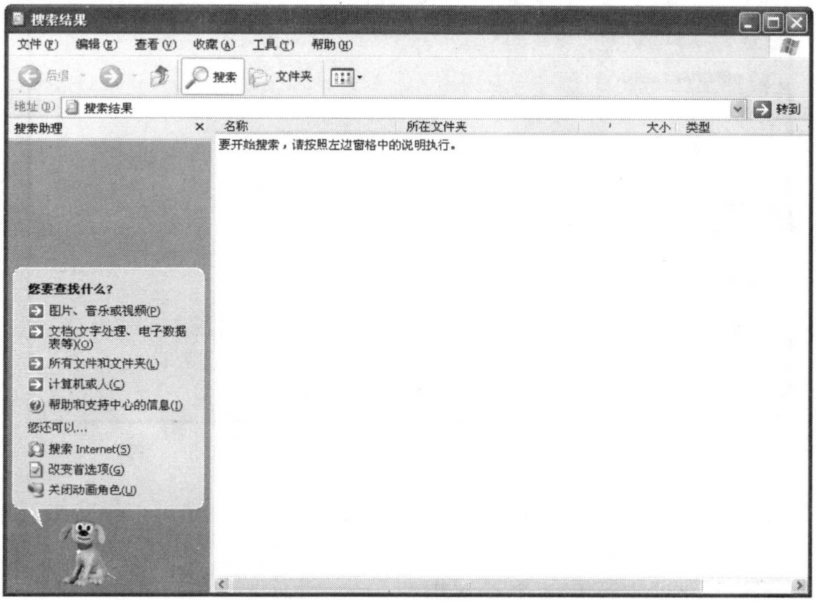

图 2-24　“搜索”窗口

方法二：在“Windows 资源管理器”中进行搜索，可以单击窗口工具栏中的“搜索”按钮，待窗口变为文件搜索窗口后，按照搜索窗口的提示输入相应信息，即可进行搜索操作。

无论采用哪种方法，在搜索时还可以给出日期、类型、大小等选项，以便对搜索范围进行限定。在不太清楚文件或文件夹的准确名称的情况下，可以使用通配符“*”和“？”来进行搜索。

“？”：表示文件名中该位置可以是任意字符。例如：“A？B.DOC”表示文件名中的第二位可以是任意字符。

“*”：表示文件名中“*”号及其之后的位置可以是任意字符。例如：“A*.DOC”表示以字母“A”开头扩展文件名为“DOC”的所有文件。

如果要查找指定条件的文件，可在“搜索选项”中指定，如图 2-25 所示。

(1) 选取“日期”复选框，请根据需要在下拉列表中选择“创建的文件”、“修改的文件”或“最近访问过的文件”，然后就可以在下面设置时间了。

① 前：用于设置时间的范围为从今天算起多少天或多少个月之内。

② 介于：用于指定时间的范围，单击后面下拉列表中的向下箭头可以打开日历表，以指定时间。单击日历表中的左箭头按钮可以改变月份，单击日历表中的日期可以设置日期。

(2) 选取“类型”复选框，可以在下拉列表中指定要搜索的文件的类型，这里列出了所有在 Windows XP 中注册的文件类型。

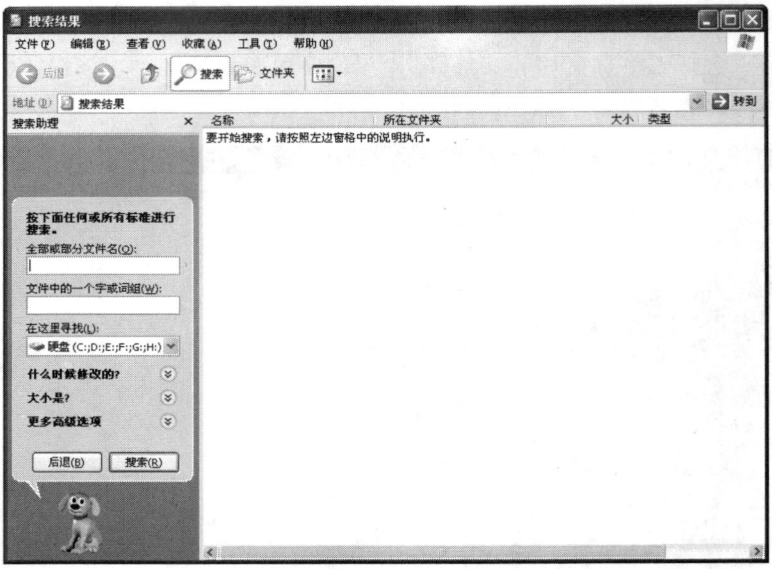

图 2-25　定义搜索选项

(3) 如果要进一步限制文件的大小，可以选取“大小”复选框，指定要搜索的文件的大小范围。

(4) 在“高级”选项中还有 3 个设置项：

① 搜索子文件夹：指定搜索文件时包含子文件夹。

② 区分大小写：指定搜索文件时要区分字母的大小写。

③ 搜索慢速文件：搜索那些需要花费较长时间的文件。

11. 发送文件或文件夹

在 Windows XP 中，可以直接把文件或文件夹发送到软盘、“我的文档”、“邮件接收者”等地方。发送文件或文件夹的方法是：选定要发送的文件或文件夹，然后将鼠标指向“文件”→“发送到”，最后选择发送目标。

12. 修改文件类型

在 Windows XP 中，文件在保存时就确定了其文件类型，在文件使用过程中，如果需要修改文件类型，可以按如下方法进行。

(1) 在“工具”菜单上，选择“文件夹选项”命令。

(2) 选择“文件类型”选项卡。

(3) 选择要修改的文件类型，然后单击“更改”按钮。

2.4　Windows XP 任务管理

2.4.1　任务管理器

1. 任务管理器的作用

任务管理器可以向用户提供正在计算机上运行的程序和进程的相关信息。一般用户主要使用任务管理器来快速查看正在运行的程序的状态，或者终止已停止响应的程序，或者切换程序，或者运行新的任务。利用任务管理器还可以查看 CPU 和内存使用情况的图形表示等。

2. 任务管理器的打开

右键单击任务栏，从快捷菜单中选择“任务管理器”，打开如图 2-26 所示“任务管理器”窗口。

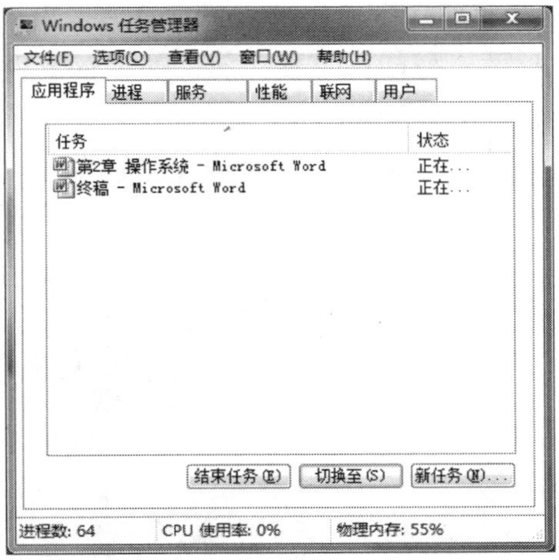

图 2-26　Windows 任务管理器

在任务管理器的“应用程序”选项卡中，列出了目前正在运行中的应用程序名。在“进程”选项卡中显示了当前正在运行的进程。在“性能”选项卡中显示 CPU 和内存的使用情况。

2.4.2　应用程序的有关操作

1. 应用程序的启动

应用程序启动有如下 4 种方法。

方法一：单击“开始”，指向“程序”，单击应用程序的可执行文件。

方法二：直接单击桌面或任务栏或文件夹中的应用程序快捷方式图标。

方法三：选择“开始”→“运行”，在“运行”窗口中输入或选择要运行的应用程序可执行文件。

方法四：右键单击“开始”，在弹出的下拉菜单中，单击“资源管理器”，通过浏览定位，双击启动应用程序的可执行文件。

2. 应用程序之间的切换

窗口的切换有两种方式。当应用程序窗口是以层叠的方式摆放在桌面时，则用鼠标单击要切换到的应用程序窗口的任意处。当应用程序窗口排列在任务栏中时，则用鼠标单击任务栏中要切换的应用程序窗口的图标。

3. 关闭应用程序与结束任务

关闭应用程序通常是指正常结束一个程序的运行。最常用的方法是：单击应用程序窗口的“关闭”按钮×，或单击应用程序窗口“文件”→“退出”。对于结束那些运行不正常程序的运行，可以按 Ctrl+Alt+Del 组合键。在打开的“Windows 安全”窗口中，单击“任务管理器”。然后，在“Windows 任务管理器”的“应用程序”选项卡中，选定要结束任务的程序名，单击“结束任务”按钮。

2.5　控制面板的使用

Windows XP 操作系统可以根据用户的不同需要来调整和设置个性化的计算机工作环境。“控制面板”是用来对系统进行设置的一个工具集，用户可以根据自己的爱好，更改显示器、键盘、鼠标、桌面、打印机等硬件属性的设置，也可以添加或删除应用程序以及系统组件和输入法等，如图 2-27 所示。

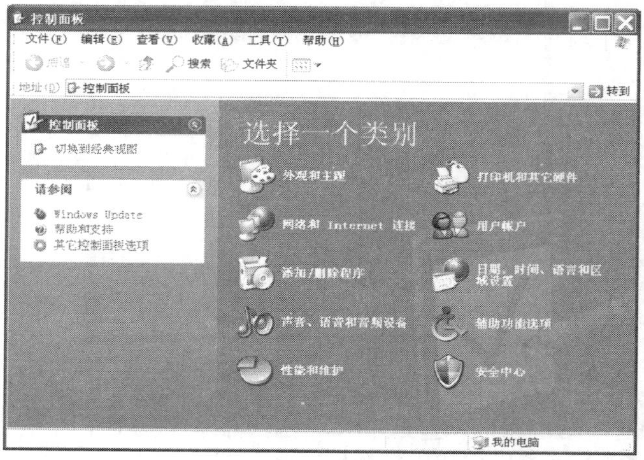

图 2-27　“控制面板”窗口

2.5.1　设置打印机和其他硬件

1. 键盘

在“打印机和其他硬件”窗口中，双击“键盘”图标，即可打开“键盘属性”对话框对键盘进行设置。对话框中有两个标签：“速度”和“硬件”(如图 2-28 所示)。其中，“速度”标签用于设置字符重复的延缓时间、重复速度和光标闪烁速度。

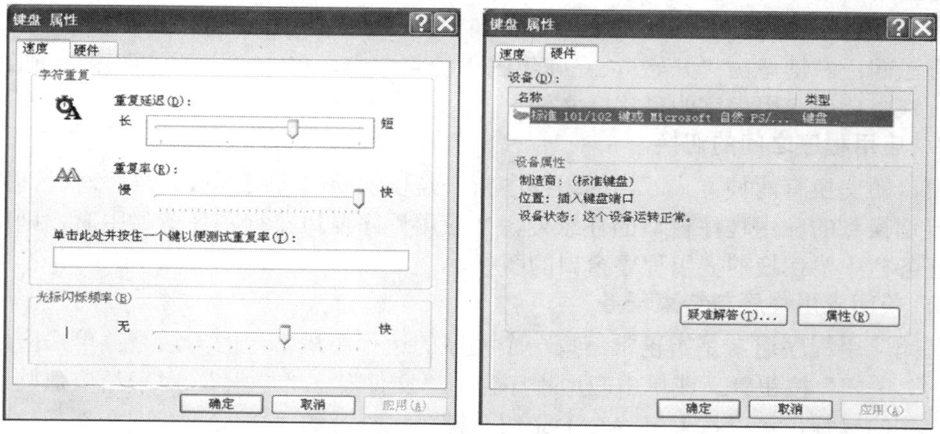

图 2-28　“键盘属性”对话框

2. 鼠标

在“打印机和其他硬件”窗口中，双击“鼠标”图标，即可打开“鼠标属性”对话框对鼠标进行设置，如图 2-29 所示。

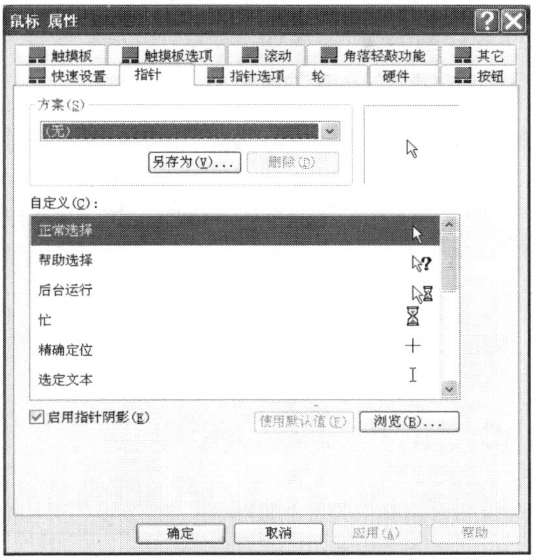

图 2-29　“鼠标属性”对话框

Windows XP 的“鼠标属性”对话框中有 10 个标签，可以分别对左右手习惯、鼠标单双击速度、鼠标移动速度及可见性、鼠标指针的大小和形状等属性进行设置。

3. 打印机

在“打印机和其他硬件”窗口中，双击“打印机和传真”图标，即可打开其窗口对打印机进行添加，如图 2-30 所示。

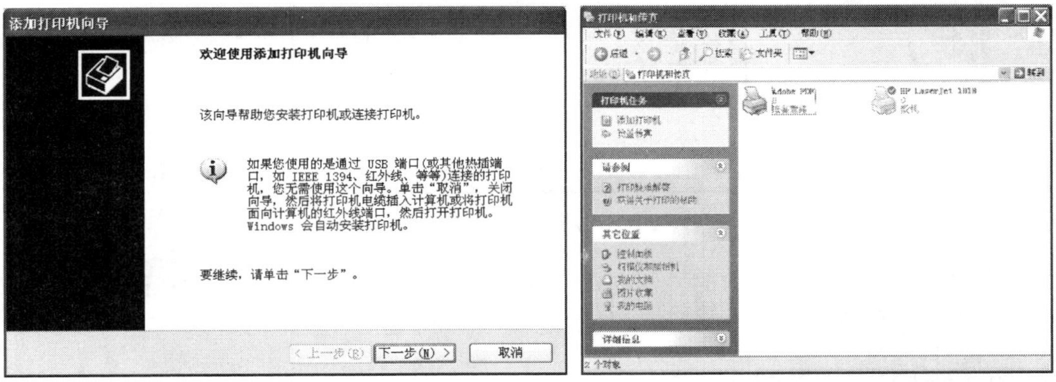

图 2-30　“打印机属性”窗口

在“打印机和传真”窗口的左窗格中选择“添加打印机”选项，出现“添加打印机向导”对话框(如图 2-30 所示)，根据屏幕上的提示依次操作，即可完成打印机的添加。添加后，如果要打印测试页，应首先打开打印机开关。完成安装后，用户可以随时使用本打印机。

2.5.2 设置字体

用户可以使用的字体和大小取决于计算机系统中加载的字体和打印机内建的字体。Windows XP 有一个“字体”文件夹，里面存放了系统已安装的字体集合。在“控制面板”的左窗格选择“切换到经典视图”，会出现如图 2-31 所示的“控制面板”窗口。双击“字体”图标，出现如图 2-31 所示的“字体”窗口。

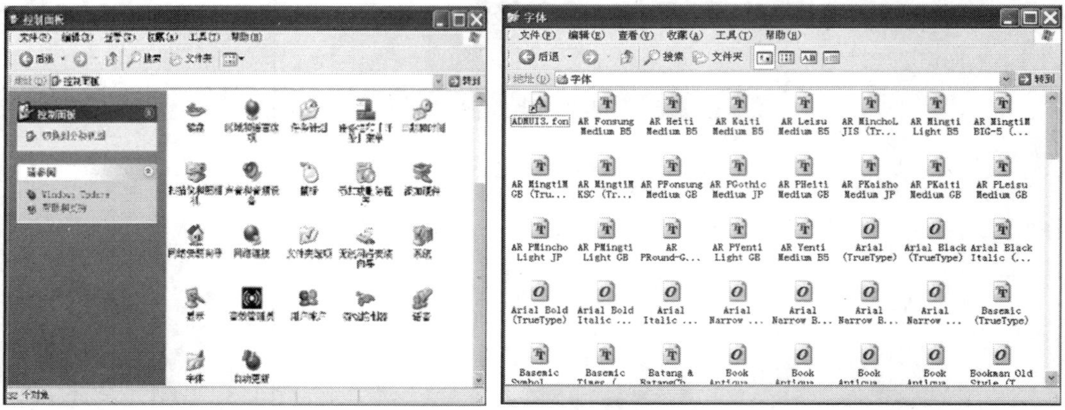

图 2-31 “字体”设置窗口

若要添加字体，则在“字体”窗口执行“文件”→“安装新字体”菜单命令，出现如图 2-32 所示的“添加字体”对话框。

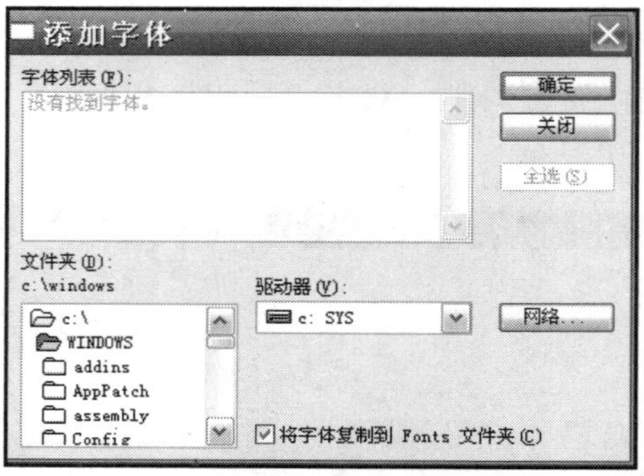

图 2-32 添加“字体”设置窗口

在“添加字体”窗口中的“驱动器”和“文件夹”中选择新字体所在的驱动器和文件夹，在“字体列表”中选择所需的字体，单击“确定”按钮即可。

2.5.3 添加和删除应用程序

在 Windows XP 中，除了附件程序和 IE 浏览器程序外，若使用其他独立编写的应用程序，一般都需要先安装后使用。安装过程中，多数先要解压缩原文件，然后把一些程序复制到特定的文件夹中，安装程序有时还要自动修改操作系统注册表中的信息。

应用软件一般都提供 Setup.exe 或 Install.exe 一类的安装程序。执行安装程序，并在其向导指引下完成安装后，在程序菜单或桌面上会增加该程序的选项或图标。此后，就可以像执行附件中的程序一样执行该程序。

Windows XP 的“控制面板”中有一个添加和删除应用程序的工具，用以保持 Windows XP 对安装和删除过程的控制，避免因为误操作而造成对系统的破坏。

在“控制面板”窗口中，双击“添加和删除程序”图标，就会弹出如图 2-33 所示的“添加和删除程序”窗口，默认按钮是“更改或删除程序”。

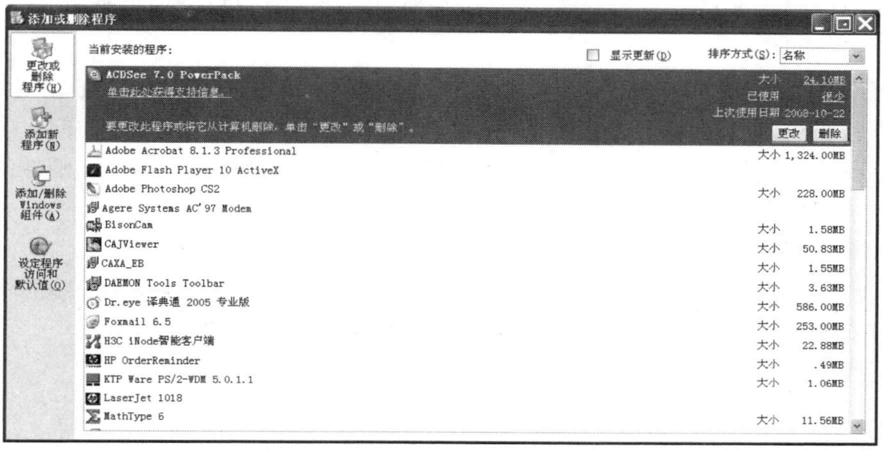

图 2-33 “添加或删除程序”对话框

1. 安装应用程序

(1) 在窗口中单击“添加新程序”按钮。

(2) 单击“CD 或软盘”按钮。

(3) 插入装有应用程序的软盘或光盘，单击“下一步”，安装程序将自动检查各个驱动器，对安装进行定位。

(4) 如果自动定位不成功，将弹出“运行安装程序”对话框。此时，既可以在“安装程序的命令行”文本框中输入安装程序的位置和名称，也可以用“浏览”按钮定位安装程序。如果定位成功，单击“完成”按钮，系统就将开始应用程序的安装。

(5) 安装结束后，在“添加和删除程序属性”对话框中单击“确定”即可。

2. 删除应用程序

在“当前安装的程序”列表框中选择欲删除的应用程序，然后单击“更改/删除”按钮即可将选定的应用程序从系统中彻底删除。

2.5.4 设置用户帐户

Windows XP 是多用户多任务的操作系统，它支持多个用户同时执行多个任务，也支持多个用户在不同的时间段以自己的风格独立使用计算机，互不干扰。

用户帐户就是为共享计算机而设置的 Windows 功能。通过这个功能，用户可以选择自己的账户名、图片和密码，并选择适于自己的其他设置，可以为用户提供文件的个性化视图、收藏网站列表、保存最近访问过的网页列表，还可以将用户创建或保存的文档存储到用户自己的“我的文档”文件夹中。

1. 帐户类型

1) 计算机管理员

在 Windows XP 安装过程中，系统将自动创建一个名为“Administrator”的账号，该帐号拥有计算机管理员特权，拥有对本机资源的最高管理权限。管理员可以在系统安装之后，利用该帐号登录本台计算机，并通过“控制面板”中的“用户帐户”工具添加、修改或删除其他用户帐户。具有与“Administrator”相同权限的其他用户都在“计算机管理员”组中。建议“Administrator”不要随意把用户放到计算机管理员组中。

2) 受限用户

受限用户由 Administrator 安排在用户(Users)组、超级用户(Power Users)组中。其中，用户组里的用户可以修改自己的密码、管理自己创建的文件和文件夹、访问已安装的程序，但没有修改操作系统的设置或其他用户资料的权力，没有安装软件或硬件的权力。将其他用户添加到用户组是最安全的做法。

3) 来宾帐户

来宾帐户(Guest)专为没有帐户的用户设置。这样的用户只能访问已安装的程序、更改来宾帐户图片，没有安装软件和硬件、修改来宾帐户类型的权力。

2. 设置用户帐户

(1) 在“控制面板”窗口中双击“用户帐户”图标，打开“用户帐户”窗口(图 2-34)；

(2) 在“挑选一项任务”的选项中，选择“创建一个新帐户”选项；

(3) 输入新用户帐户的名称，单击“下一步”按钮；

(4) 单击“计算机管理员”或“受限”单选按钮，指定新用户的帐户类型，之后，单击“创建用户”按钮；

(5) 单击新创建的用户帐户名，即可更改用户帐户名、创建密码、选择喜欢的图片、更改用户帐户类型，还可以删除用户帐户。

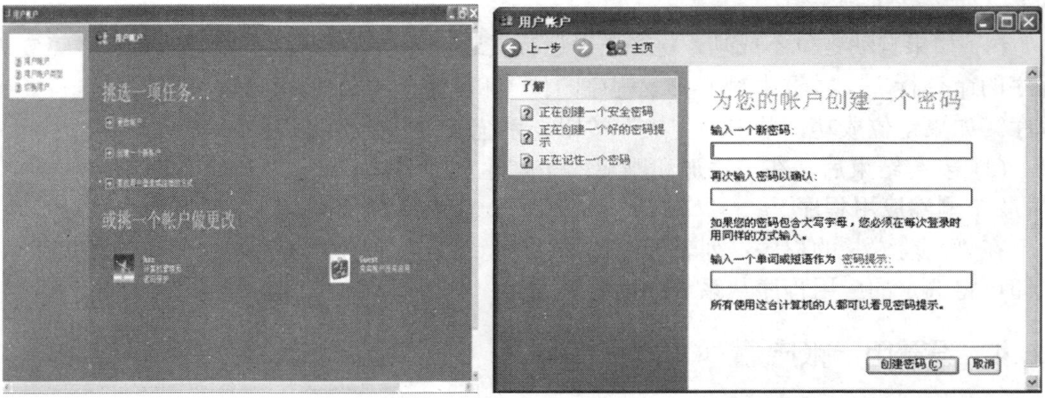

图 2-34 “用户帐户”设置对话框

3. 注销用户帐户

注销用户帐户，即是从计算机上注销当前使用的用户帐户，以便本机的其他用户使用。具体操作如下：

(1) 单击“开始”按钮，选择“注销”命令，出现如图 2-35 所示的对话框；

(2) 选择“注销”按钮；

(3) 单击“确定”按钮，系统将关闭当前所有应用程序以及打开的文件、文件夹，断开网络连接，重新回到登录窗口，准备接纳其他用户；

(4) 如果在(2)中选择“切换用户”按钮，则只进行用户的切换，而不实现用户的注销。

再有，按下组合键 Ctrl+Alt+Del，打开“Windows 任务管理器”窗口，选择“用户”标签，选定用户，单击“注销”按钮，也可从计算机中注销当前用户帐户。

图 2-35　“用户切换”界面

2.5.5　添加新硬件

为了便于外部设备的使用，计算机采用接口电路或接口卡来连接主机与外部设备。对微机而言，有的接口电路(如键盘、鼠标、打印机等常用设备)设计在主板上；有的接口电路(如网卡、显卡等)设计成可插在主板插槽上的接口板卡。

对于 Windows XP 操作系统，包含驱动程序的控制接口和外设可直接使用，这类外设一般被称为即插即用设备。使用即插即用设备，只需按生产厂商提供的说明进行物理连接，然后启动计算机，Windows XP 将自动检测新的“即插即用”设备并自动安装所需要的软件，必要时插入含有相应驱动程序的光盘即可；但是，如果使用的操作系统中没有其驱动程序的新型号外设，Windows XP 将无法检测到新的“即插即用”设备，则设备不工作。此时，除了需要按要求做物理连接外，还必须通过“控制面板”中的“添加硬件”来安装由外设生产厂商提供的驱动程序。

添加硬件的操作步骤如下：

(1) 将新设备按要求连接到对应接口上。

(2) 双击 “控制面板”窗口的“添加硬件”图标，打开“添加硬件向导”对话框。

(3) 单击“下一步”按钮。

(4) Windows XP 自动检测新的即插即用设备。

(5) 如果显示检测到新设备，则安装向导提示进行安装即可；如果检测不到新设备，即在厂商和类型列表框中找不到该设备，则单击“从磁盘安装”按钮，并按提示填入相应的安装信息，从而完成新设备驱动程序的安装。

2.5.6　安装/删除 Windows XP 组件

Windows XP 系统含有功能齐全的组件。在安装 Windows XP 系统的过程中，考虑到用户的需求或其他条件的限制，往往不将系统提供的组件一次性全部装入。因而，在需要时，用户可自行安装某些组件。同样，当某些组件不再需要时，也可以删除这些组件，以便释放这些组件占用的空间。

其操作步骤如下：

(1) 在“添加和删除程序”窗口中，单击“添加/删除 Windows 组件”按钮，弹出“Windows 组件向导”对话框(图 2-36)；

(2) 在“组件”列表框中，选定要安装的组件的复选框，或者在复选框中清除要删除的组件的选定；

(3) 单击“确定”按钮，系统即刻开始安装或删除选定程序。

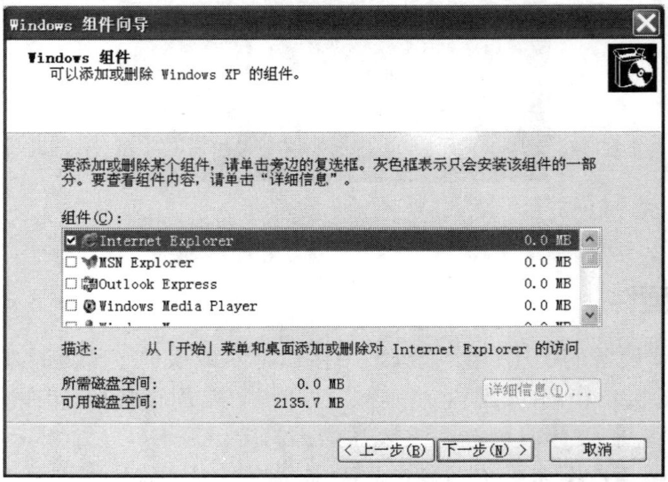

图 2-36 “Windows 组件向导”对话框

2.5.7 查看系统设备

用户可以通过“设备管理器”查看系统设备。查看系统设备的操作步骤如下：

(1) 右击“我的电脑”图标，从弹出的快捷菜单中选择“属性”命令，弹出“系统属性”对话框，再选择“硬件”标签。

(2) 单击“设备管理器”按钮，用户可以从弹出 “设备管理器”窗口看到所有已经安装到系统中的硬件设备。在默认情况下，系统设备是按照类型排序的，如果用户想要改变排列顺序，可以通过“查看”菜单进行设置。

2.5.8 禁用和启用设备

当某一个系统设备暂时不用时，用户可以将其设为“禁用”，待需要时再将其重新“启用”，这样有利于保护系统设备。

以“USB 人体学输入设备”为例，介绍禁用和启用操作步骤：

(1) 在“设备管理器”窗口中，双击“人体学输入设备”选项使其展开，再右击“USB 人体学输入设备”选项，在弹出的快捷菜单中选择“停用”命令。

(2) 在弹出的对话框中单击“是”按钮来确认禁用设备。此时，在“设备管理器”窗口中，被“禁用”设备前的复选框出现红色禁用符号。

(3) 当要启用设备时，只需在“设备管理器”窗口中用鼠标右击要启用的禁用设备，然后从弹出的快捷菜单中选择“启用”命令即可。

2.5.9 更新设备驱动程序

随着计算机硬件制造技术的飞速发展，计算机内部各器件的更新速度也随之加快，导致计算机用户需要经常升级硬件的驱动程序。更新设备驱动程序的步骤如下：

(1) 打开“设备管理器”窗口；

(2) 鼠标指向设备列表框中选定要更新驱动程序的设备，右击鼠标，从弹出的快捷菜单中选择“更新驱动程序”命令；

(3) 按照打开的“硬件更新向导”对话框的提示，一步步进行设置即可。

驱动程序安装之后，系统会提示用户重新启动计算机。重启计算机后，所更新的硬件驱动程序即可正常使用。

2.6 磁 盘 管 理

磁盘是计算机的重要组成部分，计算机中的所有文件以及所安装的操作系统、应用程序都保存在磁盘上。Windows XP 提供了强大的磁盘管理功能，用户可以利用这些功能，更加快键、方便、有效地管理计算机的磁盘存储器，提高计算机的运行速度。

2.6.1 硬盘分区

硬盘分区是指将硬盘的整个存储空间划分成多个独立的存储区域，每个分区单独成为一个逻辑磁盘，分别用来存储操作系统、应用程序以及数据文件等。在对新硬盘(包括移动硬盘)做格式化操作时，都可对其进行硬盘分区操作。在实际应用中，某些操作系统只有在硬盘分区后才能使用，否则不被识别。

目前使用的 Windows XP 操作系统，其文件管理机制足以不必对这个容量的硬盘进行分区。之所以进行分区操作，是出于对用户操作系统的文件安全和存取速度等方面考虑。

通常，人们会从文件存放和管理的便利性出发，将硬盘分为多个区，用以分别放置操作系统、应用程序以及数据文件等，如在 C 盘安装操作系统，在 D 盘安装应用程序，在 E 盘存放数据文件，F 盘用来做备份。

2.6.2 文件系统

文件系统是指在硬盘上存储信息的格式。它规定了计算机对文件和文件夹进行操作处理的各种标准和机制，用户对所有文件和文件夹的操作都是通过文件系统完成的。一般不同的操作系统使用不同的文件系统，不同的操作系统能够支持的文件系统不一定相同。因此，硬盘分区或格式化之前，应考虑使用哪种文件系统。

Windows XP 支持 FAT16、FAT32、NTFS 文件系统。

2.6.3 磁盘格式化

磁盘格式化的作用主要是对磁盘划分磁道和扇区、检查坏块、建立文件系统，为存放信息作准备。磁盘格式化是分区管理中最重要的工作之一，一个未经过格式化的新磁盘，操作系统和应用程序将无法向其中写入信息。

新磁盘使用之前必须先进行格式化，而旧磁盘重新使用或感染计算机病毒无法根除时，进行磁盘格式化操作是最便捷、最安全的办法。当然对于旧磁盘的格式化操作要慎之又慎，因为一旦格式化，磁盘上的所有信息将彻底消失。

下面以格式化移动硬盘为例，讲述磁盘格式化的方法与步骤：

(1) 将移动硬盘通过 USB 接口与计算机相连；

(2) 在桌面上双击“我的电脑”图标，打开“我的电脑”窗口；

(3) 选定该磁盘驱动器图标，从“文件”菜单中选择“格式化”命令，或右击该磁盘驱动器图标，从弹出的菜单中选择“格式化”命令；

(4) 单击“确定”按钮，弹出“格式化磁盘”对话框，如图 2-37 所示。

2.6.4 查看磁盘属性

如果要了解磁盘的有关信息，可以在“我的电脑”或“资源管理器”的窗口中，右键单击要了解的磁盘图标，在快捷菜单中选择“属性”命令。在弹出的“属性”窗口的“常规”选项卡中，可以了解磁盘的类型、卷标(可在此修改卷标)、采用的文件系统(FAT 或 FAT32)以及空间使用等情况。单击“常规”选项卡中的“磁盘清理”按钮，可以启动磁盘清理程序。属性窗口的“工具”选项卡，提供了查错、备份、碎片整理三种磁盘维护操作。

(1) 在桌面上双击“我的电脑”图标，打开“我的电脑”窗口；

(2) 鼠标右击要查看的磁盘驱动器图标，在弹出的快捷菜单中选择“属性”命令，打开该磁盘的“属性”对话框，在其中可以了解当前磁盘的文件系统的类型和磁盘空间总容量、磁盘空间占用量、可用的剩余空间量(图 2-38)；

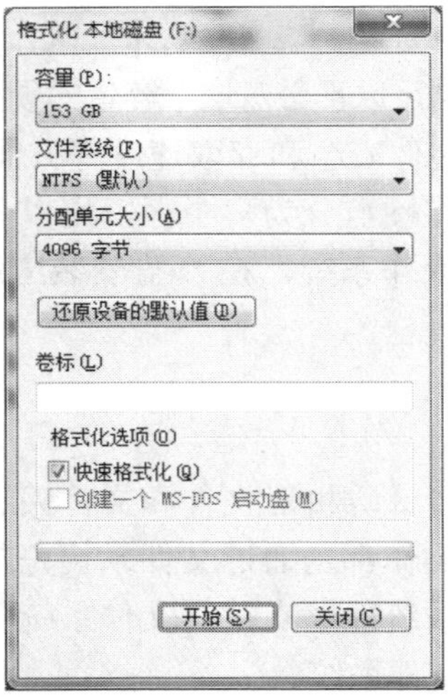

图 2-37 “格式化磁盘”对话框

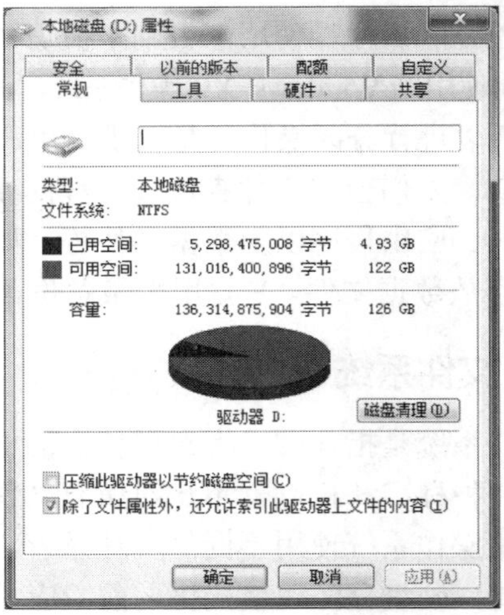

图 2-38 “磁盘属性”对话框

(3) 如果只查看磁盘(不包括软磁盘)的总容量和可用的剩余空间量，可用鼠标单击要查看的磁盘驱动器图标，在窗口底部的状态栏左侧会显示这些信息。

2.6.5 磁盘检查

Windows 将硬盘的部分空间作为虚拟内存，许多应用程序的临时文件也存放在硬盘中。因此，保持硬盘的正常运转是很重要的。

若在系统正常运行过程中，或在运行某程序、移动文件、删除文件的过程中，非正常关闭计算机的电源，均可能造成磁盘的逻辑错误或物理错误，以至于影响机器的运行速度或影响文件的正常读写。磁盘检查程序可以诊断硬盘或软盘的错误，分析并修复若干种逻辑错误，查找磁盘上的物理错误，即坏扇区，并将坏扇区中的数据移动到别的位置。磁盘检查需要较长时间，进行磁盘检查时不要运行其他程序，尤其不要向磁盘中写入数据。

Windows XP 提供的磁盘检查主要实现文件系统的错误检查和硬盘坏扇区的修复功能。操作步骤如下：

① 双击“我的电脑”，打开其窗口；

② 右击要检查的磁盘驱动器，从弹出的快捷菜单中选择“属性”命令，打开“属性”对话框(图 2-39)；

③ 单击“工具”标签，在“查错”区域单击“开始检查”按钮，打开其对话框(图 2-40)；

④ 在“磁盘检查选项”区域将“自动修复文件系统错误”和“扫描并尝试恢复坏扇区”复选框选定；

⑤ 单击“开始”按钮。

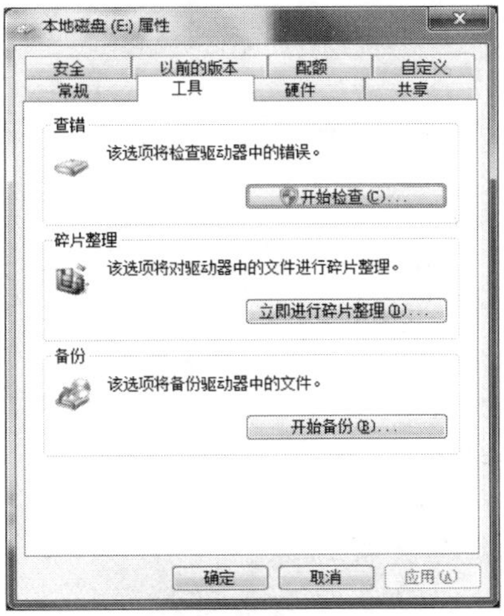

图 2-39　“磁盘检查选项”窗口

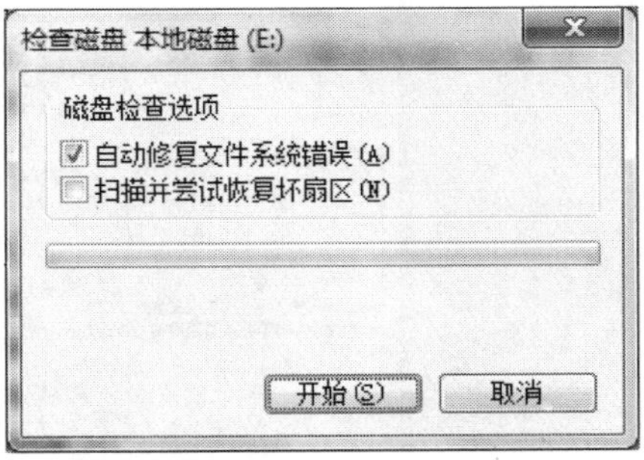

图 2-40　“磁盘检查”对话框

2.6.6 磁盘碎片整理

通常情况下，计算机会在第一个连续的、足够大的可用空间上存储文件，如果没有足够大的可用空间，计算机会将尽可能多的文件保存在最多的可用空间上，然后将剩余数据保存在下一个开通空间上，并以此类推。由于不断地删除、添加文件，经过一段时间后，就会形成一些物理位置不连续的文件，这就是磁盘碎片。虽然碎片不影响数据的完整性，但却降低了磁盘的访问效率。磁盘中的碎片越多，计算机的文件输入/输出系统性能就越低。

系统的“磁盘碎片整理”功能可以高效地分析磁盘，合并碎片文件或文件夹，重新整理磁盘文件，并将每个文件存储在一个单独而连续的磁盘空间中，并且将最常用的程序移到访问时间最短的磁盘位置，以加快程序的启动速度。

对磁盘进行碎片整理的步骤如下：

(1) 选择“开始”→“所有程序”→“附件”→“系统工具”→“磁盘碎片整理”命令，打开“磁盘碎片整理程序”对话框(图 2-41)。

(2) 在“磁盘碎片整理程序”窗口的上部列出了计算机中所有的磁盘驱动器，单击要进行碎片整理的磁盘驱动器，如 D 盘。

(3) 在对磁盘进行整理之前，建议用户首先单击“分析”按钮对选定磁盘进行分析，分析完毕后，系统自动给出对话框，提示用户是否需要对磁盘进行碎片整理。

(4) 如果系统建议进行碎片整理，则单击“碎片整理”按钮，开始进行整理。

(5) 在磁盘碎片整理过程中，用户可以单击“停止”按钮，终止当前的操作；也可以单击“暂停”按钮，暂时中断当前的操作，待单击“恢复”按钮后再继续暂停的操作。

(6) 磁盘碎片整理完成后，系统会打开一个对话框，用户可单击其中的“查看报告”按钮，查看碎片整理情况。

(7) 单击“关闭”按钮，结束磁盘碎片整理操作。

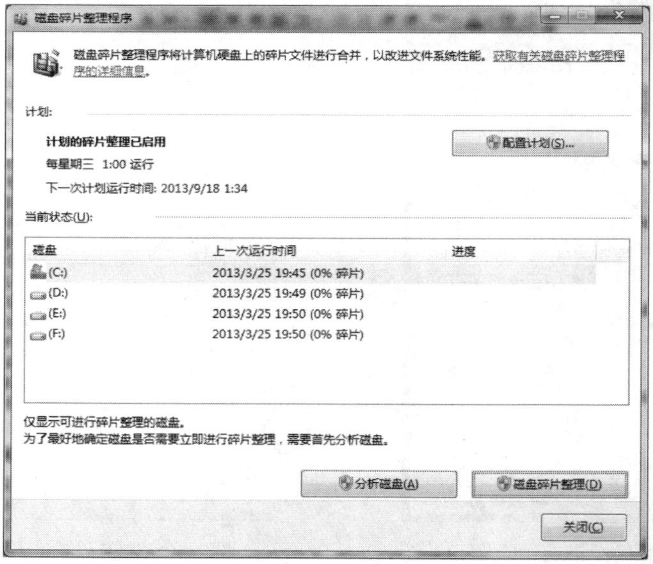

图 2-41 “磁盘碎片整理程序”对话框

2.6.7 查看磁盘分区

查看磁盘分区的方法如下：

(1) 选择“开始”→“控制面板”，在“控制面板”中选择“性能与维护”选项；

(2) 在打开的窗口中双击“管理工具”图标，打开“管理工具”窗口；

(3) 在窗口中双击“计算机管理”图标，打开“计算机管理”窗口，单击“磁盘管理”，计算机硬盘分区等信息出现在右窗格中。

2.6.8 磁盘清理

计算机在运行 Windows XP 操作系统时，会有下述三类文件产生：

(1) 系统使用的特定临时文件，然后将这些临时文件保留在临时文件指派的文件夹中；

(2) 用户在上网浏览时产生的缓存文件；

(3) 长期不用的程序文件。

这些文件不但占用大量的磁盘空间，而且影响系统的整体性能。为此，用户应该定期使用磁盘清理功能，以便释放磁盘空间，提高整机性能。

磁盘清理程序可以辨别硬盘上的一些无用的文件，在征得用户许可后，可删除这些文件，以便释放一些硬盘空间。所谓“无用文件”，是指用户不再需要使用的文件。

可以在“我的电脑”或“资源管理器”窗口中启动磁盘清理程序。进行磁盘清理的步骤如下：

(1) 单击“开始”→“所有程序”→“附件”→“系统工具” →“磁盘清理”命令，打开“选择驱动器”对话框(图 2-42)；

(2) 在对话框中选择需要清理的驱动器，单击“确定”按钮，计算机开始扫描文件，计算可以清理的磁盘所释放的空间容量；

(3) 计算结束后，系统打开“(X：)盘的磁盘清理”对话框，在“要删除的文件”列表框中，系统列出该磁盘上可删除的无用文件，选定需要删除文件前面的复选框；

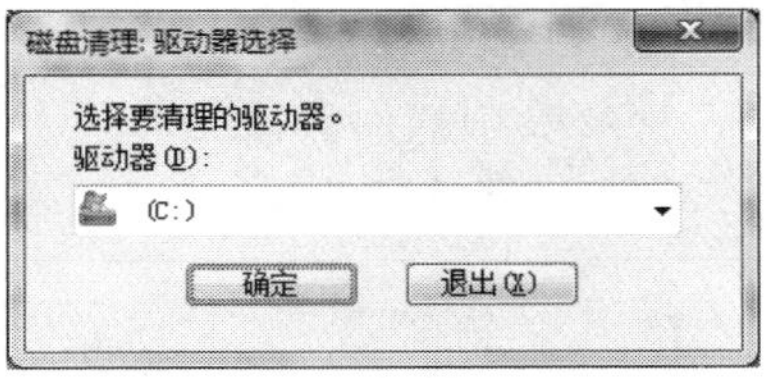

图 2-42 “选择驱动器”对话框

(4) 单击“确定”按钮，系统询问是否要真正删除所选定的文件，单击“是”按钮，即可将选定文件删除。

2.7 Windows XP 的附件

附件是 Windows 系统附带的一套功能强大的实用工具程序。在“开始”菜单的“程序”主菜单中，提供了一些短小、实用的应用程序，这些应用程序极大地方便了用户的操作。

Windows XP 常用的附件应用程序有记事本、写字板、画图、通讯簿、计算器等。另外，在 Windows XP 的“附件”中，还包含了一些基本的计算机资源管理程序，如“辅助工具”和“系统工具”等。

2.7.1 画图

“画图”程序是一个简易的图像处理软件，同时具有许多画图功能。掌握该软件的用法对学习像 Photoshop 一类的专业图像处理软件有一定帮助。特别是利用快捷键把屏幕上的图复制到剪贴板后，可以很容易粘贴到画图窗口的工作区进行编辑，然后另存为图像文件。

画图程序是绘画作图的应用程序。选择“开始”→“程序”→“附件”，单击“画图”

命令项，可以启动“画图”窗口(图 2-43)。窗口中间是绘图工作区，左边有工具箱、工具模式选项，底部是调色板，调色板最左边方框中的两个矩形框分别显示前景色和背景色。

利用“画图”进行绘图，应先从“工具箱”中选取一种绘图工具。在“工具模式选项”对这种工具的绘制模式进行选择，再从“调色板”中选取前景色和背景色。然后，移动鼠标到绘图区，开始各种操作。如选择了刷子工具，“工具模式选项”中显示的就是刷子的各种绘制模式。如圆形、方形、线形等，还有粗细不等的选择。如果选择了矩形工具，那么“工具模式选项”将出现三种不同的填充模式。

调色板中有 28 个彩色方块，提供了 28 种作图颜料。将鼠标指向某一色块，单击左键，这种颜色就被选中为前景色。单击右键，这种颜色就成为背景色。背景色将是“橡皮”擦除绘图区时出现的颜色，以及多种图形的填充色。鼠标指针指向某一色块时，双击鼠标左键，可对该色块的颜色进行重新设定。

在画图过程中，请注意以下几点：

◆单击颜料盒中的某种颜色，选择的为前景颜色；右击颜料盒中的某种颜色，选择的为背景颜色。

◆绘制直线时，若按住 Shift 键的同时按住鼠标左键并拖动，可画出水平、垂直或 45°方向的直线。

◆绘制椭圆和矩形时，如果按住 Shift 键的同时画椭圆或矩形，则可以画出圆或正方形。绘制多边形时，如果仅使用 45°或 90°角，在拖动指针时按住 Shift 键。

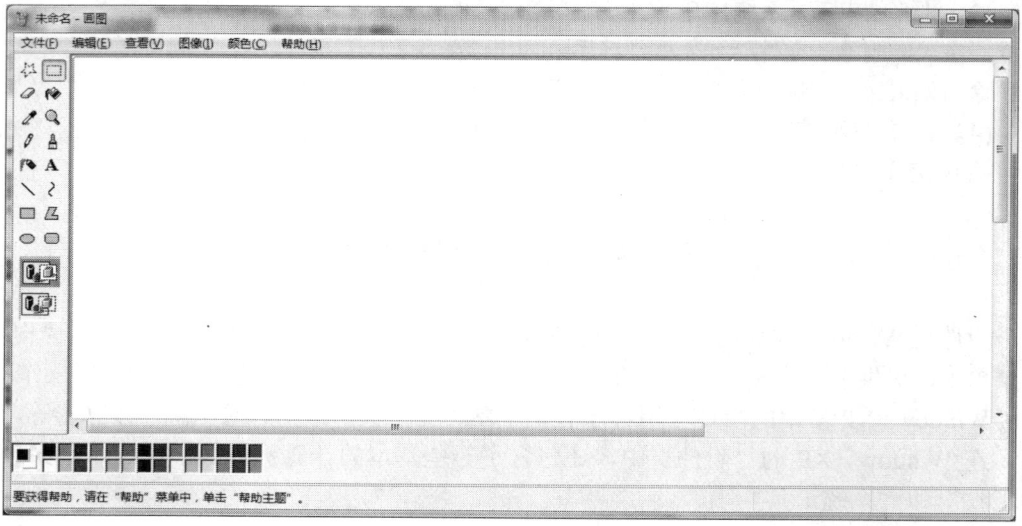

图 2-43 “画图”窗口

2.7.2 计算器

“计算器”具有模仿电子计算器的功能(图 2-44)。Windows XP 中的计算器有两种模式：一种是“普通型”，常用作普通的简易计算；另一种是“科学型”，除了可以完成各种计算外，还可以实现角度与弧度换算、数制转换等功能。

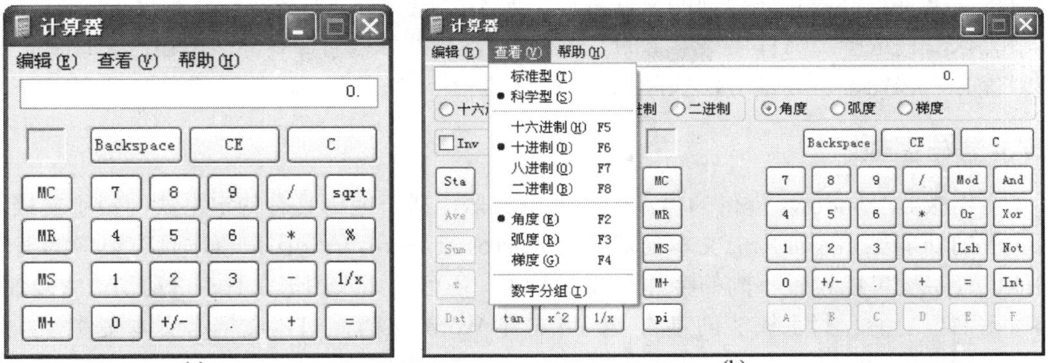

(a)　　　　　　(b)

图 2-44　“计算器”窗口

2.7.3　记事本

记事本是一个简单的文本编辑程序(图2-45)，用来创建和编辑小型的扩展名为.TXT文本文件，文件长度不超过48KB。记事本保存的 TXT 文件不包含特殊格式代码或控制码，由包括字母、数字、符号和汉字组成的文本文件，用户通过记事本可以创建、编辑或阅读文本文件，也可以利用它编写计算机语言源程序。可以被 Windows 的大部分应用程序调用。

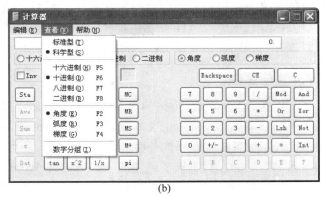

图 2-45　“记事本”窗口

在“记事本”程序的“文件”菜单中，可以新建、打开、保存文本文件，也可以进行页面设置和打印操作；在“编辑”菜单中可以进行文档的复制、剪切、粘贴等编辑操作；通过“搜索”菜单，可以从已输入的文字中找出指定的字或词汇。

1. 创建一个新文件

选择“附件”下的“记事本”选项，即可打开一个空白的“无标题-记事本”文档编辑窗口。

2. 打开一个文件

双击已有的文本文件(.TXT)或把文件拖曳到记事本窗口，无论原来记事本窗口有无文件，都会打开这个文件。

3. 保存文件

方法一：已保存过的文件，选择“文件”菜单中的“保存”命令。如果是一个未保存过的新文件，回答系统提问的文件名后，若不给扩展名，系统自动加扩展名.TXT。

方法二：选择“文件”菜单下的“另存为”，在“另存为”对话框中输入文件名，单击“保存”按钮即可。此方法实际上相当于复制了一个文件。

2.7.4 写字板

写字板是 Windows 提供的另一个文本编辑器，适于编辑具有特定格式的短小文档。写字板的功能虽然不如专业文本处理软件 Microsoft Word，但它比记事本具有更多的编辑功能。写字板可以设置不同的字体和段落格式，还可以插入图形，具有“剪切”、“复制”和“粘贴”功能。写字板能创建的文档格式有 Word 文档、RTF 文档、文本文件等。能打开进行编辑的文档格式有 Word 文档、RTF 文档、文本文件。

启动写字板的方法：选择“开始” →“程序” →“附件”，选择“写字板”命令项，打开“写字板”窗口(图 2-46)。

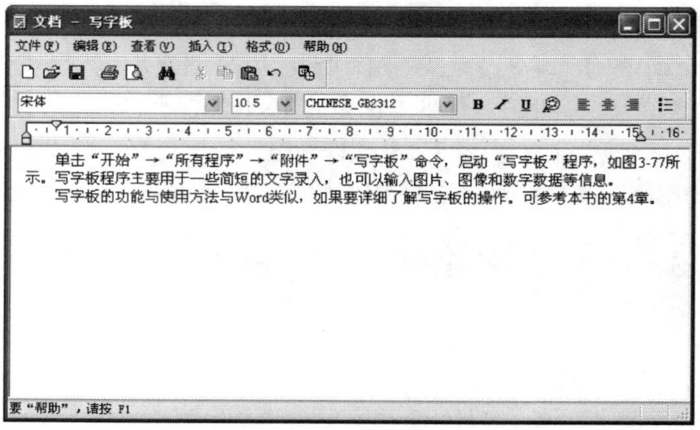

图 2-46 “写字板”窗口

2.8 实验实践

【实验实践目的】

1. 掌握 Windows 操作系统的功能；
2. 掌握 Windows 操作系统文件管理方法；
3. 掌握 Windows 操作系统的自定义设置方法；
4. 熟练输入法，并能进行高效输入；
5. 熟练使用 Windows 操作系统提供的附件。

【实验实践内容】

1. 打开“资源管理器”窗口，在 E 盘上创建一个名为“练习 1”的文件夹，再在“练习 1”的文件夹内创建一个名为“输入练习”的文件夹，复制“输入练习”文件夹，并将其重命名为“练习 2”；然后在 E:\ 练习 1 文件夹中再创建 4 个文件夹，分别命名为“A1”、

“A2”、“A3”、“A4”，将“A1”文件夹移动到“A2”文件夹中，将“A3”文件夹复制到“A4”文件夹中；删除 E:\ 练习 1 文件夹中的“A2”和“A3”文件夹；设置练习 1 文件夹为隐藏。

2. 打开“写字板”，输入以下内容并按要求进行格式设置：

在第二次世界大战中，美国政府寻求计算机以开发潜在的战略价值。这促进了计算机的研究与发展。1944 年 Howard H.Aikien(1900—1973)研制出全电子计算机，为美国海军绘制弹道图。这台简称 Mark Ⅰ的机器有半个足球场大，内含 500 英里的电线，使用电磁信号来移动机械部件，速度很慢(3 ~ 5s 一次计算)并且实用性很差，只用于专门领域，但是，它既可以执行基本算术运算也可以运算复杂的等式。

1946 年 2 月 14 日，标志现代计算机诞生的 ENIAC(Electronic Numerical Intergrator and Computer)在费城公诸于世。ENIAC 代表了计算机发展史上的里程碑，它通过不同部分之间的重新接线编程，还拥有并行计算能力。ENIAC 由美国政府和宾夕法尼亚大学合作开发，使用了 18000 个电子管，70000 个电阻器，有 5 百万个焊接点，耗电 160kW，其运算速度比 Mark Ⅰ快 1000 倍，ENIAC 是第一台普通用途计算机。

(1) 将该文件保存在 E:\ 练习 1 文件夹中，文件名为“计算机的发展.txt”。

(2) 在当前文件夹下新建一个文件夹，名字为“备份”。

(3) 将文件“计算机的发展.txt”复制到“备份”文件夹下，并将其重命名为“计算机概述.txt”。

(4) 通过“开始”→“搜索”，搜索“计算机概述.txt”，查看文件的路径。

(5) 在桌面上为“计算机概述.txt”建立一个快捷方式。

(6) 将文件“计算机概述.txt”设置只读属性。打开该文件，改变文本的内容，看能否保存。

(7) 在资源管理器窗口中分别使用 4 种显示方式查看 C 盘文件。

(8) 对 C 盘根目录下的文件按“修改日期”进行由新到旧方式排序。

(9) 在计算机的 D 盘根目录下新建一个文件夹，然后将其隐藏起来。

(10) 动手查看自己计算机的 CPU 和内存类型。

3. 在“画图”软件中制作一幅图画，对其进行适当美化设置后，将其以文件名“图片 1.bmp”保存于“E:\练习 1”文件夹中，并在桌面创建其快捷图标。

第 3 章　网络基础与 Internet 应用

网络技术是现代计算机技术中重要的组成部分，网络应用也已成为计算机应用中不可缺少的部分。随着计算机应用的普及和计算机技术的飞速发展，网络已广泛应用于科研、教育、信息服务等社会生活的各个方面。

3.1　网络基础

提出任务

李婷最近兼职做了学校开放机房的管理员，工作要求之一就是能够熟悉网络的基本设置，能够通过网络及相关软件对实验室的机器熟练地进行远程管理与控制。虽然李婷平时也喜欢上网，但对于网络的相关基本工作原理和软硬件功能还不是很了解，为此她借阅相关书籍，学习了网络基础的相关知识。

分析任务

通过查阅，小婷从以下几方面进行了学习：

- 熟悉网络组成及相关设备的功能；
- 明确网络功能；
- 学习网络拓扑结构；
- 学习网络体系结构及协议；
- 了解网络应用的发展趋势。

实现任务

3.1.1　计算机网络概述

1. 计算机网络的基本概念

计算机网络是计算机技术与通信技术相结合的产物，它实际上是指将具有自治功能的、地理上分散的计算机，通过计算机通信协议和互连设备连接在一起，能够实现相互通信和资源共享的系统。

当前世界已进入计算机网络时代，计算机网络技术成为衡量一个国家计算机技术和通信技术综合水平的重要指标。因此，对计算机网络的研究、开发和应用正越来越受到世界各国的重视。

2. 计算机网络的形成与发展

世界上公认的第一个远程计算机网络是在 1969 年，由美国国防高级研究计划局组织研制成功的 ARPANET，它就是现在 Internet 的前身。

随着计算机网络技术的蓬勃发展，人们将计算机网络的发展大致划分为 4 个阶段。

(1) 诞生阶段：20 世纪 60 年代中期之前的第一代计算机网络是以单个计算机为中心的远程联机系统。在 1946 年，世界上第一台数字计算机问世，但当时计算机的数量非常少，且非常昂贵。通常一台计算机被众多用户使用，为提高使用效率，用户先使用简易设备将程序和数据制成纸带或卡片，再送到计算中心进行处理。1954 年，出现了一种被称作收发器的终端，人们使用这种终端首次实现了将穿孔卡片上的数据通过电话线路发送到远地的计算机。此后，电传打字机也作为远程终端和计算机相连，用户可以在远地的电传打字机上输入自己的程序，而计算机计算出来的结果也可以传送到远地的电传打字机上并打印出来，计算机网络的雏形就这样诞生了。但这种网络存在着一些缺点：如果计算机的负荷较重，会导致系统响应时间过长；而且单机系统的可靠性一般比较低，一旦计算机发生故障，会导致整个网络瘫痪。

(2) 形成阶段：20 世纪 60 年代中期至 70 年代的第二代计算机网络是以多个主机通过通信线路互联起来为用户提供服务的，典型代表是美国国防高级研究计划局协助开发的 ARPANET。ARPANET 是 1969 年美国国防部的研究机构建立起来的，它以通信子网为中心，计算机主机和终端都成为用户资源子网。用户不仅共享通信网的资源，还可共享用户资源子网的丰富软硬件资源，这种以资源子网为中心的计算机网络通常被称为第二代计算机网络。

(3) 互联互通阶段：20 世纪 70 年代末至 90 年代的第三代计算机网络是具有统一的网络体系结构并遵循国际标准的开放式和标准化的网络。国际标准化组织(International Standard Organization，ISO)于 1977 年设立专门的机构提出了一个使各种计算机能够互联的标准框架——开放式系统互联参考模型(OSI)，使计算机网络发展到了第三代。

(4) 高速网络技术阶段：20 世纪 90 年代末至今的第四代计算机网络，由于局域网技术发展成熟，出现了光纤及高速网络技术，多媒体网络和智能网络，此时整个网络就像一个对用户透明的大的计算机系统，发展为以 Internet 为代表的互联网。20 世纪 90 年代，由于 Internet 作用的不断显现，计算机网络被全世界越来越多的人所接受，使计算机网络进入了一个新的发展阶段，成为计算机领域中发展最快的一个方向。

3. 未来计算机网络的发展方向

在未来，计算机网络的新发展，可以分为通信技术的进步、多媒体技术的进步和网上应用的进步这三个方面来讲述。

通信技术是现代先进技术中发展得最快的领域之一。随着 Internet 的规模日益扩大，对带宽的需求也日益增大，通信网络在这个刺激下也突飞猛进地发展起来。最显著的进步主要表现在交换方式趋于纯 IP 化、光纤采用波分复用技术扩容和计算机采用无线接入方式这三大方面。

多媒体是适应人类与外部世界交往方便而开发出来的适应人的耳、鼻、嘴和眼等器官的信息交流技术。计算机多媒体技术的发展给人类带来了极大的方便。人类可以借助多媒体技术实现自然的人际交流。大家在网络上可以像直接见面交谈一样地交流信息。

这就把计算机信息技术往前大大地推进了。

网上应用的进步重要体现在：先进的网管技术、信息安全得到保障和自动翻译文字声音信息。

3.1.2 计算机网络的功能

虽然各种特定的计算机网络可以有不同的功能，但一般可将它们共同的功能归纳为以下几方面：

1. 数据通信

数据通信即数据传送，是计算机网络的最基本的功能之一。从通信角度看，计算机网络其实是一种计算机通信系统，用来实现计算机与终端机或计算机与计算机之间的数据传送，如电子邮件(E-mail)、文件传输(FTP)、远程登录(Telnet)等。计算机网络给用户提供了一种新型的合作工作方式——计算机支持协同工作，它消除了地理上的距离限制。

2. 资源共享

所谓“资源”是指计算机系统的软件、硬件和数据资源，包括大型数据库、打印机、大容量磁盘等；所谓“共享”是指网络内用户均能享受网络中各个计算机系统的全部或部分资源。资源共享的结果是避免重复投资和劳动，从而提高了资源的利用率，使系统的整体性能价格比得到提高。

3. 分布式处理

所谓分布式就是指网络系统中若干台计算机可以相互协作共同完成一个任务，或者说，一个程序可以分布在几台计算机上并行处理。这样，就可以将一项复杂的任务划分成许多部分，由网络内各计算机分别完成有关的部分，提高了系统的可靠性，使整个系统的性能大为增加。

3.1.3 计算机网络的分类

网络的分类有不同的标准，通常按照网络覆盖范围可将网络分为局域网(LAN)、城域网(MAN)、广域网(WAN)和无线网。

1. 局域网

局域网是把分布在较小范围内的计算机通过通信线路连接起来，一般只有几米到几千米，用于一幢大楼内部或一组紧邻的建筑物之间，还可小到几间或一间办公室，甚至一个家庭。目前流行的局域网有以太网、令牌环网以及光纤环网。

2. 城域网

城域网 MAN 是介于局域网和广域网范围之间的一种网络，其物理连接的地理范围一般为一座城市，约 5～50km。

3. 广域网

广域网分布范围大，通常是指其物理连接的地理范围在几十千米到几千千米的网络，是一种可跨越国家和地区的遍及全球的计算机网络。因特网便是目前世界上最大的广域网。

3.1.4 网络拓扑结构

最简单的计算机网络是在两台计算机之间用通信信道相互连通所形成的系统。但大多数计算机的连接不会仅仅是两台机器的相连，而是有很多的机器通过适当的通信途径相互连接起来的。

在计算机网络中，把设备连接起来的布局方法叫网络的拓扑结构，也就是网络节点的位置和互连的几何布局。 网络的拓扑结构类型很多，常见的有总线形、星形、环形和树形。

1. 总线型拓扑结构

总线型拓扑结构采用单根传输线作为传输介质，所有的站点(包括工作站和文件服务器)均通过相应的硬件接口直接连接到传输介质或总线上，各工作站地位平等，无中央节点控制，如图 3-1 所示。

总线型拓扑结构的优点是电缆连接简单、易于安装，增加和撤消网络设备灵活方便、成本低。缺点是故障诊断困难，尤其是总线故障会引起整个网络瘫痪。

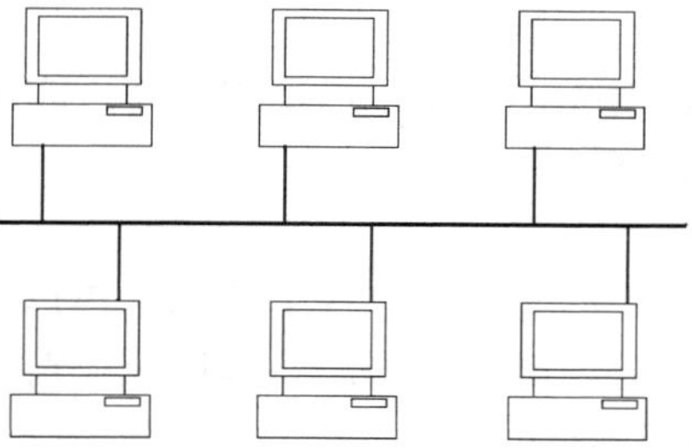

图 3-1　总线型拓扑结构

2. 星形拓扑结构网

星形拓扑结构是由中央节点和通过点对点链路连接到中央节点的各站点组成，如图 3-2 所示。星形拓扑结构的中央节点是主节点，它接收各分散站点的信息再转发给相应的站点。

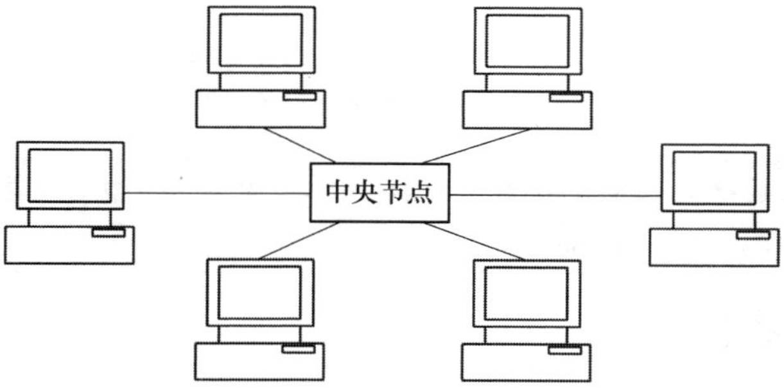

图 3-2　星形拓扑结构

星形拓扑结构的优点是结构简单、建网容易、故障诊断与隔离比较简便、便于管理。缺点是需要的电缆长、安装费用多；网络运行依赖于中央节点，因而可靠性低，扩充也较困难。

3. 环形拓扑结构

环形拓扑结构看起来像首尾两端相连的总线型结构，如图 3-3 所示。环形拓扑结构由网络中若干中继器通过点到点的链路首尾相连形成一个闭合的环。它采用“令牌传递”代替总线网的相互竞争。

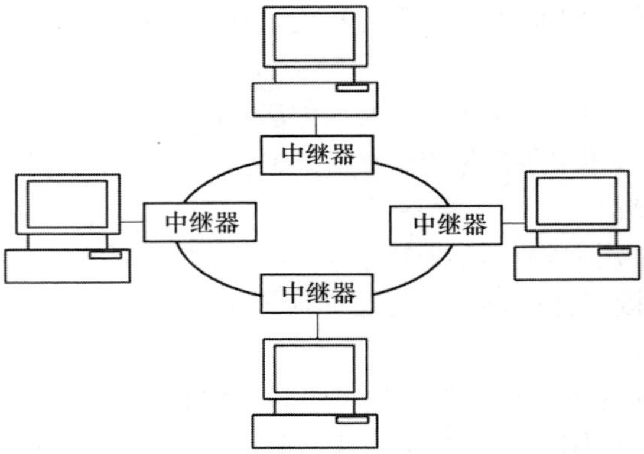

图 3-3 环形拓扑结构

环形拓扑结构的优点是电缆长度短，传输速率高，成本低。缺点是环中任意一处故障都会造成网络瘫痪，因而可靠性低。

4. 树形拓扑结构

树形结构是总线型结构的扩展，如图 3-4 所示，树形结构是分层结构，层次分明，越靠近根节点的分节点，其处理能力越强，处理权限级别也越高，这种结构适用于上下级别界限严格的分级管理和控制系统。

树形结构的特点是，一般一个分支和节点的故障不影响另一分支节点的工作。

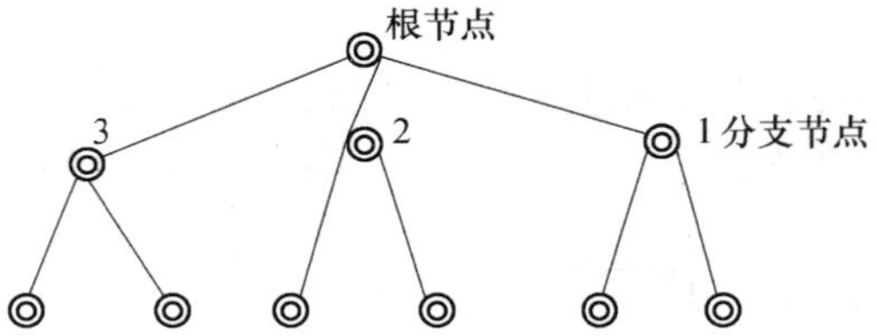

图 3-4 树形拓扑结构

注意：计算机网络的结构往往是多种拓扑结构的混合连接，如在学校的教学网络中，常采用总线与星形混合连接的方式。

3.1.5 数据通信基础

所谓的数据通信是指在通信系统中数据信号从发送端传送到接收端的过程。

1. 数据通信的基本概念

1) 数据和信号

对于通信系统来说，信号在信道中的表示方式可分为模拟数据和数字数据。模拟信号是一种用电流、电压或电磁波表示的、在时间轴上连续变化的物理量，是一种连续函数关系。而数字信号是一种用二进制数“1”或“0”表示的脉冲信号、在时间轴上离散的物理量，是一种离散函数关系。

调制和解调：将计算机输出的数字信号转换成模拟信号的过程称为调制；接收端将收到的模拟信号转换成数字信号的过程称为解调。

2) 信源

信源是指通信过程中产生和发送信息的设备或计算机。

3) 信宿

信宿是指通信过程中接收和处理信息的设备或计算机。

2. 通信系统的主要技术指标

数据通信系统的技术指标主要是用数据传输速率的大小和数据传输质量的好坏来衡量，常用数据传输速率(比特率)、信道容量和出错率 4 个技术参数来表示。

(1) 数据传输速率。

数据传输速率表示数据每秒钟在信道上所能传输二进制信息的位数，又称比特率。单位为位/秒，记作 bps 或 b/s(bit/s)。

(2) 信道容量。

信道容量是指在信道有效的带宽(频带宽度，即最高频率与最低频率之差)内，单位时间内信道可传输信息的最大能力，通常用数据传输速率(比特数)位/秒(bps)来表示。

信道容量与数据传输速率的区别是，前者表示信道的最大数据传输速率，是信道传输数据能力的极限，而后者是信道的实际数据传输速率。

(3) 出错率。

出错率指信息传输的错误率，也称误码率。它是数据在信道中传输可靠性的一个指标。由于信息的最小表示单位可以是比特，因此出错率有相应的表示方法。如误比特率 P_b=接收中错误的比特率/传输的总比特率；误码率 P_e=接收中的错误码率总数/传输总码总数。

(4) 带宽与数据传输速率的关系。

带宽是指物理信道的频带宽度，即允许的最高频率与最低频率之差。在模拟信道中，人们使用带宽来表示信道传输的能力，单位为 Hz、KHz、MHz、GHz。例如：我国电话线的带宽通常为 300～3400Hz。在数字信道中，人们使用数据传输速率(比特率)来表示信道的传输能力，单位为 bps、Kbps、Mbps、Gbps。

实际上，带宽、传输速率和信道容量三者是有关的：带宽越宽，信道容量也就越大；而最大的传输速率就是信道容量。

3.1.6 计算机网络的组成

1. 网络服务器

网络服务器是计算机网络中最核心的设备之一，它既是网络服务的提供者，又是保存数据的集散地。按应用分类，网络服务器可分为 Web 服务器、邮件服务器、数据库服务器、视频服务器、文件服务器等。

2. 工作站

工作站是指连接到计算机网络上的计算机。工作站既可独立地工作，也可以访问服务器，共享网络资源。

3.1.7 网络传输介质和网络设备

1. 网络传输介质

传输介质是指计算机网络中连接各网络节点通信的物理通路，它对网络数据通信质量有极大的影响。传输介质分为有线介质和无线介质两类。有线介质主要有双绞线、同轴电缆、光纤；无线传输介质有微波、激光和红外线、卫星等(表 3-1)。目前使用最广泛的有线介质是双绞线和光纤。

(1) 双绞线：双绞线是由一对外层绝缘的导线绞合而成，外加套管作保护层。双绞线最大的介质传输距离约 100m。双绞线在网络上的连接方法是使用 RJ45 接头来连接的。双绞线价格低廉，但数据传输率较低，一般为几 Mb/s，抗干扰性能也较差。双绞线适合于较短距离的数据传输，如一个建筑物内的局域网工程的布线。

(2) 同轴电缆：同轴电缆是一根较粗的硬铜线，在其外面套有屏蔽层。同轴电缆价格高于双绞线，但抗干扰能力较强，连接也不太复杂，数据速率可达数 Mb/s 到几百 Mb/s，所以常被中高档局域网广泛采用。

(3) 光纤：光纤又称光缆，或称光导纤维，是一种能够传输光波的电介质导体，内层为光导玻璃纤维和包层，外层为保护层。光纤数据传输率可达 100Mb/s 到几 Gb/s，抗干扰能力强，传输损耗少，且安全保密好，目前已被许多高速局域网采用，但价格昂贵。

(4) 无线传输：无线传输介质是一种在两个通信设备之间不需要架设或铺埋任何物理介质的传输介质，它通常是通过空气来进行信号传输的。当两个通信设备之间由于存在不可逾越的物理障碍，不能使用有线传输介质时，就必须考虑使用无线传输介质。

无线传输介质有无线电波、微波、红外线及可见光等几个波段及卫星通信。

表 3-1　传输介质的性能比较

传输介质 / 性能	双绞线 10BASET	细同轴电缆 10BASE2	粗同轴电缆 10BASEB5	光缆	微波
带宽	10～155Mb/s	<10Mb/s	<10Mb/s	nkMb/s	
最大介质距离	100m	200m	500m	8km	无限制
抗干扰性	较差	高	高	很高	
保密性	一般	一般	一般	好	差
经济性	便宜	较便宜	中	较贵	中
最大的扩展距离	<100m	925m	2500m	无限制	无限制
与网卡的连接方式	RJ45	BNC	AUI		
两节点最小距离		>0.5m	>2.5m		

2. 计算机网络设备

1) 网络适配器 NIC(网卡)

网络适配器 NIC(Network Interface Card)也称为网卡，是计算机网络系统中站点连接的最基本的设备，它起着物理接口的作用。图 3-5 是一块 Netcore 7004NET 网卡。

图 3-5　网络适配器

2) 中继器(Repeater)

中继器具有对信号再生放大功能，用于延伸网络段，使整个网络的地区范围得到扩充。中继器用于网络后，网络仍是一个统一的整体，网络上各工作站可共享同一网络上的服务器。

3) 集线器(Hub)

集线器是一种特殊的多路中继器，具有对信号再生放大和管理多路通信。它能连接多个工作节点，并可实现集线器之间的互连。

4) 路由器(Router)

路由器是用于连接多个同类或不同类型的局域网(或广域网)。它具有很强的异种网互连能力，除能取代网桥用于异种局域网连接外，还可用于局域网与广域网的互连，以及广域网的互连。路由器还具有选择路径的功能，在多于两个网互连时，节点之间可选择一条最佳路径传送数据。

5) 交换机(Switch)

交换机是用于实现交换功能的设备。它采用类似电话总机的交换式技术，使各连接端口能独占带宽，从而提高局域网的总带宽。交换机技术的不断发展和完善，使网络发展进入了新时代。

6) 调制解调器(Modem)

我们知道公用电话网是电话通信的信道，它只能传输模拟信号。而计算机输出的信号是一种数字信号。因此，要在公用电话网上传输计算机输出的数字信号，就必须对信号进行调制，在发送端将数字信号调制为模拟信号(D/A 转换)，而在接收端再将模拟信号解调为数字信号(A/D 转换)。调制解调器就是这样一种在计算机—公用电话网—计算机之间调制解调信号的设备。将计算机输出的数字信号变为适应模拟信道传输的模拟信号，这个过程称为调制，实现调制的设备称为调制器。而在接收端又需要将模拟信号解调为数字信号而被计算机接收，这个过程称为解调，相应的设备为解调器。调制器和解调器合起来称为调制解调器。其工作原理如图 3-6 所示。

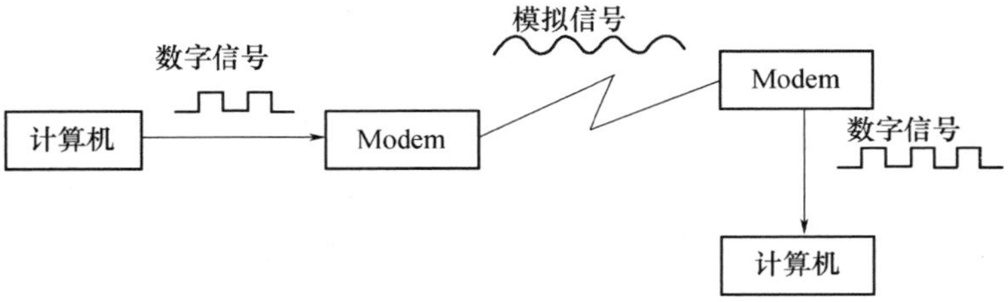

图 3-6　通信系统中的调制解调器示意图

3.1.8　计算机网络体系结构及协议

1. 计算机网络体系结构——OSI 开放系统互连参考模型

由于许多网络使用了不同硬件和软件，很难满足世界范围内不同网络之间进行通信。因此，建立一个国际范围内统一的网络体系结构标准，成为人们迫切需要解决的问题。1978 年国际标准化组织 ISO 设立了一个分委员会，专门研究网络通信的体系结构。于 1981 年提出了一个七层参考模型的网络系统结构，叫做开放系统互连模型 OSI(Open System Interconnection)参考模型。OSI 参考模型很快得到了国际上的一致认可，成为计算机网络系统结构的标准，大大推动了网络通信的发展。OSI 参考模型对于那些想了解网络技术的人来说是最佳的工具。

OSI 开放系统互连参考模型用分层结构的描述方法。如图 3-7 所示，它将整个网络通信的功能划分为七个层次。由低层至高层分别称为物理层、数据链路层、网络层、传输层、会话层、表示层和应用层。每层在该层协议和下一层协议的支持下完成各自的功能，每层都直接为其上层提供服务。并且，所有层次都互相支持。这种划分使每一层功能相对独立，能执行本层所承担的任务，并通过接口与其相邻层连接，实现两系统之间、各节点之间信息的传输。第一层到第三层常称为介质层，负责在网络中进行数据的传输。第四层到第七层常称为主机层，负责保证数据传输的可靠性。

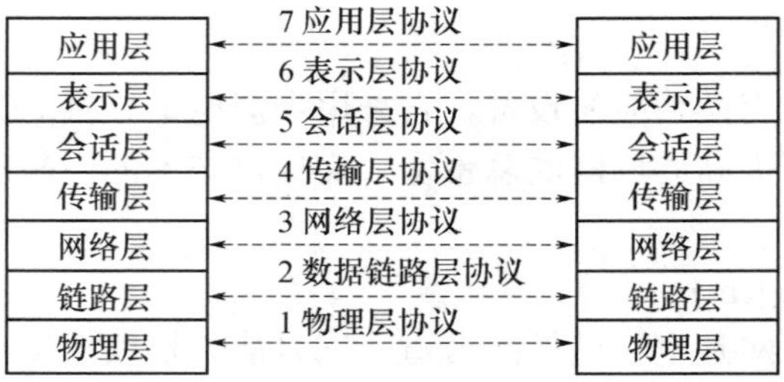

图 3-7 OSI 参考模型

OSI 开放系统互连参考模型各层功能参考标准如表 3-2 所列。

表 3-2 ISO／OSI 参考标准

应用层	各负责为端点用户提供各种应用服务，如分布式数据库、分布式文件系统、E-mail 等
表示层	解决不同数据格式的编码之间的转换；提供标准的应用接口和通用的通信服务
会话层	负责在协同操作的情况下保持节点间交互性活动；进行两个应用进程之间的通信控制
传输层	负责从会话层获取数据并在必要时对数据进行分割和重组；保证点到点数据传输的可靠性和完整性
网络层	控制两个实体间数据包的路由选择；建立或拆除实体之间的连接
数据链路层	负责将二进制比特流转换为数据帧；控制数据帧的传输顺序和数据流量；差错检测与控制
物理层	负责在传输介质上传输二进制比特流；提供为建立、维护和释放物理连接所需要的机械、电气、功能与规程的特性

2. 网络协议

为了实现网络中计算机之间进行通信，就必须使用一种双方都能理解的规则或约定，这种语言称为协议。只有双方都拥有这种协议，一台网络上的计算机才能与另一台计算机彼此通信。正是由于有了大家共同遵守的协议，在网络上的各种大小不同、结构不同、操作系统不同、厂家不同的异种网才能够连接起来，互相通信、共享资源。

协议有语义、语法和变换规则三部分组成。语义规定通信双方准备“讲什么”，即确定协议元素的种类；语法规定通信双方“如何讲”，确定数据的格式、信号电平；变换规则规定通信双方彼此的“应答关系”。

3.1.9　网络操作系统

通过网络可以共享资源，但并不意味网上的所有用户都可以随便使用网上的资源，如果这样，则会造成系统紊乱、信息破坏、数据丢失。网络中的资源共享、用户通信、访问控制等功能，都需要由网络操作系统进行全面的管理。网络操作系统是网络的核心和灵魂，除了具有计算机操作系统的通用功能外，还应具有支持网络的功能，能管理整个网络资源。它的主要目标是使用户能够在网络上的各台计算机站点上方便、高效地享用和管理网络上的各种资源，为用户提供各种网络服务功能。

目前流行的网络操作系统主要有：Windows NT、Windows 7、Unix、NetWare。其中 Unix 操作系统在国外较为流行，而国内目前大多为 Windows 7。

3.2　计算机局域网(LAN)

计算机局域网是目前最常使用的网络之一，通过它可以充分利用企业或部门现有的硬件资源，提高工作效率，节约上网开支。本节将介绍局域网的基本概念、技术、构建局域网的过程，以及如何使用局域网。包括局域网软硬件系统的安装、设置文件和打印机的共享、安装网络打印机，以及访问局域网共享资源的方法。

提出任务

为及早进行社会实践，王楠和同学组建了一个“大学生创业协会”，以便为更多的同学提供社会实践和课余创业的服务。在日常的协会事务处理过程中，为便于会员及协会各部门之间的协调工作，王楠打算为协会构建一个局域网，为此，王楠向网络中心周老师请教。周老师在了解了王楠的需求后，对他进行了详细的讲解和指导。

分析任务

对于王楠遇到的困扰，周老师建议从以下几方面入手：

- ◆ 了解局域网相关概念；
- ◆ 熟悉局域网硬件设备功能；
- ◆ 设置局域网相关网络协议；
- ◆ 设置局域网共享资源；
- ◆ 访问局域网共享资源。

实现任务

3.2.1　局域网特点

局域网具有如下特点：①网络覆盖范围小(0.1～25km)；②高传输速率(0.1～100Mb/s)；③低传输误码率(10^{-11}～10^{-8})。

3.2.2 局域网技术概述

目前，在局域网中常用的传输介质访问方法有以太方法、异步传输模式方法等，因此可以把局域网分为以太网(Ethernet)、ATM 网、无线局域网等。

1. ATM 网

ATM 是“异步转移模式”的英文缩写。所谓“异步转移模式”，是一种采用统计时分复用技术“面向分组”的传送模式；在 ATM 中，信息流被组织成固定尺寸的块(称为“信元”)进行传送，信元长度为 53B。ATM 网具有超高速的通信能力，目前提供给用户可选择的通信速率范围从数百 Kb/s 到高达 2.5Gb/s，并且正在随着技术进步而发展。

2. 以太网

以太网是以载波侦听多路访问/冲突检测(CSMA/CD)方式工作的典型网络。由于以太网的工业标准是由 DEC、Intel 和 Xerox 三家公司合作制定的，所以又称为 DIX 规范。以太网技术发展很快，出现了多种形式的以太网，目前已成为应用最广泛的局域网技术。

3. 无线局域网

伴随着有线网络的广泛应用，以快捷高效、组网灵活为优势的无线网络技术也在飞速发展。无线局域网是计算机网络与无线通信技术相结合的产物。通俗地说，无线局域网(WLAN)就是在不采用传统缆线的同时，提供以太网或者令牌网络的功能。

3.2.3 构建局域网

最常见的局域网是通过交换机连接的星形结构以太网，这种结构性能稳定、成本低、易于维护与扩展。

1. 硬件系统的安装

(1) 安装网卡。

网卡上的 RJ-45 接口通过双绞线与其他计算机或交换机相连。

(2) 制作双绞线。

制作双绞线时需注意几个问题：

每根双绞线的长度不能超过 100m。如果双绞线是连接计算机到交换机的，则两端的水晶头均按 TIA/EIA-568B 标准制作，俗称直通线。如果双绞线是直接连接两台计算机的，则两端水晶头一头按 TIA/EIA-568A 标准制作，而另一边按 TIA/EIA-568B 标准制作，俗称交错线或对错线。

(3) 连接网络。

当把网卡安装到计算机上，且制作好网线后，还需要把制作好的网线连接到网卡或交换机上。其操作方法是将双绞线的 RJ-45 接头直接插入网卡或交换机的接口即可。

2. 网络协议的安装设置

配置网络协议的具体操作步骤如下：

(1) 单击“开始”按钮，选择“控制面板”命令，打开“控制面板”窗口。

(2) 在“控制面板”窗口中选择“网络和 Internet 连接”类别，打开“网络和 Internet 连接”窗口。

(3) 在“网络和 Internet 连接”窗口中的“或选择一个控制面板图标”区域下，选择

“网络连接”图标，打开“网络连接”窗口并选中“本地连接”图标。

(4) 在左侧的“网络任务”列表中，选择“更改此连接的设置”命令，弹出“本地连接属性”对话框。

(5) 在“本地连接属性”对话框中选择“Internet 协议(TCP/IP)”项，并单击“属性”按钮，如图 3-8 所示。

(6) 分配动态 IP 地址或用户手动指定 IP 地址。例如，IP 地址为 192.168.0.1，子网掩码为 255.255.255.0。

3.2.4　局域网应用

局域网环境搭建完成后，就可通过网络实现资源共享和通信的目的了，如磁盘共享、文件夹共享、打印机共享等。

1. 使用网络安装向导设置家庭和小型办公网

Windows XP 中作为一个安全措施，系统默认不允许对该计算机进行远程访问，如需要进行资源共享，还须运行“网络安装向导”来启用远程访问和资源共享，如图 3-9 所示。

打开“控制面板”→“网络和 Internet 连接”→“网络安装向导”，弹出“网络安装向导”。根据提示，选择相应选项或输入相关信息后，单击“下一步”按钮，直到配置完成。

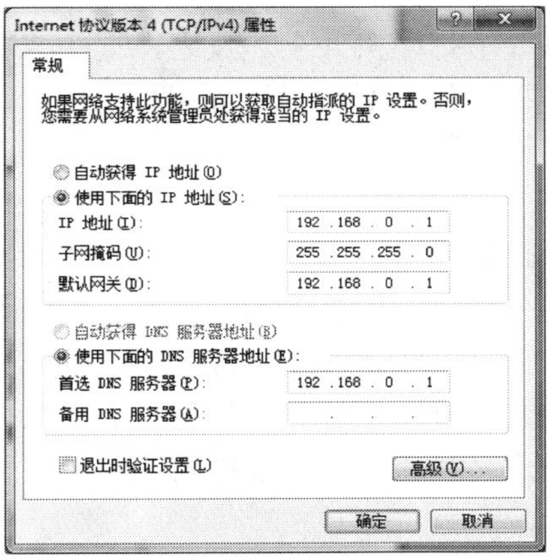

图 3-8　Internet 协议(TCP/IP)设置

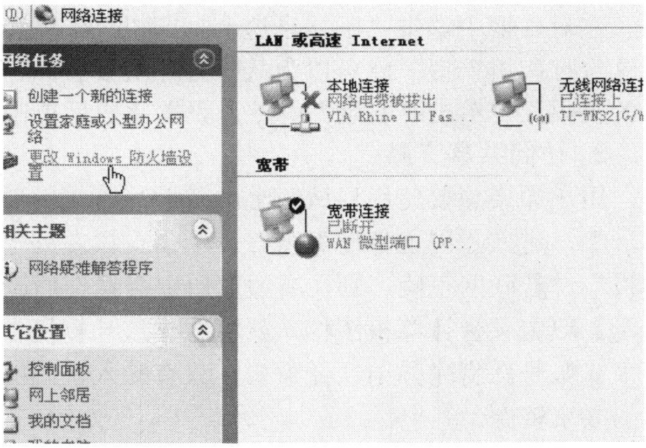

图 3-9　网络安装向导

2. 设置共享资源

运行“网络安装向导”启用文件和打印机共享设置后，Windows XP 系统默认将“共享文档”和已安装的打印机设置成为共享而无需用户设置。用户通常操作的是共享文件夹或取消打印机共享等。

(1) 设置共享文件夹。打开“我的电脑”或“资源管理器”，找到要设置成共享资源(或取消共享)的文件夹，在该文件夹上单击鼠标右键，在弹出的快捷菜单中选择“共享”和“安全”项，如图 3-10 所示。

在对话框中选中“在网络上共享这个文件夹”后，就可以为共享文件夹设置共享。如果需要远程对该文件夹下的内容进行添加删除，则还须选中“允许网络用户更改我的文件”。反之，在对话框中取消“在网络上共享这个文件夹”则可取消该文件夹的共享。

(2) 设置打印机共享。

打开“打印机”文件夹，找到要设置或取消共享的本地打印机，在该打印机上单击鼠标右键，在弹出的快捷菜单中选择“共享”项，如图 3-11 所示。

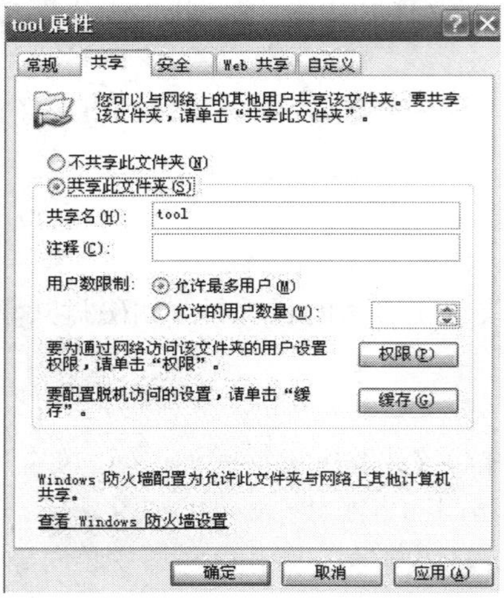

图 3-10　设置共享文件夹

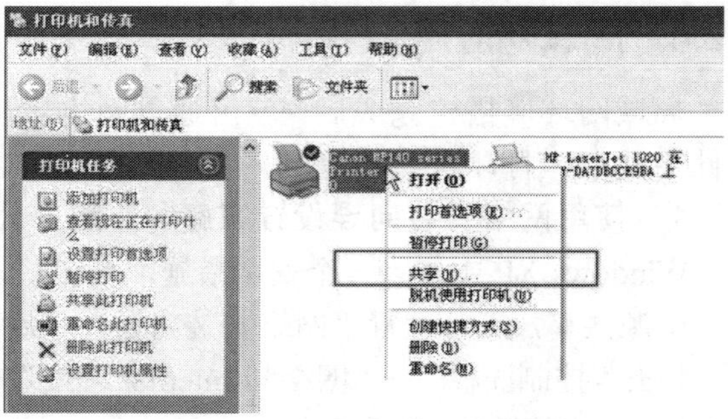

图 3-11　设置共享打印机

在对话框中选中“不共享这台打印机”，就可以取消打印机共享。反之，选中“共享这台打印机”后，就可以为共享打印机设置共享名称。如果要设置远程用户访问打印机的权限，可单击“安全”标签。设置完成后单击“确定”按钮。

3. 访问共享资源

用户如果想要使用局域网上的资源，首先需要查找到局域网上的资源。双击“网上邻居”，进入“网上邻居”窗口，单击窗口左列“网络任务”列表中的“查看工作组计算机”，若联网正确，则在右边窗口中会看到局域网中的所有计算机的名称，如图 3-12 所示。双击某台计算机图标，就可看到该计算机上的共享资源了。如果远程计算机禁用了来宾帐号，将先弹出认证窗口，只有输入正确的用户名和密码后，才能看到该计算机上的共享资源。

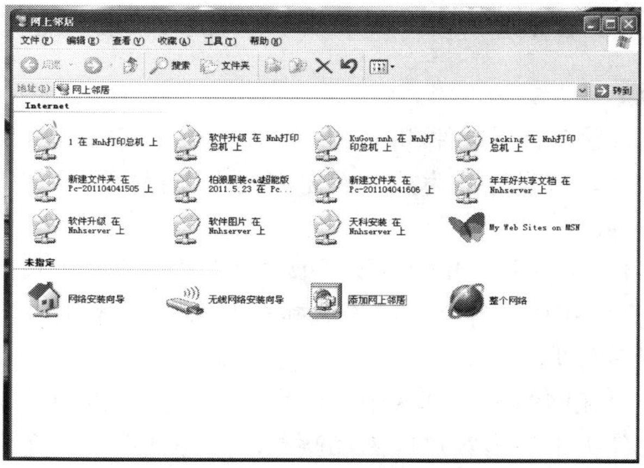

图 3-12　利用“网上邻居”访问共享资源

3.3 Internet 应 用

提出任务

张跃是学校新月学社的编辑，为丰富完善社刊的内容，张跃不仅需要亲自从网上查找各种图片、文字等资料，而且还要查阅大量的电子邮件投稿。这样的工作要求使张跃更加体会到 Internet 的方便与强大。

分析任务

为更加熟练地完成学社的日常事务，张跃从以下几方面进行了强化练习:

- ◆ 熟悉 Internet 协议;
- ◆ 熟练 Internet 浏览器的浏览、搜索、收藏、自定义设置等功能;
- ◆ 熟悉网页内容的保存方法;
- ◆ 熟悉电子邮件的收发;
- ◆ 了解网络安全知识。

实现任务

3.3.1 Internet 起源与发展

1. Internet 的起源

Internet 中文名为因特网，是国际计算机互联网的英文简称，它由遍布全球的各种计算机网络互联而成，是世界上最大的计算机网络，是“计算机网络的网络”。Internet 的发展是人类文明史上的一个重要里程碑。

Internet 是在美国 20 世纪 60 年代末至 70 年代初的军用计算机网络 ARPANET 的基础上，经过不断发展变化而形成的。自 20 世纪 80 年代以来，世界各国纷纷加入 Internet 行列，使之成为一个全球化的巨大网络。

Internet 的不断发展，已经引起了人们的极大兴趣和高度重视。随着各种新技术的不断出现，网络上无所不有的资源变得更加五彩缤纷，Internet 的应用已进入千家万户，越来越多的人被吸引到 Internet 中来，它将对人们的生活和工作产生更加深刻的影响。

2. Internet 在中国的发展

中国的 Internet 是 20 世纪 80 年代末起步的，1990 年 10 月，中国正式向国际互联网信息中心(InterNIC)登记注册了最高域名 cn ，1994 年 3 月，我国正式加入 Internet，我国第一条因特网专线于 1994 年在中国科学院高能物理研究所正式接通。国内可直接连接互联网的网络有 4 个，即中国科学技术网络(CSTNET)、中国教育和科研计算机网(CERNET)、中国公用计算机互联网(CHINANET)、中国金桥信息网(CHINAGBN)。

目前，我国主干网的国际线路传输速度已达到吉比特每秒量级，上述主干网之间的传输速度也达到百兆比特每秒量级。

3.3.2 Internet 的工作原理

1. TCP/IP 协议

Internet 是连接世界上众多计算机的互联网，要实现不同计算机之间的通信，必须有通用的、一致的通信规则，这就是 TCP/IP 协议。TCP/IP 协议中最重要的两个协议是 TCP(传输控制协议)和 IP(网际协议)。在 Internet 上，基本上所有的人都是将这两个协议合在一起使用的。

2. IP 地址

Internet 的每一台服务器或主机都有唯一的 IP 网间协议地址号，简称 IP 地址，以便 Internet 上其他的计算机可以找到它。

1) IP 地址的格式

IP 地址可表达为二进制格式和十进制格式。二进制的 IP 地址为 32 位，分为 4 个 8 位二进制数如 11010010.00101000.01000000.00100001。十进制表示是为了使用户和网管人员便于使用和掌握，每 8 位二进制数用一个十进制数表示，并以小数点分隔。例如，上例用十进制表示为 210.40.64.33。

2) IP 地址的分类

IP 地址由网络号和主机号两部分组成，根据网络号范围可分为 A 类、B 类、C 类、D 类和 E 类。

A 类 IP 地址采用 1 字节表示网络号，3 字节表示主机号，可使用 126 个不同的大型网络，每个网络拥有 16774214 台主机，IP 范围为 1.0.0.0～126.255.255.255。

B 类 IP 地址采用 2 字节表示网络号，2 字节表示主机号，可使用 16384 个不同的中型网络，每个网络拥有 65534 台主机，IP 范围为 128.0.0.0～191.255.255.255。

C 类 IP 地址采用 3 字节表示网络号，1 字节表示主机号，一般用于规模较小的本地网络，如校园网等。可使用 2097152 个不同的网络，每个网络可拥有 254 台主机，IP 范围为 192.0.0.0～223.255.255.255。

D 类和 E 类 IP 地址用于特殊的目的。D 类地址范围为 224.0.0.0～239.255.255.255，主要留给 Internet 体系结构委员会 IAB(Internet Architecture Board)使用。E 类 IP 地址范围为 240.0.0.0～255.255.255.255，是一个用于实验的地址范围，并不用于实际的网络。

3. 域名与域名服务

Internet 用 IP 地址来标志网络中的每台主机，每个入网主机都必须有一个 IP 地址。由于 IP 地址是用数字表示的，没有规律、不易记忆，因此 Internet 采用了一套有助于记忆的符号名“域名地址”来表示入网的主机，这就是域名服务系统 DNS(Domain Name System)。按照与 IP 地址一一对应的原则，又为每台主机分配了一个由字符组成的域名，当用户使用域名访问 Internet 时，DNS 服务器会自动地将该域名转换成相应的 IP 地址。

域名的格式：域名由多级分层，域名必须按 ISO 有关标准进行，各级间由圆点“.”隔开，格式为

主机名.n 级域名.……..二级域名.一级域名

域名末尾部分为一级域名，代表某个国家、地区或大型机构的节点；倒数第二部分

为二级域名，代表部门系统或隶属一级区域的下级机构；再往前为三级及其以上的域名，是本系统、单位名称；最前面的主机名是计算机的名称。

如清华大学 Web 服务器的域名是 tsinghua.edu.cn，其中 tsinghua 代表主机名，edu 表示教育机构，cn 代表中国(表 3-3、表 3-4)。

表 3-3 机构性顶级域名的标准

域 名	含 义	域 名	含 义
com	商业机构	mil	军事机构
edu	教育机构	net	网络服务提供者
gov	政府机构	org	非赢利组织
int	国际机构(主要指北约组织)		

表 3-4 地理性顶级域名的标准(部分)

代 码	国家或地区	代 码	国家或地区
cn	中国	mo	澳门
ca	加拿大	sg	新加坡
us	美国	jp	日本
hk	中国香港	tw	中国台湾

3.3.3 Internet 接入方式

用户计算机要接入 Internet，必须向 Internet 服务提供商(Internet Service Provider，ISP)提出申请，并根据实际情况选择接入 Internet 的方式。

1. 局域网接入

当用户使用的局域网已经连入Internet时，该局域网上的所有用户都会得到一个IP地址，用户可以通过局域网访问Internet上的所有资源。将一个局域网连接到Internet上有两种。

(1) 通过服务器、高速调制解调器和电话线路，在TCP/IP在软件支持下与Internet主机连接。这时，局域网上的所有用户共享一个IP地址。

(2) 通过路由器，在TCP/IP软件支持下与Internet主机相连。这时，局域网上所有用户都有各自的IP地址。

2. 专线接入

对于某些规模比较大的企业、团体或高等院校，往往有很多员工需要同时访问 Internet，而且经常需要通过 Internet 传递大量的数据，收发电子邮件。此时最好选用专线与 Internet 进行连接。专线连接可以把局域网与 Internet 直接连接起来，让所有员工都能方便快速地进入 Internet。这种连入方式的数据传输速率可达 1Mbps 以上。

目前，ISP 为人们提供许多将计算机与 Internet 连接的专用数据业务，包括综合业务数据网(ISDN)、公用数字数据网(DDN)等。

3. ADSL 接入

非对称数字用户线路(Asymmetrical Digital Subscriber Line，ADSL)是一种能够通过普

通电话线提供宽带数据业务的技术。ADSL 的最大特点是不需要改造信号传输线路，完全可以利用普通铜质电话线作为传输介质，配上专用的 Modem 即可实现数据高速传输，且不影响电话的使用。ADSL 理论速率上行可达 1Mb/s，下行可达 8Mb/s，目前家庭宽带上网用户多采用该技术。

4. 无线接入

随着 Internet 的蓬勃发展和人们对宽带需求的不断增加，无线网接入技术应运而生，无线接入方式可以让用户不受空间限制，随时随地连入 Internet。无线连接方式的数据传输费用要比电话线路连接高，而且数据传输速率一般比电话线路低。目前比较常见的无线接入服务有无线局域网 WLAN、GSM 接入、CDMA 接入、GPRS 接入等。

3.3.4 Internet 提供的基本服务

1. 电子邮件服务

电子邮件(E-mail)是应用计算机网络进行信息传递的现代化手段，它是 Internet 提供的一项基本服务，也是使用最广泛的 Internet 工具。

电子邮件的工作原理利用简单邮件传输协议(SMTP)将信息发送到网络上，然后通过邮件网关把电子邮件从一个网络传送到另一个网络。当电子邮件被送到指定的网络后，再由邮件代理把电子邮件发送到接收者的邮箱中，接收者使用 POP3 协议从网络上收取自己的信件。

电子邮箱是 ISP 为用户建立的，它实际上是 Internet 的一台计算机中的磁盘上为用户分配的用于存放往来电子邮件数据的存储区域。每个电子邮箱都有一个邮箱地址，称为电子邮件地址。用户只要接入互联网络，并知道收件人的电子邮箱的地址，就可以发送电子邮件了。电子邮件的内容可以是普通的文本数据，也可以包括语音、图像、图形和程序等数据。

E-mail 地址具有统一的标准格式：用户名@主机域名。

(1) 用户名就是用户在主机上使用的用户码。

(2) @符号后是用户使用的计算机电子信箱主机域名。

例如，abc@163.com 就是一个 E-mail 邮箱地址。

2. 文件传输

文件传输协议 FTP(File Transfer Protocol)是 Internet 文件传输的基础，其作用是实现网上的用户与远程的计算机之间的文件相互复制，并保证其传输的可靠性。

从远程主机将文件复制到自己的本地计算机叫做下载文件；将文件从自己的计算机中复制至远程主机上就是上传文件。

3. Telnet 远程登录

计算机通过 Telnet 协议在网上登录到一台远程的计算机，这时你的计算机就像远程机的一个终端一样，可以对远程机进行操作，使用其软硬件资源。

4. WWW 信息浏览服务

WWW(World Wide Web)，简称 Web，中文名为万维网，是基于“超文本”的文件信息服务系统。用户可以通过使用浏览器浏览和搜索文字、声音、图片和视频等信息。

1) 超文本和超媒体

超文本(Hypertext)的“超”体现在两个方面：超越字符，即内容可以是文字、表格、图像、音频和视频等多媒体信息，因而也称超媒体(Hypermedia)；超越顺序，即使用超级链接技术。

2) 超文本传输协议

超文本传输协议 HTTP(Hyper Text Transfer Protocol)是 WWW 的传输协议。

3) 统一资源定位符 URL

URL(Uniform Resource Location)称为统一资源定位符，是 WWW 上用于指定文件位置的方法。其一般形式为 scheme://host:port/path。

协议(scheme)：表示访问文件的协议，它可以是 http、ftp 等。

服务器地址(host)：指出 WWW 页所在的服务器域名或 IP 地址。

端口(port)：有时对某些资源的访问，需给出相应的服务器提供端口号。

路径(path)：指明服务器上某资源的位置，与端口一样，路径并非总是需要的。

4) 网页

WWW 中看到的文件信息的画面被称为网页，它实质上是使用超文本标识语言 HTML(HyperText Markup Language)所编写的文件。在 WWW 服务器上存放着的大量的页面文件组成一个网站(亦称为站点)，其中的第一个页面文件称为主页。

HTML 是 WWW 的描述语言，HTML 能把存放在一台计算机中的文本或图形与另一台计算机中的文本或图形方便地联系在一起，形成有机的整体。

5) 浏览器

浏览器(Browser)是 WWW 的客户端程序，具有网页显示等功能。WWW 浏览器是采用 HTTP 通信协议与 WWW 服务器相连的，当服务器上的信息传到用户端时，便由浏览器软件来阅读并解释其格式后显示给用户。

3.3.5 Internet 的重要应用

Internet 提供了许许多多的资源和服务，如果我们想在 Internet 上获得高质量的服务，就需要在相关 Internet 工具软件的支持下便利地获得网络资源服务。

1. 使用浏览器 IE 漫游 Internet

浏览器是定位和访问 Web 信息的导航工具，人们通过浏览器来浏览 WWW 服务器上的资源。实际上，浏览器构成了一个调用 Internet 网上所有不同信息资源的方便、灵活、统一的入口。IE 是 Internet Explorer 浏览器的简称，是 Windows 操作系统内置的程序，也是使用最广泛的浏览器之一(图 3-13)。

1) 浏览网页

在地址栏中直接输入网页的 URL，可以访问指定的网页。也可以从主页(Homepage)开始，通过其中的超级链接(与正常文本颜色不同的带下划线的字符串、按钮和图标、图形或图像等)遍历站点，逐个地去浏览构成网络站点的各个网页。

2) 刷新网页

单击“刷新”按钮后，浏览器会重新从网上读取该页面的内容。在因网络故障导致页面中断时，也可以用“刷新”按钮重新打开该页面。

3) 使用收藏夹

IE 收藏夹如图 3-14 所示。

图 3-13　Internet Explorer 浏览器

图 3-14　IE 收藏夹

(1) 将某个 Web 页添加到收藏夹的方法如下：

① 转到要添加到收藏夹列表的 Web 页。

② 打开“收藏”菜单，选择“添加到收藏夹”选项。

③ 在出现的“添加到收藏夹”对话框的名称文本框中输入该页的新名称，然后单击“确定”按钮。

(2) 将收藏的 Web 页组织到文件夹中。

① 打开“收藏”菜单，选择“整理收藏夹”选项。在弹出的“整理收藏夹”对话框。单击“创建文件夹”按钮。然后键入文件夹的名称，最后按回车键。

② 将列表中的快捷方式拖曳到合适的文件夹中。如果因为快捷方式或文件夹太多而导致无法拖动，可以先选择要移动的网页，然后单击“移至文件夹”按钮，在弹出的“浏览文件夹”对话框中选择合适的文件夹，最后单击“确定”按钮即可。

(3) 将某个网站从收藏夹中删除。

在“收藏”菜单上，单击“整理收藏夹”。选择要删除的网页，然后单击“删除”按钮。

4) 使用历史记录快速浏览访问网页

用户可以对历史记录栏进行排序，单击历史记录标题栏中“查看”按钮旁边的下拉按钮，即可打开一个下拉列表，其中列出了“按日期”、“按站点”、“按访问次数”、“按今天的访问顺序”共 4 个选项，执行某个命令即可按其相应的排序方法进行排序。此外，用户还可以更改在“历史记录”列表中保留 Web 页的天数。指定的天数越多，保存该信息所需的硬盘空间就越多。

5) 保存网页

执行“文件”→“另存为”命令，出现“保存网页”对话框。选择保存网页的路径并输入网页名称后，在“保存类型”下拉列表框中选择保存网页的类型，单击“保存”按钮，完成当前网页的保存。

网页的保存类型通常有 4 种，它们分别为：

(1) 网页(全部)，保存文件类型为*.htm 和*.html。按这种方式保存后会在保存的目录下生成一个 html 文件和一个文件夹，其中包含网页的全部信息。

(2) Web 档案(单一文件)，保存文件类型为*.mht。按这种方式保存后只会存在单一文件，该文件包含网页的全部信息。它比前一种保存方式更易管理。

(3) 网页(仅 HTML 文档)，保存文件类型为*.htm 和*.html。按这种方式保存的效果同第一种方式差不多，唯一不同的是它不包含网页中的图片信息，只有文字信息。

(4) 文本文件，保存文件类型为*.txt。按这种方式保存后会生成一个单一的文本文件，不仅不包含网页中的图片信息，同时网页中文字的特殊效果也不存在。

如果想保存网页而不将其打开，可右击要保存的链接，在弹出的快捷菜单上选择“目标另存为”命令；如果想保存网页中的图片，可右击要保存的图片，在弹出的快捷菜单上选择“图片另存为”命令。

6) 使用搜索引擎查找资源

所谓搜索引擎，就是在 Internet 上主动执行信息搜索的专门站点，它们可以对存储在可供查询的大型数据库中的内容网页进行全面快速的分类与搜索(图 3-15)。常用中文搜索引擎如 Google(www.google.com)、百度(www.baidu.com)、中文雅虎(www.yahoo.com.cn)等。

图 3-15　搜索引擎

搜索引擎提供的搜索方式包括分类目录与关键字搜索两种：

方法一：使用分类目录进行搜索时需按照有关的内容逐层深入搜索下去。

方法二：使用关键字进行搜索时需要在关键字文本框中关键字，多个关键字之间可以使用空格符分开，然后单击“搜索”按钮。

7) 配置 IE 浏览器

IE 设置如图 3-16 所示。

(1) 设置 IE 访问的默认主页。

① 在网上找到要设置为主页的 Web 页。

② 在 IE 浏览器窗口中，执行“工具”→“Internet 选项”命令，打开“Internet 选项”对话框的“常规”选项卡。

③ 在“主页”选项组中，单击“使用当前页”按钮，即可将该 Web 页设置为主页。也可直接输入需要设置为主页的网站地址。

(2) 配置临时文件夹。

① 打开 Internet 浏览器的“工具”菜单，执行“Internet 选项”命令，打开“Internet 选 项”对话框。

② 在“常规”选项卡中单击“Internet 临时文件”栏中的“设置”按钮。

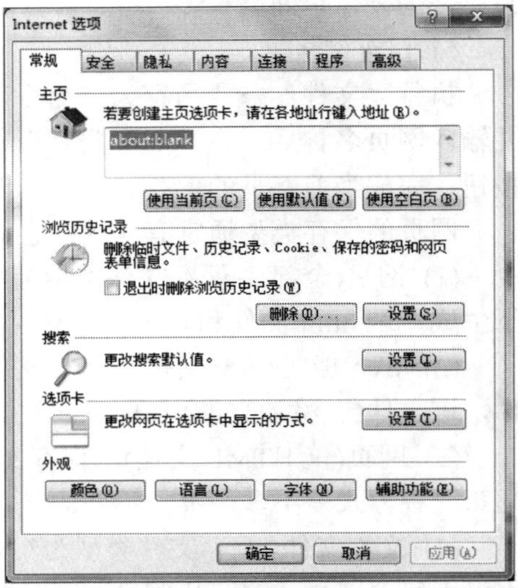

图 3-16　IE 设置

③ 在“设置”对话框中的“Internet 临时文件夹”栏中，通过拖动“使用的磁盘空间”下的滑块来改变“Internet 临时文件夹”的大小。

④ 单击“设置”对话框中的“移动文件夹”按钮，出现“浏览文件夹”对话框。

(3) 设置历史记录保存天数以及删除历史记录。

① 打开 Internet 浏览器的“工具”菜单，执行“Internet 选项”选项，打开“Internet 选项”对话框。

② 在“常规”选项卡的“历史记录”栏中的“网页保存在历史记录中的天数”文本框中输入要保留的天数。

③ 单击“清除历史记录”按钮，在随后弹出的警示框中单击“是”按钮即可删除历史记录。

(4) 安全性设置。

① 打开 Internet 浏览器的“工具”菜单，执行“Internet 选项”命令，打开“Internet 选项”对话框。然后单击“安全”选项卡。

② 在 4 个不同区域中，单击要设置的区域。单击“默认级别”按钮便会出现滑块。

③ 在“该区域的安全级别”栏里，调节滑块所在位置，将该 Internet 区域的安全级别设为高、中、中低、低。

④ 单击“确定”按钮。

(5) 快速显示要访问的网页。

① 打开浏览器的“查看”菜单，选择“Internet 选项”命令。

② 在弹出的对话框中，单击“高级”选项卡。

③ 在“多媒体”区域，清除“显示图片”、“播放动画”、“播放视频”或“播放声音”等全部或部分复选框，然后单击“确定”按钮。

2. 邮箱申请与邮件收发

1) 申请免费电子邮箱

要想通过 Internet 收发邮件，必须先申请一个属于自己的信箱。信箱的密码只有自己知道，所以别人是无法读取用户的私人信件的。下面以在网易 163(www.163.com)上申请免费邮箱为例，介绍申请个人免费电子信箱的操作步骤：

① 启动 Internet Explorer 浏览器，在地址栏内输入 http:// www.163.com，然后按下 Enter 键，打开网易主页。

② 单击“注册免费邮箱”链接，打开“126 网易免费邮”网页。

③ 输入用户名，如果输入的用户名已经存在，服务器会要求重新输入，同时它也会建议选择一些没有使用的用户名。输入唯一的用户名后，单击“下一步”按钮。

④ 填写个人信息完成后，单击“完成”按钮，提示注册成功。一定要熟记自己的用户名和密码。

2) 使用 Web 浏览器收发邮件

① 在网易主页中，单击“免费邮箱”超链接。进入登录窗口。输入自己的用户名和密码，单击“登录”按钮。

② 单击窗口左侧的“收件箱”链接，打开收件箱，可以看到每封来信的状态标题、接收的日期和寄件人等信息(图 3-17)。

图 3-17　Web 浏览器收发邮件

③ 单击“写信”按钮，即可打开撰写邮件的页面，然后在相应的位置，填写收件人、邮件的主题和信件内容。

④ 单击“添加附件”按钮，打开“选择文件”对话框。

⑤ 选择要发送的附件后，单击“打开”按钮，则在“附件内容”中就会显示要发送的附件的名称。

⑥ 单击“发送”按钮，即可发送邮件。

3) 使用 Outlook Express 收发邮件

Outlook Express 是基于 Internet 的标准电子邮件通信程序，不仅具有访问 Internet 电子邮件帐号、发送、接收和回复电子邮件的基本功能，而且具有许多其他的辅助功能，使用户在管理和使用电子邮件时更加方便和简洁(图 3-18)。

(1) 创建邮件账号，如图 3-19 所示。

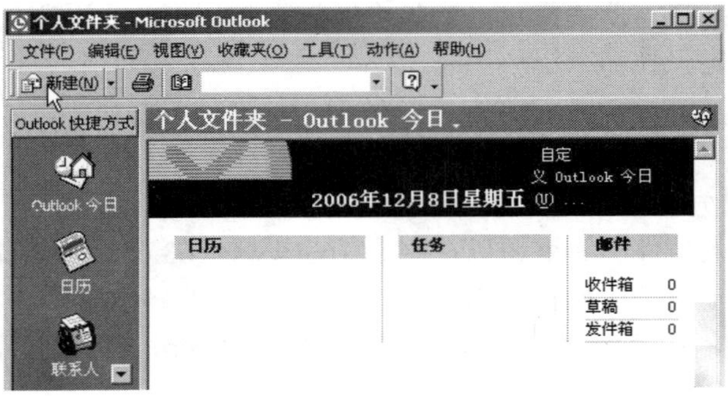

图 3-18　Outlook Express

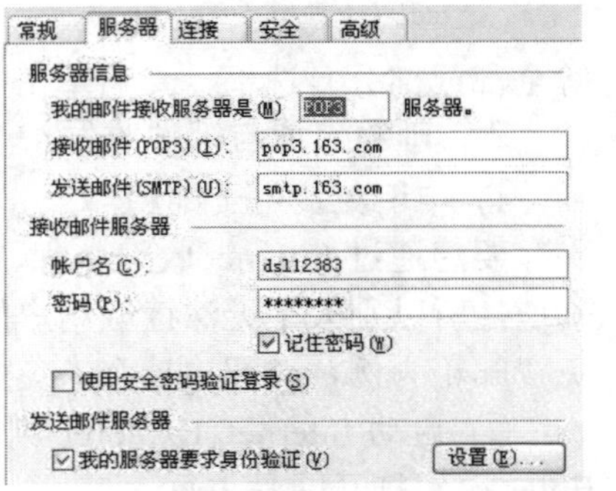

图 3-19　Outlook Express 创建邮件账号

① 在“工具(T)”菜单中选择“帐号(A)…”选项，进入“Internet 帐号”对话框。在这里需要添加一个 E-mail 邮件帐号(至少有了一个 E-mail 地址后，我们才能使用 Outlook Express 来收发邮件)，用鼠标选中“邮件”标签，然后单击“添加(A)”按钮，再选择“邮件(M)…”选项。

② 系统以一个自动向导来指导用户一步一步地配置 E-mail 帐号。在“Internet 连接向导”对话框中，输入用户的姓名，如 user，然后单击“下一步”。

③ 输入用户的 E-mail 地址，例如 abc@126.com。单击“下一步”按钮，输入：

接收邮件服务器(POP3)地址：pop3.126.com

发送邮件服务器(SMTP)地址：smtp.126.cn

④ 单击“下一步”，如果该计算机只有用户一个人使用，为了方便起见，可以在此输入密码，并选中“记住密码”项，这样以后每次取邮件就不用再输入密码(这里的用户帐号需要填写完整邮件，如 abc@126.com，而不能只写 abc)。

⑤ 最后，单击“完成(F)”按钮，结束所有的设置工作。

⑥ 设置 SMTP 服务器身份验证： 在 Outlook Express 窗口中选择“工具(T)”菜单，从该菜单中选择“帐号(A)…”选项，单击“属性(P)”按钮，在弹出的“属性”对话框中选择“服务器”选项，选中“我的服务器要求身份验证(V)”选项。

(2) 撰写发送新邮件。

① 单击“写信”按钮，可弹出“写信、发信界面”窗口如图 3-20 所示。

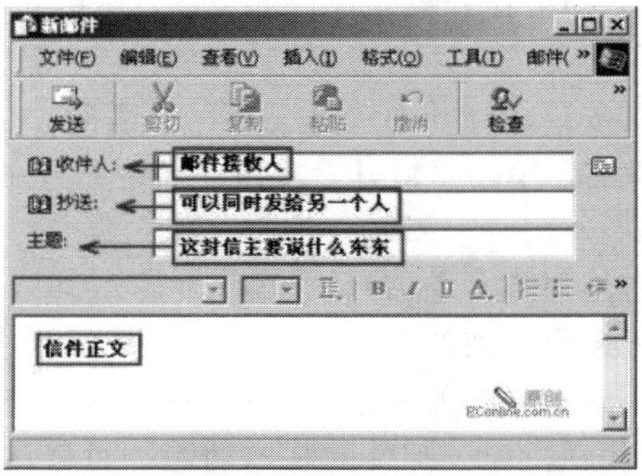

图 3-20　Outlook Express 撰写新邮件

② 设置“收件人”和主题：输入收件人邮箱(可直接输入邮箱地址或者从“通讯录”中找到相关联系人)；输入主题“求职信”。

③ 输入正文：在“文本输入框”中输入求职信件的正文内容。

④ 添加附件：单击“添加附件”，在弹出的“选择文件”对话框中，找到“自荐信.doc”，单击“打开”；单击“添加附件”，在弹出的“选择文件”对话框中，找到“成绩单.xls”，单击“打开”。

⑤ 发送邮件：单击“发送”，将写好的信件发送给接收方(也可先单击“存草稿”，将信件保存到草稿箱，然后再发送，以防在发送过程中出现由于网络故障发送失败的情况)。

⑥ 转发与回复邮件：当需要将收到的信件转发给第三方时，可单击“转发”；当需要对发信方表示回复时，可直接单击“回复”，并输入回复内容。

3.3.6 网络安全技术

1. 什么是网络安全

网络安全是指整个计算机网络的安全，这包括其中的硬件、软件及系统中的数据均受到保护，不受偶然的或恶意的破坏、更改、泄露，从而保证系统连续可靠正常地运行，网络的服务不中断。它包括五个基本要素：保密性、完整性、可用性、可控性和可审查性。

2. 网络安全的重要性

以互联网为代表的全球性信息化浪潮日益汹涌，信息网络技术的应用正日益普及，应用层次正在深入。应用领域从传统的、小型业务系统逐渐向大型、关键业务系统扩展，典型的如党政部门的信息系统、金融业务系统、企业商业系统等。伴随着网络的普及，安全日益成为影响网络效能的重要问题。而互联网所具有的开放性、国际性和自由性在增加应用自由度的同时，对安全提出了更高的要求。如何保护网络的机密信息不受黑客和间谍的入侵，已成为政府机构、企业事业单位信息化健康发展所要考虑的重要问题之一。

3. 构成网络安全威胁的主要因素

从网络信息的角度来分析，所面临的安全威胁主要来自：

(1) 非授权访问：有意避开系统访问控制机制，对网络设备及资源进行非正常使用，或擅自扩大权限，越权访问信息。

(2) 信息泄露或丢失：网络中信息数据被有意或无意地泄露或丢失。

(3) 破坏数据完整性：入侵者以非法手段窃得对数据的使用权，删除、修改某些重要信息，以取得有益于攻击者的响应。

(4) 破坏系统的可用性：最简单的例子就是让你的计算机瘫痪，无法正常工作。

(5) 网络病毒的传播：通过网络传播计算机病毒，使用户难于防范，破坏性大大高于单机系统。

4. 网络病毒防护技术

计算机网络病毒传播的方式：网络病毒通过共享软件或电子邮件携带，从客户端传递到服务器中；在服务器内存驻留，然后再通过网络传染给其他客户端；如果远程客户端被病毒侵入，病毒也可以通过通信中数据交换进入网络服务器中。

对付网络病毒通常包括预防病毒、检测病毒和杀清病毒三个过程：

(1) 预防病毒是在严格的病毒预防制度的控制下，堵塞、减少病毒的来源。

(2) 检测病毒是通过对网络病毒的特征码分析，进而判断病毒是否活动的过程。

(3) 杀清病毒是使用可以不断更新病毒特征码的杀毒软件来清除网络病毒。

5. 防火墙技术

防火墙(Firewall)原是建筑物大厦来防止火灾的一部分传播到另一部分的设施。从理论上来讲，Internet 防火墙也属于类似目的，它是设置在被保护网络和外部网络之间的一道屏障，以防止发生不可预测的、潜在破坏性的入侵。它可以通过监测、限制、更改跨越防火墙的数据流，尽可能地对外部屏蔽网络内部的信息、结构和运行状况，以此来实现网络的安全保护。根据防范的方式和侧重点的不同，防火墙可以分为三类：

(1) 数据包过滤：数据包过滤技术是在网络层对数据包进行选择，选择的依据是系统内设置的过滤逻辑，被称为访问控制表。数据包过滤防火墙逻辑简单，价格便宜，易于安装和使用，网络性能和透明性好，它通常安装在路由器上。缺点有二：一是非法访问一旦突破防火墙，即可对主机进行攻击；二是数据包的源地址、目的地址以及 IP 的端口号都在数据包的头部，很有可能被窃听或假冒。

(2) 应用级网关：应用级网关是在网络应用层上建立协议过滤和转发功能。它针对特定的网络应用服务协议使用指定的数据过滤逻辑，并在过滤的同时，对数据包进行必要的分析、登记和统计，形成报告。

(3) 代理服务：代理服务，也有人把它归于应用级网关一类。它是针对数据包过滤和应用网关技术存在的缺点而引入的防火墙技术，其特点是将所有跨越防火墙的网络通信链路分为两段。

3.4 实验实践

【实验实践目的】

1. 了解计算机网络的功能与分类；
2. 了解计算机网络的拓扑结构及互连设备；
3. 掌握 Internet 协议 TCP/IP 协议的察看与设置方法；
4. 掌握 IE 浏览器的设置方法；
5. 掌握利用 IE 浏览器进行资源查找的方法；
6. 掌握电子邮件的使用方法；
7. 掌握局域网文件共享的设置方法。

【实验实践内容】

1. 查看上实验课时所使用计算机的网络连接属性，如果网络连接正常，请查看网络的传输速率。

2. 查看上实验课时所使用计算机的 IP 地址，并和周围计算机的 IP 地址进行比对，看其是否有重复。

3. 打开浏览器，利用相关搜引擎搜索自己专业的相关信息，包括前景、就业率、专业特色及该专业在其他高校的情况等信息。

4. 打开浏览器，查找“数字城市”的相关信息，将有价值的网页添加到收藏夹；将相关图片、视频下载到指定文件夹；将相关文字信息复制到文本文件中保存；将相关重点网页进行保存。

5. 打开浏览器，登录相关网站申请电子邮箱，如已有电子邮箱，则登录；给同学发送电子邮件，要求邮件带有上题所找资料的图片和文本文件的附件。

6. 打开浏览器，在相关网站查找播放软件“千千静听”，并将其下载，然后安装在 D 盘，并用其播放音乐试听。

第 4 章　Word 基本应用

Word 是 Microsoft Office 办公套装软件中的组件之一，是一个优秀的文字处理软件，它具有直观式操作，所见即所得，快速排版，高度的图、表、文集成能力及模板、样式等高效应用等特点，是当前最受欢迎的文字处理软件之一。

4.1　Word 2003 基本操作

提出任务

吴婷刚上大一，大学的很多课程要求提交 Word 版的电子作业，这让吴婷很着急。因为她发现很多同学能够方便快速地利用 Word 对作业进行输入编排，并能轻松方便地将作业通过电子邮件提交，而她由于对 Word 操作不太熟悉，在内容输入过程中遇到了很多麻烦：不能通过键盘正常输入特殊字符；不能正确对文档进行保存，导致作业经常丢失；边输入边进行格式设置，让她的进度比较慢等。鉴于以上问题，吴婷决定从 Word 的基本操作学起，以便更好地使用 Word。

分析任务

对于吴婷遇到的困扰，同学建议她从以下几方面入手学习：

- ◆ 熟悉 Word 功能及窗口环境；
- ◆ 学习对 Word 进行基本的环境设置；
- ◆ 学习 Word 基本操作，如文档的打开、保存、关闭；
- ◆ 熟悉文本内容如特殊符号的输入方法；
- ◆ 熟悉对文档内容的移动、复制、粘贴等基本编辑；
- ◆ 学习对文档的保护。

实现任务

4.1.1　Word 2003 窗口组成

Word 窗口由标题栏、菜单栏、各种工具栏、标尺、文本区、滚动条以及状态栏组成，如图 4-1 所示。

1. 标题栏

标题栏显示应用程序的名称及本窗口所编辑文档的文件名。 当启动 Word 时，当前的工作窗口为空，文件名为 Word 自动命名的“文档 1”。

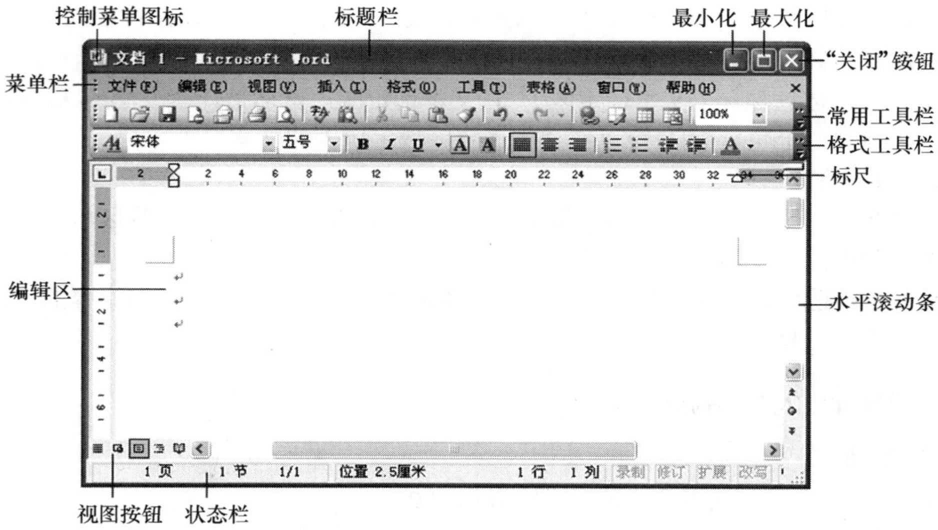

图 4-1　Word 窗口组成

2. 菜单栏

Word 窗口菜单提供了 9 个菜单，分别是文件、编辑、视图、插入、格式 、工具、表格、窗口和帮助菜单。Word 的菜单项中，也包含了完成相同功能的工具栏按钮。菜单的操作、使用与 Windows 中的相似，用户可以利用鼠标单击菜单栏中的菜单名或利用键盘按“Alt+菜单名中带下划线的字母”键打开对应的菜单，然后选择菜单中的命令项。

3. 工具栏

对 Word 的各种常用的操作，最简单的方法是使用工具栏上的工具按钮，这些工具按钮的运用也可以通过菜单栏上提供的命令来完成。

刚开始启动 Word 时，屏幕上显示“常用”和“格式”工具栏。Word 提供了数十种工具栏，这些工具栏分布在 Word 2003 的各个工作窗口。要显示系统的工具栏有两种方法：

方法一：选择“视图”菜单下的“工具栏”级联菜单，显示所有的工具栏。当左侧出现“√”，表示它们已显示在屏幕上；要取消显示某工具栏，只要在该菜单项处单击，取消“√”。

方法二：将鼠标指针指向工具栏，然后单击鼠标右键，显示工具栏快捷菜单。工具栏可用鼠标拖放到屏幕的任意位置，或改变排列方式。

4. 标尺

标尺也是一个可选择的栏目。它可以调整文本段落的缩进，在左、右两边分别有左缩进标志和右缩进标志，文本的内容被限制在左、右缩进标志之间。随着左、右缩进标志的移动，文本可自动作相应的调整。

要显示或隐藏标尺，通过“视图”菜单的“标尺”命令前有无“√”来控制。

5. 文本区

文本区又称编辑区。它占据屏幕的大部分空间。在该区除了可输入文本外，还可以输入表格和图形。编辑和排版也在文本区中进行。

文本区中闪烁的“|”称为“插入点”，表示当前输入文字将要出现的位置。当鼠标

在文本区操作时，鼠标指针变成“I”的形状，其作用可快速地重新定位插入点。将鼠标指针移动到所需的位置，单击鼠标按钮，插入点将在该位置闪烁。

文本区左边包含一个文本选定区。 在文本选定区，鼠标指针会改变形状(由指向左上角变为指向右上角)，用户可以在文本选定区选定所需的文本。

6. 滚动条

滚动条可用来滚动显示文档，将文档窗口之外的文本移到窗口可视区域中。在每个文档窗口的右边和下边各有一个滚动条。

要显示或隐藏滚动条，通过“工具”菜单的“选项”命令，在该对话框的“视图”标签的“窗口”框中设置。

4.1.2 Word 2003 的启动与退出

1. 启动

方法一： 利用“开始”菜单启动 Word 2003：

(1) 单击 Windows 桌面底部的 “开始”按钮，显示开始菜单。

(2) 在开始菜单中选择“程序”，弹出程序子菜单。

(3) 在程序子菜单中单击 Microsoft Office 2003 中的 Microsoft Office Word 2003。

方法二：在 Windows 桌面中找到 Word 图标，并双击该图标。

方法三：直接利用已经创建的文档进入 Word 2003。

2. 退出

方法一：单击 Word 2003 应用程序窗口的“关闭”按钮。

方法二：选择 Word 2003 应用程序窗口的“文件”菜单中的“退出”命令。

4.1.3 Word 文档的视图方式

视图是 Word 2003 文档在计算机屏幕上的显示方式，Word 2003 主要提供了“普通视图”、“页面视图”、“大纲视图”、“Web 版式视图”、“ 阅读版视图”五种视图方式，如图 4-2 所示。不同的视图方式之间可以通过“视图”菜单或 Word 窗口的视图按钮进行切换。

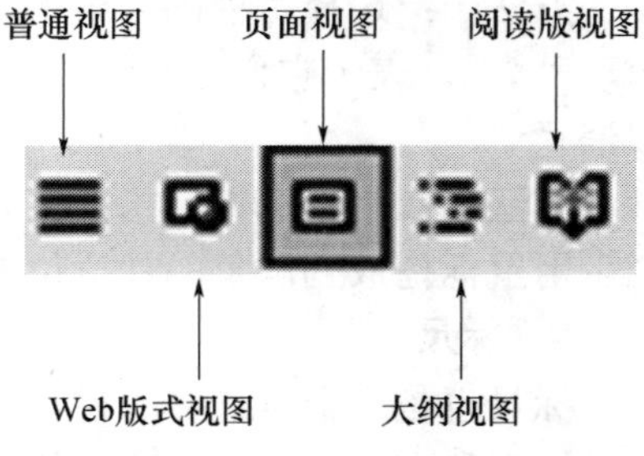

图 4-2 五种视图方式

1. 普通视图

普通视图是 Word 2003 中默认的视图方式，是具有多种用途的最佳视图。普通视图方式适用于文字、图形、表格的录入并可进行简单的排版。但既不能编辑，也不能显示页眉、页脚和页码。

2. 页面视图

页面视图用于显示整个页面的分布状况和文本、图形、表格、图文框、页眉、页脚和页码等文档元素在每页上的放置位置。该视图下，文档在屏幕上的显示将与实际的打印效果完全相同。

3. 大纲视图

大纲视图方式可按照当前文档标题的大小分级显示文档的框架，层次分明，可以用它来组织并观察文档的结构。

4. Web 版式视图

该视图能够优化 Web 页面，使用户方便地浏览到文档在网上发布时的外观效果。

5. 阅读版视图

模拟阅读书本的方式，方便用户阅读文档。

4.1.4　Word 2003 的基本操作

1. 文档的建立

方法一：Word 启动之后将自动建立一个新文档，窗口标题栏上的文档名称默认是“文档 1.doc”。

方法二：在 Word 中选择 “文件” 菜单中的 “新建”子菜单，在弹出“新建文档”任务窗格中选择“空白文档”，然后单击“确定”按钮(图 4-3)。

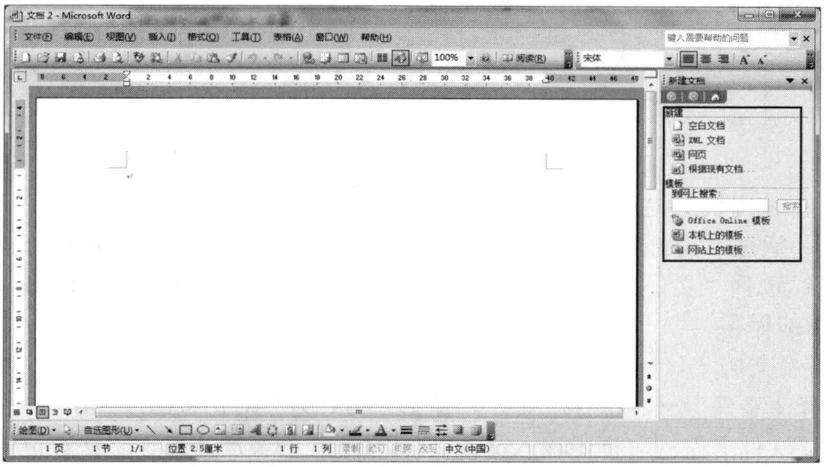

图 4-3　“新建文档”任务窗格

方法三：单击“常用”工具栏中的“新建空白文档”按钮。

方法四：快捷键 Ctrl+N。

方法五：在“我的电脑”或“资源管理器”中使用“新建”快捷命令建立(图 4-4)。

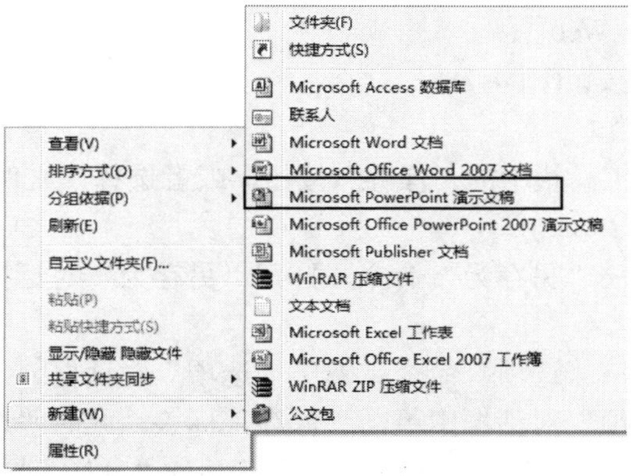

图 4-4　“ 新建”快捷命令

2. 文档的打开

方法一：单击“常用”工具栏上的“打开”按钮。

方法二：选择菜单“文件”→“打开”，在弹出的对话中选择文档所在文件夹，并选择要打开的文件，然后单击“打开”按钮(图 4-5)。

图 4-5 “打开”对话框

方法三：使用快捷键 Ctrl+O。

方法四：通过“我的电脑”或“资源管理器”直接打开指定文档(无须先启动 Word)。

方法五：选择“文件”菜单，选择底部显示的最近文档列表中的文档(图 4-6)。

3. 文档的保存

1) 保存新文档

(1) 选择“文件”→“保存”命令，弹出“另存为”对话框。

(2) 在“文件名”列表框中输入文件名(文件所在的驱动器可在“保存位置”的列表框中选择，默认时，将自动保存在“我的文档”中)。

(3) 根据需要，在“保存类型”列表框中选择文档的类型。为了便于与其他软件传递文档，除了选择 Word 文档 DOC 类型外，还可以选择 RTF 格式、Web 页等。DOC 类型是 Word 特殊的内部格式，其他软件一般不能存取该格式文档；RTF 类型文件不仅 Word 能够存取，而且是多种软件之间通用的文件格式；Web 页格式是超文本标记语言 HTML 的格式文件，用于制作 Web 页。

(4) 单击“保存”按钮(图 4-7)。

2) 保存已有的文档

(1) 单击“常用”工具栏中的“保存”按钮，或者选择“文件”→“保存”命令，或者按 Ctrl+S 键即可。

(2) 选择“文件”→“另存为”命令，打开“另存为”对话框。

3) 文档的自动保存

(1) 选择“工具”→“选项”命令，弹出“选项”对话框。

(2) 在弹出的“选项”对话框中单击“保存”标签，此时“选项”对话框。

(3) 选定“自动保存时间间隔”复选框，在其后的“分钟”框中输入或者选择自动保存的时间间隔。

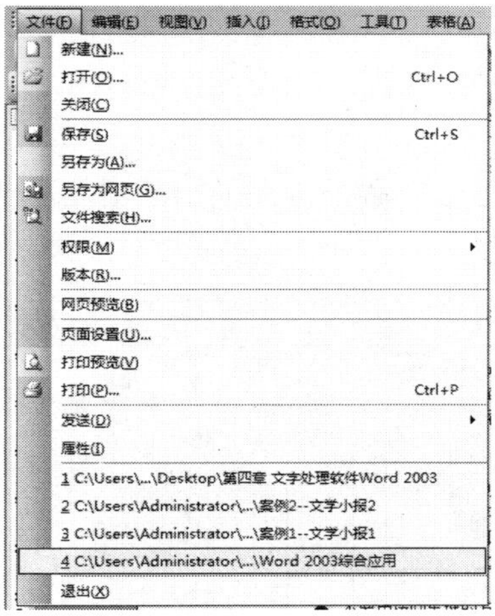

图 4-6　“最近文档”列表

图 4-7　“另存为”对话框

(4) 单击“确定”按钮(图 4-8)。

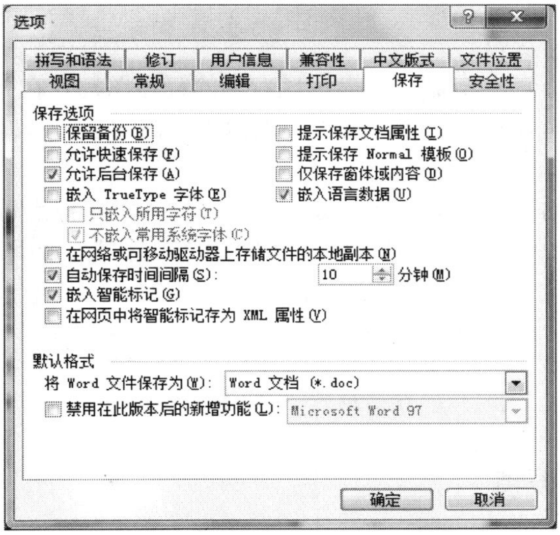

图 4-8　自动保存的设置

4.1.5　文本的输入

1. 文本输入的一般原则

(1) Word 具有自动换行功能，因此在录入文档时，仅当需要开始新的段落时才需要按 Enter 键。

(2) Word 默认为插入状态，即录入的内容在插入点位置上，插入点右边原来的内容依次右移。在改写方式下，录入的内容也在插入点位置上，但是改写从插入点开始的原来的内容。用户可以通过按键盘上的 Insert 键或双击状态栏的“改写”项来切换插入和改写状态。

(3) 在录入或编辑过程中按 Backspace(退格键)可以删除插入点左边的一个字符，按 Del 键可删除插入点右边的一个字符。

2. 特殊符号的输入

在输入过程中，如需输入特殊的符号，如≤、≈、★等，可按如下方法进行：

方法一：使用菜单。

选择“插入”→“符号”命令或“插入”→“特殊符号”命令，在弹出的对话框中进行选择(图 4-9、图 4-10)。

图 4-9 “符号”对话框

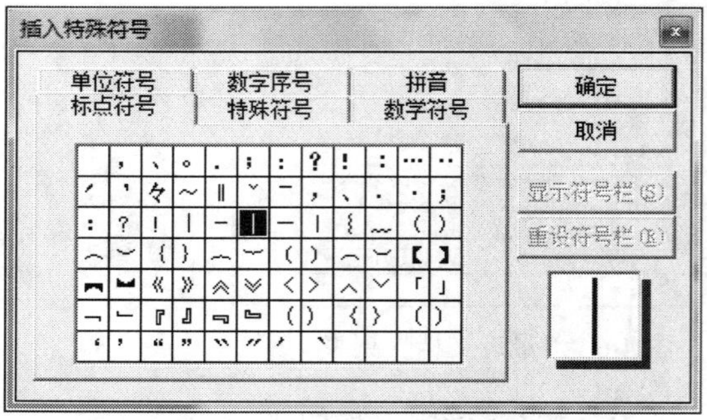

图 4-10 “特殊符号”对话框

方法二：使用符号键盘。

在中文输入状态下，右击输入法提示栏右侧的键盘图标。在弹出的快捷菜单中选择所需要输入的符号类，在弹出的浮动式符号键盘中单击对应符号即可。

3. 输入标点符号

方法一：在中文输入方式下，使用键盘可直接输入常用标点符号。

方法二：选择“视图→工具栏”命令，启用“符号栏”，常用符号就出现在 Word 窗口中，可以根据需要直接在其中单击选择(图 4-11)。

图 4-11 “符号”工具栏

4.1.6 文档的基本编辑

1. 文本的选定

(1) 使用鼠标选定文本：

选择内容	操作方法
一个单词	双击该单词
一行文字	单击该行最左端的选择条
一个句子	按住Ctrl键后在该句的任何地方单击
一个段落	双击该段最左端的选择条，或者三击该段落的任何地方
整篇文档	三击选择条中的任意位置或按住Ctrl键后单击选择条中的任意位置或按下Ctrl+A

(2) 键盘组合键选定文本方法：

选定范围	操作键
至行尾	End

至行首	Home
下一屏	Shift+PgDn
上一屏	Shift+PgUp
至文档尾	Ctrl +End
至文档首	Ctrl + Home

2. 移动、复制、删除文本

(1) 移动和复制文本。

① 选定要移动或复制的文本。

② 单击“常用”工具栏上的“复制”按钮或“剪切”按钮，或选择“编辑”菜单中“复制”(Ctrl+C)或“剪切”(Ctrl+X) 命令，将选中的内容复制到剪贴板。

③ 将插入点移至目标位置，单击工具栏上的“粘贴”按钮或选择“编辑”菜单中“粘贴”命令(Ctrl+V)或“粘贴”按钮，选定的文本即被复制或移动到所需位置。

(2) 删除文本。

① 选中欲删除文本。

② 按 Delete 键或退格键 Backspace 即可删除。

3. 撤消与恢复

(1) 在使用 Word 2003 时，如果出现了误操作，可以方便地撤消所做的操作，其操作方法是：按下 Ctrl+Z 组合键，或单击“常用”工具栏中的“撤消”按钮，或选择“编辑”→“撤消”命令。

(2) 若需要将刚刚撤消的操作恢复，其操作方法是：单击“常用”工具栏上的“恢复”按钮，或选择“编辑”→“恢复”命令。

4. 查找与替换

查找与替换可快速准确地将文档中某一指定的文本进行查找或替换。分为常规查找替换和高级查找替换两种。

(1) 常规查找和替换。

① 选择“编辑”→“查找”或按快捷键 Ctrl+F，打开“查找和替换”对话框。在“查找内容”列表框中键入要查找的文本，单击“查找下一处”开始查找。

② 如果需要替换，在对话框“替换”标签下的“替换为”列表框中键入要替换的内容，单击“替换”按钮，否则单击“查找下一处”继续查找。如果要一次全部替换，单击“全部替换”按钮即可(图 4-12)。

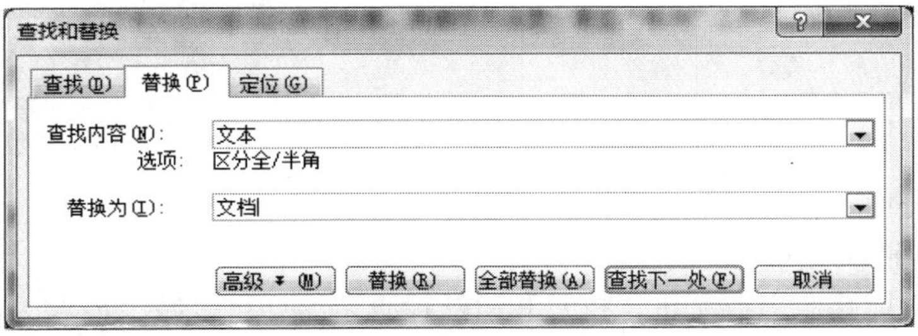

图 4-12　常规查找和替换

(2) 高级查找和替换。

① 单击“查找和替换”对话框中“高级”按钮 高级 ▾ (M)。

② 在打开的对话框中设置搜索选项、设置查找和替换文本的格式、设置查找和替换的特殊字符等条件，可以快速查找到符合条件的文本(图 4-13)。

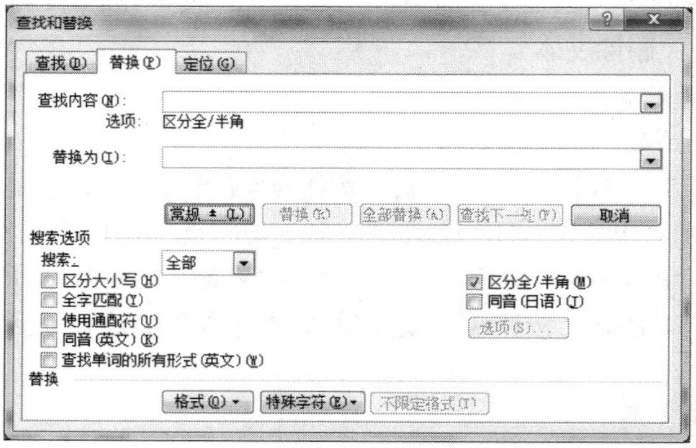

图 4-13　高级查找和替换

5. 文档的关闭

(1) 单击文档窗口中的“关闭”按钮，或选择“文件”菜单中的“关闭”按钮。

(2) 若此文档在关闭前未进行“存盘”操作，则会弹出一个如图 4-14 所示的警告框，询问是否保存对该文档的修改。

(3) 选择“是”，则保存对文档的修改；选择“否”，则此文档中修改的内容会丢失；选择“取消”表示不进行关闭文档操作。

6. 文档的操作

1) 字数统计

选择“工具”→“字数统计”命令，弹出图 4-15 所示对话框。

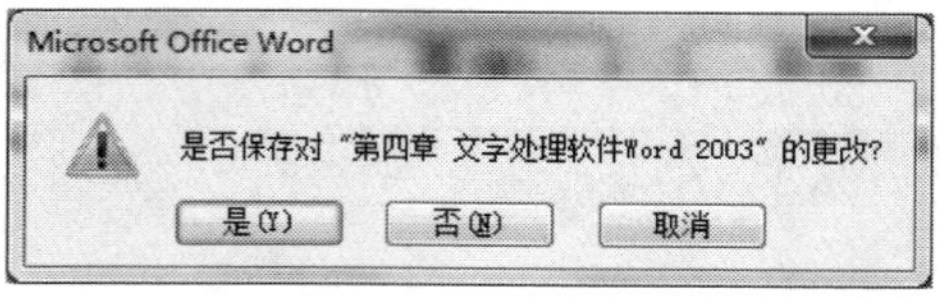

图 4-14　“关闭”对话框

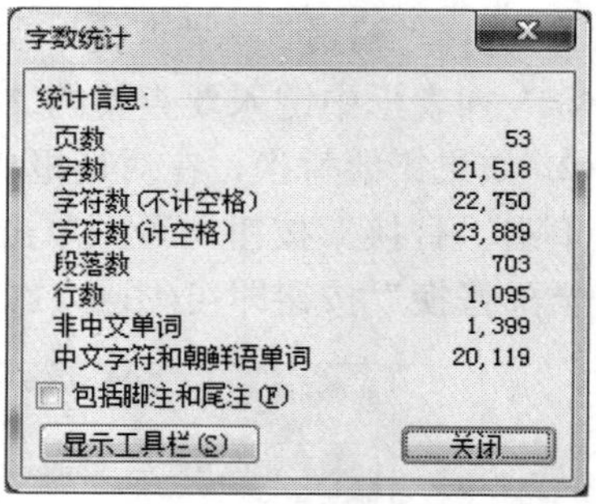

图 4-15　字数统计

2) 错误检查

(1) 拼写和语法检查。

Word 2003 能够对中英文进行拼写和语法检查，这样可以减少输入的错误率。Word 会在认为有语法和拼写错误的文字的下面分别添加绿色和红色的波浪线。按 F7 键，Word 就开始自动检查文档了。使用拼写和语法检查的操作步骤如下：

① 选择“工具”→“拼写和语法”命令。

② 启动拼写和语法检查工具(图 4-16)。

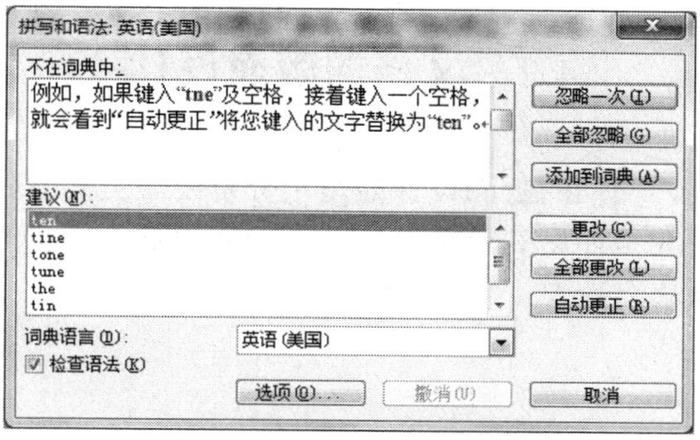

图 4-16　“拼写与语法”检查

(2) 自动更正。

“自动更正”功能可自动检测并更正键入错误、误拼的单词、语法错误和错误的大小写。例如，如果键入“tne”及空格，接着键入一个空格，就会看到“自动更正”将用户键入的文字替换为“ten”(图 4-17)。

① 选择“工具”→“自动更正”命令，弹出“自动更正”对话框。在“自动更正”选项卡中列出的自动替换的规则，用户可以根据需要选择。

② 选定“键入时自动替换”复选框，可以打开/关闭自动替换功能。

③ 在自动替换条目列表中添加内容。

3) 设置密码保护

Word 允许设置密码保护，以保证文档一定程度的安全，防止其他人随意使用、修改文档。为文档设置密码的方法如下：

(1) 选择“工具”→“选项”命令，打开“选项”对话框，选择“安全性”选项卡(图 4-18)。

(2) 根据需要设置“打开文件时的密码”和“修改文件时的密码”，单击“确定”。

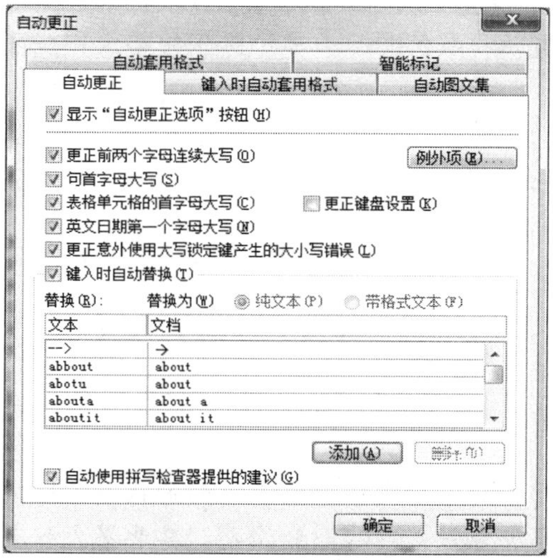

图 4-17　“自动更正”设置

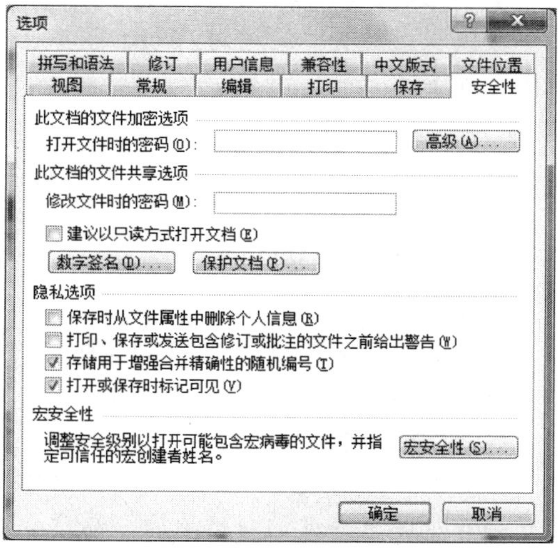

图 4-18　文档“安全性”设置

此后，在打开或修改设置过密码的文档时，系统会提示要求输入相关权限密码，如不能正确提供，则不允许打开或修改该文档。

4.2 文档的版面设计

为使文档更加美观，文档的版面设计显得十分重要。文档的版面设计主要有字符格式设置、段落格式设置和页面格式设置三个方面，还包括首字下沉、项目符号与编号、分栏、页眉页脚等特殊格式设置。

提出任务

吴婷最近要提交实习报告，但实习报告有固定的格式要求，如为段落或文本添加边框底纹，为关键字添加着重号，设置行距、段落前后间距等。吴婷在对实习报告进行格式设置的过程中，对一些概念不是很清楚，导致格式设置不准确，如添加的边框底纹有时是以行为单位，有时又是以段落为单位。那么，吴婷在对文档进行基本格式设置时，应从哪几方面入手呢？

分析任务

同学告诉吴婷，要快速掌握 Word 的基本格式设置及排版功能，应从以下四个层次进行：

◆ 字符格式设置：包括字体、着重号、字符间距等。

◆ 段落格式设置：包括行距、段前段后间距、首行缩进等。

◆ 页面格式设置：包括页面大小、页边距等。

◆ 特殊格式设置：包括页眉页脚、首字下沉等。

按照以上层次，经过对 Word 基本格式设置及排版的学习，吴婷终于按要求完成了任务，如下：

黄土地貌实习报告

实习时间：2013/09/02

指导老师：王亚利老师

实习目的：了解并学习黄土地貌跟河床地貌的基本特征

实习地点：西安蓝田县，白鹿塬

1. 世界背景

黄土在世界上发布相当广泛，占全球陆地面积的十分之一，呈东西向带状断续地分布在南北半球中纬度的森林草原、草原和荒漠草原地带。在欧洲和北美，其北界大致与更新世大陆冰川的南界相连；在亚洲和南美则与沙漠和戈壁相邻；在北非和南半球的新西兰、澳大利亚，黄土呈零星分布。

2. 国内背景

中国是世界上黄土分布最广、厚度最大的国家，其范围北起阴山山麓，东北至松辽平原和大、小兴安岭山前，西北至天山、昆仑山山麓，南达长江中、下游流域，面积约63 万平方公里。风是黄土堆积的主要动力，侵蚀以流水作用为主。黄土塬、梁、峁等地貌类型主要由堆积作用形成；各种沟谷则是强烈侵蚀的结果。

3. 考察内容

黄土区的侵蚀有古代和现代之分。现代侵蚀是指人类历史近期发生的地貌侵蚀过程，它和古代侵蚀的主要区别是有人为因素参与，表现为侵蚀速度的加快。

实现任务

4.2.1 字符格式设置

字符是组成文档内容的重要成员，对其进行的格式设置也比较丰富多彩。协调的字符格式设置，会使文档更加美观。设置字符格式有两种方法。

1. 利用“格式”工具栏设置字符格式

文档的字符修饰主要包括字体、字形、字号、下划线、字体颜色、行间距、字间距、着重符、边框和底纹、字符的上下标等修饰。操作步骤如下：

(1) 选定要改变字体的文本块。

(2) 单击 “格式”工具栏相应按钮，即可实现相应的格式设置(图 4-19)。

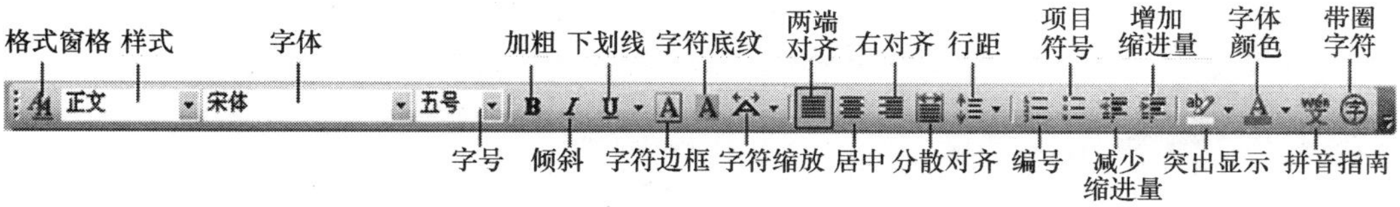

图 4-19 “格式”工具栏

2. 使用“格式”→“字体”菜单设置字符格式

(1) 选定要改变字体的文本块。

(2) 选择“格式”→“字体”命令，系统弹出“字体”对话框，在字体对话框中单击“字体”选项卡。

(3) 根据需要进行中文字体、英文字体、字型、字号、字体颜色、下划线、效果(阴影、空心、上标、下标等)的设置。设置后的效果可从“预览”框中观察(图 4-20)。

(4) 单击“确定”按钮。

(5) 若要设置更多的字符属性，可通过 “字符间距”和“文字效果”选项卡分别来实现(图 4-21)。

如本案例中，要求为标题设置黑体、三号、字符间距加宽 10 磅；为正文关键字眼加着重号；为项目标题加粗显示等要求，均属于字符格式设置的范畴，可以结合上述方法实现。

图 4-20　字体格式设置

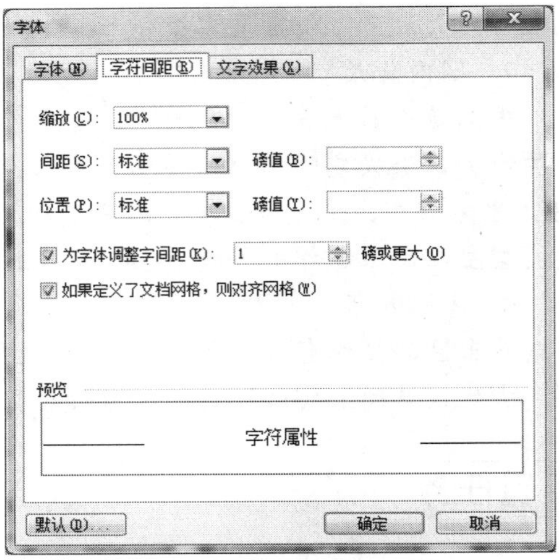

图 4-21　“字符间距”选项卡

4.2.2　段落格式设置

在 Word 2003 中，段落是一个文档的基本组成单位，每次按下 Enter 键时，就插入一个段落标记“↵”。段落标记不仅标识一个段落的结束，它还包含该段落的格式信息，如果删除了一个段落的标记，该段文本将采用下一段落的格式。段落标记可以被显示也可以被隐藏，在进行段落排版时，为了不会误删除段落标记及其所含的段落格式信息，最好显示段落标记。方法如图 4-22 所示。

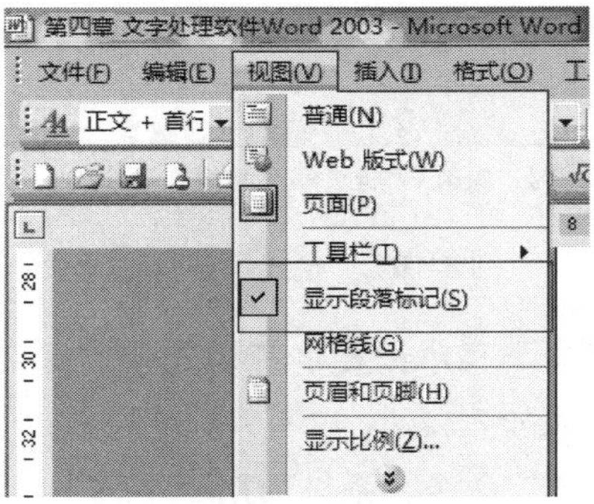

图 4-22　段落标记设置

段落的格式化功能包括改变段落的缩进、行距、段间距、对齐方式、分栏等。当需对某一段落进行格式设置时，首先要选中该段落，或者将“插入点”放在该段落中。然后才可开始对此段落进行格式设置。

1. 段落缩进

缩进是指文字距离页边界有多少距离。这里需要特别指出：在 Word 2003 中输入文本时，不要通过空格键来控制段落首行和其他行的缩进，也不要利用回车键来控制一行右边的结束位置，这样会导致打印的文档对不齐。Word 缩进有以下几种：

首行缩进：控制段落中的第一行的缩进量。

悬挂缩进：控制段落中的除第一行外其余行的缩进量。

左缩进：控制段落与左页边距的缩进量。

右缩进：控制段落与右页边距的缩进量。

以上缩进量可以通过水平标尺、“格式”工具栏及“段落”命令设置。

方法一：使用水平标尺设置段落缩进，如图 4-23 所示。

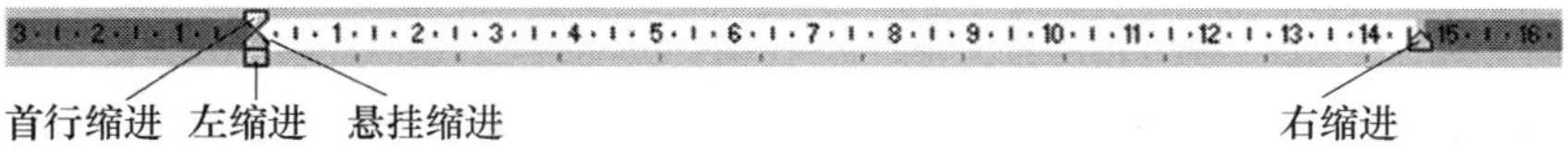

图 4-23　水平标尺设置段落缩进

方法二：选择“格式”→“段落”命令，在“缩进与间距”中可精确指定段落缩进位置，如图 4-24 所示。

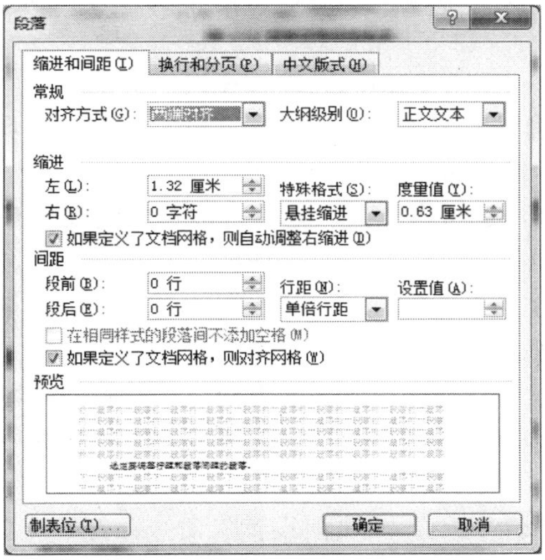

图 4-24　菜单设置段落缩进

方法三：利用“格式”工具栏上的“减少缩进量”或“增加缩进量”按钮。

2. 调整行距和段落间距

(1) 选定要调整行距和段落间距的段落。

(2) 选择“格式”→“段落”菜单命令，并选择“缩进和间距”选项卡。

(3) 在“行距”下拉列表框中选择行距类型。

(4) 如果选择的是“固定值”或“最小值”，还需在“设置值”文本框中键入或选择具体的行距值。如果选择的是多倍行距，则应在“设置值”文本框中键入或设置相应倍数，单击“确定”按钮。

3. 段落的对齐方式

Word 提供了两端对齐、居中对齐、右对齐和分散对齐四种段落对齐方式。图 4-25 为这四种对齐方式的效果示意图。

方法一：选择“格式”→“段落”菜单命令，并选择“缩进和间距”选项卡。

方法二：选择“格式”工具栏上的快捷按钮设置。

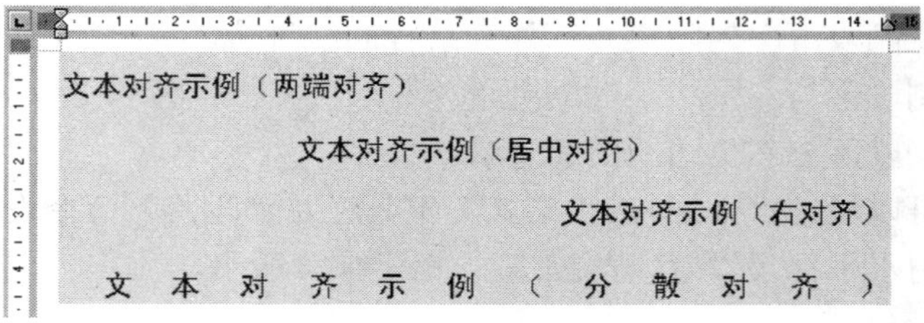

图 4-25　菜单设置段落缩进

4. 换行和分页

通常 Word 会根据一页中能够容纳的行数对文档自动分页。但为防止段中分页影响到文档的阅读，可人工设置分页。选择“段落”对话框的“换行和分页”选项卡，如图 4-26 所示。

孤行控制：防止在一页的开始处留有段落的最后一行，或在一页的结束处开始输出段落的第一行文字。

段中不分页：强制一个段落的内容必须放在同一页上，以保持段落的中读性。

与下段同页：用来确保当前段落与它后面的段落处于同一页。

段前分页：从新的一页开始输出这个段落。

在 Word 编辑状态下，也可人工插入分页符，其快捷键是 Ctrl+Enter。在 Word 的普通视图方式下，自动分页符表示为一条水平虚线。

4.2.3　页面格式设置

页面设置主要包括设置纸张大小、页面方向、页边距等内容。页边距是指页面上文本与纸张边缘的距离，它决定页面上整个正文区域的宽度和高度。

页面设置的操作步骤如下：

(1) 选择“文件”菜单，选择 “页面设置”命令，打开“页面设置”对话框，如图 4-27 所示。

图 4-26　“换行和分页”设置

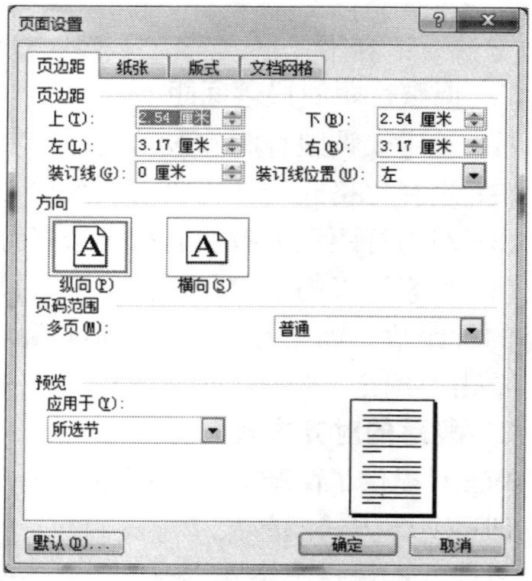

图 4-27　“页面设置”对话框

(2) 选择“纸型”选项卡，在“纸型”的下拉列表框中选择纸型大小，默认设置为 A4 纸。通过选择“纵向”或“横向”单选按钮来选择页面打印方向。Word 会根据用户所选的纸张大小自动调整每行的字数，使之正好适合新的纸宽。

(3) 选择“页边距”选项卡，在文本框中分别建入或选择对应页边距。

(4) 单击“确定”按钮，完成设置。

如本案例中，要求设置标题的段前段后间距为 1.5 行，正文每段首行缩进 2 字符等，就可以结合上述方法实现。

4.2.4 特殊格式设置

1. 插入页码

Word 文档有多页时，为便于整理。需要为文档添加页码。页码可以位于页面底部或右侧，Word 提供的插入页码功能，可以自动按顺序生成页码。方法如下：

(1) 执行“插入”→“页码”命令，打开“页码”对话框，如图 4-28 所示。

(2) 单击“位置”列表框下拉按钮，从列表中选定页码的位置。

(3) 单击“对齐方式”列表框下拉按钮，从列表中选定页码的水平位置。

(4)“首页显示页码”复选框的选定与否可以决定文档的第 1 页是否需要插入页码。

(5) 单击“格式”按钮，打开“页码格式”对话框，在“数字格式”下拉列表框中可选择数字的类型，在“起始页码”中输入数字可以确定首页显示的页码。

(6) 单击“确定”按钮。返回“页码”对话框，单击“确定”按钮确认设置。

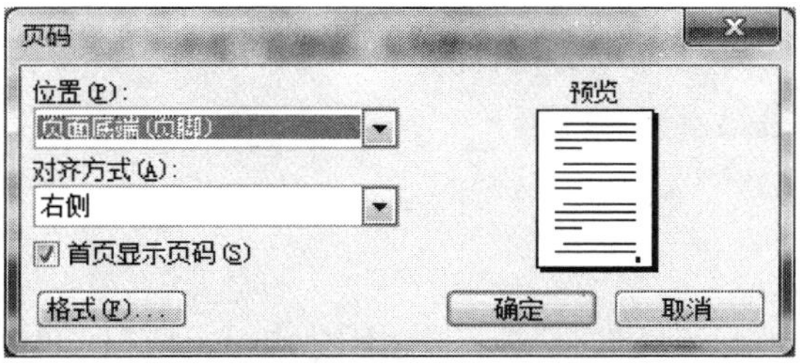

图 4-28 “页码”对话框

2. 分栏

分栏就是将一段文本分成并排的几栏。如本案例中正文第三段内容被要求分为两栏。创建分栏的步骤如下：

(1) 将插入点移至需分栏的节内，或选定需要分栏的文本内容。

(2) 选择“格式”菜单中的“分栏”命令，打开如图 4-29 所示的对话框。

(3) 在“分栏”对话框中的“预设”组框中选择分栏数目和分栏形式。

(4) 在“栏宽和间距”组框中设置栏宽和间距值。

(5) 在“选定范围”列表中选择分栏在文档中的应用范围。

(6) 单击“确定”按钮后，即可将文本分栏。

删除分栏时只需在 “预设”分栏中选择“一栏”即可。

3. 首字下沉

“首字下沉”是用来为段落增添特色，其目的就是希望引起读者的注意。方法如下：

(1) 将插入点定位在要设定“首字下沉”的段落或选中该段落的第一个文字。

(2) 选择“格式”→“首字下沉”命令，在“首字下沉”对话框中，选取一种“下沉”或“悬挂”方式，为首字设置字体、下沉行数及与正文的距离如图 4-30 所示。

(3) 设置完成，单击“确定”。

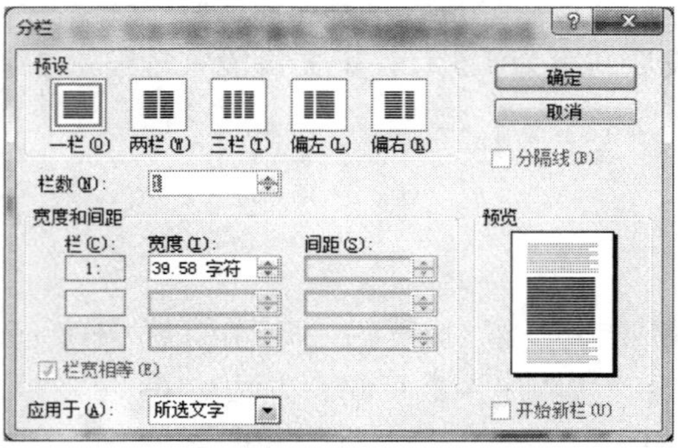

图 4-29 “分栏”对话框

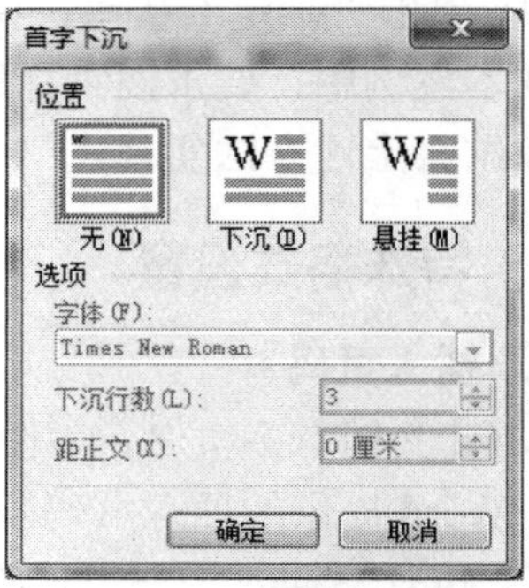

图 4-30 设置首字下沉

4. 中文版式

Word 2003 提供了对中文进行特殊处理的功能。选中要设置的内容，选择 “格式”→“中文版式”，在中文版式中可以设置拼音指南、带圈字符、纵横混排、合并字符和双行合一等特殊格式如图 4-31 和图 4-32 所示。

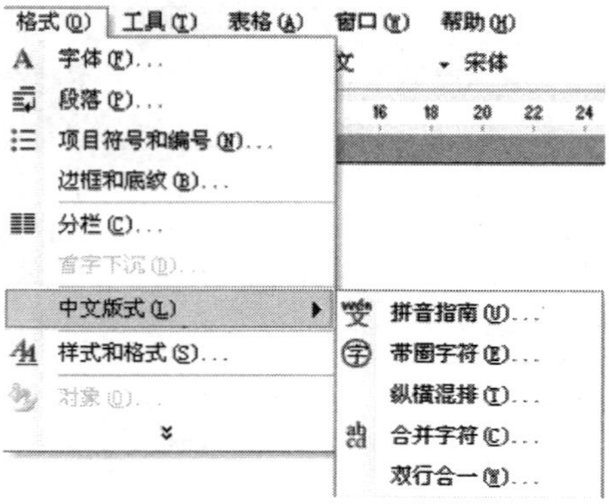

图 4-31 设置中文版式

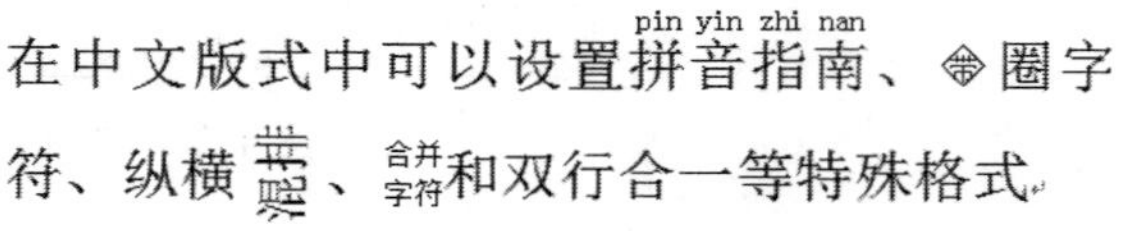

图 4-32 中文版式示例

5. 项目符号和编号

所谓项目符号和编号，就是系统或用户对文档定义的一系列的标号，它可以使文档层次分明、重点突出。根据对文档的需要，为文档添加设置项目符号与编号的方法如下：

方法一：自动创建编号或项目符号。

(1) 先输入项目符号 “●”或编号 “1.”，后面跟一个空格，然后输入文本(图 4-33、图 4-34)。

(2) 输入完一段按 Enter 键。

这样逐段输入，每一段前都自动创建了项目符号或编号。

方法二：对已输入的各段文本添加编号或项目符号。

- 字符格式设置
- 段落格式设置
- 页面格式设置
- 特殊格式设置

图 4-33　项目符号示例

1. 字符格式设置
2. 段落格式设置
3. 页面格式设置
4. 特殊格式设置

图 4-34　编号示例

(1) 选定要添加编号或项目符号的段落，使用工具栏快捷按钮或选定要添加编号或项目符号的段落，执行“格式”→“项目符号和编号”命令，如图 4-35 所示。

(2) 打开“项目符号和编号”对话框进行选择，再单击“确定”按钮。

(3) 若项目符号或编号均不是所希望的格式，可单击“自定义”按钮，打开“自定义项目符号列表”对话框进行设置，如图 4-36 所示。

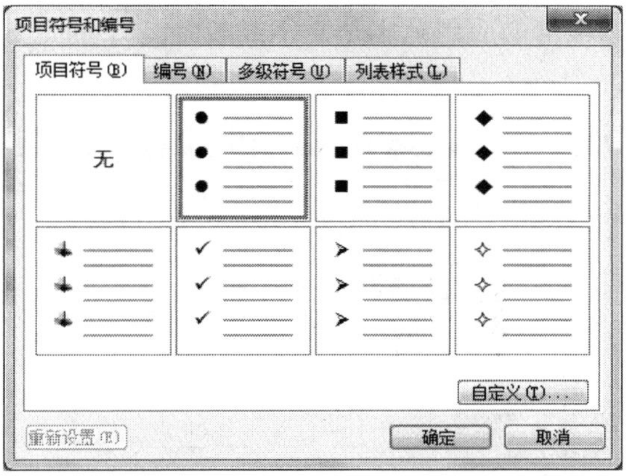

图 4-35　“项目符号与编号”对话框

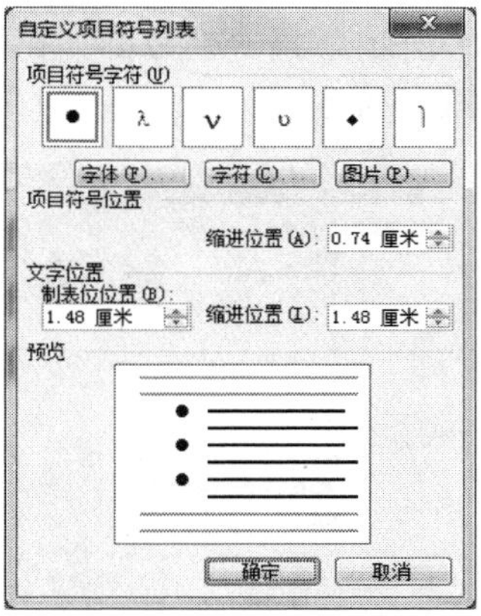

图 4-36　“自定义项目符号列表”对话框

(4) 如果需要，还可以结合“增加缩进”和“减少缩进”按钮，为文本添加多级符号，如图 4-37 所示。

(5) 设置完成后单击“确定”按钮，样式如图 4-38 所示。

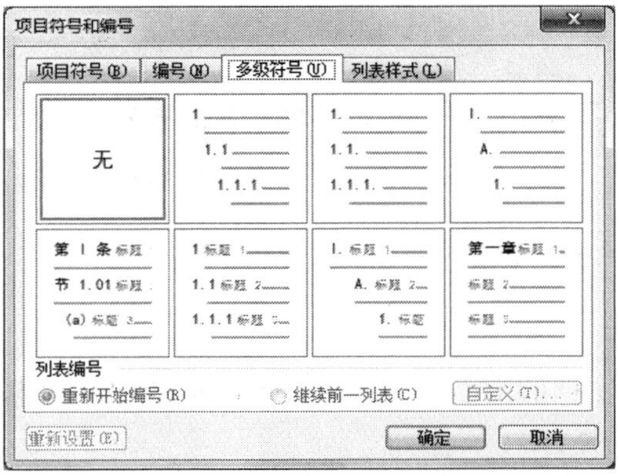

图 4-37　“多级符号”选项卡

1.　项目符号和编号
1.1.　项目符号和编号
1.2.　项目符号和编号
1.2.1.　项目符号和编号
1.2.2.　项目符号和编号
1.3.　项目符号和编号
1.3.1.　项目符号和编号
1.3.2.　项目符号和编号

图 4-38　多级符号示例

6. 插入文件

有时，需要将另外一个完整的文档内容应用到当前文档中来，此时，更方便的方法是选择 Word 的插入文件功能，可以省去反复打开多个文档的繁琐。方法如下：

(1) 把光标定位到当前文档中需要插入另一个文档的位置。

(2) 执行“插入”→“文件”命令，打开“插入文件”对话框。

(3) 在“插入文件”对话框中，选定要插入文档所在的文件夹和文档名。

(4) 单击“确定”按钮，就可在插入点指定处插入所需的文档内容。

7. 添加边框和底纹

Word 提供了为文档中的段落、文字等添加边框和底纹的功能，使选中的段落、文字等更加突出和美观。其操作方法是：

(1) 选择“格式”→“边框和底纹”菜单命令。

(2) 在弹出的“边框和底纹”对话框中，为选定的文字、段落等设置边框和底纹，如图 4-39 所示。其中“边框”和“底纹”选项卡的应用范围是文字或段落；“页面边框”的应用范围是整个页面。

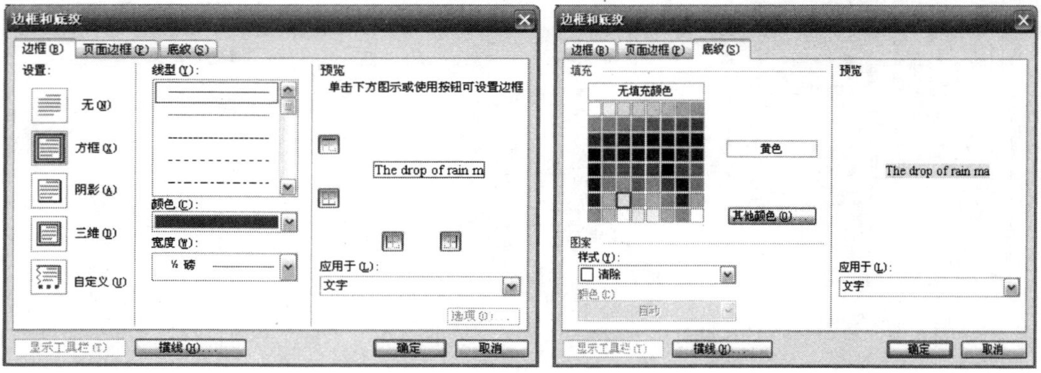

图 4-39 “边框与底纹”对话框

> 说明：“边框和底纹”应用范围的选择很重要，它会影响格式效果。如图 4-40 所示，底纹应用范围分别为文字和段落。

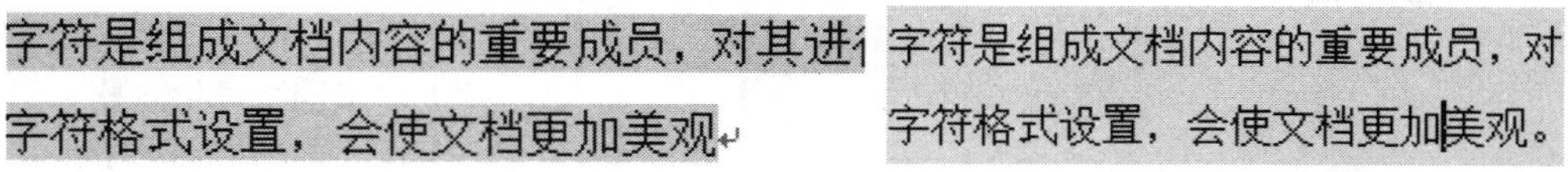

图 4-40 底纹效果图

8. 设置页眉页脚

在文档编辑过程中，有时需要在每页文档的上面或下面添加相同格式相同内容的标志性信息，此时，“页眉页脚”是最好的选择。

(1) 执行“视图”→“页眉和页脚”菜单命令，打开“页眉和页脚”工具栏，如图 4-41 所示。

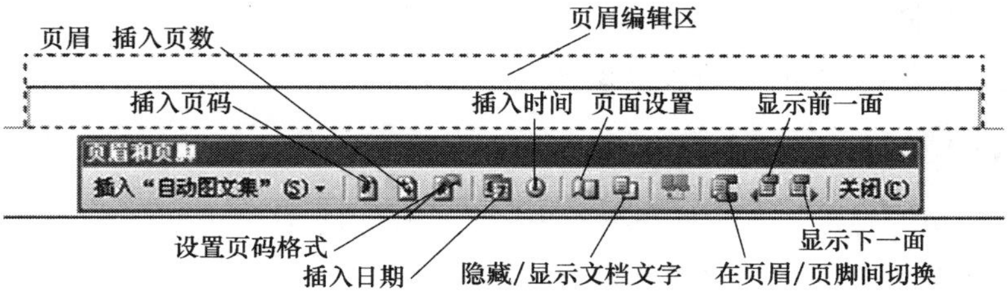

图 4-41　“页眉和页脚”工具栏

(2) 在页眉处插入要设置的内容，单击“在页眉和页脚间切换”按钮 切换至页脚，插入页脚内容或选择“插入自动图文集”中的任一内容。

(3) 单击“关闭”按钮，则在正文的每一页上下方分别加上了进行排版过的页眉和页脚。

页眉页脚在页面视图下可见，在普通视图和大纲视图下是不可见的。编辑页眉页脚时，文档正文切换为不可编辑状态。编辑完页眉页脚后，单击“关闭”按钮后，文档正文切换为可编辑状态，页眉页脚编辑栏切换为不可编辑状态。

4.2.5　格式的复制和清除

1. 格式的复制

在对文档进行格式设置时，如果需要将某部分内容的格式也应用到其他部分，但又不想重复设置，这时，“格式刷”是最好的选择。“格式刷”可以复制样本内容的格式，并将这些格式复制应用到目的文本。其使用方法如下：

(1) 选中已设置格式的文本。

(2) 单击“常用”工具栏中的“格式刷”按钮 。

(3) 此时鼠标指针变为刷子形，将鼠标指针移到要复制格式的文本开始处，按下左键拖动鼠标直到要复制格式的文本结束处，放开鼠标左键就完成格式的复制。

> **说明：** 使用“格式刷”时，要注意选择样本格式内容的范围，如需复制的是段落格式，则在选择样本内容的过程中，注意选择段落标记符。如仅复制字符格式，选中部分文本即可。

2. 格式的清除

如果清除所设置的文本格式，可以选中已设置格式的文本，使用组合键 Ctrl+Shift+Z，也可使用“编辑”→“清除”命令进行格式清除。

4.3　实验实践

【实验实践目的】

1. 掌握 Word 文档创建方法，并能对其进行基本环境设置；
2. 掌握 Word 文档的复制、移动、查找替换等编辑方法；
3. 掌握基本的字符、段落、页面的格式设置技巧；

4. 掌握特殊符号及编号与项目符号的输入方式；

5. 对比查看 Word 提供的视图显示效果。

【实验实践内容】

1. 打开Word，创建文件名为“个人简历”的Word文档，内容如下。要求：

(1) 将文中所有“自己”字样替换为“个人”；

(2) 在输入文本过程中启用“拼写与语法检查”；

(3) 为文档设置修改密码。

个人简历

1. 基本资料

我叫王宏伟，现在就读于经管学院，今年三年级。

入校至今，在老师的谆谆教育下、同学的友好互助下、自己的不懈努力下，我学到了专业的知识理论和成熟的为人处世之道。在校期间我一直本着刻苦学习、积极进取的思想态度，为自己的将来打基础，为能更顺利地融入社会不懈地努力着。在紧张的课余时间，我的身影基本上出现在图书馆和体育场，在图书馆，我通过阅读拓展了视野，了解到更多社会现状与更前沿的专业知识；在体育场，挥洒的汗水让我的身体更加健壮，让我有了更自信的竞争信念。

我以我力所能及回报父母、回报社会。

2. 特长爱好

体育运动：篮球是我最喜欢的体育项目，曾获得学校“挑战杯”和“迎新杯”篮球比赛奖项。

3. 我的学习经验

广泛阅读，会让人的眼界和内心更强大。

要有一定的兴趣爱好，会让自己的心志更加丰富。

对专业知识一定要学好，它是日后创业的基础，也是求学的目的。

打造自己的交往圈，经营自己的人脉圈，为日后走上社会打基础。

有一颗感恩的心，包括对父母、对需要帮助的人。

远离毒品、远离没完没了的网络游戏，它们会毁了人们正常的三观和正常的心智。

4. 座右铭

梅花香自苦寒来，宝剑锋从磨砺出。

2. 创建文档“我的演讲稿”，内容如下。要求：

(1) 设置其自动保存时间间隔为5分钟；

(2) 将文档保存并备份；

我的梦，中国梦演讲稿

亲爱的老师、同学们：

大家好！

今天我要演讲的题目是“我的梦，中国梦”，每一个人都有自己的梦想，然而每一个人的梦想都必须要以国家的强大为坚强后盾，因为每一个人的梦想汇聚在一起就是我们的中国梦。以前我们国家积贫积弱，饱受欺凌，那时候每一个中国人都想自己的祖国强大，祖国强大了，我们才能过上幸福的生活。国家，国家，先有国后有家。让祖国强大起来，让中国人民站起来，这是我们上一辈人执着追寻的中国梦啊！经过艰苦卓绝的奋斗，上一辈人的梦想已经实现了，看看我们的周围，看看洋溢着笑容的你们。作为上一辈人梦想的见证者，我倍感荣幸，也深感责任重大，他们把更大的梦想交给了我们，时至今日，我们要将这中国梦继承下去。我们的祖国现在强大了，人民富足了。我们没有理由做得比上一辈差。我的中国梦就是继承了上一辈们的执着，让祖国更强大，人民更富有。同时，让我们的下一代有更好的条件实现他们的中国梦。

中国梦的传承就是中华民族自强不息精神的传承。虽然今天的我们不需要经历战火的洗礼，但是我们有责任去弘扬民族精神，为祖国的一切贡献出自己的力量。继承上一辈的中国梦，为了下一代的中国梦，这就是我的中国梦！

雄关漫道真如铁，是对梦想的追求；而今迈步从头越，是对梦想的执着！来吧，让我们携起手来，响应时代的号召，为了美好的明天，为了光荣的未来，前进！我的梦，中国梦！

3. 创建文档“听听那冷雨”，文档内容为余秋雨的散文《听听那冷雨》。

听听那冷雨

惊蛰一过，春寒加剧。先是料料峭峭，继而雨季开始，时而淋淋漓漓，时而淅淅沥沥，天潮潮地湿湿，即使在梦里，也似乎把伞撑着。而就凭一把伞，躲过一阵潇潇的冷雨，也躲不过整个雨季。连思想也都是潮润润的。每天回家，曲折穿过金门街到夏门街迷宫式的长巷短巷，雨里风里，走入霏霏令人更想入非非……

杏花。春雨。江南。六个方块字，或许那片土就在那里面。而无论赤县也好神州也好中国也好，变来变去，只要仓颉的灵感不灭，美丽的中文不老，那形象，那磁石一般的向心力当必然长在。因为一个方块字是一个天地。太初有字，于是汉族的心灵，祖先的回忆和希望便有了寄托……

听听，那冷雨。看看，那冷雨。嗅嗅闻闻，那冷雨，舔舔吧，那冷雨。雨在他的伞上，这城市百万人的伞上，雨衣上，屋上，天线上。雨下在基隆港，在防波堤，在海峡的船上，清明这季雨。雨是女性，应该最富于感性。雨气空蒙而迷幻，细细嗅嗅，清清爽爽新新，有一点点薄荷的香味。浓的时候，竟发出草和树沐发后特有的淡淡土腥气，也许那竟是蚯蚓和蜗牛的腥气吧，毕竟是惊蛰了啊。也许地上的地下的生命，也许古中国层层叠叠的记忆皆蠢蠢而蠕，也许是植物的潜意识和梦吧，那腥气……

4. 从网上搜索有关“中国四大高原” 和“数字城市”的相关文本内容，将其分别复制到“中国高原.doc”和“数字城市.doc”两个文档中，要求在Word中对相关文本进行移动、删除、复制等编辑操作后进行保存。

5. 对上节“个人简历”文档进行基本格式设置与排版，生成如下图所示的“个人简历”文档“介绍.doc”，并将其保存于E:\我的资料文件夹中。

个人简历

1．**基本资料**

我叫王宏伟，现在就读于经管学院，今年三年级。

入校至今，在老师的谆谆教育下、同学的友好互助下、自己的不懈努力下，我学到了专业的知识理论和成熟的为人处世之道。在校期间我一直本着刻苦学习、积极进取的思想态度，为自己的将来打基础，为能更顺利地融入社会不懈地努力着。在紧张的课余时间，我的身影基本上出现在图书馆和体育场，在图书馆，我通过阅读拓展了视野，了解到更多社会现状与更前沿的专业知识；在体育场，挥洒的汗水让我的身体更加健壮，主我有了更自信的竞争信念。我以我力所能及回报父母、回报社会。

2．**特长爱好**

蓝球：曾获得学校“挑战坏”和“迎新杯”篮球比赛　奖项。

3．**我的学习经验**

◇ 广泛阅读，会让人的眼界和内心更强大。

◇ 要有一定的兴趣爱好，会让自己的心志更加丰富。

◇ 对专业知识一定要学好，它是日后创业的基础，也是求学的目的。

◇ 打造自己的交往圈，经营自己的人脉圈，为日后走上社会打基础。

◇ 有一颗感恩的心，包括对父母、对需要帮助的人。

◇ 远离毒品、远离没完没了的网络游戏，它们会毁了人们正常的三观和正常的心智。

4．**座右铭**

梅花香自苦寒来，宝剑锋从磨砺出。

6. 对上节“中国高原.doc”和“数字城市.doc”两个文档进行格式设置。要求：

(1) 在正文前分别添加标题“中国高原”及“数字城市”。

(2) 标题格式：宋体、加粗、倾斜、三号、段后间隔 1 行、居中并加“灰色 20%”底纹、字符间距加宽 10 磅。

(3) 在小标题前加“项目符号◆”或“编号”。

(4) 正文文字字体：中文设置为宋体，西方设置为 Arial，常规，12 磅；首行缩进 2 字符，1.5 倍行距，两端对齐。

(5) 为文档添加页码。

(6) 设置正文行距为1.5倍，标题段前段后间距为1。

(7) 试用“格式刷”将第一段格式复制到后续段落。

(8) 根据个人喜好实际情况设置页面边距。

7. 制作如下所示的文档，并进行保存。要求：

(1) 标题左对齐，三号、黑体。

(2) 小标题使用编号，左缩进2字符。

(3) 正文行距1.5倍。段前段后0.5行。

Word 图文混排练习目标:

1. 制作艺术字标题
- 插入艺术字
- 移动艺术字位置
- 使用“艺术字”工具栏修改编辑艺术字

2. 使用文本框制作宣传标语
- 插入文本框
- 调整文本框大小
- 设置文本框格式

3. 将文字分栏

4. 插入宣传图片
- 插入图片
- 调整图片的大小

5. 设置图片格式
- 精确缩放图片大小
- 设置图片的环绕方式

6. 自绘图形
- 绘制笑脸形状
- 添加云形标注
- 改变自绘图形的线型
- 设置线条颜色和填充效果

7. 文本框的文字方向

8. 自绘图形的特殊效果
- 添加阴影和三维效果
- 特殊填充效果

8. 打开上节所建文档“听听那冷雨”，对其按进行以下要求进行排版。要求:

(1) 标题居中，三号、黑体。

(2) 第一段首字添加拼音，并设置首字下沉3行。

(3) 设置第二段首行缩进2字符，左右各缩进4字符，行距单倍。

(4) 利用格式刷将第二段格式复制到后续段落。

(5) 为第一段整体添加底纹，第二段添加上下边框线，第三段文字添加底纹。

(6) 第三段分为两栏，两栏之间加分隔线。

第5章　Word综合应用

Word不仅能对文字进行处理，而且，能把处理范围扩大到图片、表格以及绘图领域。实现了图文混排，真正做到了“图文并茂”。

5.1　插入图片及图形

提出任务

张跃入校后参加了学校新月文学社，负责社刊的编辑工作。最近，社团准备新出一份文学小报，以宣传社团，并和同学们一起分享散文的韵味。这项任务工作量大，需要收集相关文字和图片信息，还要求能够熟练应用Word的图文混排功能。

虽说张跃及同学们通过日常练习，对Word的图文混排相对比较熟悉，但在实际设计小报的过程中，他们发现还是存在很多意想不到的问题，如插入图片后不能将文字与图片结合起来；插入多个自选图形后，不能把它们作为一个整体，导致文档格式改变时，多个自选图形会变形；插入的表格是规则表格，不符合要求等，令张跃他们有点焦头烂额。

万般无奈之下，张跃向计算机系的同学小南请教学习，小南告诉他，如果掌握了Word相关的图文混排的技巧，上述问题是完全能够避免的。

分析任务

对于上述小报，小南建议张跃在制作过程中从以下几方面入手：

◆ 首先对小报的版面进行总体的划分，确定小报的版块组成。本小报分三个版面，分别置于三页。

◆ 其次确定每个版块的文字、图片等内容的排列布局。本小报第一版分为两部分，报头由刊头图片、刊题艺术字和刊号文本框三部分内容组成；第二部分为文本内容。小报第二版分为两部分，第一部分为报头；第二部分为由三个文本框组成的报文。小报第三版由表格和利用自选图形生成的印章组成。

◆ 再次，确定小报的整体风格与格式，如为小报添加背景与水印等。

◆ 最后，掌握相关内容对象如图片的剪裁、文字的环绕方式、表格单元格的拆分与合并等实现的方法技巧。

经过小南的指导，张跃和同学们很快完成了文学小报的编排。效果如图5-1所示。

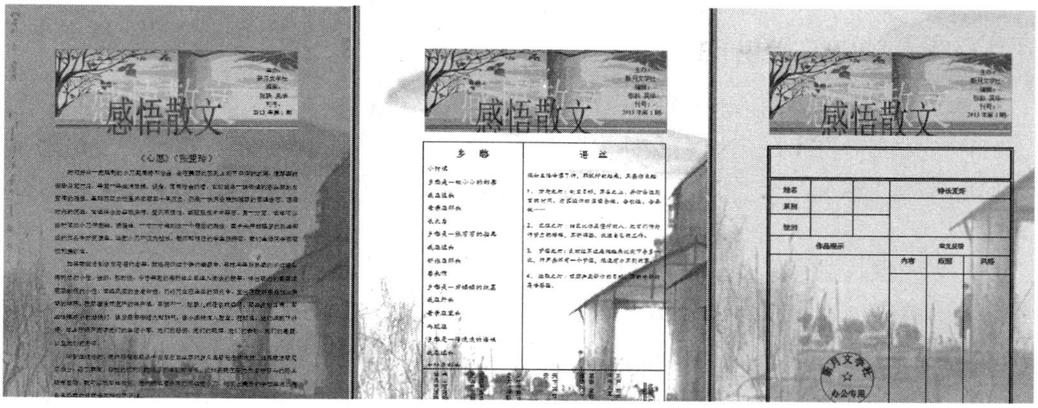

图 5-1　小报效果图

实现任务

5.1.1　插入剪贴画

插入剪贴画的操作步骤如下：

(1) 将插入点置于要插入剪贴画的位置。

(2) 选择“插入→图片→剪贴画”命令，打开 “剪贴画”任务窗格。或者单击“绘图”工具栏上的“插入剪贴画”按钮，打开“剪贴画”任务窗格，如图 5-2 所示。

(3) 单击“剪贴画”窗格中的“搜索文字”文本框右边的“搜索”按钮，即显示出剪贴画库中的所有图片。或者在“搜索文字”文本框中输入所需剪贴画的类型名，然后单击“搜索”按钮，即显示出该类剪贴画。也可以选择“剪贴画”窗格中的“Office 网上剪辑”，通过微软官方网站下载更多的剪贴画。

(4) 单击所选图片即可。

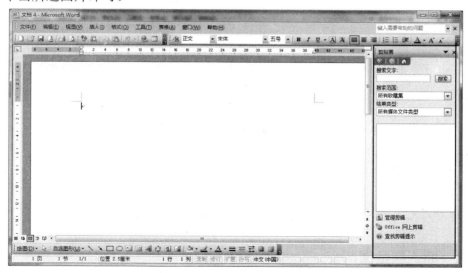

图 5-2　“剪贴画”任务窗格

5.1.2 插入来自文件的图片

要将一个用外部图形处理软件绘制的图形插入 Word 中，可以按以下步骤进行：

(1) 在文档中将光标定位到要插入图片的位置。

(2) 选择“插入”→“图片”→“来自文件”命令，打开“插入图片”对话框，如图 5-3 所示。

(3) 在“查找范围”列表中找到图片存放的位置，单击要插入的图片。

(4) 单击“插入”按钮即将所选图片插入到文档中。

图 5-3　插入来自文件的图片

如本案例中首先在小报的第一版插入报头图片，然后对其进行格式设置。方法如下：

(1) 单击图片，对准其周围八个控制点，调整其大小，并打开“图片工具栏”，如图 5-4 所示。

图 5-4　“图片”工具栏

(2) 单击按钮，可设置图片颜色；单击按钮，可以设置图片对比度；单击按钮，可以设置图片亮度；单击按钮，可对图片进行剪裁；单击按钮，可设置文字环绕方式；单击按钮，可以设置图片格式；单击按钮可旋转图片，如图 5-5 所示。

图 5-5　小报图片效果图

5.1.3 插入自绘图形

Word 2003 提供了强大的绘图功能，可以随心所欲地绘制出各种图形。用户可以利用“常用”工具栏上“绘图”按钮，打开“绘图”工具栏，如图 5-6 所示，方便地绘制所需图形。

图 5-6　“绘图”工具栏

1. 绘图画布

选择了“绘图”工具栏中的某一工具进行绘图时，在默认情况下，在其四周会显示一个绘图画布。所画图形在画布中，对图形的大小、位置、复制、删除操作可以通过画布操作来完成。

2. 图形的绘制

“绘图”工具栏不仅提供了正方形、矩形、多边形、直线、曲线、圆、椭圆等各种图形对象，还提供了如图 5-7 所示的“自选图形”。

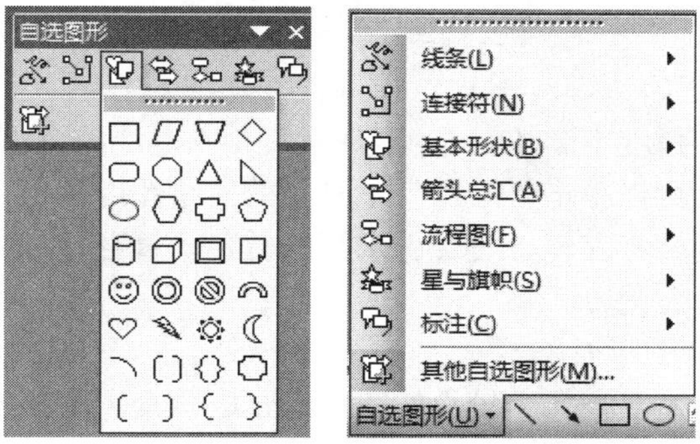

图 5-7　“自选图形”工具

绘制图形的操作步骤是：

(1) 单击选择“绘图”工具栏中的图形，或者单击“自选图形”按钮，在该菜单中选择所需的图形类型及图形。

(2) 将鼠标指针移到要插入图形的位置，这时，鼠标指针变成十字形。

(3) 拖曳鼠标到所需图形的大小。如果要保持图形的高度和宽度成比例，则在拖曳时按住 Shift 键。

3. 编辑绘制图形

绘制图形的编辑方法与插入图片的编辑方法基本是一样的，但不能进行图形亮度、对比度等修改。

1) 在图形中添加文字

自选图形的特点是可以在图形中添加文字。并且可以设置文字的格式。其操作方法是：

(1) 鼠标单击选中自选图形，右键单击自选图形的 ◇ 标志。

(2) 从快捷菜单中选择“添加文字”命令。

(3) 这时，插入点将出现在选中的自选图形中，输入所要添加的文字。

(4) 然后进行文字格式的设置。

(5) 如果自选图形太小，可拖动 8 个被称为控制手柄的小方块进行调整。

2) 叠放次序

当在文档中绘制了多个重叠的图形时，按绘制图形的顺序，每个图形都有一个次序编号，最先绘制的在最下面。利用叠放次序功能，可以改变图形的叠放次序，如图 5-8 所示。

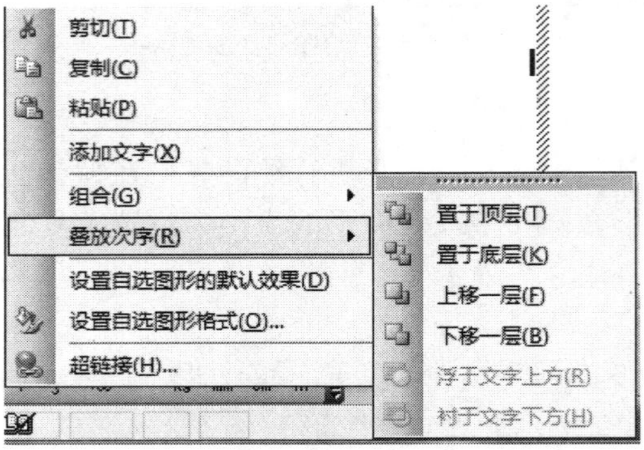

图 5-8 “叠放次序”命令

3) 旋转或翻转

如果对图形摆放的角度不满意，可利用“绘图”工具栏的自由旋转工具对图形进行任意角度的旋转。也可以单击“绘图”工具栏的“绘图”按钮，指向旋转或翻转，在联级菜单中选择自由旋转、左转、右转、水平翻转、垂直翻转等方式进行旋转或翻转。注意：图形里的文字不会旋转。

4) 组合或取消组合图形对象

为操作方便，常常需要把几个较小的图形组合成一个大图形或把组合好的图形拆分成原来的几个小图形。Word 提供的“组合或取消组合”功能能够满足该操作。

(1) 组合图形对象的方法：

① 单击第一个图形，按住 Shift 键再单击其他图形以选定多个图形对象。

② 单击“绘图”工具栏上的“绘图”按钮，选择其中的“组合”命令。

③ 一旦组合了图形对象，原来的多个图形就变成了一个整体，将其作为一个整体进行移动或复制等操作。

(2) 取消图形的组合的方法：

① 选中组合后的图形，单击“绘图”工具栏上的“绘图”按钮。

② 选择其中的“取消组合”命令。

5) 设置图形的边框和填充色

可利用“绘图”工具栏上的“线条颜色”按钮和“填充色”按钮，完成图形边框和填充色的设置。如果图形内部添加了文字，还可以利用“字体颜色”按钮来设置文本的颜色。巧妙应用“阴影”和“三维效果”按钮，可使文档更加出色。

如本案例中第三版中印章的制作就是自选图形的应用。其制作方法如下：

(1) 图章轮廓选择“插入”→“图片”→“自选图形”，在“绘图”工具栏中选择椭圆，按下 Shift 键在文档中拖出一个圆，双击图形设置为“无填充色”，线条宽度为 2 磅，颜色为红色，“叠放次序”为“最底层”。

(2) 编辑文字在文档中插入艺术字，选择环形艺术字，输入“新月文学社”后设置字体、字号，然后用艺术字周围的 8 个拖拉按钮把文字拖成圆形，并放在已经画好的圆内，可以用 Ctrl 键和方向键帮助移动到准确的位置，并把艺术字设置成红色。

(3) 插入五角星。在“插入”→“图片”→“自选图形”→“星与旗帜”中选中五角星，然后在文档中画出一个大小适合的五角星，并设置成红色，移动到圆中合适的位置。按 Shift 选中圆、艺术字、五角星，单击鼠标右键，选择“组合”，公章就制作好了(图 5-9)，要用时可以直接复制或移动到目标处。

图 5-9　小报印章

5.1.4　插入艺术字

艺术字是图形的一种形式，它体现了文字的特殊效果。“感　悟　散　文”就是一种艺术字。用户可以把在文档中出现的艺术字与其他图片、剪贴画和自选图形一样处理。

1. 插入艺术字

(1) 单击“绘图”工具栏上的“插入艺术字”按钮，或执行“插入”→“图片 | 艺术字”命令，打开“艺术字库”对话框，如图 5-10 所示。

(2) 在“艺术字”对话框中选择一种艺术字样式后单击“确定”按钮，打开“编辑‘艺术字’文字”对话框(图 5-11)，然后键入需要的内容，例如 “感悟散文”。

(3) 选择艺术字的字体、字号和字形设置。

(4) 单击“确定”按钮，即可在插入点位置插入艺术字。

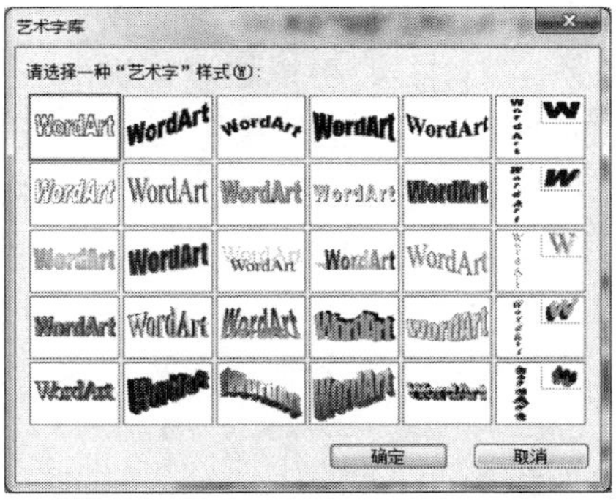

图 5-10　“艺术字库”对话框

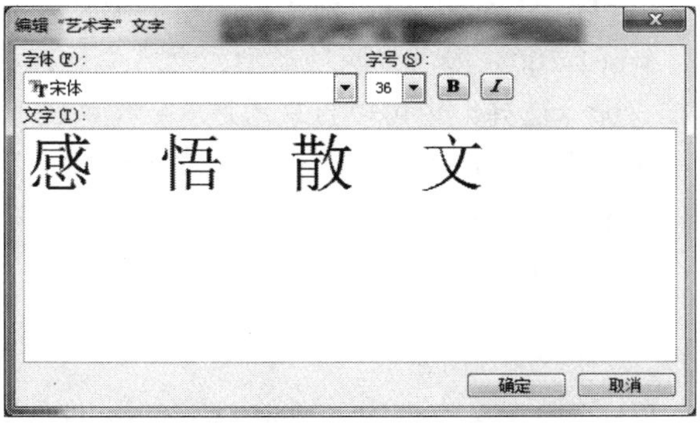

图 5-11　“编辑‘艺术字’文字”对话框

2. 编辑艺术字

当生成的艺术字不满足要求时，可以利用“艺术字”工具栏进行修改设置。方法如下：

(1) 单击艺术字，打开“艺术字”工具栏(图 5-12)。

(2) 单击按钮，可打开“艺术字库”对话框；单击按钮，可打开“设置艺术字格式”对话框(图 5-14)；单击按钮，可打开“艺术字形状”选项卡(图 5-13)；单击按钮，可打开“文字环绕方式”对话框(图 5-15)。

(3) 在对应对话框中按要求进行选择。

图 5-12 “艺术字”工具栏

图 5-13 “艺术文形状”选项卡

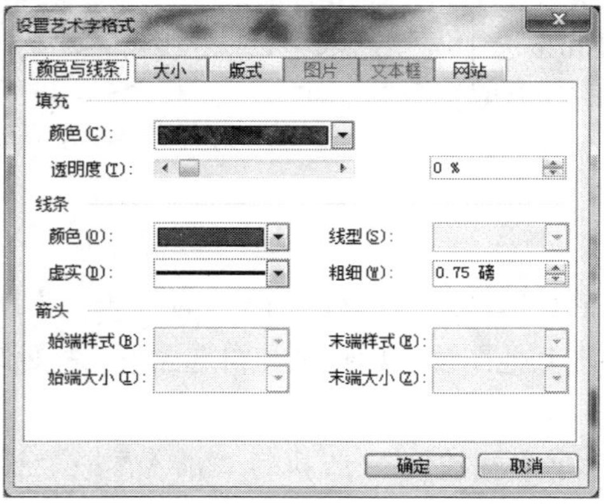

图 5-14 “设置艺术字格式”对话框

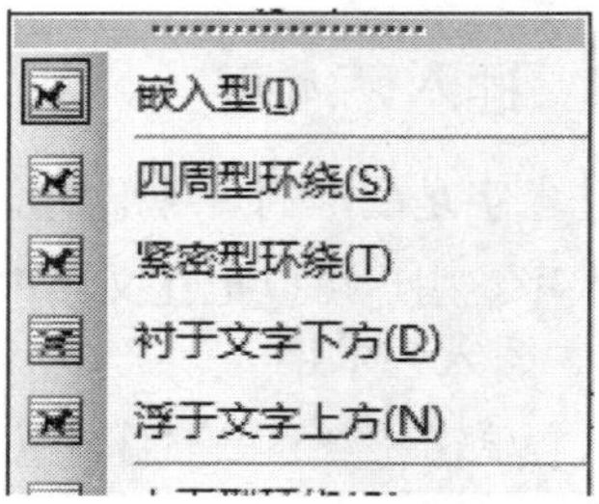

图 5-15 “文字环绕方式”对话框

5.1.5 使用文本框

“文本框”可以看作特殊的图形对象，主要用来在文档中精确定位文字、表格、图形的位置，在广告、报纸新闻等文档中得到广泛的应用。“文本框”可放在文档中的任何位置，并可像图形一样进行放大、缩小等编辑操作。

Word 2003 提供了两种类型的文本框，即横排和竖排文本框，可以通过“插入→文本框”命令选择，也可以直接通过“绘图”工具栏中的“横排文本框”按钮或“竖排文本框”按钮来建立。在预定位置插入一个文本框后，就可以往文本框中输入内容。

如本案例中，小报第一版报头中使用了两个文本框，其内容分别为艺术字与文字，设置方法如下：

(1) 将光标定位至适当位置，执行“插入”→“文本框”命令，分别插入两个横排文本框，如图 5-16 所示。

(2) 在两个文本框中分别添加艺术字和刊号文本(图 5-17)。

(3) 将文本框移至恰当位置，单击右键，选择“设置文本框格式”，如图 5-18、图 5-19 所示。

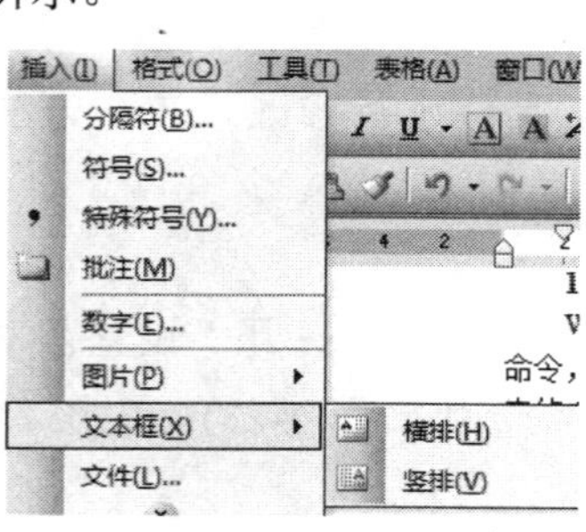

图 5-16 插入文本框

图 5-17 文本框中插入艺术字

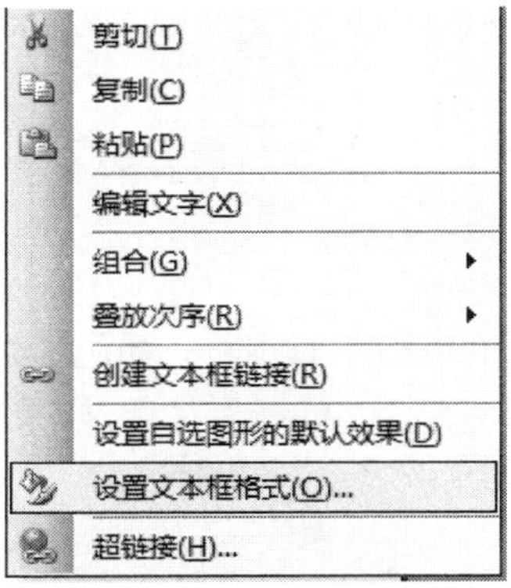

图 5-18 “文本框”快捷菜单

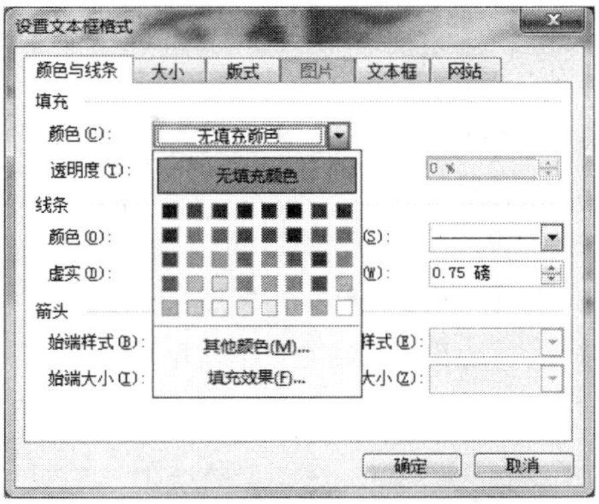

图 5-19 “设置文本框格式”对话框

(4) 在打开的“设置文本框格式”对话框中设置文本框格式：无填充颜色、无线条。

(5) 单击“确定”即可。效果如图 5-20 所示。

图 5-20 小报报头文本框效果图

本案例中小报第二版除报头外，使用三个文本框划分版块结构，其中两个为横排文本框，一个竖排文本框。设置好边框线、填充色等格式的效果图如图 5-21 所示。

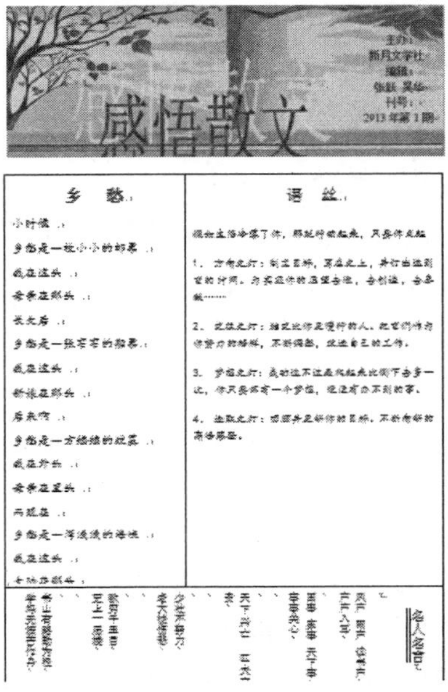

图 5-21 小报第二版文本框效果图

5.1.6 插入横线

横线在文档中可以起到美化版面的作用，如本案例中小报报头就需要插入一条横线，其实现方法如下：

(1) 将插入点移到需要插入横线的位置。

(2) 执行“格式→边框和底纹”命令，打开“边框和底纹”对话框，如图 5-22 所示。

(3) 在“边框和底纹”对话框中单击“横线”按钮，打开“横线”对话框，如图 5-23 所示。

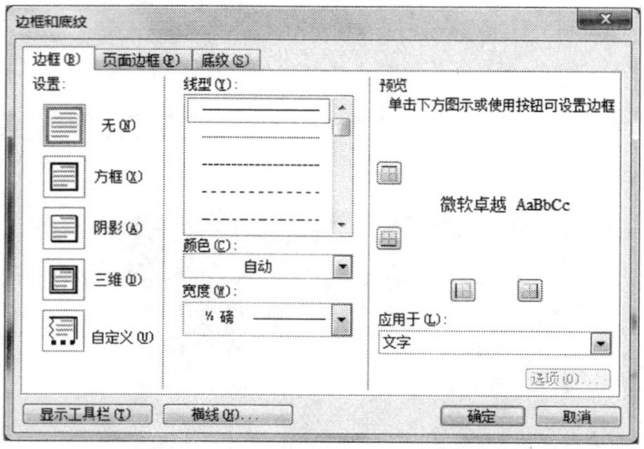

图 5-22 “边框和底纹”对话框

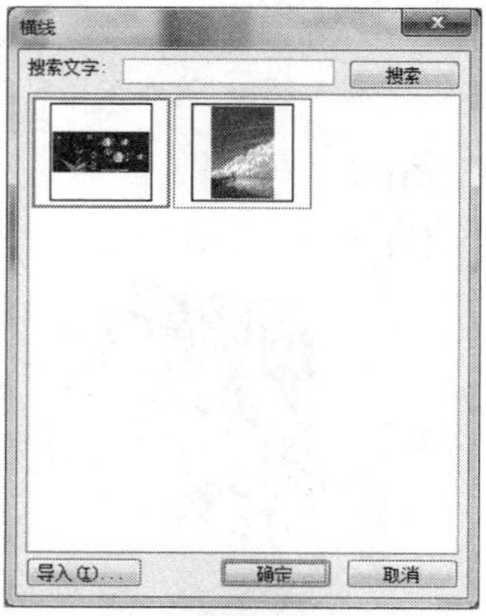

图 5-23 “横线”对话框

(4) 在“横线”对话框找到需要的横线，单击“确定”即可，效果如图 5-24 所示。

图 5-24 横线效果图

5.1.7 图文混排

当文档中既有图片，又有文本时，需要设置二者之间的相互环绕方式。

① 选中图片，选择“设置图片格式”命令，或者直击双击图片，打开“设置图片格式”对话框。

② 单击“版式”标签打开此选项卡，在“环绕方式”选项组中选择环绕方式。

③ 完成上述设定后，单击“确定”按钮。

如图 5-25 和 5-26 所示为本案例中小报第一版文本与图片之间环绕关系设置前后对比图。

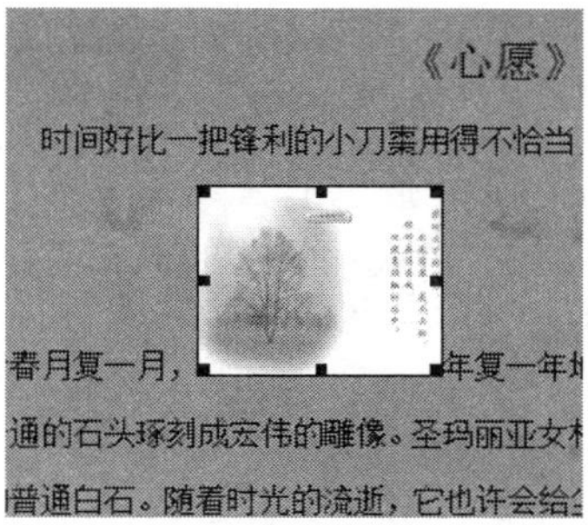

图 5-25　设置环绕方式前

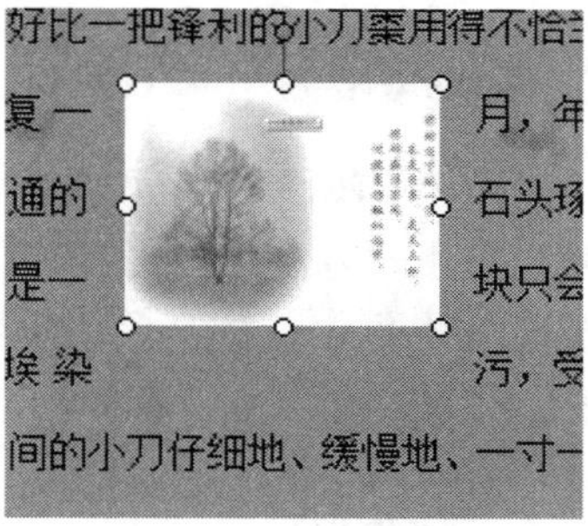

图 5-26　设置环绕方式后

5.1.8　背景与水印

1. 背景

执行“格式”→“背景”命令，可为文档添加背景。文档背景和填充效果不能在普通视图和大纲视图中显示。

2. 水印

(1) 执行“格式”→“背景”→“水印”命令，打开“水印”对话框，如图 5-27 所示。

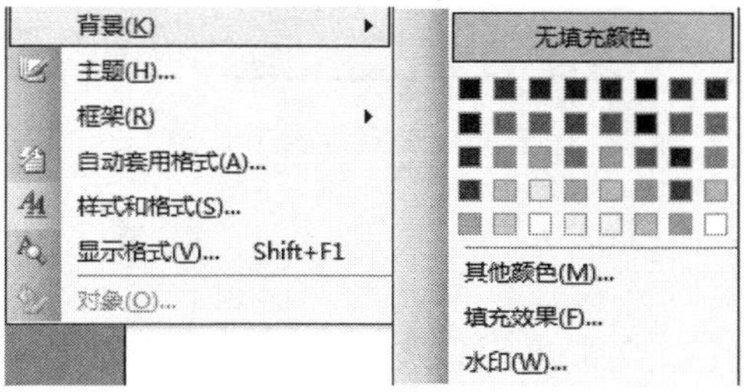

图 5-27　设置背景与水印

(2) 选择“文字水印”就可以制作出自己想要的水印了(图 5-29)。若需要设置图片作为水印，则在对话框中选择“图片水印”，然后点击“选择图片”，找到事先准备做水印用的图片，如图 5-28 所示。

(3) 添加后，设置图片的缩放比例、是否冲蚀。冲蚀的作用是让添加的图片在文字后面降低透明度显示，以免影响文字的显示效果。

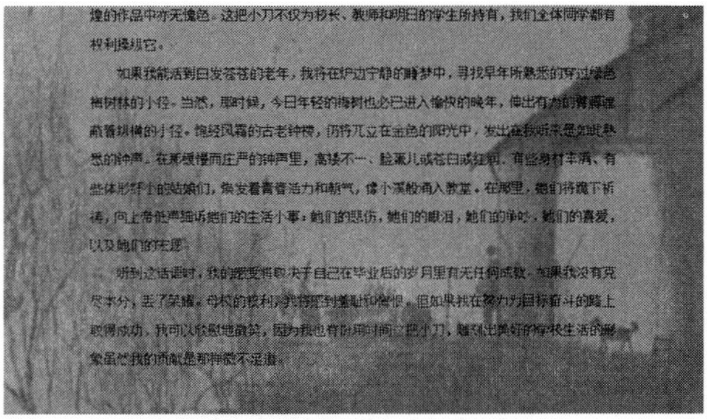

图 5-28　图片作为文档背景

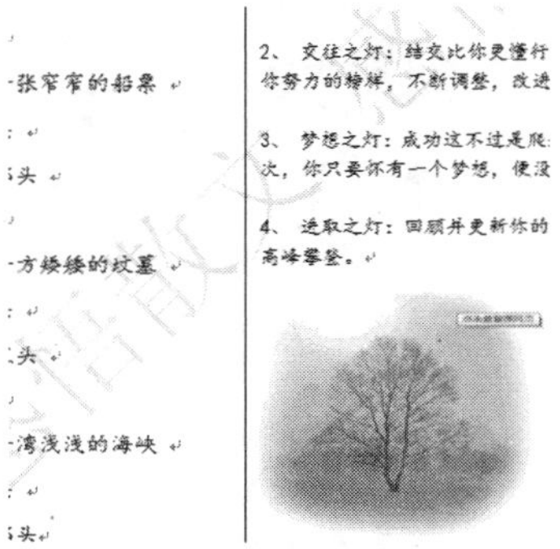

图 5-29　文字作为文档水印

5.1.9 公式编辑器的使用

在文档中，有时要用到数学公式和数学符号，Word 2003 提供的公式编辑器(Equation Editor)可以使用户方便地在文档中建立各式各样的数学公式。公式编辑器的操作方法如下：

(1) 将插入点定位到需要放置数字公式的位置。选择“插入”→“对象”命令。打开“对 象”对话框，选取“Microsoft 公式 3.0”选项，单击“确定”按钮，出现“公式编辑工具栏”，如图 5-30 所示。

(2) 在公式编辑工具栏上一行是符号，可插入数学符号。下一行是模板，模板是有一个或多个空插槽，用于输入模板中的有关内容。每一个数学符号或模板底下又包含一系列数学符号或模板，利用这些数学符号或模板，可以建立各式各样的数学公式。输入符号后，结果将显示于图文框中。

例如，编辑以下公式：

$$S=\sum_{i=1}^{10}\sqrt[3]{x_i-a}+\frac{a^3}{x_i^3-y_i^3}-\int_3^7 x_i\mathrm{d}x$$

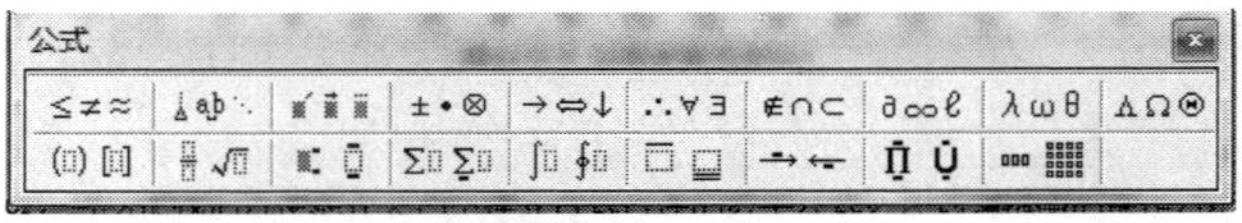

图 5-30 公式编辑工具栏

5.1.10 超级链接

在 Word 中可以对选定的文字进行超级链接，其方法如下：

(1) 选定要超级链接的文字，选择“插入”→“超级链接”命令，或者单击“工具栏”中的超级链接“ ”按钮，如图 5-31 所示。

(2) 在弹出的“插入超级链接”对话框中，输入相关内容，单击“确定”按钮。

比如，对“美文欣赏”进行超级链接，在“插入超级链接”对话框中输入“http://www.mexs.com”即可。

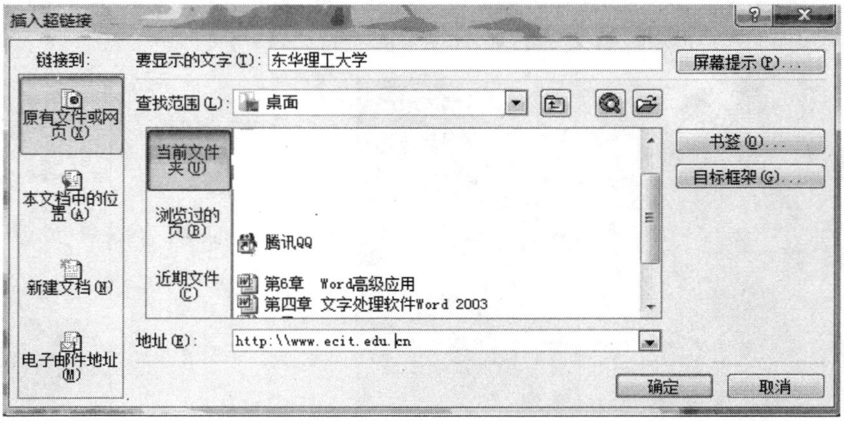

图 5-31 “插入超级链接”对话框

5.2　Word 表格制作

提出任务

最近学校要组织一次“舞出我青春”的舞蹈比赛，李娜报名参加了志愿者，负责比赛期间的文印辅助工作。在此期间，李娜遇到了一项很棘手的难题：为便于对比赛结果综合分析，组委会要求李娜在 Word 中制作如下图所示的成绩表和比赛结果分析表。

对于这样的不规则表格，李娜在制作过程中该从哪方面入手？该注意哪些方面呢？对于表中需要计算的部分，又该如何快速处理呢？

项目 / 姓名	难度	动作	内涵	平均得分
张明	88	81	80	
王勃	79	91	93	

比赛结果分析

<table>
<tr><td colspan="2">基本情况</td><td>比赛时间</td><td></td><td>报名人数</td><td></td><td></td><td></td><td>缺赛人数</td><td></td></tr>
<tr><td rowspan="5">得分分布</td><td>优</td><td colspan="6">90 分（含）以上：　　人，占　　%</td><td colspan="2">最高分：</td></tr>
<tr><td>良</td><td colspan="6">80 分（含）-89 分：　　人，占　　%</td><td colspan="2">最低分：</td></tr>
<tr><td>中</td><td colspan="6">70 分（含）-79 分：　　人，占　　%</td><td colspan="2">平均分：</td></tr>
<tr><td></td><td colspan="6"></td><td rowspan="2">区分度</td><td>明显□</td></tr>
<tr><td></td><td colspan="6"></td><td>不明显□</td></tr>
<tr><td rowspan="2">比赛质量分析</td><td>比赛难度评价</td><td colspan="8">总体难度评价：易□/较易□/适中□/偏难□/难□</td></tr>
<tr><td>典型动作分析</td><td colspan="8">1.选手普遍掌握到位的类别主要是________________型的舞蹈，主要原因有：（1）舞蹈编排本身较易□/（2）选手对舞蹈内涵理解较好□/（3）其他
2.得分较低的舞蹈，主要是______________型的舞类，原因主要有：（1）舞蹈编排本身较难□/（2）选手对舞蹈内涵理解理解不充分/（3）选手分应急处理能力稍有欠缺</td></tr>
</table>

分析任务

在实际应用中经常需要将数值型的数据或字符型的数据以表格形式处理，从而达到简明、清晰、直观的效果。Word 提供了强大的制表功能，使用户不仅能够快速创建、编辑、排版表格，还可以对表中数据进行排序、计算和转换。

Word 表格制作过程一般要经过以下几个步骤：

◆ 创建表格结构；

◆ 编辑与调整表格结构；

◆ 输入表格文字、表格修饰，即设置行高列宽、添加边框底纹、设置斜线表头、单元格文字格式的设置等；

◆ 表格数据计算与排序。

实现任务

5.2.1 表格的建立

表格是由水平的行和垂直的列组成，表格中的每一格通常被称为“单元格”。单元格中可以输入文字、数字、图形，甚至嵌套一个表格。当要在文档中加入表格时，只需将光标定位在需添加表格的位置，用下述方法之一来创建一个表格。

1. 用插入表格的方式建立表格

方法一：使用“插入表格”按钮，拖动鼠标指针，选定所需要的行数、列数，松开鼠标左键即可生成一个符合指定行数和列数的表格，如图 5-32 所示。

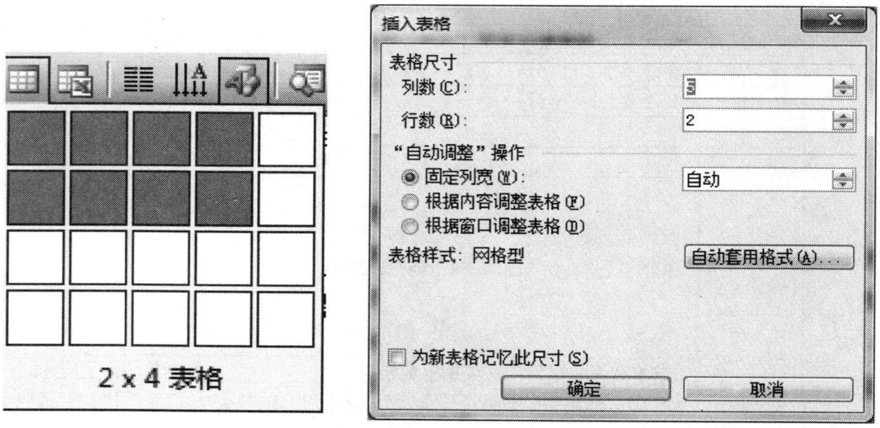

图 5-32 插入表格

方法二：使用菜单“表格”→“插入”→“表格”命令创建表格。

2. 用绘制表格工具绘制自由表格

方法一：选择“表格”→“绘制表格”命令，系统将弹出“表格”和“边框”工具栏，其中包含了绘制表格的各种工具。

方法二：单击“绘制表格”工具按钮，鼠标移动到文档中就变成了铅笔形，将鼠标拖动到适当位置后释放，将完成边框的绘制，用同样的方法绘制表格内的横线、竖线，根据需要还可绘制斜线。绘制过程中，可用擦除工具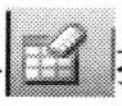擦除不需要的线段，即将该线段擦除，如图 5-33 所示。

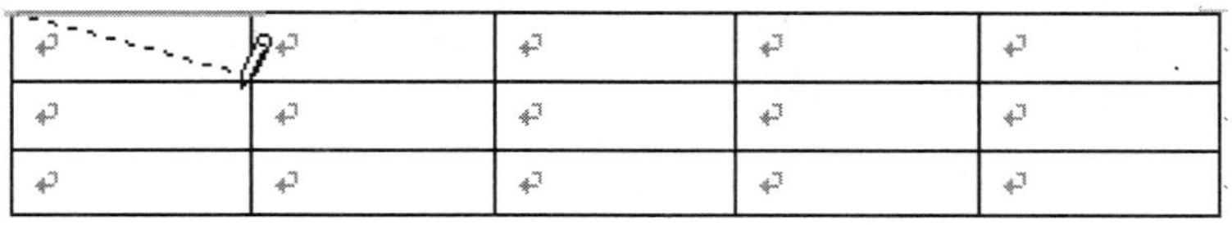

图 5-33　绘制表格

3. 绘制斜线表头

本案例中，成绩表第一个单元格被斜线划分成了两个区域，每个区域中有相同格式的文本，对于这样的特殊格式，利用 Word 提供的绘制斜线表头功能，可以方便地实现。

(1) 将光标置于表格内单击鼠标左键，然后选择“表格”→“绘制斜线表头”命令。此时屏幕弹出“插入斜线表头”对话框，如图 5-34 所示。

(2) 在“表头样式”列表框中选择一种表头样式，然后在“行标题”和“列标题”文本框中输入标题名称，如有必要还可以单击“字体大小”列表框为标题指定字体大小。

(3) 设定各项内容后，单击“确定”按钮就完成了表头的制作，如图 5-35 所示。

如本案例中的成绩表，就用到了绘制斜线表头的功能。

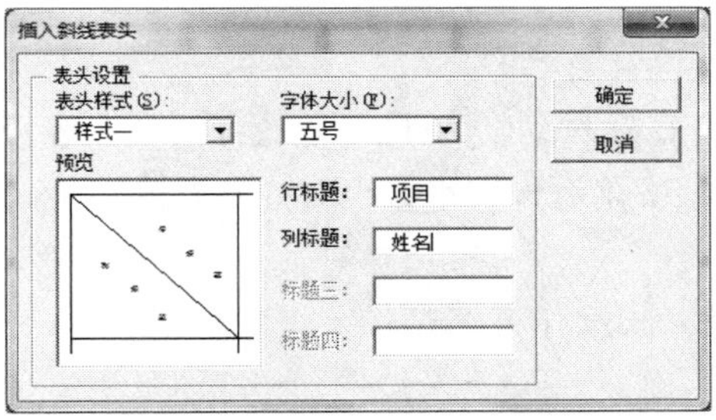

图 5-34　插入斜线表头对话框

项目 / 姓名	难度	动作	内涵	平均得分
张明	88	81	80	
王勃	79	91	93	

图 5-35　斜线表头效果图

5.2.2 表格的编辑

1. 选取单元格行和列

表格的编辑操作与文档一样，也是必须执行“先选定，后操作”的原则。将鼠标指针移到单元格左侧，当鼠标指针变为右向黑色箭头时，单击鼠标左键则选中当前单元格；将鼠标移到表格中某一列的顶部，当鼠标指针变成一个向下指的黑色箭头时，单击鼠标的左键则选择表格中的该列；将鼠标指向页面左侧空白区域，当鼠标指针变成一个右向空心箭头，单击鼠标的左键则选定该行。若要选择表格中连续的多个单元格、行或列时，可通过按住鼠标左键拖动经过要选的单元格、行或列，可选择表格中的某一个区域或整个表格。

2. 输入表格内容

在表格建立好后，就可以向单元格输入内容。按 Tab 键使插入点往下一单元格移动，按 Shift+Tab 键使插入点往前一单元格移动，也可用鼠标单击选择单元格。但插入点到达表的最后一个单元格时，再按 Tab 键，Word 将为该表自动增加一行。

如果需要在每行特定的位置输入内容，而且要求上下对齐，用户可以使用“制表位”来解决。Word 隐含地从左侧页边界起每隔 0.5 英寸就设置一个制表位。当按下 Tab 键后，插入点就会从当前位置跳到下一个制表位处。但如果用户自己设置了制表位，则系统设置的制表位全部作废，再按 Tab 键时，插入点就会跳到用户设置的制表位上。

制表符位于标尺最左侧，制表符有左对齐式制表符、右对齐式制表符、居中对齐制表符、小数点对齐制表符等。用户设置制表位时，不但可以选择合适的位置，还可以规定某制表位处的上下行对齐方式。

利用标尺设置制表位非常方便。首先，用鼠标单击标尺左侧的制表符，直到出现所需要的制表符为止来选择制表符。然后，在标尺适当位置上单击标尺下沿，标尺上会立刻出现左侧选择的对齐方式图标，一个制表位就设置好了。可以在标尺上同时设置若干个制表位，每个制表位都可以有自己特定的对齐方式。如果要删除一个制表位，用鼠标将选定制表位拖出标尺即可，此时制表位图标从标尺上消失。图 5-36 就是设计一组制表符示例。

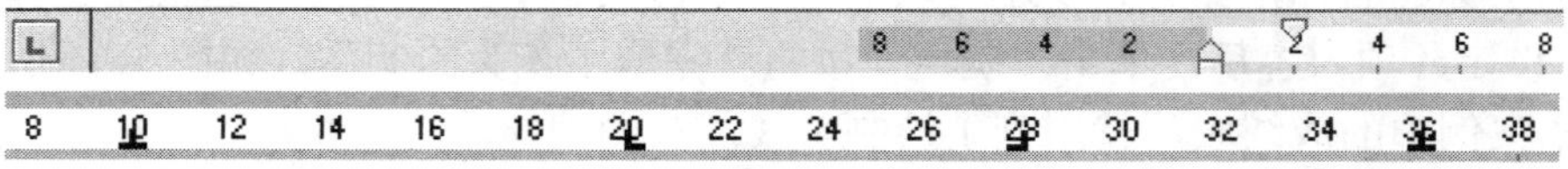

图 5-36　插入斜线表头对话框图

说明：在标尺刻度 10 附近设置居中对齐制表符；在标尺刻度 20 附近设置左对齐制表符；在标尺刻度 28 附近设置右对齐制表符；在标尺刻度 36 附近设置小数点对齐制表符。

3. 文本与表格的转换

Word 具有将文本和表格进行相互转换的功能。其操作方法是：

(1) 选定要转换的文本。

(2) 单击“表格”→“文本转换成表格”菜单命令，如图 5-37 所示。

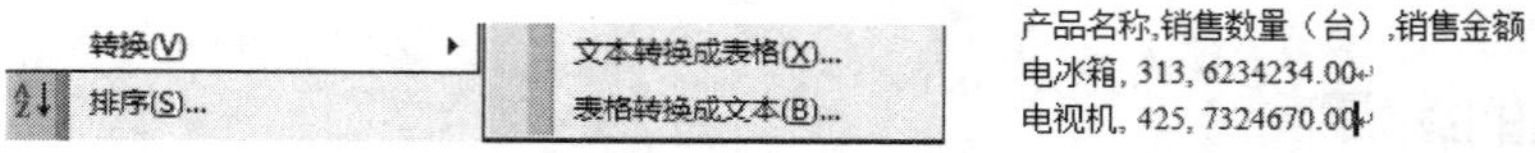

产品名称	销售数量（台）	销售金额
电冰箱	313	6234234.00
电视机	425	7324670.00

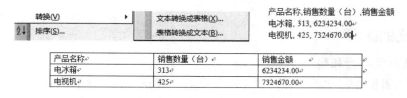

图 5-37　将文本转换为表格

4. 插入单元格、行和列

在表格中某一位置插入一定数量的单元格、行或列时，首先，应在该位置选定相应数量的单元格、行或列，再执行“表格”→“插入”命令，便可在指定位置插入相应数量的单元格、行或列，如图 5-38 所示。

5. 删除单元格、行和列

首先，要选定所要删除的行、列或单元格(可多个)。再执行“表格”→“删除”命令，当需要删除指定单元格时，还需对其他单元格的移动方向做出左移或上移其他单元格的选择，如图 5-39 所示。

6. 调整行高和列宽

方法一：使用标尺通过拖动“表格站”调节行高和列宽，如图5-40所示。

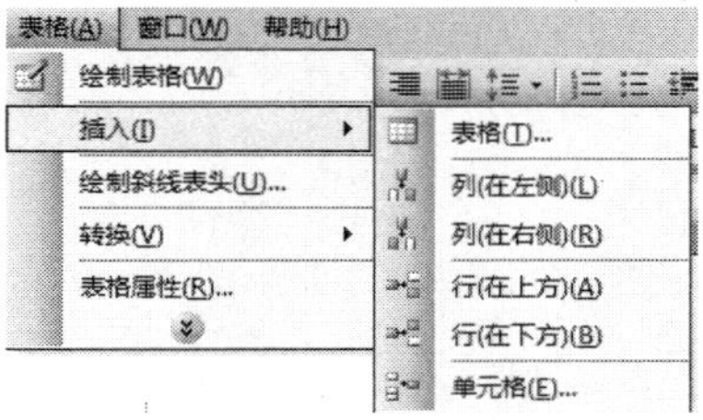

图 5-38　插入单元格、行和列

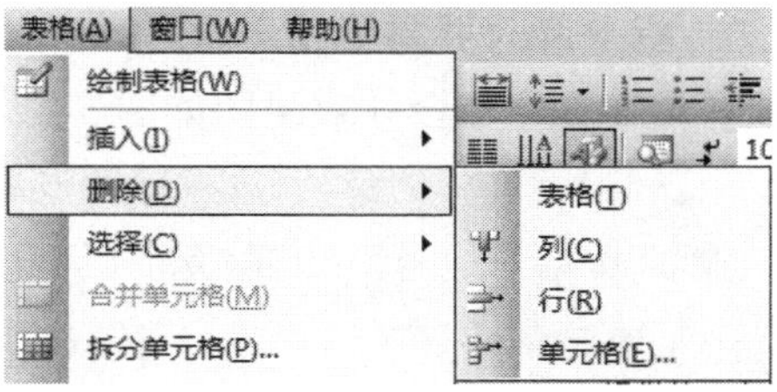

图 5-39　删除单元格、行和列

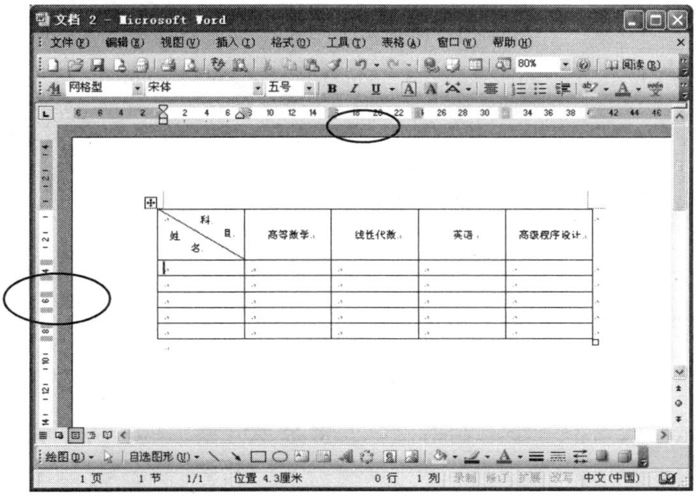

图 5-40　利用标尺调整行高列宽

方法二：光标移至表格线上，拖动鼠标调节。

7. 单元格内容的对齐操作

用户可以把表格中的每个单元格的内容分别看成一个个小文档，对选定的一个或多个单元格、行或列的文档通过“表格”→“表格属性”菜单进行对齐设置(图 5-41)。在表格中可以实现水平对齐和垂直对齐方式的设置。

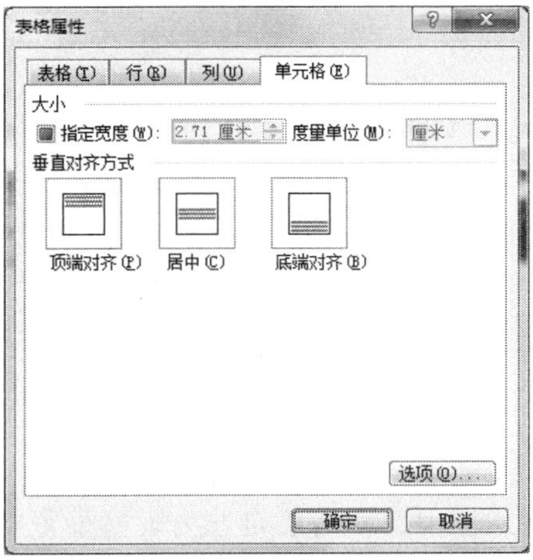

图 5-41　表格内容对齐设置

8. 拆分和合并单元格

单元格拆分与合并效果图如图 5-42 所示。

比赛结果分析

<table>
<tr><td colspan="2">基本情况</td><td>比赛时间</td><td></td><td>报名人数</td><td></td><td></td><td></td><td>缺赛人数</td><td></td></tr>
<tr><td rowspan="5">得分分布</td><td>优</td><td colspan="6">90 分（含）以上：　　　　人，占　　　%</td><td colspan="2" rowspan="3">最高分：
最低分：
平均分：</td></tr>
<tr><td>良</td><td colspan="6">80 分（含）-89 分：　　　　人，占　　　%</td></tr>
<tr><td>中</td><td colspan="6">70 分（含）-79 分：　　　　人，占　　　%</td></tr>
<tr><td></td><td colspan="6"></td><td rowspan="2">区分度</td><td>明显□</td></tr>
<tr><td></td><td colspan="6"></td><td>不明显□</td></tr>
<tr><td rowspan="2">比赛质量分析</td><td>比赛难度评价</td><td colspan="8">总体难度评价：易□/较易□/适中□/偏难□/难□</td></tr>
<tr><td>典型动作分析</td><td colspan="8">1.选手普遍掌握到位的类别主要是________型的舞蹈，主要原因有：（1）舞蹈编排本身较易□/（2）选手对舞蹈内涵理解较好□/（3）其他

2.得分较低的舞蹈，主要是________型的舞类，原因主要有：（1）舞蹈编排本身较难□/（2）选手对舞蹈内涵理解理解不充分/（3）选手分应急处理能力稍有欠缺</td></tr>
</table>

图 5-42　单元格拆分与合并效果图

所谓拆分单元格就是把一个单元格拆分为多个单元格；而合并单元格则是把相邻的多个单元格合并成一个。

拆分单元格：选中单元格，单击“表格”→“拆分单元格”命令，在弹出对话框的“列数”框中，输入拆分的列数，行数框中输入拆分的行数，如图 5-43 所示。

合并单元格：选中欲合并的单元格，选择“表格”→“合并单元格”命令，即可完成把选中的多个单元格合并成一个单元格的操作。

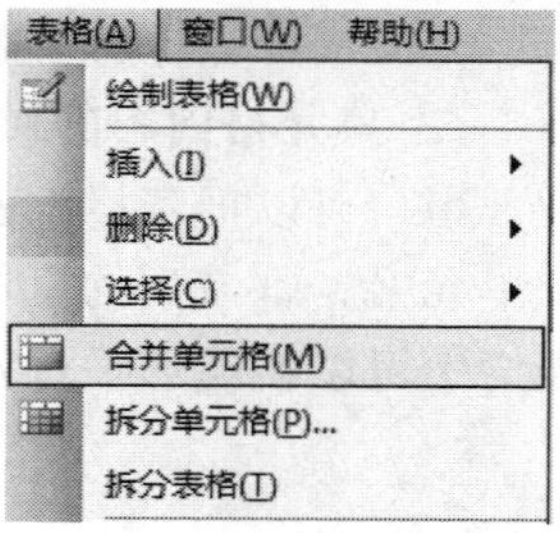

图 5-43　拆分与合并单元格

5.2.3　表格的排版

1. 自动套用格式

Word 2003 提供了 12 类共 43 种表格格式，每种格式都有不同的行、列修饰和不同的边框、底纹。如果在这些格式中有现成的可以套用，就可为用户节省设计表格格式的时间。

(1) 在套用时，首先将插入点置于要排版的表格中。然后，选择“表格”→“表格自动套用格式”菜单命令。在打开的 “表格自动套用格式”对话框中选择符合要求的套用格式。

(2) 在“要应用的格式”组合框中，确定是否对表格格式采用所选的套用格式，如图 5-44 所示。

2. 自定义表格外观

如果没有找到合适的格式套用，就需要自己为表格设置格式，最常见的是为表格添加边框和底纹，方法为选择菜单“表格”→“表格属性”，在“边框与底纹”对话框中进行设置，如图 5-45 所示。

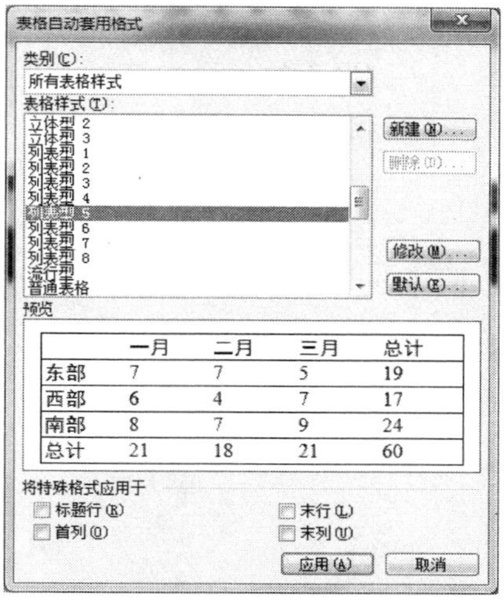

图 5-44　“表格自动套用格式”对话框

图 5-45　表格边框与底纹的设置

5.2.4　表格的排序与统计

1. 表格的排序

在 Word 中可对表格中的数据进行排序。选中表格，选择菜单“表格”→“排序”，或单击排序工具在弹出的“排序”对话框中依次设置排序依据(可以按数字、字母顺序、日期、笔画等排序)、类型和顺序，如图 5-46 所示。

2. 表格的统计

Word 表格也提供了求和、求平均值、最大值等计算功能。其操作方法是：首先将插入点放在要存放结果的单元格中；然后选择“表格”→“公式”命令；在“公式”框中键入计算公式或在“粘贴函数”框中选择一个函数(图 5-47)；在“数字格式”框中选择数据输出格式；最后，单击“确定”按钮。

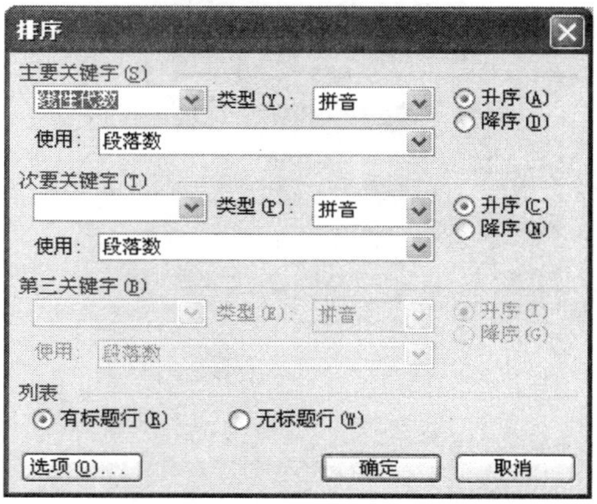

图 5-46　表格“排序”对话框

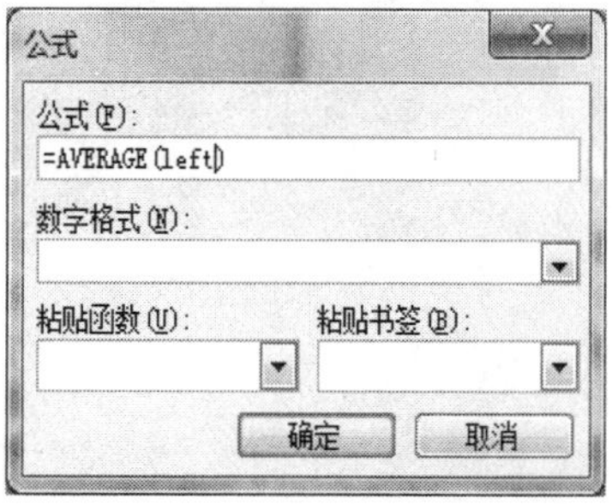

图 5-47　表格“公式”计算对话框

注意：◆公式用等号“=”开始。

◆在公式或函数进行计算时，要确定待计算数据的引用范围。

在表格中，列号用 A，B，C，…表示，行号用 1，2，3，…表示；有些连续的范围可用 left、above 等表示。如图 5-35 所示的表中，若要统计三门课程的平均成绩，在“公式”框中，可输入“=AVERAGE(B2:D2)”，也可输入“=(B2+C2+D2)/3”，还可以输入“=AVERAGE(left)”。

5.3 实验实践

【实验实践目的】

1. 掌握 Word 中图片、图形、艺术字等对象的插入方法；
2. 掌握图片等对象的格式化技巧；
3. 掌握 Word 文档页面设置的方法；
4. 掌握 Word 表格的制作及简单的计算方法；
5. 掌握对文档综合排版的技巧。

【实验实践内容】

1. 新建一个文档“城市让生活更美”，页面设置为：纸张大小宽度为 35 厘米，高度为 28 厘米，页边距上下左右都是 3 厘米；效果图如下，相关素材自行查找输入。 说明：实践时可将文档主题扩展为“我的家乡”、“我的中国梦”等。

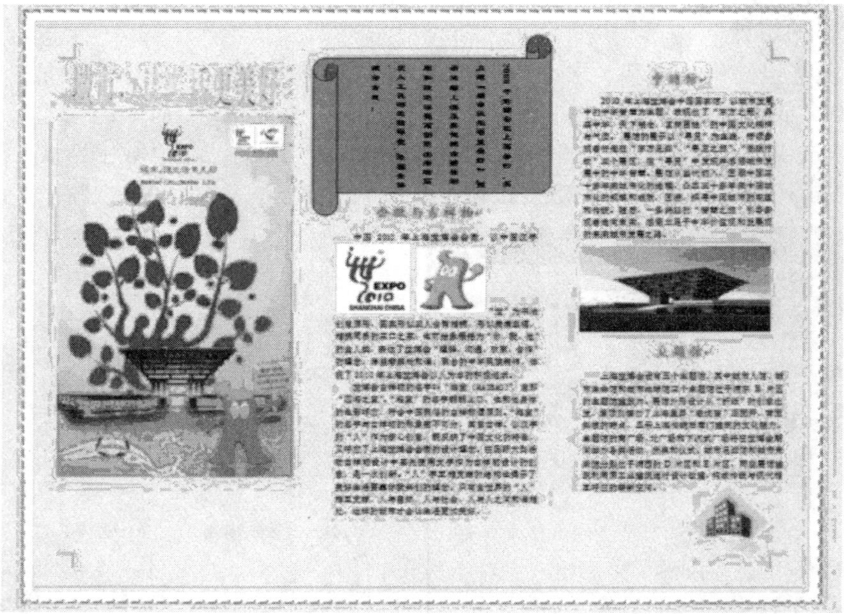

2. 新建一个文档“散文欣赏”，页面设置为：纸张大小 A4，效果图如下。说明：相关素材自行查找，也可更替相关内容；建议自行扩展主题，如“新年音乐会海报”、“学习周刊”等。

散文欣赏

荷叶·母亲

冰心

………

对屋里的母亲唤着，我连忙走过去，坐在母亲旁边———一回头忽然看见红莲旁边的一个大荷叶，慢慢地倾斜过来，正覆盖在红莲上面……我不宁的心绪散尽了！

……

我心中深深地受了感动———

母亲啊！你是荷叶，我是红莲，心中的雨点来了，除了你，谁是我在无遮盖天空下的隐蔽？

再别康桥

作者：徐志摩

轻轻的我走了，
正如我轻轻的来；
我轻轻的招手，
作别西天的云彩。
那河畔的金柳，
是夕阳中的新娘；
波光里的艳影，
在我的心头荡漾。
……
但我不能放歌，
悄悄是别离的笙箫；
夏虫也为我沉默，
沉默是今晚的康桥！
悄悄的我走了，
正如我悄悄的来；
我挥一挥衣袖，
不带走一片云彩。

听听那冷雨

余光中

惊蛰一过，春寒加剧。先是料料峭峭，继而雨季开始，时而淋淋漓漓，时而淅淅沥沥，天潮潮地湿湿，即使在梦里，也似乎把伞撑着。而就凭一把伞，躲过一阵潇潇的冷雨，也躲不过整个雨季。连思想也都是潮润润的。每天回家，曲折穿过金门街到夏门街迷宫式的长巷短巷，雨里风里，走入霏霏令人更想入非非。……

杏花。春雨。江南。六个方块字，或许那片土就在那里面。而无论赤县也好神州也好中国也好，变来变去，只要仓颉的灵感不灭，美丽的中文不老，那形象，那磁石一般的向心力当必然长在。……

听听，那冷雨。看看，那冷雨。嗅嗅闻闻，那冷雨，舔舔吧，那冷雨。雨在他的伞上，这城市百万人的伞上，雨衣上，屋上，天线上。雨下在基隆港，在防波堤，在海峡的船上，清明这季雨。雨是女性，应该最富于感性。雨气空蒙而迷幻，细细嗅嗅，清清爽爽新新，有一点点薄荷的香味。浓的时候，竟发出草和树沐发后特有的淡淡土腥气，也许那竟是蚯蚓和蜗牛的腥气吧，……

散文欣赏

3. 生成或绘制如下所示课表，要求使用“合并单元格”、“拆分单元格”等功能对表格结构调整；通过“边框与底纹”对表格格式进行设置；输入对应内容并设置文字格式。

课程表	星期 节课		星期一	星期二	星期三	星期四	星期五
	上午	1	数学	英语	英语	语文	语文
		2	计算机	数学	英语	语文	英语
		3	语文	企管	礼仪	英语	数学
		4	数学	数据库	语文	体育	餐饮
	下午	5	政治	餐饮	企管	数据库	计算机
信息一班		6	英口	体育	政治	英口	计算机
		7	班会	自习	自习	自习	自习

课程表

4. 在 Word 中输入下面的内容，文本之间用制表符分隔。利用表格中的转换菜单把它转换成一个三行三列的表格，采用“表格自动套用格式”生成如下表格格式，最后利用 Word 表格计算功能计算表中平均分。

姓名　语文　数学

王晓佳　88 65

赵京宁 72 90

姓名	语文	数学
王晓佳	88	65
赵京宁	72	90
王盟	66	85
求各课的平均分	75.33	80.00

第 6 章　Word 高级应用

在实际工作学习过程中，经常会遇到利用 Word 快速创建诸如调查报告、会议文件、毕业论文、说明手册等长文档，以及邀请函、会员证、通知单等信函形式的文档。对于上述形式的文档，看似复杂，但实际上只要掌握了 Word 提供的相关技巧与方法，就可以快速、准确地完成任务。

6.1　长文档的编排

提出任务

王刚今年大四，最近忙于毕业设计与毕业论文的撰写，毕业论文章节较多，篇幅较长。最让王刚头疼的是，学校对毕业论文的格式有统一的要求。虽然王刚对 Word 的基本排版有所掌握，但看到如下具体要求时，他还是感到无从下手。

论文格式要求

1. 封面与扉页

封面格式由模板提供，内容(姓名、专业班级、论文名称、指导教师)小三、仿宋_GB2312；扉页格式也由模板提供。

2. 目录

目录(标题、居中、小四、黑体)。

3. 论文格式

第 1 章　章名(标题 1　居中、黑体、三号、段前段后各 1 行、1.5 倍行距)

1.1　　节名(标题 2　居中、宋体、四号、加粗、段前段后各 13 磅、1.25 倍行距)

1.1.1　小节名(标题 3　左对齐、宋体、小四、加粗、段前段后各 6 磅、1.5 倍行距)

正文内容：(宋体、小四、1.5 倍行距、首行缩进 2 字符)

4. 其他格式

摘要：黑体、三号、居中。内容：宋体、小四号。关键词：黑体、小四号。

参考文献：黑体、三号、居中。内容：宋体、小四号。

5. 页眉页脚

毕业论文从正文开始每页需有页眉和页脚，奇数页页眉统一为“××××毕业论文”字样，偶数页页眉统一为论文章标题；页脚为页码，从目录开始，目录、摘要、ABSTRACT 用“I、II、III”，正文用“1、2、3”；目录从 I 开始，正文从-1-开始。页眉和页脚均用宋体、小五号字、居中；扉页要有页眉“2013 届毕业论文”，无须页脚。

分析任务

毕业论文篇幅本身较长，加之格式要求多，处理起来比普通文档复杂得多。就本案例而言，为保证顺利准确达到论文格式要求，就需要在论文内容输入完成之后，依次从以下几点着手排版:

- 插入分节符：便于为节前节后设置不同的格式及页眉页脚。
- 使用样式:便于为各章节标题统一格式。
- 设置页眉页脚：要注意为不同节及奇偶页设置不同的页眉页脚。
- 插入脚注尾注：对文档相关内容进行注解说明。
- 生成目录：Word 提供有自动生成目录及目录刷新功能。
- 文档的打印预览：打印前对文档页面进行设计。

实现任务

6.1.1　插入分隔符

1. 分节符

节是文档的基本单位，“分节符”可以将文档分为不同的“节”，以便于为长文档不同的部分设置不同的格式。

如本案例中论文格式要求为不同的文档部分设置不同的页眉页脚，如果直接为文档添加页眉页脚，将会使整个文档的页眉页脚没有区分。为了能为文档不同部分添加不同的页眉页脚，“分节符”就派上了用场。本案例将整个文档分为 4 节：封面与扉页、中英文摘要及目录、正文、参考文献。对文档“分节”的方法如下：

将插入点移到需要分节的位置。

(1) 执行“插入→分隔符”命令，打开“分隔符”对话框。

(2) 在“分节符类型”中选择“下一页”，单击“确定”按钮。

分节符类型：“下一页”表示在插入点处进行分页，下一节从下一页开始；“连续”表示只在插入点位置插入分节符，并不分页；“偶数页”表示从偶数页开始建新节；“奇数页”表示从奇数页开始建新节。

2. 分页符

Word 具有自动分页的功能，当输入的内容满一页时，Word 会自动分页。但是在实际处理文档的过程中，有时需要将一些文档内容单独作为一页，此时可以借助“分页符”强制进行分页。

如本案例中论文要求中文摘要、英文摘要各自占用一页，但同时要求二者具有相同的页眉，此时可以将二者归为一节，然后在中文摘要结束处强制分页，将中文摘要与英文摘要置于不同的两页：

(1) 将插入点移到新的一页的开始位置。

(2) 按组合键 Ctrl+Enter 或执行“插入”→“分隔符”命令，如图 6-1 所示。

(3) 在“分隔符”对话框中选定“分页符”选项，单击“确定”，如图 6-2 所示。

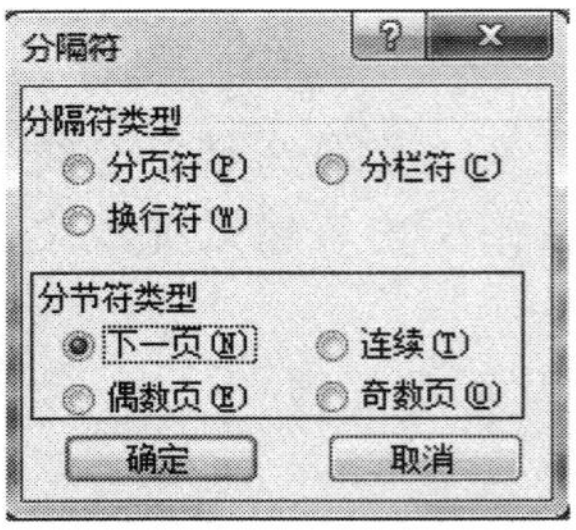

图 6-1 “分隔符”对话框(1)

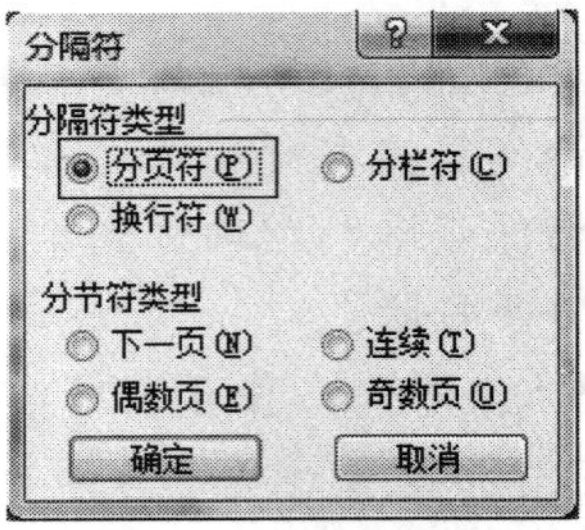

图 6-2 “分隔符”对话框(2)

6.1.2 样式与模板

1. 样式

1) 样式的概念

样式就是系统或用户定义并保存的一组已命名的字符和段落的排版格式，包括各级标题、正文、页眉或页脚的字体、段落的对齐方式、制表位和边距等。使用样式，不仅可以轻松快捷地编排具有统一格式的段落，而且可以使文档格式严格保持一致。我们在设置文档格式时，可以先将文档中要用到的各种样式分别加以定义，使之应用于各个段落。Word 预定义了标准样式，用户可以选择。如用户有特殊要求，也可以根据自己的需要修改标准样式或重新定制样式。

样式从应用范围的角度，可以分为字符样式和段落样式。字符样式是保存了对字符的格式化，包括文本的字体和大小、粗体和斜体、大小写等。段落样式是保存了字符和段落的格式化，包括字体和大小、对齐方式、行间距和段落间距、边框等。

2) 新建样式

若用户在对文档中段落和字符进行排版时，希望建立具有自己风格的样式，那么只需要按照自己的想法新建一个样式，把建好的样式应用于文档就可以了。建立的方法是：

(1) 选择“格式”→“样式和格式”命令，或者单击格式工具栏上的“格式窗格”按钮，打开 “样式和格式”任务窗格。

(2) 单击“新样式”按钮，打开 “新建样式”对话框，如图 6-3 所示。

(3) 在“名称”文本框中输入新样式的名称。

(4) 单击“格式”按钮打开菜单，在此菜单中有“字体”、“段落”、“边框”和“制表位”等命令，选择其中一个命令均可以打开一个相应的对话框，以便为新样式定义字体、段落和边框等格式。

(5) 当对新样式的格式设定完成后，单击“确定”按钮。

3) 应用样式

Word 已存储了大量的标准样式和用户自定义样式。应用样式的操作步骤如下：

(1) 先将光标置于要应用样式的段落，或者先选中段落。

(2) 选择“格式”→“样式和格式”，打开 “样式和格式”任务窗格，在“请选择要应用的格式”中找到要使用的样式，如单击“文章标题的样式”样式，这样就将“文章标题的样式”中定义的所有格式一次性地应用到文档中(图 6-4)。一旦选中的对象应用了样式，则它就以此样式中设定的格式显示。

图 6-3　“新建样式”对话框

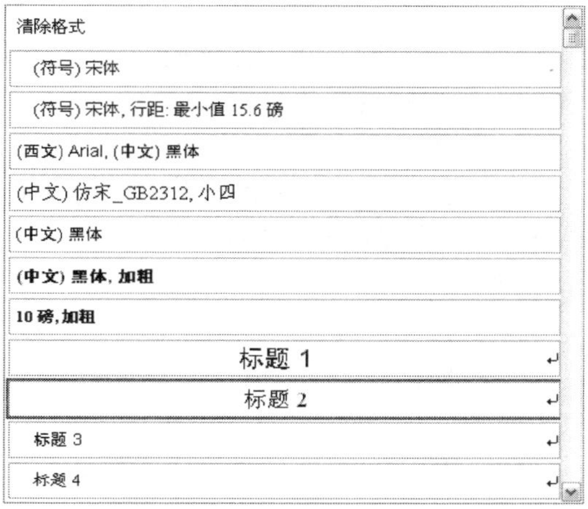

图 6-4　应用样式

4) 修改样式

如果用户对自定义的样式不满意，可以随时更改样式。修改样式的操作步骤如下：

(1) 选择“格式”→“样式和格式”命令，打开“样式和格式”任务窗格。在列表中选择要修改的样式，右击鼠标。

(2) 选择“修改”项，此时打开“修改样式”对话框，如图 6-5 所示。

5) 删除样式

用户自定义的样式可以被删除，Word 预定义的样式可以从当前文档中删除，但不会从 Word 中消失。删除样式的方法是：

(1) 选择“格式”→“样式和格式”命令，打开“样式和格式”任务窗格。在列表中选择要删除的样式，右击鼠标，如图 6-6 所示。

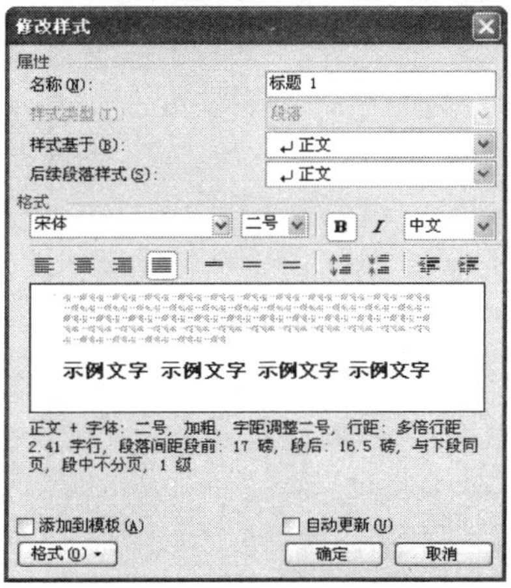

图 6-5　“修改样式”对话框

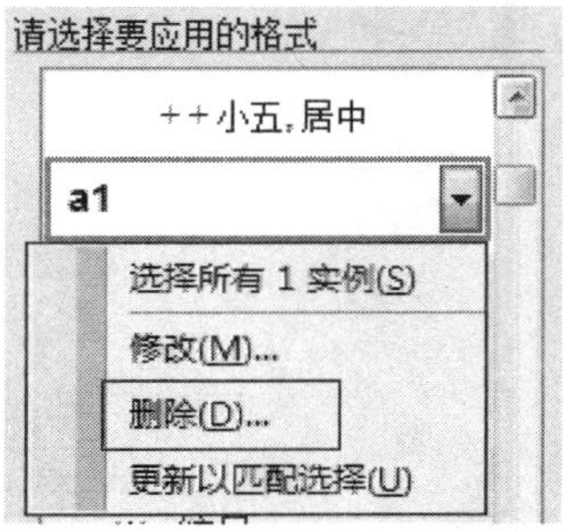

图 6-6　删除样式

(2) 单击“删除”按钮。如果此时选定的是 Word 预定义的样式，Word 只将当前文档中应用该样式的文本改为应用 Normal 模板中文档的默认样式，但不会将该样式删除，需要时仍可重新使用。

在长文档编排过程中，先输入文档内容，再分别选中各级标题或正文，然后应用系统提供或自定义的样式，如此操作便于确保长文档前后风格及格式一致，也简化了用户对文档进行格式设置的过程。

2. 模板

简单说，模板就是由多个特定的样式组合而成的文档，是一个预先设置好的特殊文档。它能提供一种塑造最终文档外观的框架，而同时又能让用户向其中加入自己的信息。

在 Word 中，创建任一新文档时都以模板为基准。Word 提供了“常用”、“信函与传真”、“备忘录”、“报告”、“Web 页”、“出版物”等几十种模板，其文件类型是 DOT。

模板中的各个标题样式的格式都是预先设定好的，在排版文档时只要套用这个模板，就可以排出与模板文件相同格式的文档。因此，通过使用模板可保证同类文档的一致性，快速创建文档。

1) 创建模板

用户在创建文档时，除了可直接使用 Word 提供的模板外，还可以创建具有个性特色的新模板。此后，在创建同类的新 DOC 文档时，应用相应的模板就可以了。建立新模板的步骤如下：

(1) 将这些文档中的一个文档进行排版，或者打开“样式”对话框对此文档的样式进行定义。

(2) 选择“文件”→“另存为”命令，打开“另存为”对话框。在对话框中的“保存类型”列表框中选择“文档模板”选项，并在对话框中设定文件名及其保存位置。

(3) 单击“确定”按钮完成模板的制作，如图 6-7 所示。

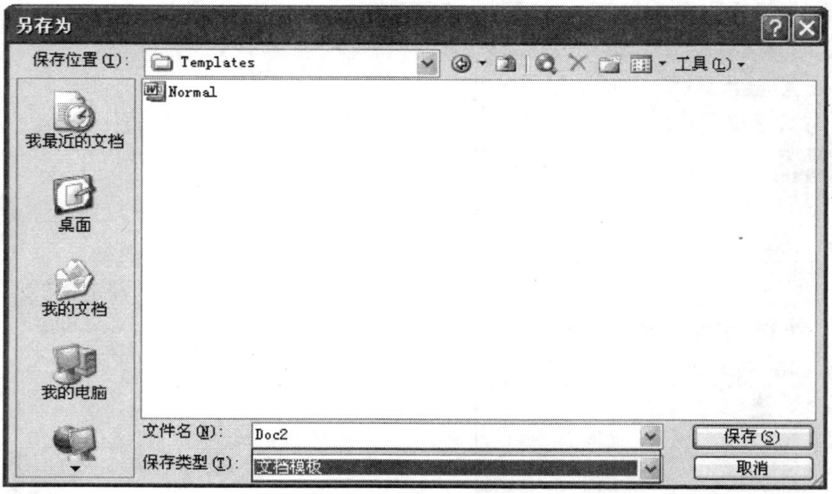

图 6-7　创建模板

2) 套用模板

用户在创建文档时，可直接选择所需的模板。Normal 是默认的 “常用”的“空白文档”的模板，套用模板的操作步骤如下：

(1) 选择“工具”→“模板和加载项”命令，打开“模板和加载项”对话框。在对话框中选中“自动更新文档样式”复选框。若不选中此复选框，那么在关闭对话框后，不会自动更新文档的格式。

(2) 单击“选用”按钮打开“选用模板”对话框(图6-8)。在对话框中找到模板保存的位置，并在选中此模板名称后单击“打开”按钮。

(3) 在“模板和加载项”对话框中，勾选“自动更新文档样式”项，单击“确定”按钮。

图 6-8 套用模板

6.1.3 设置首页不同和奇偶页不同的页眉与页脚

有时为了突出效果，需要根据要求设置首页与其他页不同的页眉和页脚，以及奇数页和偶数页不同的页眉页脚。本案例中被分为 4 节的文档，每节页眉页脚设置方法如下：

1. 第一节页眉页脚

本案例中将封面和扉页划分为第一节，第一节无需页脚，但要求封面无页眉而扉页要有页眉“2013 届毕业论文”。结合本案例要求及前述对文档的分节，相关页眉页脚的设置的方法如下：

(1) 将光标定位于第一节(由封面和扉页组成)。

(2) 选择“文件”→“页面设置”命令，在打开的“页面设置”对话框中选择“版面”选项卡，选择“首页不同”复选框后确定，如图 6-9 所示。

(3) 选择“视图”→“页眉页脚”命令，进入页眉页脚编辑状态，将光标定位在扉页的“页眉”处，输入页眉内容“2013 届毕业论文”(图 6-10)，单击页眉页脚工具栏的“关闭”按钮。设置好页眉页脚的第一节效果如图 6-11 所示。

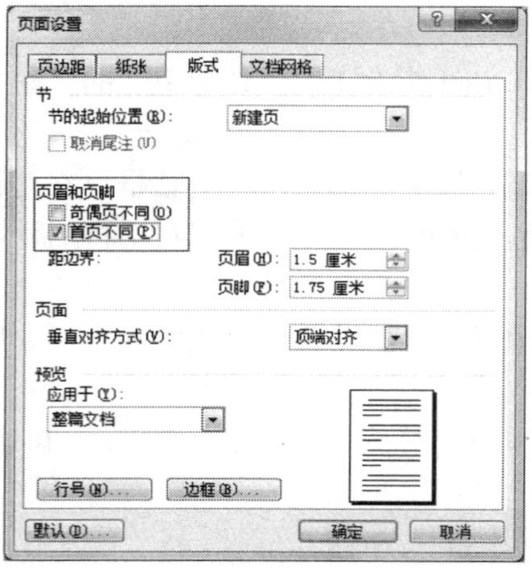

图 6-9　设置首页不同的页眉页脚

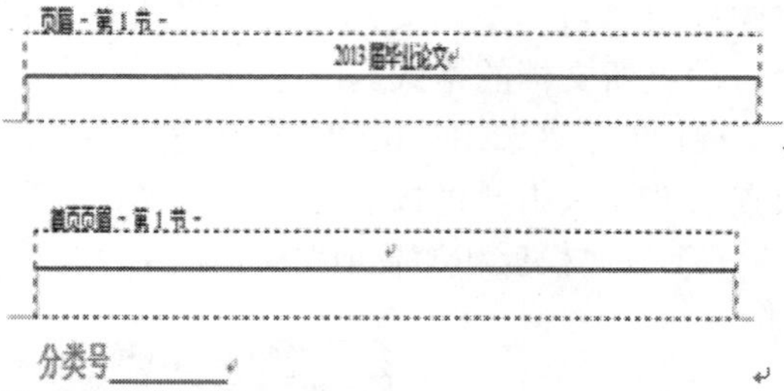

图 6-10　页眉页脚编辑状态

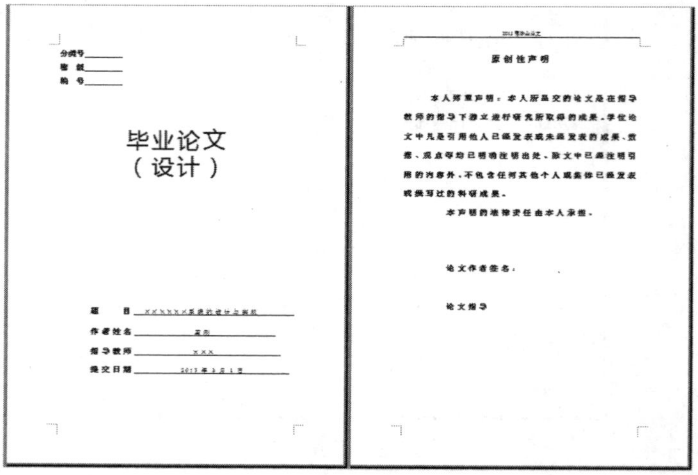

图 6-11　设置页眉页脚类型

2. 第二节页眉页脚

本案例中将目录、摘要、ABSTRACT 划分为第二节，本节要求页脚为页码，具体编号为“I、II、III”，无需页眉。结合本案例要求及前述对文档的分节，相关页眉页脚的设置方法如下：

(1) 将光标定位于第二节。

(2) 选择“视图”→“页眉页脚”命令，进入页眉页脚编辑状态。由于第一节已经设置了页眉，故第二节默认与上一节相同的页眉。现在需要取消与上一节相同，即断开第二节与第二节的链接。单击页眉页脚工具栏中的“链接到前一个”按钮(图 6-12)，即可取消“与上一节相同”，将第二节页眉置空。

图 6-12　“链接到前一个”按钮

(3) 单击页眉页脚工具栏中的“在页眉页脚间切换”按钮，将光标定位在第二节页脚处，单击工具栏中的“设置页码格式”按钮，打开“页码格式”对话框(图 6-13)，选择需要的数字格式，在“页码编排”选项中选择“起始页码”为 1，单击页眉页脚工具栏中的“插入页码”按钮，并设置页码文字居中。

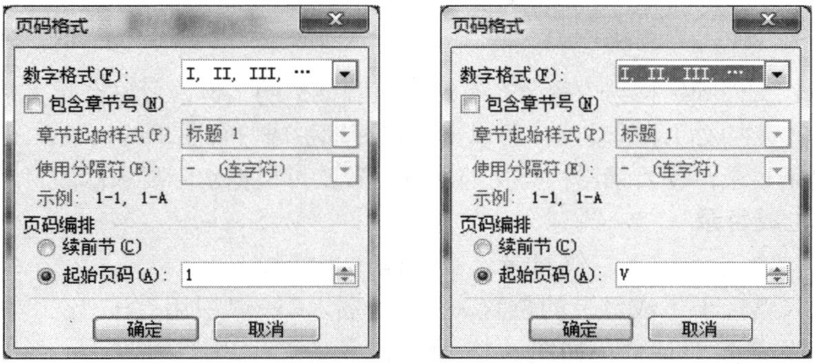

图 6-13　“页码格式”对话框

(4) 单击页眉页脚工具栏的“关闭”按钮。

本案例中第四节为参考文献，其页眉页脚要求与第二节相同，唯一不同的是，其页脚编码不是从 1 开始，而是与第二节连续。其设置方法是：在“页码格式”对话框的“页码编排”选项中选择“起始页码”为 V 即可。

3. 第三节页眉页脚

本任务案例中，第三节为正文，案例要求从正文开始每页需有奇偶页不同的页眉和页脚；奇数页页眉统一为“××××毕业论文”字样，偶数页页眉统一为论文的章标题；页脚为编码，样式为-1-，统一从 1 开始。结合本案例要求及前述对文档的分节，相关页眉页脚的设置的方法如下：

(1) 将光标定位于第三节。

(2) 选择“文件”→“页面设置”命令，在打开的“页面设置”对话框中选择“版面”选项卡，选择“奇偶页不同”复选框后确定，如图 6-14 所示。

(3) 选择“视图”→“页眉页脚”命令，进入页眉页脚编辑状态，将光标定位在奇数页的“页眉”处，输入页眉内容“××××毕业论文”，将光标定位在偶数页的“页眉”处，输入页眉内容“××××的设计与实现”。

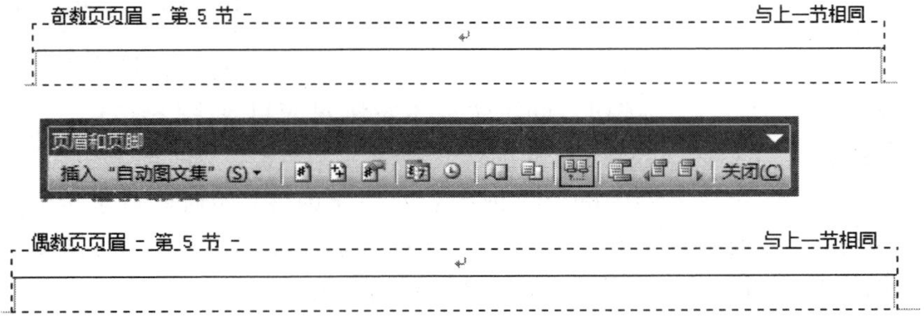

图 6-14　奇偶页不同的页眉页脚

(4) 单击“在页眉页脚间切换”按钮，光标定位在页脚处，单击工具栏中的“设置页码格式”按钮，打开“页码格式”对话框，选择需要的数字格式-1-，在“页码编排”选项中选择“起始页码”为 1，单击页眉页脚工具栏中的“插入页码”按钮，并设置页码居中。

6.1.4 制作目录

为便于对长文档的结构与内容分布有一个直观概括的了解，可以在长文档中生成目录。Word 提供了自动生成目录的功能，可以方便快捷地生成符合要求的目录；还可以根据文档内容的变化刷新目录，使目录结构与文档保持一致；可根据实际要求修改目录样式。

1. 自动生成目录

本案例要求为论文添加三级目录，具体操作步骤如下：

(1) 将插入点置于生成目录的位置，执行“插入”→“引用”→“索引和目录”命令，打开“索引和目录”对话框，如图 6-15 所示。

(2) 选择“目录”选项卡，显示当前文档中待添加到目录中的标题样式及级别，可以在其中选择目录页码及对齐方式、目录级别数量。

(3) 单击“选项”按钮，在弹出的“目录选项”对话框中(图 6-16)，从目录“有效样式”中选择文档中应用到，并且要作为目录标题的样式名，在“目录级别”中设置各自的目录级别。如本案例目录中的标题样式为前面所述中设置的“标题 1”、“标题 2”、“标题 3”，级别分别为“1”、“2”、“3”。

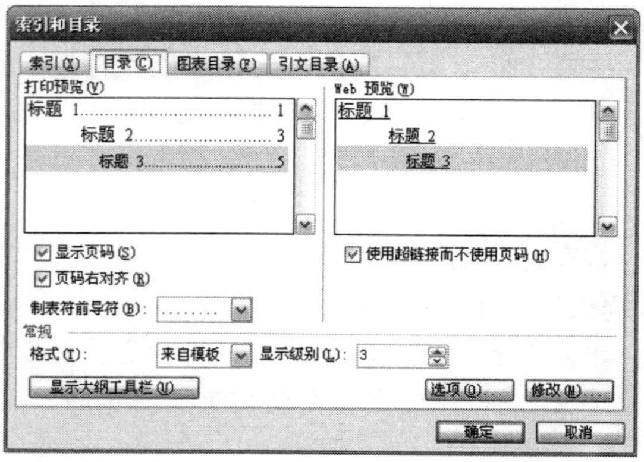

图 6-15 “索引和目录”对话框

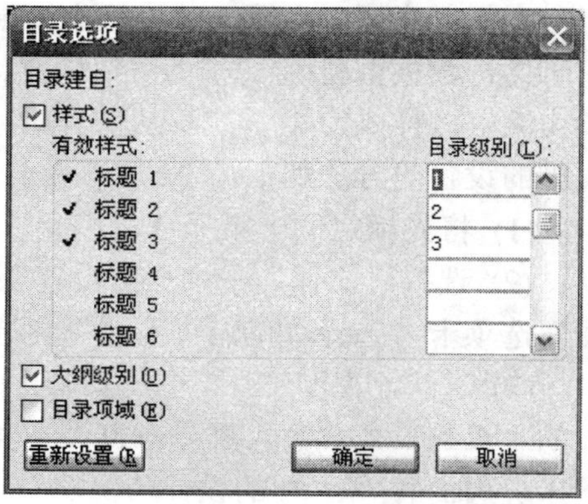

图 6-16 “目录选项”窗口

(4) 单击“目录选项”对话框中的“确定”按钮，返回“索引和目录”对话框进行预览。预览无误后单击“确定”按钮，即可生成本案例对应目录(图 6-17)。

2. 刷新目录

当目录所涉及的标题在文档中的位置或内容发生了改变，如何让目录也作出对应的改变呢？Word 提供了目录刷新功能，可以方便地对目录及文档进行联动刷新：

(1) 对文档进行修改，包括目录中涉及标题位置的改变。

(2) 将插入点置于目录的位置，执行“插入”→“引用”→“索引和目录”命令，打开“索引和目录”对话框，选择“目录”选项卡。

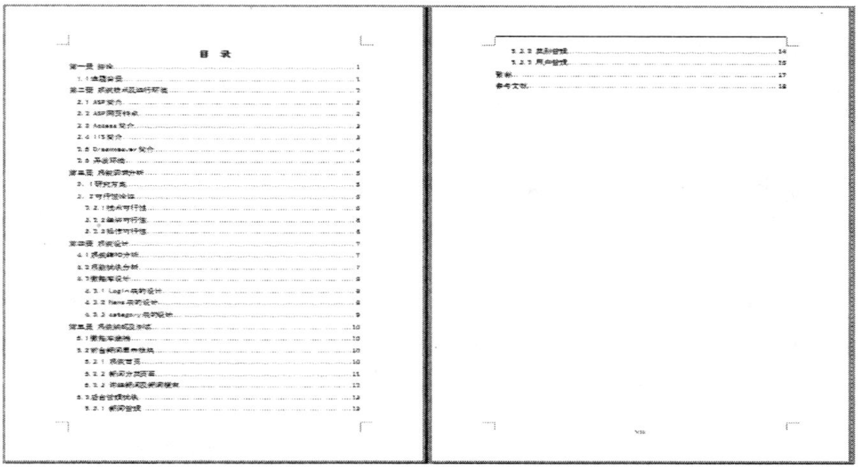

图 6-17　论文自动生成目录效果图

(3) 单击“显示大纲工具栏”按钮，显示目录工具栏，如图 6-18 所示。

图 6-18　目录工具栏

(4) 单击“更新目录”，即可发现目录页码及相关内容发生了联动刷新。

3. 修改目录样式

如果要对生成的目录格式做统一修改，则和普通文本的格式设置方法一样；如果要分别对目录中的标题 1 和标题 2 的格式进行不同的设置，则需要修改目录样式：

(1) 将光标定位置目录中。

(2) 执行“插入”→“引用”→“索引和目录”命令，打开“索引和目录”对话框，选择“目录”选项卡，在“格式”下拉列表框中选择“来自模板”，单击“修改”按钮，打开“样式”对话框，如图 6-19 所示。

(3) 在“样式”列表框中选择目录 1，单击“修改”按钮，按要求进行相应的修改，再用相同的方法修改目录 2、目录 3。

(4) 依次单击“确定”按钮，并退出“修改样式”、“样式”、“索引和目录”对话框，在弹出的“Microsoft Office Word”对话框中单击“确定”按钮，目录即被修改，如图 6-20 所示。

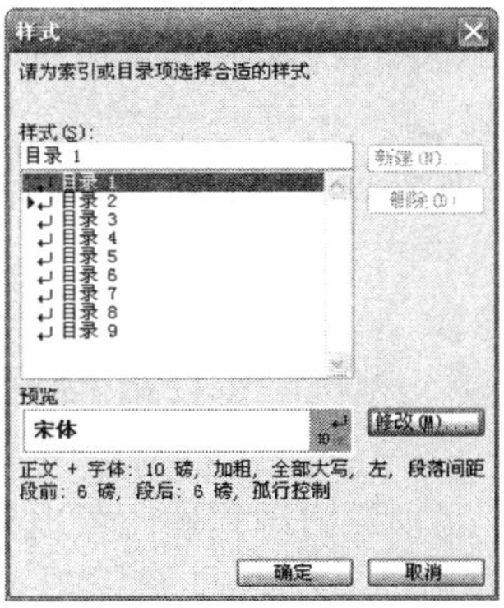

图 6-19　“样式”对话框

图 6-20　替换生成目录

6.1.5 插入脚注尾注

脚注是对文本中某处内容进行注释说明，通常位于页面底端；尾注用于说明引用的文献来源，一般位于文档末尾。脚注和尾注只有在“页面视图”方式下可见。

本案例中，要求对引用内容的出处进行注释，可选择插入尾注，插入的方法如下：

(1) 将光标定位到引用的内容之后。

(2) 执行“插入”→“引用”→“脚注和尾注”命令，打开“脚注和尾注”对话框，如图 6-21 所示。

(3) 在对话框中选定 “尾注”选项，设定注释的编号格式、自定义标记、起始编号和编号方式等。

(4) 单击“插入”按钮，插入点会自动进入页脚或文章的末尾处，然后输入注释的文字，即引用内容的出处即可。

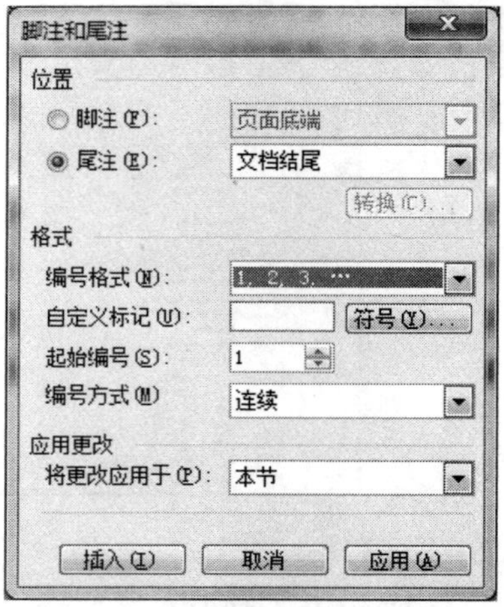

图 6-21 “脚注和尾注”对话框

6.1.6 预览和打印

毕业论文经过排版，最终还需要打印若干份，为保证打印效果，在打印之前有必要进行打印预览，阅览文档总体的排版效果，如果效果不满意，可继续排版、修改格式；如果预览效果满意，则可进行打印。

1. 打印预览

单击常用工具栏上的“打印预览”图标或选择“文件”菜单中的“打印预览”命令，均可打开文档的打印预览窗口。

打印预览窗口中的“打印预览”工具栏可帮助用户调节相关预览方式。“显示比例”是“打印预览”工具栏中最常用的工具选项，通过此列表可以选择合适的现时比例。预览查看完毕后，单击“关闭”按钮退出打印预览状态。

2. 打印文档

经过打印预览，如果认为文档设置已达到要求，即可开始打印。打印之前，先将文档保存；然后检查打印机的连接状态，并打开打印机。为保证打印质量、提高打印效率，可对打印范围、份数、缩放及是否双面打印等项目进行设置，具体操作方法如下：

(1) 打印一份完整的文档，可直接单击“打印”按钮，也可选择“文件”→“打印”，出现“打印”对话框(图 6-22)。直接单击“确定”按钮，Word 默认打印范围为整个文档，打印份数为 1。

(2) 如果需要有选择的打印，可在“打印”对话框进行“页面范围”的设置，“全部”指的是文档所有内容；“当前页”指光标所在的一页；“页码范围”可以指定打印的连续多页、不连续的多页及单页。

(3) 如果需要打印多份，可在“打印”对话框进行“副本”的设置，还可以选择是否“逐份打印”。

(4) 如果需要对文档进行缩放打印，可以在“缩放”中进行设置。

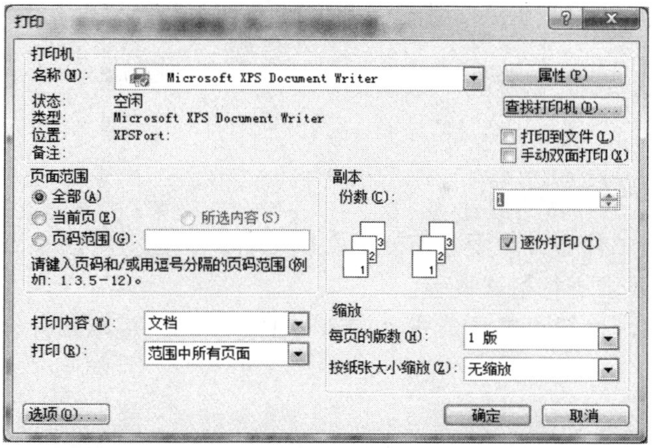

图 6-22　“打印”对话框

(5) 一切设置完成后，单击“确定”按钮，即可开始打印作业。

至此，本任务案例中毕业论文的编排就完成了。在以后 Word 应用中，如遇到类似长文档，可依此案例进行编排。

6.2　邮件合并

提出任务

李华是学校新闻协会的宣传干事，最近协会刚吸收了新会员，为便于日常联络与管理，协会需要为每位会员办理一张会员证，并把这项任务交于李华处理。李华没有数据库基础，受条件限制，也不可能购买相关专业软件，在此情况下，李华该如何批量、一次性并按要求制作出具有统一格式和外观的所有会员的会员证呢？经过网络查找，李华得知 Word 提供的“邮件合并”功能可以帮他完成该项任务。

分析任务

Word 提供的“邮件合并”可以方便、快捷地批量制作具有统一格式与内容，但有不同抬头的信函文档。

本任务案例中的会员证可以分为两部分：固定部分，如“姓名”、“编号”、“部门”、“照片”、“新闻协会统一制”等字符，以及对应的格式；变化部分，如具体的姓名、编号、部门信息、电子照片。

会员证的特点符合“邮件合并”的功能特点，可以按照“邮件合并”的制作步骤来实现：

◆ 创建邮件合并用的“主文档”：固定不变的部分。

◆ 创建或打开邮件合并用的“数据源”：变化部分。

◆ 插入“域”：对“主文档”和“数据源”进行关联定位。

◆ 对“主文档”和“数据源”进行“合并”：将两部分内容组合成一个完整的新文档。

实现任务

6.2.1 创建“主文档”

“主文档”是指邮件合并中固定不变的文档部分，该部分可以是图文表结合的形式。对“主文档”按照要求进行格式设置。

(1) 打开 Word，执行“工具”→“信函与邮件”→“显示邮件合并工具栏”，如图 6-23 所示。

图 6-23 “邮件合并”工具栏

(2) 根据实际要求，并结合前述章节文档格式设置的方法，在新文档中创建或打开主文档。

(3) 对主文档进行保存，方便日后多次使用。本案例要求的会员证“主文档”效果如图 6-24 所示。

<table>
<tr><td colspan="3">××新闻协会</td></tr>
<tr><td colspan="3">会员证</td></tr>
<tr><td>姓名</td><td></td><td rowspan="3">照片</td></tr>
<tr><td>性别</td><td></td></tr>
<tr><td>部门</td><td></td></tr>
<tr><td colspan="3">××新闻协会制</td></tr>
</table>

图 6-24 “会员证”主文档

6.2.2 创建或打开“数据源”

“数据源”是指邮件合并中变化的部分，其形式可以是 Word 表格、Excel 数据表等。“数据源”可以新建，也可以是建好的，其内容可以很方便的进行更新，本案例所涉及的数据源为 Excel 数据表，如图 6-25 所示。创建或打开数据源的方法是：

(1) 单击“邮件合并工具栏”上的“打开数据源”按钮。

姓名	性别	部门	照片
陈斌	男	销售部	e:\\邮件合并\\photo\\2004.jpg
董雨婷	女	广告部	e:\\邮件合并\\photo\\2005.jpg
王江滨	女	营销部	e:\\邮件合并\\photo\\2006.jpg
韩湘	女	宣传部	e:\\邮件合并\\photo\\2007.jpg
刘浩	男	文秘部	e:\\邮件合并\\photo\\2008.jpg

图 6-25 “会员证”数据源表信息

(2) 在弹出的“选取数据源”对话框中(图 6-26)，选择好数据源，按“打开”按钮。

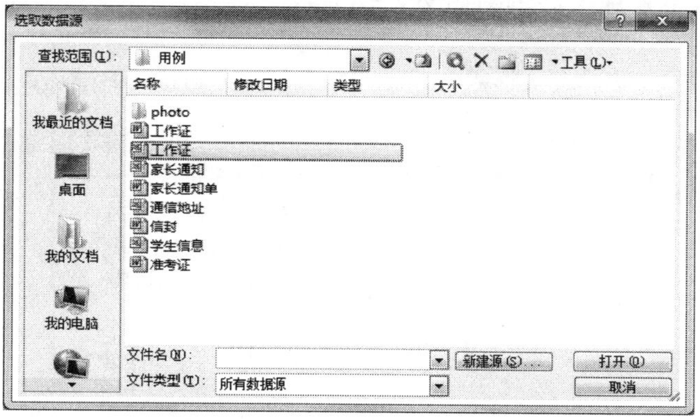

图 6-26　“选取数据源”对话框

(3) 在弹出的“选择表格”对话框中(图6-27)，选择“会员信息表”，按“确定”按钮。此时“邮件合并”工具栏上的大多数按钮被激活，如图6-28所示。

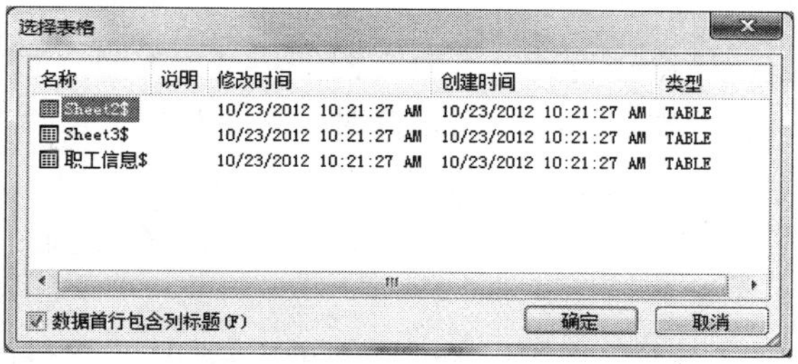

图 6-27　“选取表格”对话框

图 6-28　打开数据源后的“邮件合并”工具栏

6.2.3　插入域

此时，“主文档”和“数据源”还是两个独立的部分，二者之间并没有建立起关联，要将“数据源”相关内容和“主文档”对应位置进行关联，便于后面一次性生成所有会员证，需要借助“域”。

简单地说，“域”就相当于变量，将其插在主文档恰当位置，该位置就代表了“数据源”中该变量对应的字段列的值。在主文档对应位置“插入域”的方法如下：

(1) 将光标定位在“主文档”中需要插入域的位置，如本案例中先将光标定位至“姓名”右侧单元格，即需要显示具体姓名的位置。

(2) 单击“邮件合并工具栏”上的“插入域”按钮。

(3) 在弹出的“插入合并域”对话框中(图 6-29)，显示了数据源中对应数据的字段名，即列标题，选择“姓名”，单击“插入”按钮，再单击“关闭”按钮。此时，“姓名”域就已设置完成了。

(4) 依照“姓名”域插入的方法，以此插入“性别”域和“部门”域。“会员证”各域插入完成后的“主文档”效果图如图 6-30 所示。

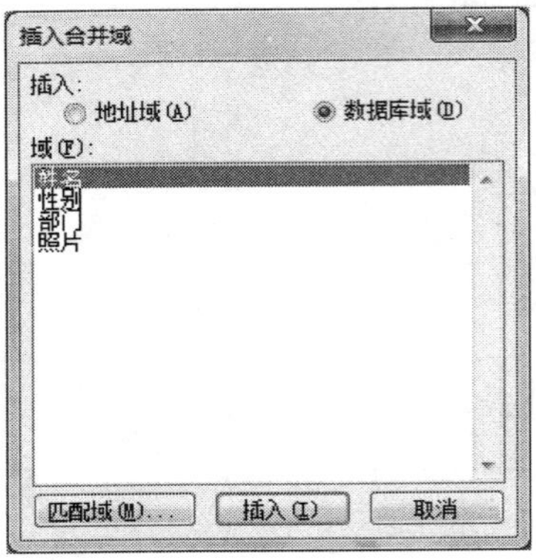

图 6-29　“插入合并域”对话框

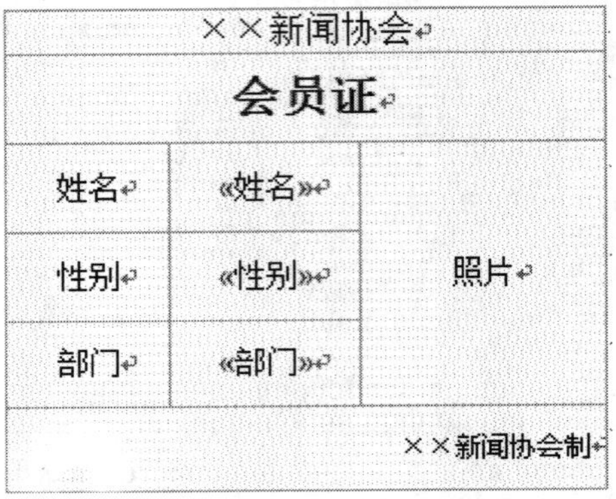

图 6-30　完成“插入域后的”主文档

6.2.4　合并

经过前面三个步骤，已将会员证的“主文档”和“数据源”通过“域”进行了关联，但具体的会员数据信息和主文档还未组合，这时，需要利用“合并”对“主文档”和“数据源”通过“域”进行组合，以生成会员证。具体过程如下：

(1) 光标定位在已完成“插入域”的主文档中，单击“合并到新文档”按钮或“合并到打印机”按钮。

(2) 单击“合并到新文档”或“合并到打印机”按钮后，将打开“合并到新文档”或“合并到打印机”对话框(图 6-31 和图 6-32)，在其中按需求选择待合并的数据源记录范围，单击“确定”按钮。

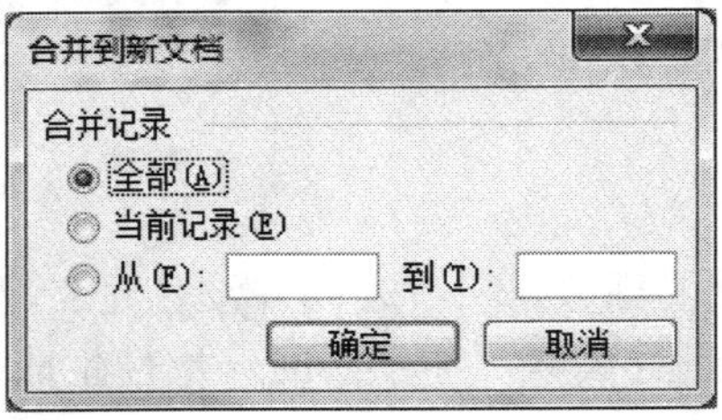

图 6-31　“合并到新文档”对话框

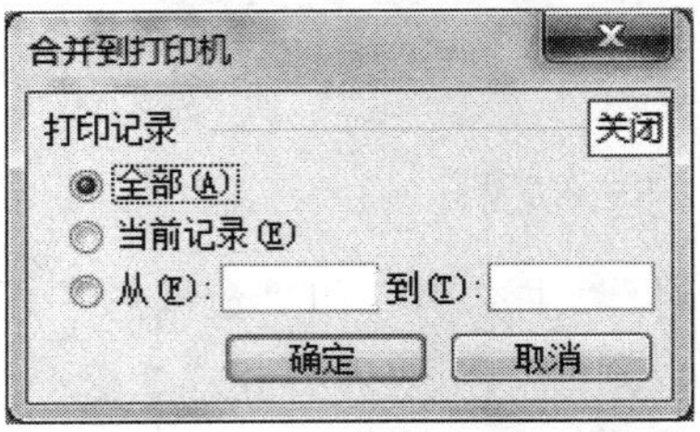

图 6-32　“合并到打印机”对话框

(3) 如果是“合并到新文档”，此时会生成一个名字为“字母 A”的新文档，其中内容是最终的众多会员的会员证，其部分效果图如图 6-33 所示，如果无误，则可打印。如果是“合并到打印机”，则不会生成新文档，而是将生成的会员证直接打印。

至此，本任务案例中会员证的制作就完成了。在以后 Word 应用中，如遇到准考证、邀请函、通知单等类似文档的制作时，可依此案例利用“邮件合并”功能进行设置，当然也可以尝试在“邮件合并”中插入图片、照片等多媒体数据域。

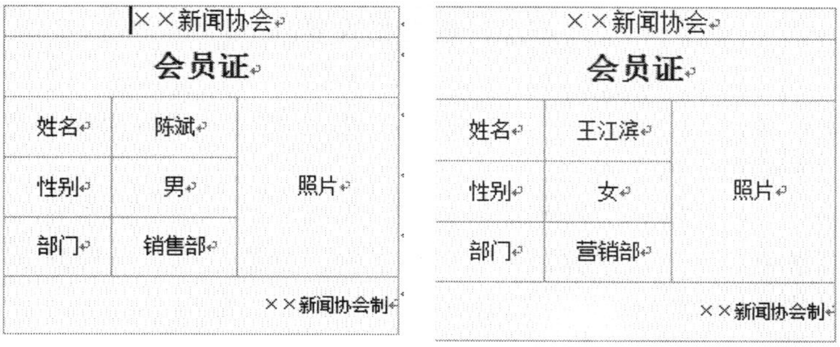

图 6-33　会员证效果图

6.3　实验实践

【实验实践目的】

1. 掌握模板、样式的应用;
2. 掌握自定义样式的创建应用;
3. 掌握各种分隔符的作用;
4. 掌握页眉页脚的灵活设置方法;
5. 掌握目录的生成及刷新方法，注意在长文档中综合应用样式、分隔符等;
6. 掌握邮件合并的功能及四个步骤。

【实验实践内容】

1. 创建如下所示的长文档“××产品说明书”，文档内容自行组织输入。

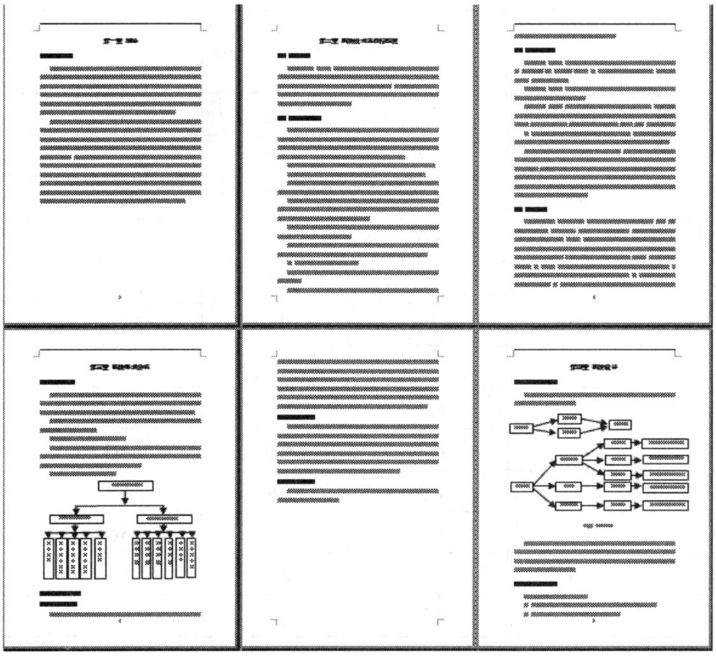

产品说明书格式要求

1. 封面

封面文字内容：××产品说明书，格式：三号、楷体、字符间距加宽 20 磅、加双直线下划线、带阴影、水平居中。

2. 目录

目录标题居中、小三、黑体、段后间距 2 行；目录显示三级标题、带页码、页码居右；目录字符行距 1.5 倍。

3. 说明书正文格式

1 章名(标题 1 居中、黑体、三号、段前段后各 1 行、1.5 倍行距);

1.1 节名(标题 2 居中、宋体、四号、加粗、段前段后各 13 磅、1.25 倍行距);

1.1.1 小节名(标题 3 左对齐、宋体、小四、加粗、段前段后各 6 磅、1.5 倍行距);

每章内容均从新页开始；

正文内容(宋体、五号、单倍行距、首行缩进 2 字符)。

4. 参考资料格式

参考资料标题宋体、三号、居中；

内容：宋体、小四号，作为尾注添加。

5. 页眉页脚

封面和参考文献没有页眉页脚。

说明书从正文开始每页添加页眉和页脚，奇数页页眉统为“××使用说明书”字样，偶数页页眉统一为论文章标题；页脚为页码，为“1、2、3”；页眉和页脚均用宋体、小五号字、居中。

2. 利用“邮件合并”功能，批量生成如下所示的“家长通知单”，数据源按下表创建。

姓名	语文	数学	英语	总分	排名
李庆	78	89	69	247	3
胡小文	66	91	78	235	4
张强	56	87	78	221	13
刘敏	76	88	79	243	4
王洪华	87	89	85	261	1
毛晓明	79	78	85	242	5
刘晨	80	76	76	232	11
马青	84	75	75	234	10
李婷	87	64	74	225	12
张国文	88	63	69	220	14
马国进	91	89	68	248	2
乔宇	64	87	87	238	6
曹军	75	77	84	236	8
郭明	87	67	83	237	7

家长通知单

尊敬的家长：

您好！王庆同学本学期的成绩如下：

语文	数学	英语	总分	排名
78	89	69	236	3

综合评价：成绩较好，请继续保持。

2013.6.16　XX 学校

家长通知单

尊敬的家长：

您好！李文同学本学期的成绩如下：

语文	数学	英语	总分	排名
66	91	78	235	4

综合评价：成绩较好，请继续保持。

2013.6.16　XX 学校

3. 利用“邮件合并”批量生成如下所示样式的“信封”，数据源自建。

111111

北京市希望小学

王江（老师收）

XXX 教学委员会 666666

333333

北京市希望小学

赵晨（老师收）

XXX 教学委员会 666666

第 7 章　Excel 基础应用

Excel 是 Office 办公组件之一，拥有强大的数据计算、分析、统计功能，可以帮助用户将繁杂的数据转化为信息。Excel 的操作方法简单易学，能满足大多数人的数据处理需求，所以被广泛地使用。

7.1　认识 Excel 2003

提出任务

期末考试结束后，王老师让吴明帮她制作一张成绩表，将全班每个同学“计算机基础”课程的平时成绩、机试成绩和期末成绩输入表中，并且进行总评、名次等内容的计算和相关要求的格式设置，最后还要根据成绩进行各种分类统计。

对于王老师提出的任务要求，吴明一开始打算在 Word 中制作表格并进行输入和计算，可是他发现这样效率很低，Word 并没有提供汇总等统计功能，而且计算功能也比较有限。为此，他向同学请教对应的解决方法。

分析任务

对于吴明遇到的问题，同学建议他使用 Office 办公组件的另一个成员——电子表格软件 Excel，因为 Excel 提供了丰富的数据计算、分析和统计功能，更适合大量数据的处理。

实现任务

7.1.1　Excel 2003 的启动与退出

1. 启动 Excel 2003 的常用方法

(1) 依次选择“开始”→“所有程序”→“Microsoft Office”→“Microsoft Office Excel 2003”命令，即可启动 Excel 2003。

(2) 若在“桌面”上有 Excel 快捷方式的图标，则双击相应的图标，即可启动 Excel 2003。

(3) 当然，打开一个已经存在的 Excel 文件，也可以启动 Excel。

2. 退出 Excel 2003 常用的方法

(1) 选择“文件”→“退出”菜单或使用 Alt+F4 快捷键。

(2) 双击左上角的窗口控制按钮。

(3) 单击左上角的窗口控制按钮或右键点击标题栏，在下拉菜单中选择“关闭”。

(4) 单击窗口右上角的“关闭”按钮。

7.1.2　Excel 2003 的窗口组成

启动后的工作窗口如图 7-1 所示。

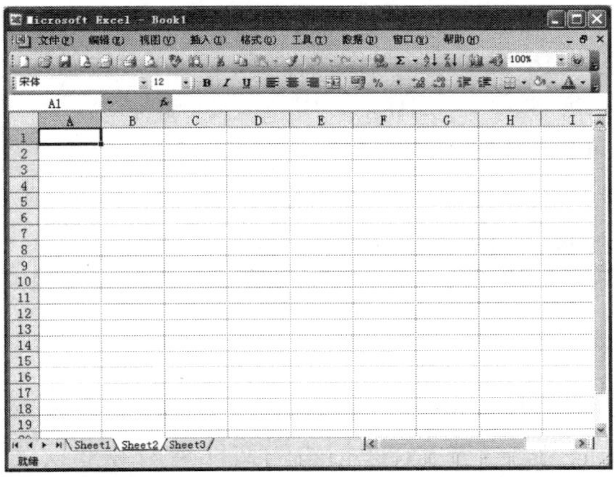

图 7-1　Excel 2003 工作窗口

Excel 工作窗口中所包含的元素主要有：

(1) 标题栏：窗口最上方为标题栏，显示了 Microsoft Excel 的程序名称以及当前工作簿的名称。如果工作簿窗口没有最大化显示，则标题栏中不会显示工作簿名称。

(2) 菜单栏：标题栏下方称为菜单栏，单击某个菜单项，会出现下级菜单列表，用户可以通过选择其中某个菜单命令来执行 Excel。

(3) 工具栏：菜单栏的下方称为工具栏，工具栏实际上就是图表按钮形式的菜单命令。通过单击工具栏上的图标按钮，可以更快捷地执行菜单栏中的命令功能，但并不是所有的工具栏按钮都有对应的菜单命令。

(4) 编辑栏：工具栏下方的长条矩形框称为编辑栏，编辑栏内显示活动单元格中的数据或公式。

(5) 名称框：工具栏下方左侧的矩形框称为名称框，名称框里显示当前选中单元格的地址、区域范围、对象名称，以及为单元格或区域定义的名称。

(6) 状态栏：工作窗口的最下方为 Excel 的状态栏，状态栏的左侧位置会显示当前的工作状态以及一些操作提示信息，状态栏右侧的矩形框内则会显示快速统计结果、键盘功能键的状态以及工作表的操作状态等。

(7) 工作表标签：在状态栏的上方左侧显示的是工作表标签。默认情况下，Excel 在新建工作簿时包含 3 个工作表，分别命名为 sheet1、sheet2 和 sheet3。

(8) 工作表导航按钮：位于工作表标签左侧的一组按钮是工作表导航按钮，便于用户在工作表标签较多、无法完全显示的时候通过导航按钮滚动显示更多的标签名称。

7.1.3　Excel 常见鼠标形状

在对 Excel 的操作中，鼠标的形状变化较多。表 7-1 是对常见的鼠标样式的说明。

表 7-1 Excel 鼠标状态及说明

鼠标状态	说 明
	出现在单元格或单元格区域中，表示可选取单元格或区域
	将鼠标指向选定单元格区域的边框线上，鼠标变成箭头状。在这种状态下可以移动或复制单元格
	当鼠标指向单元格右下角的黑点时，鼠标变为实心的十字形状，也可称作填充柄。拖动填充柄可以将单元格复制或按各种序列规则填充数据
	双击单元格或单击编辑栏，鼠标变成“I”形，处于输入状态，并且有一条闪烁的竖线光标表示输入位置，单击其他单元格取消输入
	将鼠标移动到行号和列标边界上出现的形状，用于调整行高和列宽
	将鼠标移动到拆分框上，拖动鼠标可以对工作表进行自由拆分

7.1.4 Excel 的文件

通常情况下，Excel 文件是指 Excel 的工作簿文件，即扩展名为.xls 的文件，这是 Excel 最基本的电子表格文件类型。但与 Excel 相关的文件类型并非仅此一种，表 7-2 列出其他几种由 Excel 所创建的文件。

表 7-2 Excel 文件类型

文件类型	文件扩展名	文件类型	文件扩展名
模板文件	.xlt	备份文件	.xlk
加载宏文件	.xla	网页文件	.mht\.htm
工作区文件	.xlw		

7.1.5 Excel 的工作簿与工作表

在 Excel 2003 中，一个 Excel 文件就是一个工作簿。工作簿是由多个工作表组成的，工作表是由许多单元格组成的，单元格是组成工作簿的最小单位。工作簿与工作表之间的关系就类似财务工作中的账本和账页。工作簿、工作表和单元格是 Excel 中的重要概念。

1. 工作簿

所谓工作簿，是指用来存储并处理工作数据的文件。一个工作簿可以由多个工作表组成。在系统默认的情况下，它由 Sheet1、Sheet2、Sheet3 这 3 个工作表组成，根据工作任务的需要，可以添加或删除工作表，它最多可包含 255 张工作表。

2. 工作表

工作表是工作簿文件的一个组成部分，单击工作表栏中的工作表标签，可以实现在同一个工作簿文件中不同工作表之间的切换。

3. 行和列

Excel 工作表中，由横线所间隔出来的区域称为“行”，而由竖线所分隔出来的区域则称为“列”。在窗口中，一组垂直的灰色标签中的阿拉伯数字标识了电子表格的行号，而另一组水平的灰色标签中的英文字母则标识了电子表格的列号。

4. 单元格

工作表中行列交叉出的长方形格称为单元格。每张工作表由多个单元格组成，单元格是工作表中用于存储数据的基本单位，所有类型的数据都能放入单元格内。每个单元格都可通过单元格地址来进行标识，单元格地址由它所在列的列标和所在行的行号所组成，其形式通常为“字母+数字”，例如 A3，表示 A 列和 3 行交叉处的单元格(图 7-2)。当前正在使用的单元格称为活动单元格，单击某个单元格，它便成为活动单元格。

5. 区域

区域的概念实际上是单元格概念的延伸，多个单元格所构成的单元格群组就称为“区域”。构成区域的多个单元格之间可以是相互连续的，它们所构成的区域就是连续区域，连续区域的形状总为矩形；多个单元格之间也可以是相互独立不连续的，它们所构成的区域就称为不连续区域。对于连续区域，可以用矩形区域左上角和右下角的单元格地址来进行标识，形式为“左上角单元格地址：右下角单元格地址”，例如“B3：E7”，表示以 B3 为左上角、E7 为右下角的区域(图 7-3)。

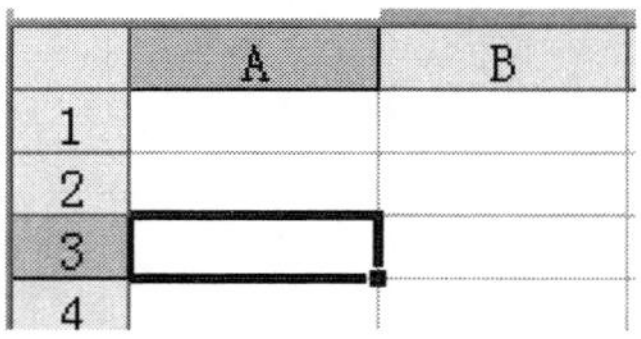

图 7-2　单元格名称

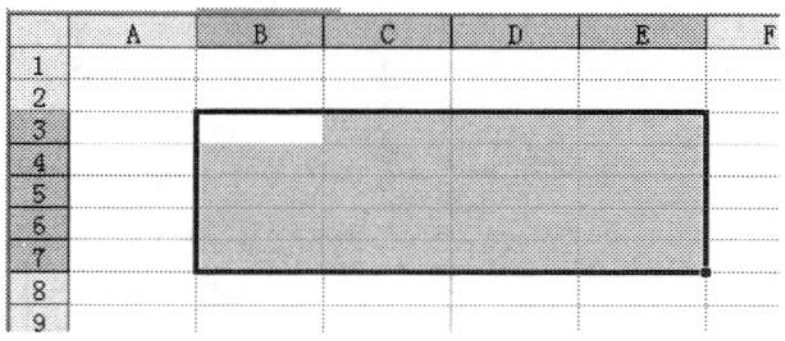

图 7-3　区域

7.2　体验 Excel 2003

提出任务

根据 7.1 节所建数据表，吴明需要完成以下任务:

1. 正确输入数据，限制三项成绩范围分别为 0 ~ 100;

2. 根据公式“总评成绩=平时成绩*0.1+机试成绩*0.4+期末成绩*0.5”来计算每个同学的总评成绩;

3. 用黄色底纹标注 80 分以上总评成绩，用蓝色字体及下划线标注 60 分以下的总评成绩;

4. 对表格进行添加边框、设置文字对齐方式等美化设置。

起初吴明觉得这个任务很简单，但是在实现的过程中发现诸多问题：在输入数据时，不能设置数据的输入限制条件；用公式计算时结果不能正常出现，多个成绩需要依次计算，效率很低；不能一次性根据条件设置格式等。

分析任务

对于上述遇到的问题，吴明向同学请教，同学建议他从以下几方面加强训练学习:

◆ Excel 提供的数据序列和自动填充功能可以提高有规律数据的输入效率;

◆ “公式复制”功能可以大大提高同类数据计算的效率;

◆ 注意工作表中数据的类型;

◆ “数据有效性”可以约束输入的范围，从一定程度上降低无效数据的输入;

◆ 利用 Excel 可以方便灵活地使用公式进行计算，注意公式以“=”开始，注意三种地址引用方式的区别；

◆ 利用 Excel 提供的“条件格式”可以方便地根据条件对数据进行格式设置。

结合同学的上述建议，吴明终于完成了数据的输入和相关格式的设置，效果如图 7-4 所示。

	A	B	C	D	E	F	G
1	《计算机基础》课程学生成绩单						
2	学号	姓名	性别	平时成绩	机试成绩	期末成绩	总评成绩
3	2012060101	刘　平	男	95.3	89.4	92.5	91.5
4	2012060102	孙　泽	女	96.3	94.1	87.6	91.1
5	2012060103	任向丽	女	80.5	79.0	88.4	83.9
6	2012060104	张　峰	男	75.5	83.0	73.2	77.4
7	2012060105	袁　涛	男	79.0	75.0	71.5	73.7
8	2012060106	姚　龙	男	80.0	79.0	67.2	73.2
9	2012060107	张　丽	女	78.5	81.0	63.5	72.0
10	2012060108	李　芳	女	78.0	66.0	67.3	67.9
11	2012060109	薛　钰	男	77.5	67.5	65.5	67.5
12	2012060110	张帅军	男	61.0	66.1	52.5	**58.8**
13	2012060111	梁　赛	男	78.5	86.4	80.0	82.4
14	2012060112	李志鹏	男	77.0	74.5	74.7	74.9
15	2012060113	李艳艳	女	80.0	69.0	73.9	72.6
16	2012060114	刘海艳	女	79.5	77.0	63.1	70.3
17	2012060115	孟宪斌	男	80.5	77.0	60.4	69.1
18	2012060116	吕淑莉	女	72.0	72.5	62.7	67.6
19	2012060117	马亚娟	女	73.5	73.5	57.1	65.3
20	2012060118	刘增文	男	77.5	78.0	49.6	63.8
21	2012060119	马子奇	男	43.5	66.5	52.2	**57.1**
22	2012060120	刘　萍	女	77.5	62.5	46.1	**55.8**

图 7-4　《计算机基础》成绩表

实现任务

7.2.1　工作簿的建立与保存

1. 新建工作簿

单击“开始”按钮→“程序”→Microsoft Office→Microsoft Excel 2003，启动 Excel 2003，系统将自动打开一个新的文件，默认名字为 Book1.xls(Excel 按工作簿创建的先后顺序定义默认名 Book*i*，其中 *i* 为顺序号)，这是一个空白的工作簿。如果直接打开一个已存在的工作簿，则 Book1 会自动关闭，窗口中显示已打开的工作簿。

也可以选择“文件”菜单，选择“新建”命令，在右侧的其他任务窗格中单击空白工作簿，即可新建工作簿。

2. 打开工作簿

打开已有的工作簿的方法是：选择“文件”→“打开”，或者单击常用工具栏中的打开按钮，Excel 会弹出“打开”对话框，如图 7-5 所示，在“查找范围”下拉列表框中选择文件所在的驱动器和文件夹，从“文件类型”下拉列表框中选择“所有 Microsoft Office Excel 文件”，选择要打开的文件名，单击“打开”按钮。

如果要打开的是最近编辑过的工作簿，选择“文件”菜单，可以看到在文件菜单的“下面”列出了若干个文件名(图 7-6)，这些都是最近编辑过的工作簿的名称(Excel 2003 默认列出的文件数为 4 个，也可以在“工具”→“选项”→“常规”选项卡中修改，在“最近使用的文件列表”中自己定义，最多可显示 9 个最近编辑过的文件，见图 7-7)。如果要打开其中的某一个文件，只要直接单击相应的文件名即可。

图 7-5 “打开”对话框

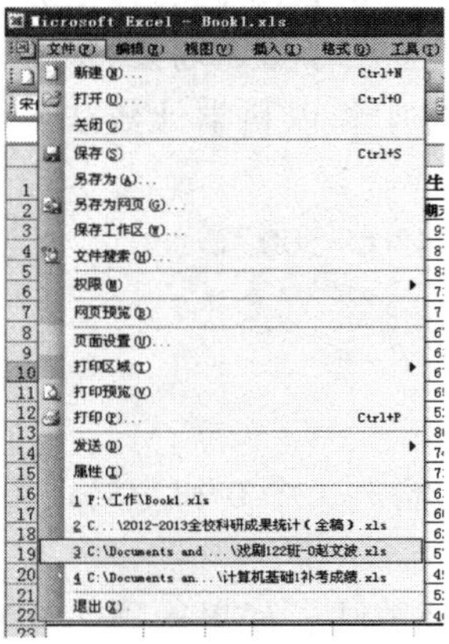
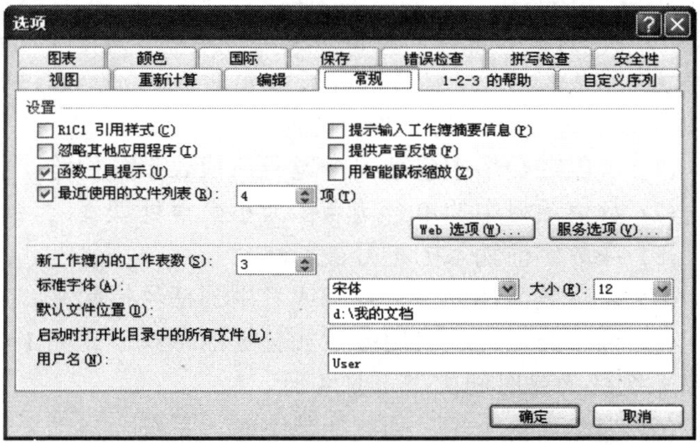

图 7-6 打开最近使用文件　　　　图 7-7 “选项”对话框

3. 保存工作簿

对工作簿完成操作后，执行“文件”→“保存”命令，在弹出的“另存为”对话框(图 7-8)中设置工作簿的名称和保存位置后，单击“保存”按钮即可。

图 7-8 “另存为”对话框

“保存”和“另存为”命令的区别在于，对于已经保存过的文件，“保存”会将对文档的修改追加在原文件上，而“另存为”可以将修改后的文档以新的文件形式进行保存。

7.2.2 数据输入

1. 数据类型

在单元格中可以输入和保存的数据包括 4 种基本类型：数值、日期、文本和公式。除此之外，还有“逻辑值”、“错误值”等一些特殊的数据类型。

2. 数值型数据

数值是指所有代表数量的数字形式，例如企业的产值和利润、学生的成绩等。数值可以是正数也可以是负数，但都可以用于数值计算，例如加减、求和、求平均值等。

数值型数据可以包括数字字符 (0～9)和下面特殊字符中的任意字符：+、－、(、)、,、/、$、%、E、e、!、.(小数点)或者空格。数值数据在单元格中默认右对齐。Excel 可以表示和存储的数字最大精确到 15 位有效数字，对于超过 15 位的整数数字，Excel 会自动将 15 位以后的数字变为零，对于大于 15 位有效数字的小数，则会将超出部分截去。常规模式下，整数部分长度允许有 11 位，超过时单元格中将以科学计数法表示。在输入数字时，可参照下面的规则：

(1) 可以在数字中包括一个逗号，代表千分位符，如“1，450，500”。

(2) 数值项目中的单个句点作为小数点处理。

(3) 在数字前输入的正号被忽略。

(4) 在负数前加上一个减号或者用圆括号括起来。

(5) 输入分数时应采用整数加分数的形式，比如 1/4，应先输入一个 0 和空格，否则会被系统认为是时间类型 1 月 4 日。

(6) 当输入一个超过列宽的数字时，系统会自动采用科学计数法。如果出现“####”标记，说明列宽不足以显示数据，要调整列宽。

3. 文本型数据

文本通常是指一些非数值型的文字、符号等，例如企业的部门名称、个人的姓名及性别等。除此以外，许多不代表数量的、不需要进行数值计算的数字也可以保存为文本形式，例如电话号码、身份证号码等。所以，文本并没有严格意义上的概念。

文本数据包括汉字、英文字母、数字、空格以及其他符号。默认情况下文本以左对齐方式显示。

如果输入的数据超过单元格的宽度，右侧相邻的单元格没有数据，输入的文本数据超出部分会显示在该相邻单元格；若右相邻单元格中有数据，则截断显示(并没有删除)。

如果要把纯数字的数据作为文本处理，则在输入的数字前加一个单引号“‘”，该数据将被视为文本。例如输入‘123，单元格中显示 123，此时的 123 即为文本而不是数字了。区别在于对齐方式变为左对齐，单元格左上角显示一个绿色三角标记，如图 7-9 所示。

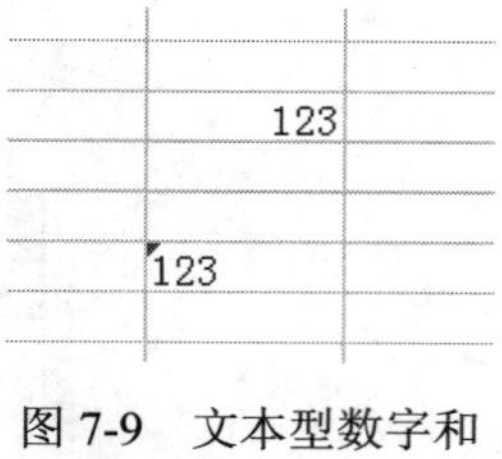

图 7-9 文本型数字和数值型数字

4. 时间日期型数据

在 Excel 中，日期和时间是以一种特殊的数值形式存储的，这种数值形式称为“序列值”。当在单元格中输入可识别的日期和时间数据时，单元格的格式就会自动从“通用”转换为相应的“日期”或者“时间”格式，而不需要去设定该单元格为日期或者时间格式。

常用斜杠(/)或者短横线(-)来分隔日期的年、月、日部分(如 2013/2/2 或 2013-2-2)。输入时间用冒号(：)分隔(如 12：22：30 表示 12 时 22 分 30 秒)。Excel 中的时间是 24 小时制，如果用 12 小时制，则在时间数字后空一格，输入 AM 或 PM(A 或 P)分别表示上午或下午。如果只输入时间数字，将按 AM(上午)处理。

输入当天的日期，可以同时按下 Ctrl+；；如果输入当前的时间，可以同时按下 Ctrl+Shift+；。

5. 显示和输入的关系

在输入数据后，会在单元格中显示数据内容(或公式结果)，同时在选中单元格时在编辑栏中显示输入内容。你可能会发现，有时在单元格内输入的数值和文本与单元格中的实际显示并不完全相同。事实上，Excel 对于用户输入的数据具有一种智能分析的功能，它总是会对输入数据的标识符及结构进行分析，然后以它所认为最理想的方式显示于单元格中。

要完成本章开始提出的任务，首先要制作表格，可以看到，在图 7-4 所示的表格中，有部分内容是需要用户自己输入的，包括表格标题、姓名列、性别列。在输入过程中也有一些技巧可以使输入更快。

例如，性别只包含“男”和“女”，利用选择多个不连续单元格的方法选定所有性别为“女”的单元格，输入“女”，再按下 Ctrl+Enter 键，可以快速输入所有女生的性别，性别“男”可以使用同样的方法输入。

另外，如果在单元格中输入的内容与该列已有数据前半部分相同，Excel 可以自动填写其余的字符，如果用户希望接受自动生成的词，按下 Enter 键，否则继续输入。在输入过程中，如果不自动提示，可以按下 Alt+↓键，从下拉列表中选择。

7.2.3 Excel 公式

公式是 Excel 中一种非常重要的数据，Excel 作为一种电子数据表格，其许多强大的计算功能都是由公式来实现的。公式通常都以等号“=”开头，内容可以是简单的数学公式，例如=24*3-13，也可以包含 Excel 的内嵌函数，甚至是用户自定义的函数，例如=sum(A1:D5)。当用户在单元格内输入公式并确认以后，默认情况下会在单元格内显示公式的运算结果。

1. 认识公式

公式就是由用户自行设计并结合常量数据、单元格引用、运算符等元素进行数据处理和计算的算式。例如：=(A1+C2)/3.4，从公式结构来看，构成公式的元素通常包括等号、常量、引用和运算符等，其中，等号是不可缺的。

2. 单元格引用

当公式中使用单元格引用时，根据引用方式的不同分为 3 种引用方式，即相对引用、绝对引用和混合引用。

1) 相对引用

复制公式时，Excel 根据目标单元格与源公式所在单元格的相对位置，相应地调整公式中的引用标识。

2) 绝对引用

复制公式时，不论目标单元格的所在位置如何改变，绝对引用所指向的单元格区域都不会改变。

3) 混合引用

Excel 中的混合引用包括以下两种引用方式：

(1) 行相对、列绝对引用：仅在行方向上为相对引用，而在列方向上为绝对引用。

(2) 列相对、行绝对引用：仅在列方向上为相对引用，而在行方向上为绝对引用。

3. 公式的输入与复制

用户在输入公式时，通常以等号“=”作为开始，后面跟着具体的操作数和操作符。

如果在某个区域使用相同的计算方法，用户不用逐个编辑公式函数，这是因为公式具有可复制性。在连续区域中可以通过拖动单元格右下角的填充柄进行公式的复制，在不连续区域中可以使用“复制”和“粘贴”命令来实现。

在 Excel 中对公式和函数进行复制时，特别是当函数和公式中包含单元格地址的时候，相对引用、绝对引用和混合引用会导致结果大不相同。通过一个示例来详细说明。

如图 7-10 所示例子，A15～A18 单元格中的内容分别为 15、16、17、18，在 C15～C18 单元格中依次输入下列公式，=A15、=$A$16、=$A17、=A$18，分别使用相对引用、绝对引用和混合引用。可以看到 C15～C18 中的内容和 A15～A18 中完全相同，分别为 15、16、17、18。然后依次将 C15～C18 中的内容复制到 E16～F19 单元格，从图 7-10 可以看出，结果发生了变化，是什么原因导致这样的结果呢？下面依次来分析。

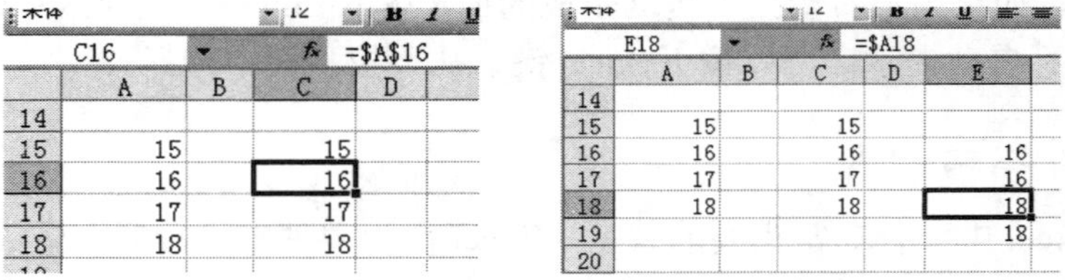

图 7-10　公式的复制

在前面提到，相对引用在复制公式时，Excel 会根据目标单元格与源公式所在单元格的相对位置，对应地调整公式的引用标识。

对 C15 单元格来说，其中的公式=A15，意味着左侧二列、同行单元格，当把它复制到 E16 单元格时，左侧二列、同行单元格恰好是 C16 单元格，所以 E16 单元格中的公式为= C16，值为 16；

C16 中的公式=$A$16，由于行和列都是绝对引用，无论复制到什么位置，都不会发生变化，所以 E17 单元格中的内容还是=$A$16，值为 16；

C17 中的公式=$A17，列为绝对引用，复制过程中不发生变化，所以解释为 A 列、同行，复制到 E18 单元格时变为$A18；

C18 中的公式=A$18，行为绝对引用，所以解释为左侧第二列、18 行，复制到 E19 单元格后变为 C 列、同行，即 C$18。

7.2.4　单元格自动填充

除了通常的数据输入方式以外，如果数据本身包含某些顺序上的关联特征，还可以使用 Excel 所提供的填充功能进行快速的批量输入。

1. 常用填充方法

(1) 使用“填充柄”填充数据。

当选中单元格或区域时，在四周黑框的右下角有个小黑方块，这就是“填充柄”，当鼠标指向填充柄时变为实心十字。按住鼠标左键向下或向右拖动填充柄，拖动过程中单元格内出现填充数据，拖至目标单元格释放鼠标左键即可。

(2) 使用“填充”菜单。

在某个单元格输入数据，选择“编辑”→“填充”→“序列”命令，弹出“序列”对话框。在对话框中选取需要的序列类型，并设置序列的步长和终值。

示例 7.1　在 Excel 2003 工作表中完成下列操作：

(1) 在 B2 单元格中输入“中国”，选中 B2 单元格，利用填充柄填充至 B10 单元格；

(2) 在 D2 单元格输入 3，在 D3 单元格输入 5，选中 D2:D3 区域，利用填充柄填充至 D10 单元格。

结果如图 7-11 所示，可以看出，虽然都是用填充柄自动填充，但是两种填充效果完全不同，第一种只是对第一个 B2 单元格的简单复制，而第二种则是按照首项为 3、公差为 2 来填充等差数列。

2. 常用填充功能

常用的自动填充功能有以下几种：

1) 简单的填充

一般情况下，如果选定单元格或区域中的内容是纯数字，或者是不含有数字的文本，自动填充是对选定单元格或区域的简单复制；如果选定单元格中既有文本，又包含数字，那么填充的结果是文本不变，数字依次递增；如果选定单元格中是文本型的数字，那么填充结果将会依次递增。

下例在 Excel 2003 工作表中完成下列操作：

(1) 在 L2 单元格中输入“英语 1 班”，选中 B2 单元格，利用填充柄填充至 L10 单元格；

(2) 在 N2 单元格输入‘121，选中 J2 单元格，利用填充柄填充至 N10 单元格，操作结果如图 7-12 所示。

	A	B	C	D
1				
2		中国		3
3		中国		5
4		中国		7
5		中国		9
6		中国		11
7		中国		13
8		中国		15
9		中国		17
10		中国		19

图 7-11　单元格自动填充

K	L	M	N	O
	英语1班		121	
	英语2班		122	
	英语3班		123	
	英语4班		124	
	英语5班		125	
	英语6班		126	
	英语7班		127	
	英语8班		128	
	英语9班		129	

图 7-12　文本型数据的自动填充

在上面提出的案例中，学号是按顺序有规律递增的，可以采用上面自动填充的方法。因为学号是不需要进行计算的，所以我们设置为文本型，在 A3 单元格输入’2012060101，然后用鼠标通过填充柄将其余学生的学号通过自动填充功能填写完成。

2) 自定义序列

用户可以将经常使用而又带一定规律性或顺序相对固定的文本，设定为自定义序列。只需要在单元格中输入第一个数据，然后拖动填充柄进行填充就可以了。自定义序列当中有一些默认的序列，也可以由用户添加。步骤为：

(1) 选择“工具”→“选项”，弹出“选项”对话框，单击“自定义序列”选项卡(图 7-13)；

(2) 在“输入序列”中输入常用的有规律的文本(注意每个文本项应占一行，不要输入在同一行中，或者用英文逗号分隔序列中的项目)；

(3) 单击“添加”，就将自定义的序列添加到左边的序列中，在输入数据时就可使用。

例如在 F2 单元格输入“春”，利用填充柄自动填充到 F10，结果如图 7-14 所示的 F 列。

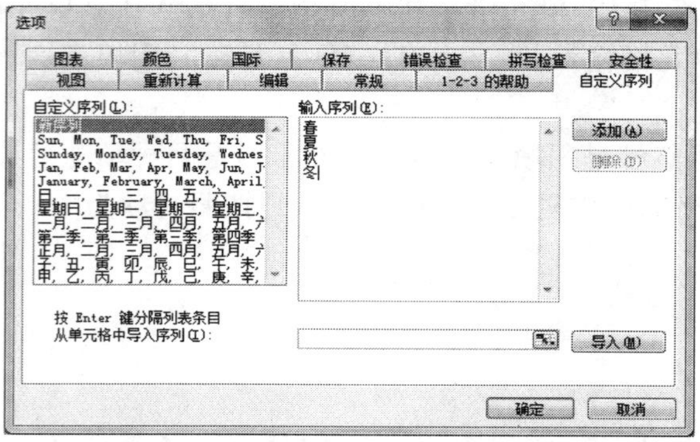

图 7-13 “自定义序列”选项卡

E	F	G	H
	春	甲	甲
	夏	丙	乙
	秋	戊	丁
	冬	庚	甲
	春	壬	乙
	夏	甲	丁
	秋	丙	甲
	冬	戊	乙
	春	庚	丁

图 7-14 自定义序列填充

Excel 中序列自动填充的使用方式相当灵活，用户并非必须从序列中的第一个元素开始进行自动填充，而是可以开始于序列中的任何一个元素。当填充的数据达到序列尾部时，下一个填充数据会自动取序列开头的元素，循环往复地继续填充。

除了对自动填充的起始元素没有要求之外，填充时序列中元素的顺序间隔也没有严格的限制。当用户只在第一个单元格中输入序列元素时，自动填充功能默认以连续顺序的方式进行填充。而当用户在第一、第二个单元格内输入具有一定间隔的序列元素时，Excel 会以自动间隔的规律来选择元素进行填充，如图 7-14 中 G 列。

但是，如果用户提供的初始信息缺乏现行的规律，不符合序列元素的基本排列顺序，则 Excel 不能将其识别为序列，此时使用填充功能并不能使得填充区域出现序列内的其他元素，而只是单纯地实现复制效果，如图 7-14 中 H 列。

3) 数值序列

常用的数值型序列包括两种，即等差序列和等比序列，这两种序列都可以使用填充菜单来进行。下例完成下列步骤，实现等差序列和等比序列的自动填充：

(1) 在 I2 单元格中输入等差序列的首项 3，依次选择“编辑”→“填充”→“序列”，打开“序列”对话框(图 7-15)；

(2) 选择序列产生在“列”→“等差序列”，步长值为 3，即序列公差为 3，终止值为 25，意味着当序列中某单元格中的值大于 25 就停止填充，见图 7-15 的 I 列；

(3) 在 J2 单元格中输入等差序列的首项 3，依次选择“编辑”→“填充”→“序列”，打开“序列”对话框；

(4) 选择序列产生在“列”→“等比序列”，步长值为 2，即序列公比为 3，终止值 605，意味当序列中某单元各中的值大于 60 就停止，设置见图 7-16，填充结果结果见图 7-17 所示的 J 列。

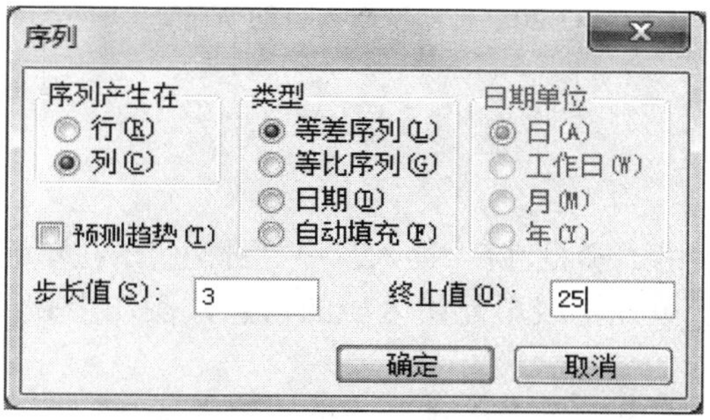

图 7-15　“填充序列”对话框

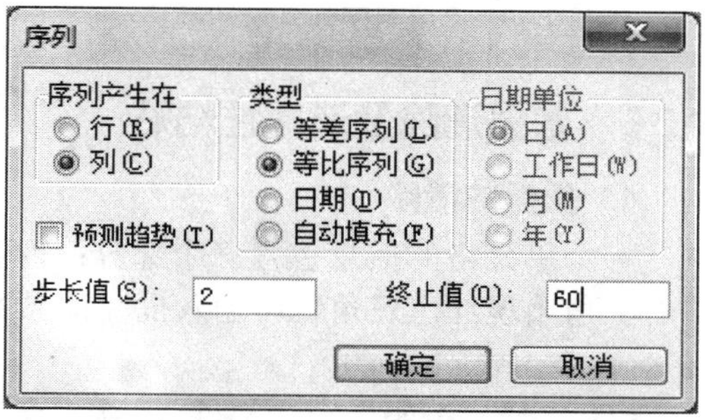

图 7-16　“填充序列”对话框

4) 日期型序列

日期型序列的自动填充方式和等差、等比序列很相似，在初始单元格中输入一个日期，在“序列”对话框中选择“日期”类型，同时右侧“日期单位”区域中的选项高亮显示，用户可以对其进行进一步的选择。

下例完成下列操作，实现日期型数据的自动填充：

(1) 激活 L15 单元格，输入 2003-8-12，依次选择“编辑”→“填充”→“序列”，打开“序列”对话框，设置系列产生在“列”，类型为“日期”，日期单位为“日”，步长值为 3，终止值为 2003-9-6(图 7-18)，单击“确定”。

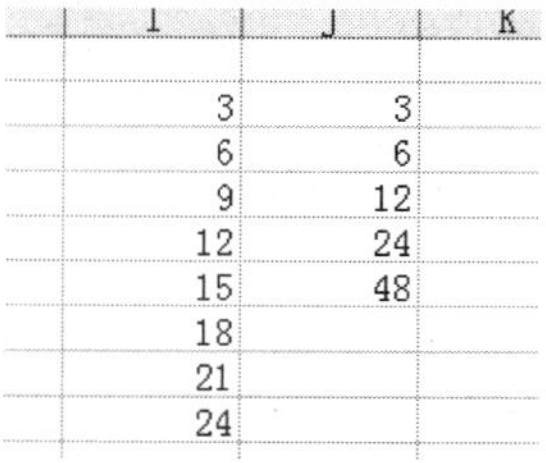

I	J	K
3	3	
6	6	
9	12	
12	24	
15	48	
18		
21		
24		

图 7-17　等比数列和等差数列填充结果

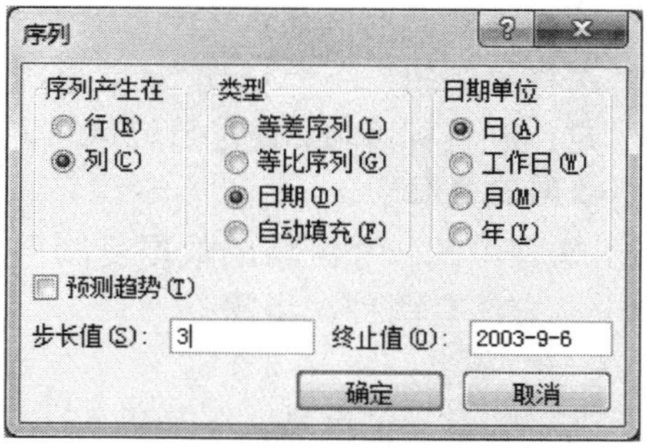

图 7-18　“填充序列”对话框

(2) 激活 L15 单元格，输入 2013-4-26，依次选择“编辑”→“填充”→“序列”，打开“序列”对话框，设置系列产生在“列”，类型为“日期”，日期单位为“工作日”，步长值为 2，终止值为 2013-5-18(图 7-19)，单击“确定”，填充结果如图 7-20 的 N 列所示。

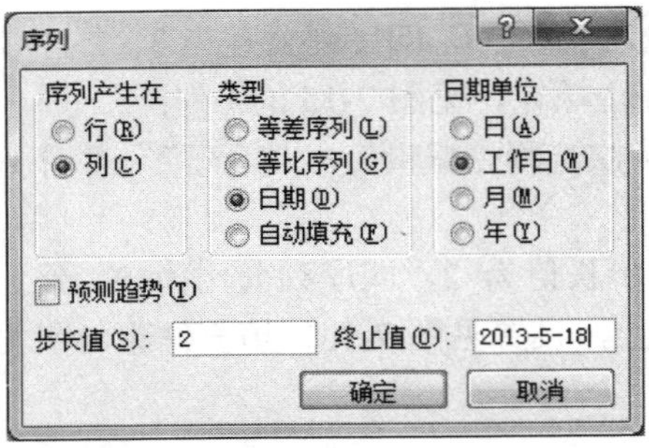

图 7-19 “填充序列”对话框

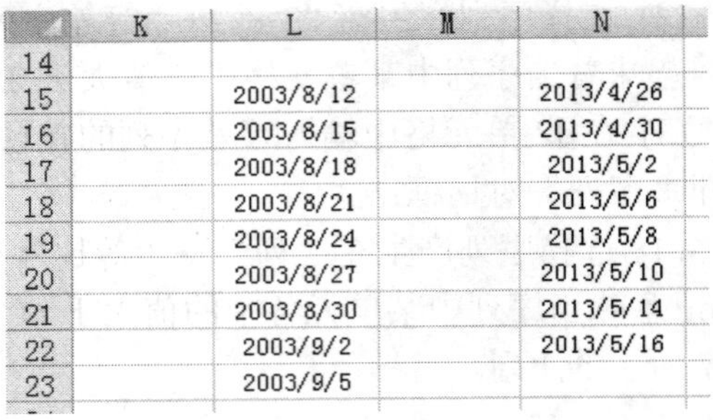
K
L
M
N
14
15
2003/8/12
2013/4/26
16
2003/8/15
2013/4/30
17
2003/8/18
2013/5/2
18
2003/8/21
2013/5/6
19
2003/8/24
2013/5/8
20
2003/8/27
2013/5/10
21
2003/8/30
2013/5/14
22
2003/9/2
2013/5/16
23
2003/9/5

图 7-20 日期型数据自动填充

7.2.5 数据清除及选择性粘贴

1. 数据的清除

一个单元格的信息包含三个部分：内容、格式和批注(“插入”→“批注”，在单元格右上角出现红色三角就可输入批注)。要清除单元格或单元格区域的信息，操作步骤：

(1) 选中被清除的区域；

(2) 选择“编辑”→“清除”，从“全部”、“内容”、“格式”、“批注”中选择一项，清除与之相应的信息；

(3) 或者选中区域，直接按 Del 键，清除的是其中的内容。

2. 数据的移动

将工作表中的一个区域的数据移动到另一个区域中，或移动到另一工作表、另一个工作簿中。方法有两种，步骤：

方法一：

(1) 选中被移动的区域；

(2) 将鼠标移到区域外边框，鼠标由空心十字变为空心箭头；

(3) 按住鼠标左键拖动，出现一个与原区域同样大小的灰色外框，拖至目的位置。

方法二：

(1) 选中被移动的区域；

(2) 选择“编辑”→“剪切”，或单击工具栏上的“剪切”(Ctrl+X)按钮；

(3) 定位到目标区域，选定目标区域左上角单元格，选择“编辑”→“粘贴”(Ctrl+V)。

3. 数据的复制

将工作表中的一个区域的数据复制到另一个区域中，或复制到另一工作表、另一个工作簿中。方法有两种，步骤：

方法一：

(1) 选中被移动的区域；

(2) 将鼠标移到区域外边框，鼠标由空心十字变为空心箭头；

(3) 按住 Ctrl 键同时按住鼠标左键拖动，箭头右侧有一个+号，出现一个与原区域同样大小的灰色外框，拖至目的位置，松开鼠标。

方法二：

(1) 选中被移动的区域；

(2) 选择“编辑”→“复制”，或单击工具栏上的“复制”(Ctrl+C)按钮；

(3) 定位到目标区域，选定目标区域左上角单元格，选择“编辑”→“粘贴”(Ctrl+V)。

4. 选择性粘贴

选择性粘贴是一项非常有用的辅助粘贴功能，其中包含了许多详细的粘贴选项设置，以方便用户根据实际需求选择多种不同的复制粘贴方式。要打开“选择性粘贴”对话框，首先需要用户执行复制操作(如果是剪切操作将无法使用选择性粘贴功能)，然后选择菜单“编辑”→“选择性粘贴”，打开“选择性粘贴”对话框，如图 7-21 所示。

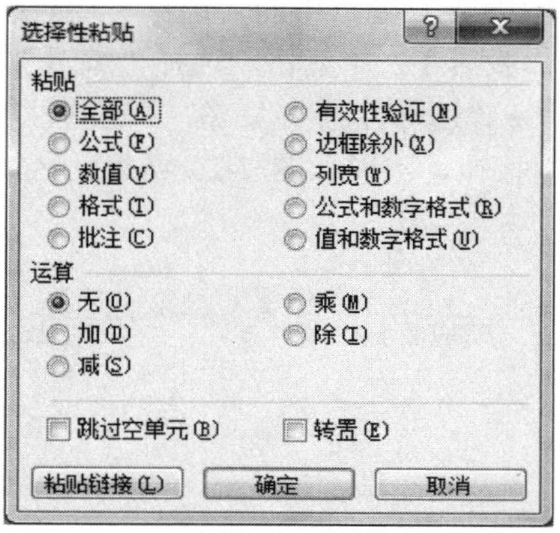

图 7-21　“选择性粘贴”对话框

1) 粘贴选项

各选项的含义如表 7-3 所列。

表 7-3　粘贴各选项的含义

粘贴选项	含 义
全部	粘贴源单元格和区域中的全部复制内容，包括数据(包括公式)、单元格中的所有格式(包括条件格式)、数据有效性及单元格的批注。此选项及默认的常规粘贴方式
公式	粘贴所有数据(包括公式)，不保留格式、批注等内容
数值	粘贴数值、文本及公式运算结果，不保留公式、格式、批注、数据有效性等内容
格式	只粘贴所有格式(包括条件格式)，而不在粘贴目标区域中粘贴任何数值、文本和公式，也不保留批注、有效性等内容
批注	只粘贴批注，不保留其他任何数据内容和格式
有效性验证	只粘贴数据有效性的设置内容，不保留其他任何数据内容和格式
边框除外	保留粘贴内容的所有数据(包括公式)、格式(包括条件格式)、数据有效性以及单元格的批注，但其中不包含单元格边框的格式设置
列宽	仅将粘贴目标单元格区域的列宽设置成与源单元格列宽相同，但不保留任何其他内容(注意此选项与粘贴选项按钮下拉菜单中的“保留源列宽”功能有所不同)
公式和数字格式	粘贴时保留数据内容(包括公式)以及原有的数字格式，而去除原来所包含的文本格式(例如字体、边框、底色填充等格式设置)
值和数字格式	粘贴时保留数值、文本、公式运算结果以及原有的数字格式，而去除原来所包含的文本格式(例如字体、边框、底色填充等格式设置)，也不保留公式本身

2) 运算功能

在图示的“选择性粘贴”对话框中，“运算”区域中还包含一些粘贴功能选项。通过“加”、“减”、“乘”、“除”4 个选项，用户可以在粘贴的同时完成一次数学运算。

3) 转置

粘贴时使用“转置”功能，可以将源数据区域的行列相对位置顺序相互交换转置后粘贴到目标区域，简单来说就是将一行数据变成一列数据，或者反之。

下例成下列操作实现“选择性粘贴”中的“运算”功能：

输入图 7-22 所示数据，激活 E2 单元格，选择“编辑”→“复制”，然后选定区域 A2：C4，依次单击“编辑”→“选择性粘贴”，在 “选择性粘贴”对话框中选择运算项目中的“乘”，单击“确定”按钮，出现如图 7-23 结果，区域 A2：C4 中每个单元格的数据都变成粘贴前的 2 倍。

	A	B	C	D	E
1		粘贴前			复制数据
2	8.1	2.6	3.6		2
3	2.3	7.5	5.4		
4	2.5	4.6	9.1		
5					

图 7-22　粘贴前数据

	A	B	C	D	E
1		粘贴前			复制数据
2	16.2	5.2	7.2		2
3	4.6	15	10.8		
4	5	9.2	18.2		

图 7-23　选择性粘贴结果

下例完成下列操作实现“选择性粘贴”中的“转置”功能：

输入图 7-24 所示粘贴前数据，选中区域 A10：D12，选择“编辑”→“复制”，然后单击 A16 单元格，依次选择“编辑”→“选择性粘贴”，在 “选择性粘贴”对话框中选择 “转置”，单击“确定”按钮，出现如图 7-24 结果。数据源区域为 3 行 4 列的单元格区域，在进行行列转置粘贴后，目标区域转变为 4 行 3 列的单元格区域。元数据区域中位于第 1 行第 2 列的数据“5.2”，在转置后变为了目标数据区域中的第 2 行第 1 列，其行列的相对位置进行了互换。

	A	B	C	D
9		粘贴前		
10	16.2	5.2	7.2	5.6
11	4.6	15	10.8	4.1
12	5	9.2	18.2	8.3
13				
14				
15		粘贴后		
16	16.2	4.6	5	
17	5.2	15	9.2	
18	7.2	10.8	18.2	
19	5.6	4.1	8.3	

图 7-24　转置粘贴数据

7.2.6　在工作表中插入、删除行和列

1. 插入行列

用户有时需要在表格中新增一些条目内容，并且这些内容不是添加在现有表格内容的末尾，而是插入到现有表格的内容中间，这就需要使用插入行或者插入列的功能。

单击某行标签选定此行，在菜单栏上依次选择“插入” →“行”，或者单击鼠标右键，在弹出的右键快捷菜单中选择“插入”。

插入列的方法与此相似，如果在插入操作之前选定的是连续多行或者连续多列，则执行插入操作后，会在选定位置之前插入与选定的行列相同数目的行或者列，如图 7-25 和图 7-26 所示。

如果在插入操作之前选定的是非连续的多行或者多列，也可以同时执行插入行列的操作，并且新插入的空白行列也是非连续的，输入与选定行列的数目相同。

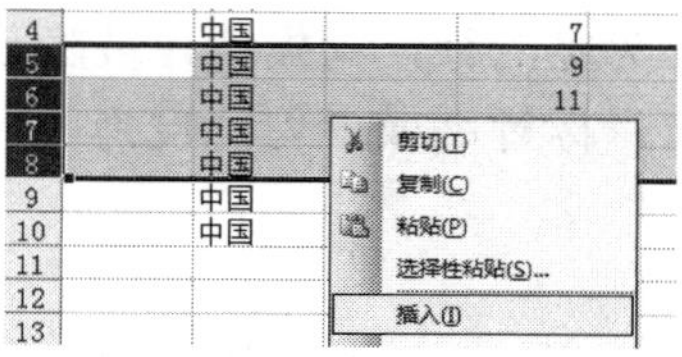

图 7-25　插入多行

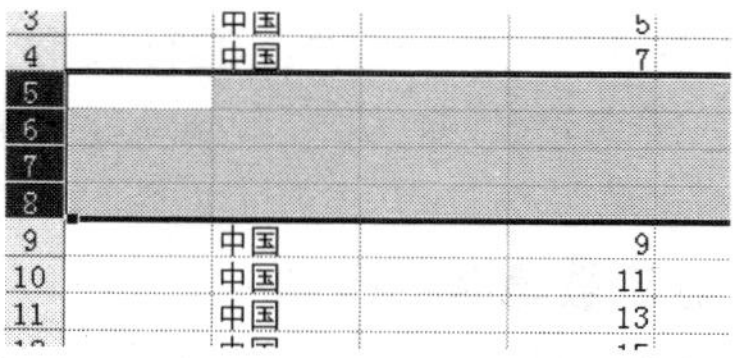

图 7-26　插入多行结果

但是，一个工作表的行和列的数目是有最大限制的，行数不超过 65536 行，列数不超过 256 列，所以在执行插入行或是插入列的操作过程中，Excel 表格本身的行列数并没有增加，只是将当前选定位置之后的行列往后移，而在当前选定位置之前腾出插入的空位。位于表格最末位的空行或者空列会被移除，这样，表格区域内始终保持 65536 行×256 列的数目。正是由于这个原因，如果表格的最后一行或者最后一列内有数据，则不能执行插入行或者插入列的操作，如果在这种情况下选择插入操作，则会弹出图 7-27 所示警告。

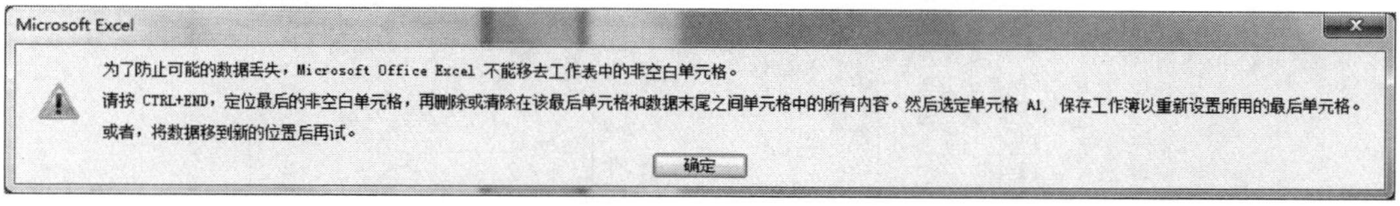

图 7-27　插入限制警告

2. 删除行列

对于一些不再需要的行列内容，用户可以选择删除正行或者整列，操作如下：

(1) 选中要删除的整行或多行。

(2) 在菜单栏依次选择“编辑”→“删除”，或者单击鼠标右键，在弹出的快捷菜单中选择“删除”命令。

与插入行列的情况类似，删除行列也不会引起工作表中行列总数的变化，删除目标行列的同时，Excel 会在行列的末尾位置自动加入新的空白行列，使得行列总数保持不变。

3. 隐藏指定行列

有时候用户出于方便浏览的需要，或者不想让其他人看到一些特定的内容，可能会希望隐藏一些表格内容，通过隐藏工作表中的某些行和列，可以实现这个功能。

选定目标行(单行或者多行)，在菜单栏上依次选择“格式” →“行” →“隐藏”，即可完成目标行的隐藏。隐藏列的操作与此类似，选定目标列后在菜单栏上依次选择“格式” →“列” →“隐藏”，如图 7-28 所示。

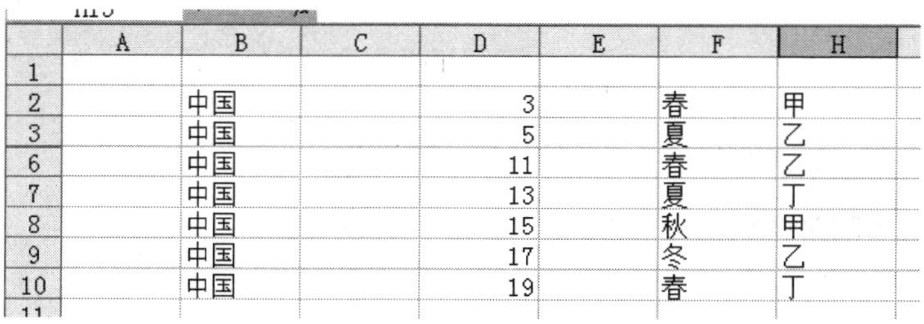

图 7-28　隐藏列

从本质上来说，被隐藏的行实际上就是行高设置为零的行，同样地，被隐藏的列实际上就是列宽设为零的列。所以，用户也可以通过将目标行高或者列宽设为零来隐藏行或者列。

4. 显示被隐藏的行列

在隐藏行列之后，包含隐藏行列处的行号或者列表标签不再显示连续序号，隐藏处的标签分隔线也会显得比其他的分割线更粗。通过这些特征，用户可以发现表格中隐藏行列的位置，要把隐藏的行列取消隐藏重新恢复显示，可以用“取消隐藏”命令。

在图 7-29 中，4 行和 5 行被隐藏，这时只需要选中 3 行和 6 行，单击鼠标右键，选择“取消隐藏”即可。也可以通过设置行高或者列宽来显示被隐藏的行列。

图 7-29　取消隐藏

5. 设置行高和列宽

1) 精确设置行高和列宽

设置行高时，选定目标行(单行或多行)，依次选择“格式”→“行” →“行高”，在弹出的“行高”对话框中输入所需设定的行高的具体数值即可(图 7-30)，设置列宽的方法与此类似。也可以在选定行后单击鼠标右键，在弹出的快捷菜单中选择“行高”。

2) 直接改变行高和列宽

还可以直接在工作表中拖动鼠标来改变行高或列宽。将鼠标光标放置在相邻两列的列标签上，此时鼠标变成黑色双向箭头，按住鼠标左键不放，向左或向右拖动鼠标，调整到所需的列宽时，松开鼠标左键即可完成列宽的设置，行高设置方法类似(图 7-31)。

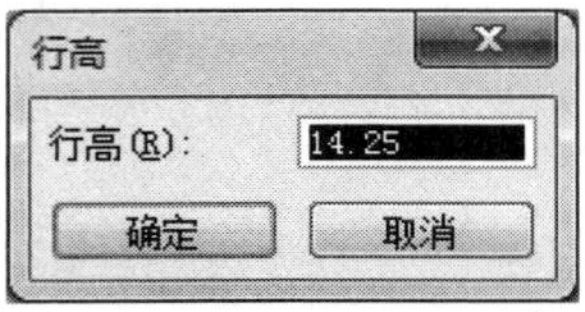

图 7-30　行高设置

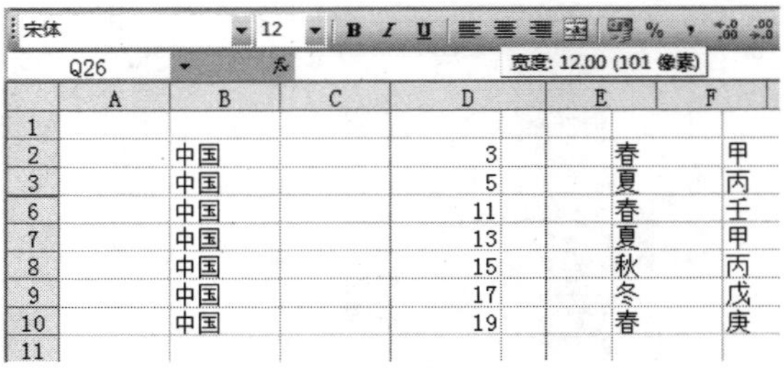

图 7-31　设置行高

3) 设置最适合的行高和列宽

如果表格中的内容长短不齐，不能设置同样的行高和列宽，则可以通过“最合适的行高(列宽)”来快速设置，使得设置后的行高和列宽自动适应表格中的字符高度和长度。操作方法如下：选定连续或者不连续多行(或列)，依次选择菜单“格式”→“行”　→“最合适的行高”(“格式”→“列”→“最合适的列宽”)，使得每一行(或列)中的字符都能完全显示。

7.2.7　数据有效性

使用“数据有效性”功能，可以对输入单元格的数据进行必要的限制，并根据用户的设置，禁止非法数据的输入或让用户选择是否继续输入该数据。例如，可限制一张表格中性别列只能输入“男”或“女”，而年龄列中只能输入 20～55 之间的数。

1. 设置数据有效性

要对某个单元格或者区域设置数据有效性，可以按照以下步骤进行操作。

(1) 选定目标单元格或区域。

(2) 选择菜单“数据”→“有效性”，Excel 会自动弹出“数据有效性”对话框，如图 7-32 所示。

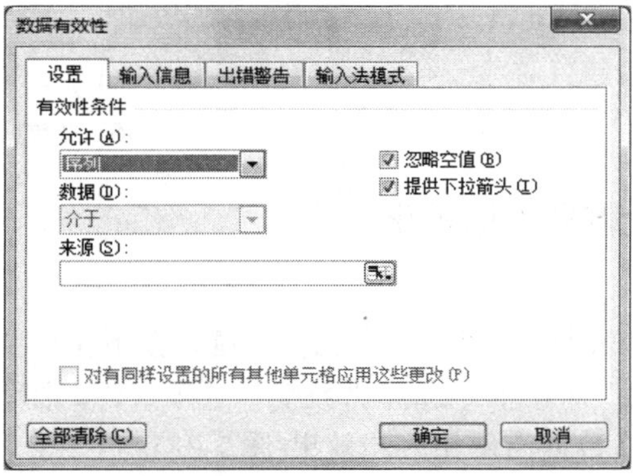

图 7-32　“数据有效性”对话框

(3) 单击“设置”选项卡，在“允许”下拉列表框中，选择一个选项，例如序列。

(4) 在“数据”下拉列表框选择设定条件，根据步骤(3)的选择不同，用户可以使用的控件也会有所不同。在“来源”框中输入“男”、“女”，用英文逗号进行分隔。

(5) 单击“确定”按钮。

通过上述步骤后，选定区域就设置了用户指定的有效性条件，只能输入“男”或者“女”，在输入过程中还可以从下拉列表中进行选择，如图 7-33 所示。当用户输入错误的内容后，则会弹出图 7-34 所示的警告。

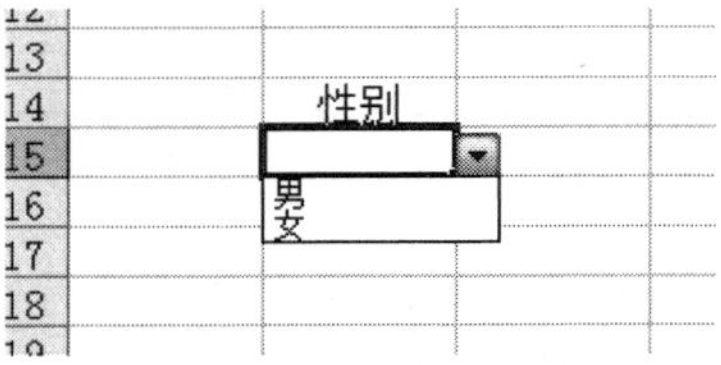

图 7-33　数据有效性设置

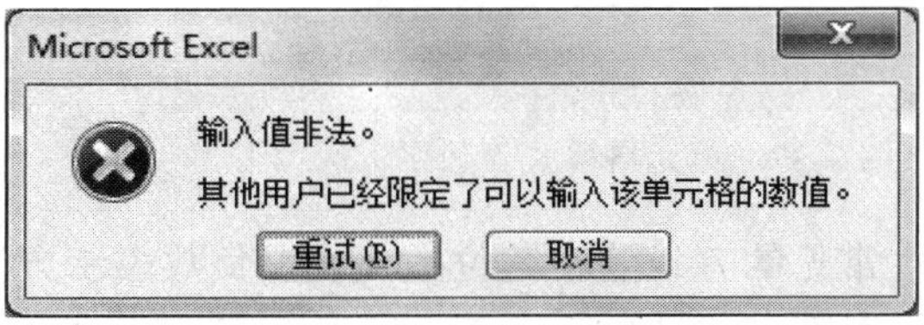

图 7-34　输入非法

2. 删除数据有效性

如果用户不再需要使用单元格中的数据有效性，可以对其进行删除。方法如下：

选定设置了数据有效性的单元格或者区域，选择菜单栏“数据”→“有效性”，在“数据有效性”对话框中单击“全部清除”按钮，如图 7-35 所示。

在本章的任务中，有三列需要手工输入的成绩，由于都是数字，非常容易出错，利用前面讲到的数据有效性，可以对输入进行简单的控制。例如，要求输入的成绩在 0～100 之间，当输入超范围的成绩数据时，就会给出提醒。具体操作见图 7-36。

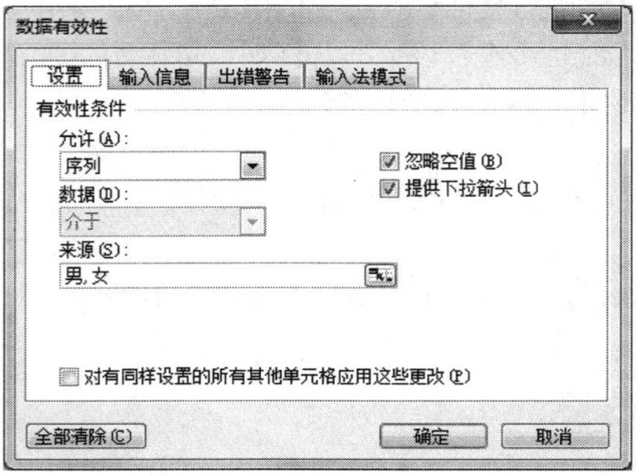

图 7-35 “数据有效性”对话框(1)

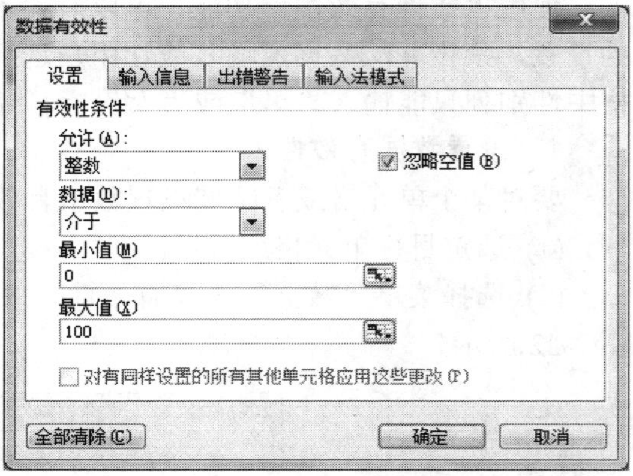

图 7-36 “数据有效性”对话框(2)

7.2.8 单元格格式设置及表格美化

1. 数字

选择“格式”→“单元格”，或者单击鼠标右键，在下拉菜单中选择“设置单元格格式”，出现“单元格格式”对话框，选择“数字”选项卡，如图 7-37 所示。在分类中选择数字格式，可使单元格数据出现相应的效果(图 7-38)。

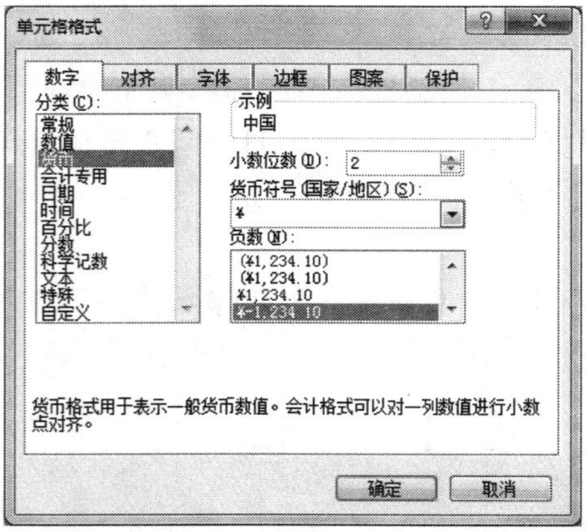

图 7-37 单元格格式“数字”选项卡

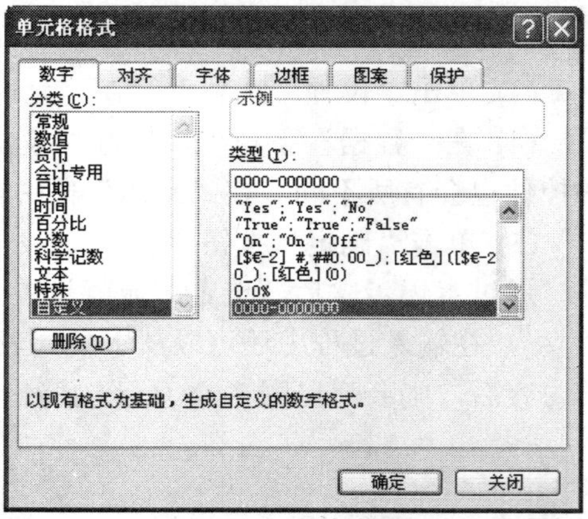

图 7-38 自定义格式设置

常见的有设置小数位数、设置负数表示方法、设置日期的格式、设置百分比。另外，对于有特殊格式的单元格，还可以通过分类中的“自定义”来限定其显示样式，例如，将电话号码设置为“0938-8284156”的格式(图 7-38)，结果如图 7-39 所示。

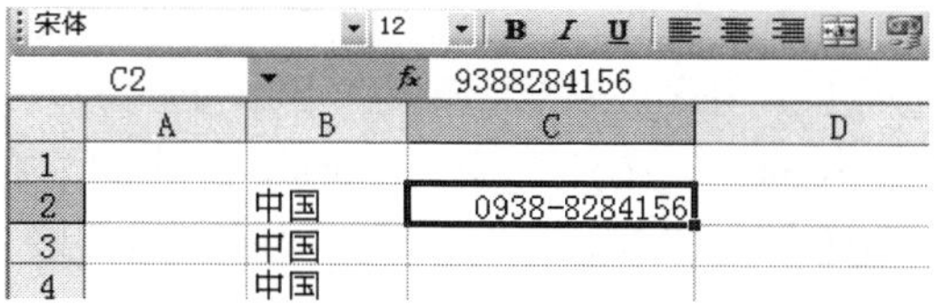

图 7-39　自定义格式

2. 对齐

“对齐”选项卡主要用于设置单元格文本的对齐方式，此外还可以对文本方向、文字方向以及文本控制等内容进行相关设置。

在“单元格格式”对话框中选择“对齐”选项卡，如图 7-40 所示。在 Excel 中，不同类型的数据在单元格中以某种默认方式对齐，如文字左对齐、数值右对齐等，也可在对齐对话框中修改对齐方式。

当文本的长度超过单元格的范围时，可以勾选“自动换行”复选框以使文本内容分为多行显示，此时如果调整单元格宽度，文本内容的换行位置也随之调整。如果想手动对单元格中的内容进行换行，可以使用 Alt+Enter 快捷键。

合并单元格就是让一个单元格占有多个单元格的空间。

3. 字体

在“单元格格式”对话框中选择“字体”标签。可以对字体、字形、字号、颜色、下划线和特殊效果格式进行定义(图 7-41)，操作方法和 Word 中的设置一样。

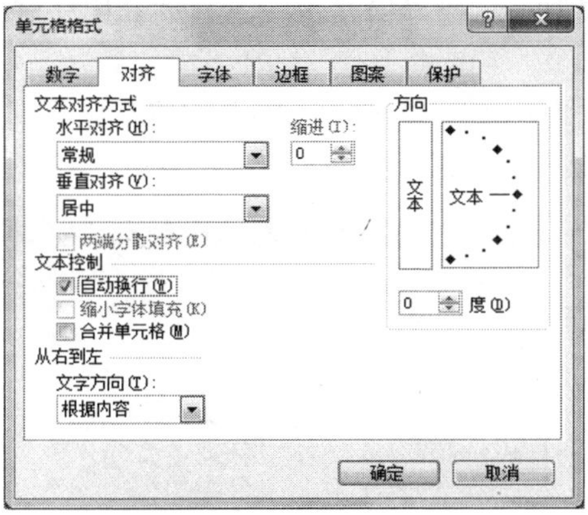

图 7-40　单元格格式“对齐”选项卡

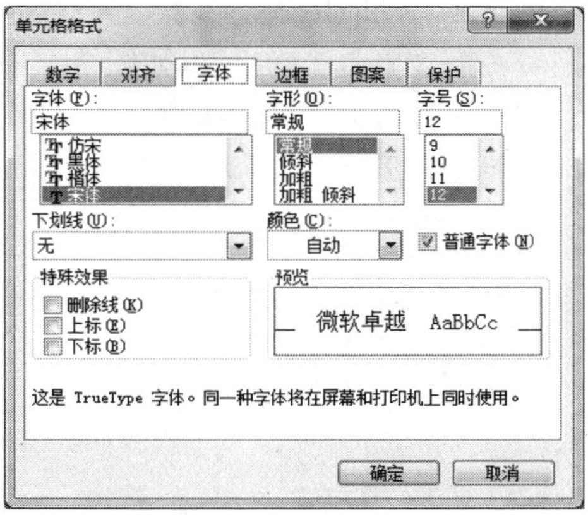

图 7-41　单元格格式“字体”选项卡

4. 边框

边框通常被用来划分表格区域，增强单元格的视觉效果。用户可以为单元格或区域设置边框线条，可添加边框线条的位置包括单元格的 4 条边线和单元格内部的 2 条网格线，以及 2 条对角线。在“单元格格式”对话框中选择“边框”选项卡(图 7-42)，在对话框中，用户首先需要在“线条”区域的“样式”列表框中选择边框的线条样式类型，然后在“颜色”下拉列表中选择线条颜色。接下来可以在“边框”区域显示“文本”字样的矩形框内设置边框线条位置。

5. 图案

图案选项卡主要用于设置单元格的底色以及包含某些点线图案的底纹。在“单元格格式”对话框中选择“图案”选项卡，用户可以从“颜色”区域下的调色板中选取单元格底色，也可以进一步单击“图案”下拉列表，在扩展显示的面板上选择所需的底纹图案及其颜色。用户选择的底纹图案及背景颜色都会在“预览”区域内显示实际效果，如图 7-43 所示。

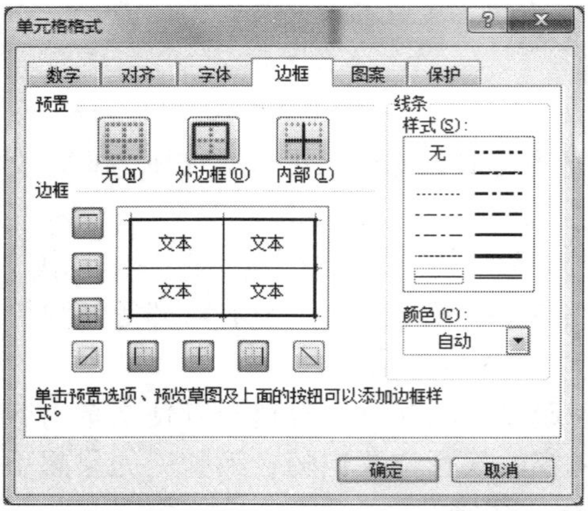

图 7-42 单元格格式“边框”选项卡

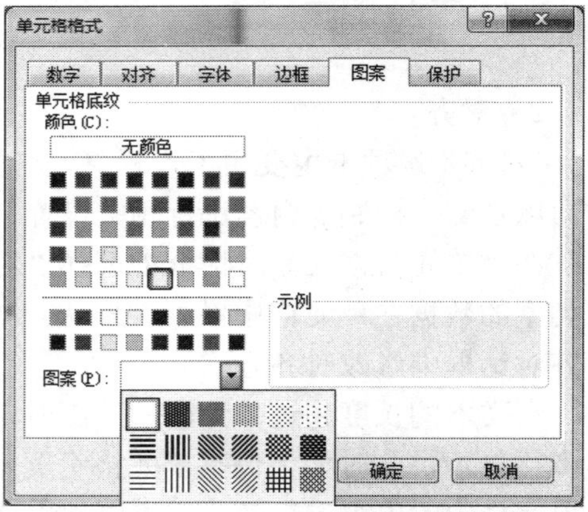

图 7-43 单元格格式“图案”选项卡

6. 自动套用格式

虽然手动设置表格格式可以更自由地表现用户的意图，但是如果用户希望更省心省力地完成数据表格的格式设置，Excel 提供了多种专业性的报表格式，用户可根据需要选择一种格式自动套用到工作表单元格区域。步骤为：选择“格式”→“自动套用格式”，选定一种格式单击“确定”，如图 7-44 所示。

如果说仅对部分格式满意，也可以有选择性地应用，单击“选项”按钮，展开对话框，如图 7-45 所示，通过单击复选框来选择要应用的格式。

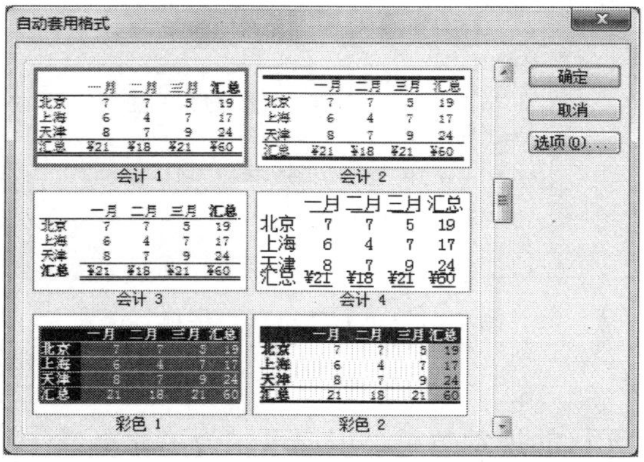

图 7-44 自动套用格式

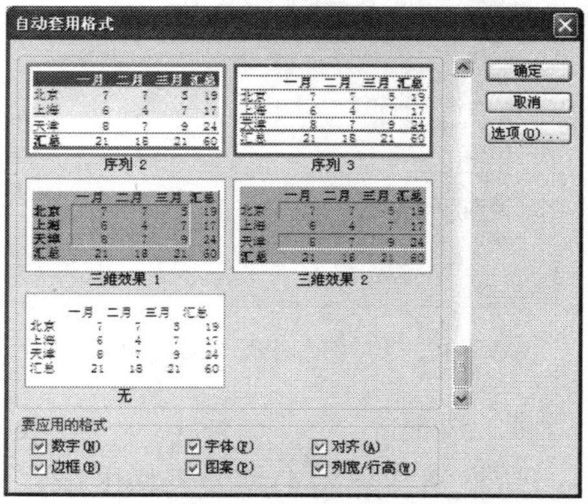

图 7-45 自动套用格式选项

7.2.9 条件格式

1. 条件格式的设置

本节任务要求将成绩表中总评成绩大于或等于 80 的单元格标注黄色底纹，总评成绩小于 60 的单元格用蓝色粗体显示并添加下划线。该项任务要求可利用“条件格式”功能实现，即为对应内容按照不同条件设置不同的格式。条件格式设置如图 7-46 所示，结果如图 7-47 所示。

图 7-46 “条件格式”对话框

《计算机基础》课程学生成绩单

学号	姓名	性别	平时成绩	机试成绩	期末成绩	总评成绩
2012060101	刘 平	男	95.3	89.4	92.5	91.5
2012060102	孙 萍	女	96.3	94.1	87.6	91.1
2012060103	任向丽	女	80.5	79.0	88.4	83.9
2012060104	张 峰	男	75.5	83.0	73.2	77.4
2012060105	袁 涛	男	79.0	75.0	71.5	73.7
2012060106	姚 龙	男	80.0	79.0	67.2	73.2
2012060107	张 丽	女	78.5	81.0	63.5	72.0
2012060108	李 芳	女	78.0	66.0	67.3	67.9
2012060109	薛 钰	男	77.5	67.5	65.5	67.5
2012060110	张帅军	男	61.0	66.1	52.5	**58.8**
2012060111	梁 骞	男	78.5	86.4	80.0	82.4
2012060112	李志鹏	男	77.0	74.5	74.7	74.9
2012060113	李艳艳	女	80.0	69.0	73.9	72.6
2012060114	刘海艳	女	79.5	77.0	63.1	70.3
2012060115	孟宪斌	男	80.5	77.0	60.4	69.1
2012060116	吕蕊莉	女	72.0	72.5	62.7	67.6
2012060117	马亚娟	女	73.5	73.5	57.1	65.3
2012060118	刘增文	男	77.5	78.0	49.6	63.8
2012060119	马子奇	男	43.5	66.5	52.2	**57.1**
2012060120	刘 萍	女	77.5	62.5	46.1	**55.8**

图 7-47 条件格式设置结果

当用户添加了多个条件格式时，Excel 会按顺序进行判断，如果所有条件都不满足，则不应用任何格式。如果有一个以上的条件同时被满足，则只应用顺序在先的条件所对应的格式。因此，设置多条件的条件格式时，要充分考虑各个条件之间的设置顺序。

2. 删除条件格式

如果用户不再需要使用单元格中的条件格式，可以对其进行删除。选定设置了条件格式的单元格或者区域，选择菜单“格式”→“条件格式”，单击“条件格式”对话框的“删除”按钮，弹出“删除条件格式”对话框，如图 7-48 所示，选中要删除的条件复选框，被勾选的条件格式将被取消，其余的条件仍然保留，单击“确定”按钮。

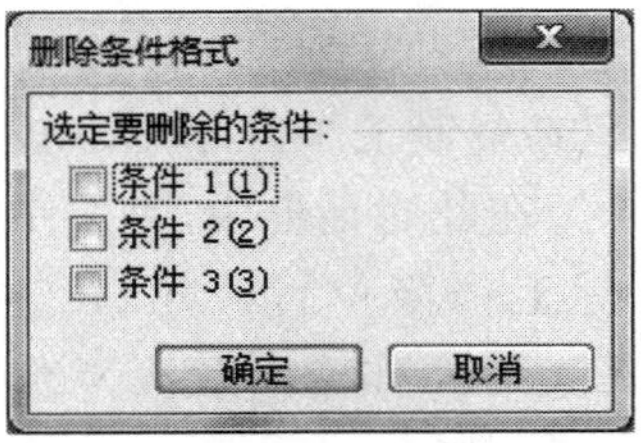

图 7-48 删除条件格式

7.3 工作表常用操作

提出任务

吴明在完成前面数据表的创建和格式设置后，为稳妥起见，想对工作表创建副本，重新制定表名；由于数据表比较大，所以在浏览表中数据时，希望能将数据表分为多个部分分别进行对比查看；在分页打印时，希望能将表的第一行标题和最左端标题能在每一页都添加打印以增强数据表的可读性。对于以上需求，Excel 有对应功能实现吗？

分析任务

对于上述任务要求，同学建议吴明继续在 Excel 中实现，并着重从以下方面学习：

◆ 工作表的常规设置；

◆ 工作表窗口的拆分、冻结等设置；

◆ 工作表的分页打印设置。

实现任务

7.3.1 工作表设置

1. 工作表重命名

系统创建工作表时默认的名字为 Sheet1、Sheet2 等，这样的名称不利于辨别工作表中的内容，可以通过对工作表重命名来修改，右键单击工作表标签，选择“重命名”命令，此时工作表标签变为黑底白字，输入新的工作表名，按 Enter 键确认。

2. 插入、删除、移动和复制工作表

在新建工作簿的同时 Excel 会自动创建三张工作表，在使用过程中还可以根据需要自己创建空白工作表。在工作表标签上单击鼠标右键，在弹出的快捷菜单上选择“插入”，在接下来出现的“插入”对话框中选中工作表，单击“确定”按钮完成。

通过复制操作，工作表可以在同一个工作簿或不同工作簿中创建副本，工作表还可以通过移动操作在同一个工作簿中改变排列顺序，也可以在不同的工作簿间转移。选中需要移动或者复制的工作表，在菜单栏上依次选择“编辑”→“移动或复制工作表”，弹出的对话框如图 7-49 所示。

在此对话框中，“工作簿”下拉列表为移动或复制的目标工作簿位置，可以选择当前工作窗口中所有打开的 Excel 工作簿，默认为当前工作簿，如果要将工作表移动或复制到一个新的工作簿中，可以选择“新工作簿”项。

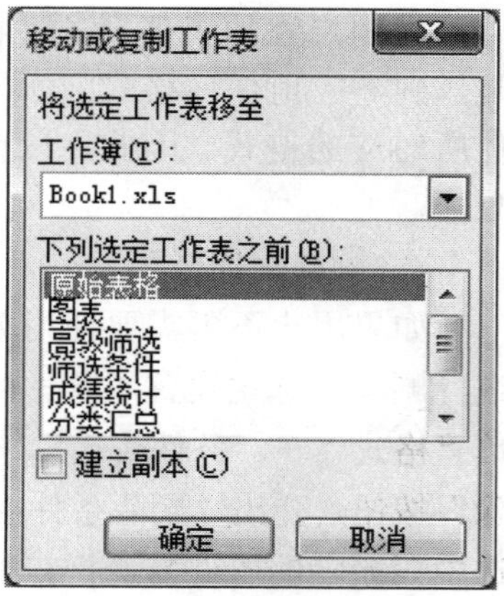

图 7-49 移动或复制工作表

在“下列选定工作表之前”列表框中显示了指定工作簿所包含的全部工作表，用户可以选择移动或复制目标排列位置。“建立副本”复选框是一个操作类型开关，勾选此复选框则为“复制”方式，取消勾选则为“移动”方式。

3. 修改工作表标签颜色

为不同的工作表设置不同的标签颜色，可以提高工作表的分辨效果。右键单击工作表标签，选择“工作表标签颜色”命令，在弹出的“设置工作表标签颜色”对话框中选择合适的颜色，单击“确定”按钮即可。

7.3.2 工作表窗口操作

1. 重排窗口

当 Excel 中打开了多个工作簿窗口时，通过“重排窗口”命令可以以多种形式在同一工作窗口中显示多个工作簿窗口，这样可以在很大程度上方便用户检索和监控表格内容。

例如，在 Book1 工作簿中有三张工作表，可以利用“重排窗口”进行下列操作：

两次选择菜单栏“窗口”→“新建窗口”来创建两个新窗口，再选择菜单栏“窗口”→“重排窗口”，弹出“重排窗口”对话框(图 7-50)后根据需要选择窗口排列方式，单击“确定”按钮，结果如图 7-51 所示。

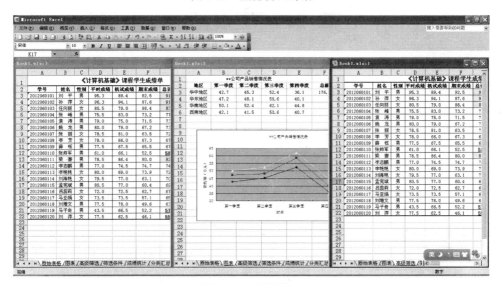

图 7-50　重排窗口对话

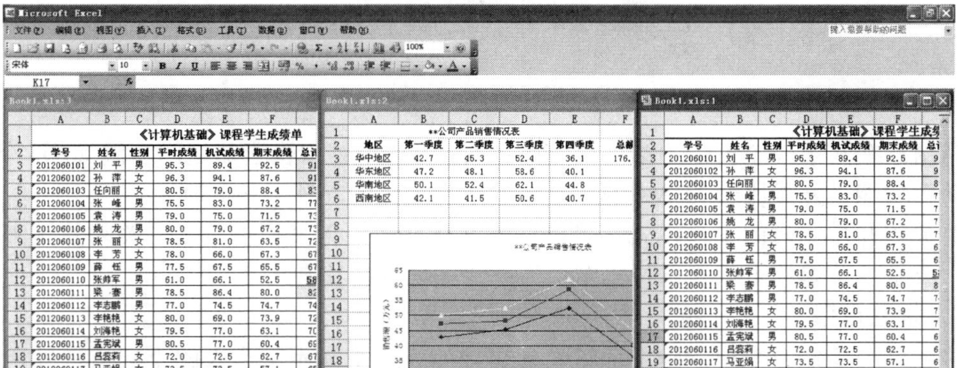

图 7-51　重排窗口

同时，也可以通过手动操作来调整三个窗口的大小和位置。

2. **并排比较**

在有些情况下，用户需要在两个同时显示的窗口中并排比较两个工作表，并要两个窗口中的内容能够同步滚动浏览，就可以用到 Excel 中的新功能“并排比较”。“并排比较”是一种特殊的重排窗口方式，选定需要比较的某个工作簿窗口，在菜单栏上依次选择“窗口” →“并排比较”，弹出“并排比较”对话框，在对话框的窗口列表中选择需要比较的目标工作簿窗口，然后单击“确定”按钮即可将两个工作簿窗口并排显示在 Excel 工作窗口之中，如图 7-52 所示，同时显示“并排比较”工具栏。

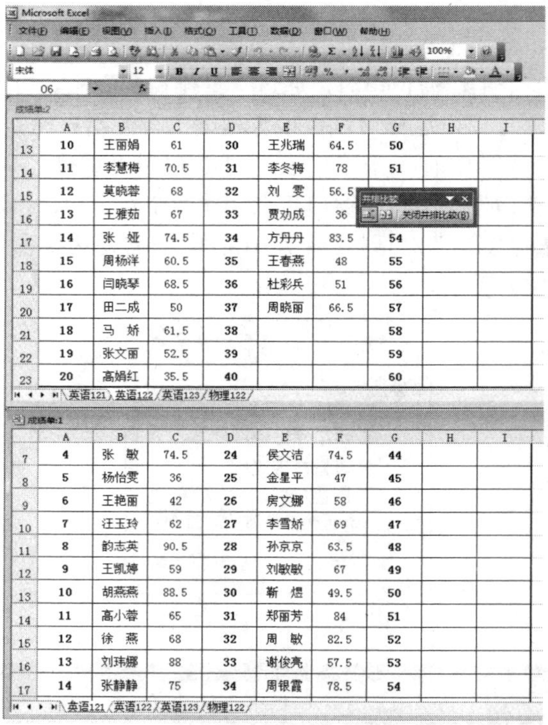

图 7-52 并排比较

当用户在其中一个窗口中滚动浏览内容时，另一个窗口也会随之同步滚动，这个“同步滚动”功能是并排比较与单纯的重排窗口之间最大的功能上的区别。

要关闭并排比较的工作模式，可以在“并排比较”工具栏上单击“关闭并排比较”按钮，或是在菜单栏上依次选择“窗口”→“关闭并排比较”。

3. **拆分窗口**

对于单个工作表来说，除了通过新建窗口的方法来显示工作表的不同位置外，还可以通过“拆分窗口”的方法在现有的工作表窗口中同时显示表的多个区域。

窗口最多可分割成 4 个，使用滚动条可看到同一文档的不同内容在窗口的不同部分。选择“窗口”→“拆分窗口”，就可将当前表格区域沿着刚才选择的活动单元格的左边框和上边框方向拆分为 4 个窗格。如图 7-53，每个拆分得到的窗格都是独立的，用户可以根据自己的需要显示同一个工作表不同位置的内容。要在窗口内去除某拆分条，可将此拆分条拖到窗口边缘或是在拆分条上双击鼠标左键。要取消整个窗口的拆分状态，可以在菜单栏上依次选择“窗口”→“取消拆分”。

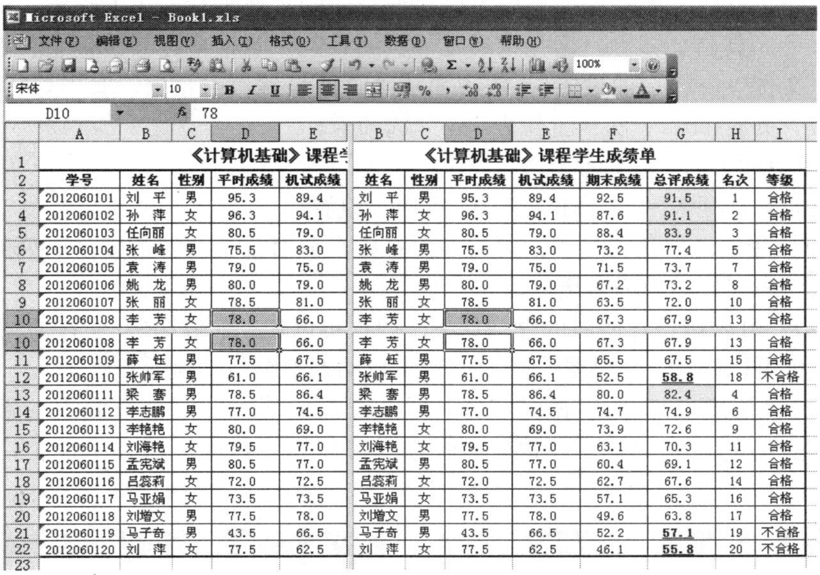

图 7-53　拆分窗口

4. 冻结窗口

工作表太大时，向下滚动将会看不到行列标题，这时可以将行列标题冻结在屏幕上。选定某单元格，选择“窗口”→“冻结窗格”，该单元格上边和左边会出现一条细线，如图 7-54，上边和左边的表格区域就被冻结。滚动浏览工作表时，细线上边和左边的冻结区域始终保持在原位置不动。

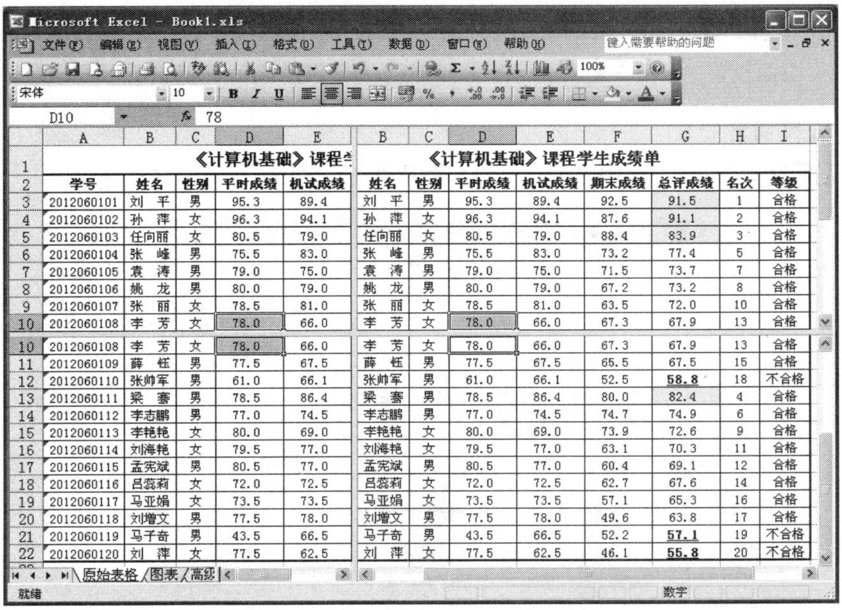

图 7-54　冻结窗口

7.3.3 工作表打印设置

在对工作表打印之前，根据需要可以对要打印的页面进行简单的设置，例如打印方向、纸张大小、页眉页脚等，这些则通过“页面设置”对话框进一步调整。在菜单栏上依次选择“文件”→“页面设置”，可以显示“页面设置”对话框，其中包括“页面”、“页边距”、“页眉/页脚”和“工作表”4 个选项卡。

1. 设置页面

在“页面”选项卡(图 7-55)中可以进行以下设置。

(1) 方向：Excel 默认的打印方向为纵向打印，但对于某些行数较少而列数跨度较大的表格，使用横向打印效果会更好。

(2) 缩放：可以调整打印时的缩放比例。用户可以在“缩放比例”的微调框内选择缩放百分比，也可以让 Excel 根据选择的页数来自动调整缩放比例。

(3) 在“页边距”选项卡(图 7-56)中可以设置上下左右四个方向上的页边距离，以及页眉和页脚到纸张边缘的距离，居中方式可以设置打印区域在页面范围内的对齐方式。

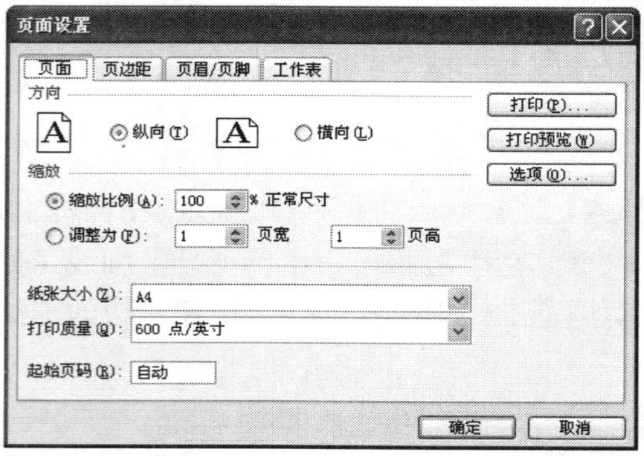

图 7-55 页面设置“页面”选项卡

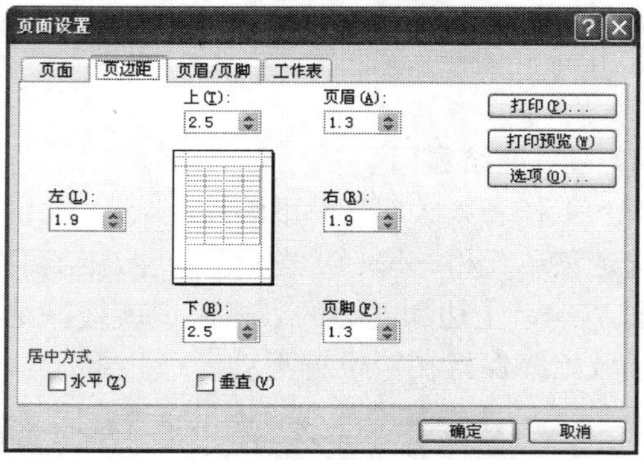

图 7-56 页面设置“页边距”选项卡

2. 设置页眉和页脚

在“页面设置”对话框中选择“页眉/页脚”选项卡，如图 7-57 所示。

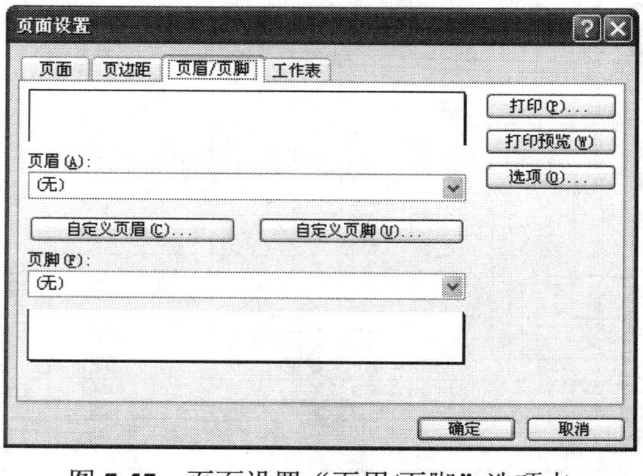

图 7-57 页面设置“页眉/页脚”选项卡

在此对话框中可以对打印输出时的页眉/页脚进行设置。要为当前工作表添加页眉，可以在此对话框中单击 “页眉”列表框的下拉箭头，在下拉列表中显示了 Excel 内置的一些页眉样式，然后单击“确定”按钮完成页眉设置。

如果下拉列表中没有用户中意的页眉样式，也可以单击“自定义页眉”按钮自己来设计页眉的样式。“页眉”对话框如图 7-58 所示。

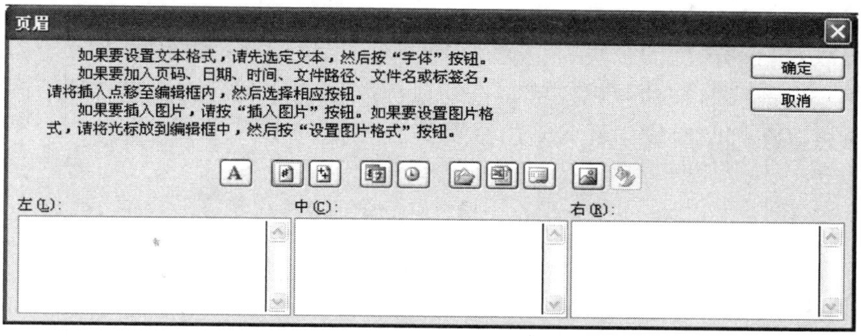

图 7-58　页眉对话框

要删除已经添加的页眉或页脚，可在图 7-57 所示的对话框中，在“页眉”或“页脚”列表框中选择“无”。

3. 打印标题

许多数据表都包含标题行或标题列，在表格内容多到需要打印成多页时，用户会希望标题行或标题列重复显示在每张页面上，设置打印标题可以帮助用户实现这一目的。操作如下：在“页面设置”对话框中选择“工作表”选项卡，如图 7-59，将鼠标定位到“顶端标题行”的编辑栏中，然后在工作表中选中列标题区域，单击“确定”按钮完成设置。

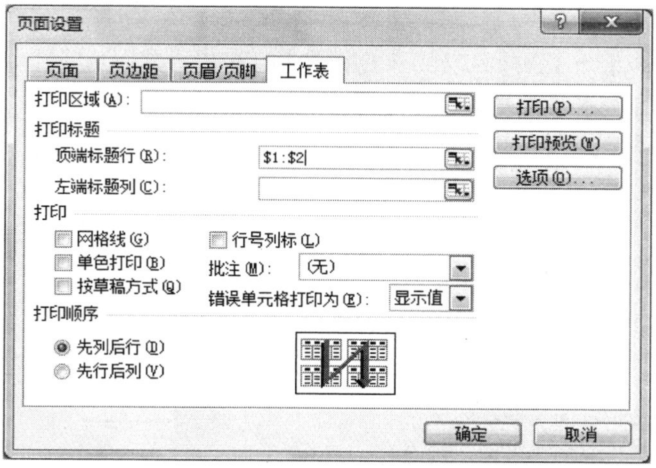

图 7-59　页面设置“工作表”选项卡

4. 分页预览

对于需要最终打印输出的工作表，使用“分页预览”的视图模式可以很方便地显示当前工作表的打印区域以及分页状况，并且可以直接在视图中对分页设置进行调整。在菜单栏上依次选择“视图”→“分页预览”，即可进入分页预览模式。

在分页预览视图中，被粗实线框所围起来的白色表格区域是打印区域，而线框外的灰色区域是非打印区域，打印区域中粗虚线的名称为“自动分页符”，它是 Excel 根据打印区域和页面范围自动设置的分页标志。在打印区域中，背景上的灰色水印显示了此区域的页号，这些页号显示以及它们与分页符所指示的区域即为实际打印输出时纸张页面上的分布情况。

用户可以对自动产生的分页符位置进行调整，将鼠标移至虚线的上方，当鼠标指针显示为黑色双向箭头时按住鼠标左键，拖动鼠标以移动分页符的位置。除了调整分页符位置外，还可以在打印区域中插入新的分页符。

7.4　实验实践

【实验实践目的】

1. 掌握 Excel 中数据簿与数据表的关系；
2. 掌握数据表的编辑方法，如复制、移动、重命名等；
3. 掌握对数据表的公式计算；
4. 掌握对数据表的格式设置。

【实验实践内容】

1. 结合下图，在 Excel 中创建文件 excel1.xls，在其中 sheet1 表中输入如图所示数据表，并进行如下格式设置：

(1) 将标题“正大商场一季度销售统计表”的字号改为 14，加粗，并将 A3:E3 合并及居中；

(2) 为整个表格添加 1.5 磅的双线条边框线和 1.2 磅内部单线条；

(3) 将表中所有文本信息垂直和水平居中；

(4) 为标题行添加红色底纹。

	A	B	C	D	E
1	正大商场一季度销售统计表				
2	编 号	品 名	单 价	销售量	销售金额
3		液晶电视	4241	385	
4		摄像机	6500	103	
5		冰箱	4360	311	
6		抽油烟机	2410	87	
7		洗衣机	2050	258	
8		空调	3190	459	
9	总销售额				

2. 结合上图，在 Excel 中对已创建文件 excel1.xls 中 sheet1 数据表中的数据，进行如下数据设置与计算：

(1) 将表格中的“摄像机”改为“数码照相机”；

(2) 填写“编号”栏(编号从 S001 到 S006)；

(3) 用公式求出各商品的销售金额(销售金额=单价*销售量)；

(4) 用公式求出“总销售额”填入相应的蓝色单元格内(总销售额等于所有品名的销售金额之和)。

3. 新建工作簿文件 excel3.xls，按下图所示输入内容，并完成下列操作：

	A	B	C	D	E	F	G	H
1	学生信息表							
2	序号	学号	姓名	性别	出生日期	政治面貌	联系电话	宿舍
3	1	2013050101	李继	男	1995-8-4	共青团员	13326854965	301
4	2	2013050102	张杰	男	1995-6-13	群众	13649852465	301
5	3	2013050103	黎明	男	1995-8-16	群众	15012584596	302
6	4	2013050104	王皖	女	1995-6-30	预备党员	15103625896	407
7	5	2013050105	佟小明	男	1995-7-18	群众	18925647841	302
8	6	2013050106	艾冲	男	1996-1-2	共青团员	18901254156	302
9	7	2013050107	代冰	女	1995-3-28	预备党员	15023698547	407
10	8	2013050108	王海	男	1995-7-14	群众	13758964152	306
11	9	2013050109	邱月清	男	1995-9-16	群众	13124854169	302
12	10	2013050110	李广	男	1995-9-30	预备党员	13326847512	306
13	11	2013050111	黄世杰	男	1995-11-24	共青团员	13625489874	306
14	12	2013050112	荣研	女	1995-12-7	共青团员	13695864785	407
15	13	2013050113	杜艳	女	1995-5-26	群众	13326847591	408
16	14	2013050114	关见	男	1995-8-16	共青团员	15124698632	307
17	15	2013050115	王立平	男	1994-12-25	共青团员	15029865412	307

(1) 将 A1：H1 区域合并为一个单元格，内容水平居中；

(2) 将标题文字“学生信息表”设置为黑体，加粗，16 号，字为黑色，其他数据设置为宋体，10 号；

(3) 将表格行高设置为 16，列宽设置为最适合的列宽；

(4) 设置表格中的数据对齐方式为水平居中，垂直居中；

(5) 将工作表命名为学生信息表；

(6) 为表格设置蓝色粗线外边框以及蓝色细线内框；

(7) 利用条件格式，将政治面貌为“预备党员”的单元格设置为黄色底纹。

完成后表格效果如下图所示。

	A	B	C	D	E	F	G	H
1	**学生信息表**							
2	序号	学号	姓名	性别	出生日期	政治面貌	联系电话	宿舍
3	1	2013050101	李继	男	1995-8-4	共青团员	13326854965	301
4	2	2013050102	张杰	男	1995-6-13	群众	13649852465	301
5	3	2013050103	黎明	男	1995-8-16	群众	15012584596	302
6	4	2013050104	王皖	女	1995-6-30	预备党员	15103625896	407
7	5	2013050105	佟小明	男	1995-7-18	群众	18925647841	302
8	6	2013050106	艾冲	男	1996-1-2	共青团员	18901254156	302
9	7	2013050107	代冰	女	1995-3-28	预备党员	15023698547	407
10	8	2013050108	王海	男	1995-7-14	群众	13758964152	306
11	9	2013050109	邱月清	男	1995-9-16	群众	13124854169	302
12	10	2013050110	李广	男	1995-9-30	预备党员	13326847512	306
13	11	2013050111	黄世杰	男	1995-11-24	共青团员	13625489874	306
14	12	2013050112	荣研	女	1995-12-7	共青团员	13695864785	407
15	13	2013050113	杜艳	女	1995-5-26	群众	13326847591	408
16	14	2013050114	关见	男	1995-8-16	共青团员	15124698632	307
17	15	2013050115	王立平	男	1994-12-25	共青团员	15029865412	307

学生信息表 / Sheet2 / Sheet3 /

4. 新建工作簿文件 excel4.xls，按图所示输入文字内容，并完成下列操作：

	A	B	C	D	E	F	G	H
1	员工工资表							
2	编号	姓　名	基本工资	岗位津贴	奖励工资	应发工资	应扣工资	实发工资
3	001	王　敏	1200	600	644		25	
4	002	丁伟光	1000	580	500		12	
5	003	吴兰兰	1500	640	510		0	
6	004	许光明	800	620	450		0	
7	005	程坚强	900	450	480		15	
8	006	姜玲燕	750	480	480		58	
9	007	周兆平	1200	620	580		20	
10	008	赵永敏	1050	560	446		0	
11	009	黄永良	1800	850	850		125	
12	010	梁泉涌	1500	700	480		64	
13	011	任广明	800	550	580		32	
14	012	郝海平	900	350	650		0	

(1) 将 A1：H1 区域合并为一个单元格，内容水平居中；

(2) 将标题文字“员工工资表”设置为黑体，加粗，16 号，字为蓝色，加单下划线，其他数据设置为宋体，10 号；

(3) 将表格行高设置为 16，列宽设置为最适合的列宽；

(4) 设置表格中的数据对齐方式为水平居中，垂直居中；

(5) 将工作表命名为员工工资表；

(6) 为表格添加蓝色双细线的外边框；

(7) 利用公式计算应发工资和实发工资，应发工资=基本工资+岗位津贴+奖励工资，实发工资=应发工资-应扣工资；

(8) 利用条件格式将实发工资大于等于 2500 的单元格字体设置为加粗红色、双下划线。

第 8 章　Excel 综合应用

Excel 具有强大的数据统计和分析功能，不仅提供了丰富的函数以方便用户进行各种计算统计，还提供了筛选、分类汇总、排序等数据分析功能。用户可借助这些功能高效、准确、灵活地处理数据，让数据的表现力更全面。

8.1　Excel 函数计算

提出任务

吴明将做好的“计算机基础”成绩单交给王老师，获得了王老师的肯定。为进一步提高吴明的应用能力，王老师希望吴明在此基础上对这门课的成绩进行进一步计算统计：首先根据总评成绩统计每位学生的排名及其等级划分，如图 8-1 所示；其次，完成如图 8-2 所示的成绩分析表。

通过前一段时间的学习，吴明掌握了 Excel 的基本计算功能，但在对名次、等级、人数和平均分数等项目的计算时，还是遇到了困难，不知道如何快速得到结果。于是吴明继续向高年级同学请教，在同学的帮助与指引下，吴明顺利完成了王老师布置的任务。

《计算机基础》成绩单

学号	姓名	性别	平时成绩	机试成绩	期末成绩	总评成绩	名次	等级
2012060101	李　芳	女	78.0	66.0	67.3	67.9	22	合格
2012060102	刘　平	男	95.3	89.4	92.5	91.5	1	合格
2012060103	张帅军	男	61.0	66.1	52.5	**58.8**	27	不合格
2012060104	张　丽	女	78.5	81.0	63.5	72.0	15	合格
2012060105	张　峰	男	75.5	83.0	73.2	77.4	5	合格
2012060106	袁　涛	男	79.0	75.0	71.5	73.7	9	合格
2012060107	姚　龙	男	80.0	79.0	67.2	73.2	10	合格
2012060108	薛　钰	男	77.5	67.5	65.5	67.5	24	合格
2012060109	孙　萍	女	96.3	94.1	87.6	91.1	2	合格
2012060110	任向丽	女	80.5	79.0	88.4	83.9	3	合格
2012060111	孟宪斌	男	80.5	77.0	60.4	69.1	21	合格
2012060112	马亚娟	女	73.5	73.5	57.1	65.3	25	合格
2012060113	吕蕊莉	女	72.0	72.5	62.7	67.6	23	合格
2012060114	刘增文	男	77.5	78.0	49.6	63.8	26	合格

图 8-1　“计算机基础”成绩单

成绩分析表

最高分	
最低分	
平均分	
参加考试人数	
及格率	
男生人数	
女生人数	
男生平均分	
女生平均分	

图 8-2　成绩分析表

分析任务

通过进一步的学习，吴明明确了要完成以上王老师提出的计算任务，需要借助于函数。Excel 提供了很多函数，这些函数可以加速数据的计算，将函数与公式复制相结合，为用户进行数据统计计算提供了方便。作为练习，吴明对以下几类函数进行了重点学习：

◆ 常用函数：sum、average、count、if。

◆ 统计函数：countif、sumif、rank。

实现任务

8.1.1 理解 Excel 函数

Excel 函数是由 Excel 内部预先定义并按照特定的顺序、结构来执行计算、分析等数据处理任务的功能模块。函数通常由函数名称、括号、参数构成，例如 sum(C1:C10)。

8.1.2 Excel 中常用函数

1. sum 函数

sum 函数是用户在实际工作中使用最多的函数之一，它可以对指定的单元格区域、数值型数组进行求和运算。例如，计算图 8-3 中各地区的销售总额。

	A	B	C	D	E	F
1	**公司产品销售情况表					
2	地区	第一季度	第二季度	第三季度	第四季度	总额
3	华中地区	42.7	45.3	52.4	36.1	
4	华东地区	47.2	48.1	58.6	40.1	
5	华南地区	50.1	52.4	62.1	44.8	
6	西南地区	42.1	41.5	50.6	40.7	

图 8-3 **公司产品销售情况表

计算华中地区销售总额，应该通过对华中地区第一到第四季度销售额求和来得出，利用第 7 章介绍的公式可以轻松实现，即=B3+C3+D3+E3，但是当求和项目比较多时，手工输入每个单元格的地址是非常麻烦的，而且容易出错，sum 函数可以解决这个问题。

sum 函数的语法形式为 sum(number1，number2，…)，number1 和 number2 分别代表参与求和的运算量，可以是具体的数值，也可以是单元格或者区域。

插入函数的方法为，单击和值存放的 F3 单元格，使其成为活动单元格，依次选择菜单栏“插入”→“函数”，打开“插入函数”对话框，如图 8-4 所示，如果用户对函数所属类别不太熟悉，可以在对话框的“搜索函数”文本框里输入简单的描述寻找合适的函数。

在本例中，我们选择常用函数中的 sum 函数，选定之后可以看到在对话框下方出现对于该函数的说明，计算单元格区域中所有数值的和，单击“确定”按钮，打开“函数参数”对话框，见图 8-5。

可以在文本框中输入要求和的单元格地址，也可以通过鼠标拖曳的方式选定求和区域。在本例中，参与求和的单元格恰好位于一片连续区域，利用鼠标拖曳的方式选定区域，对话框下方出现求和结果，单击“确定”按钮。

如图 8-6 所示，F3 单元格中显示华中地区的销售总额，其余几个地区的总额可以通过复制功能来实现，关于函数的复制，在第 7 章中有详细说明。

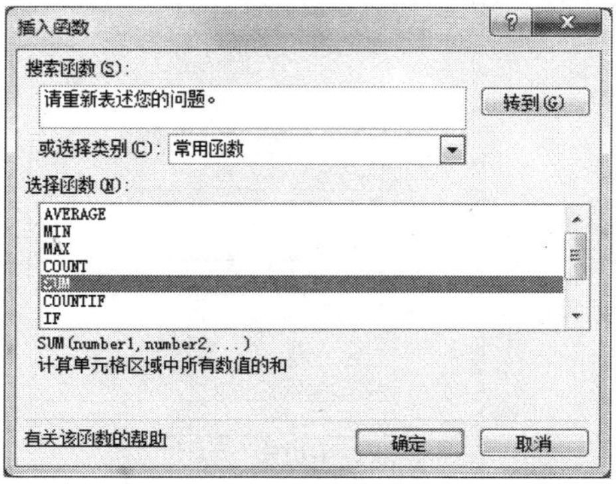

图 8-4　“插入函数”对话框

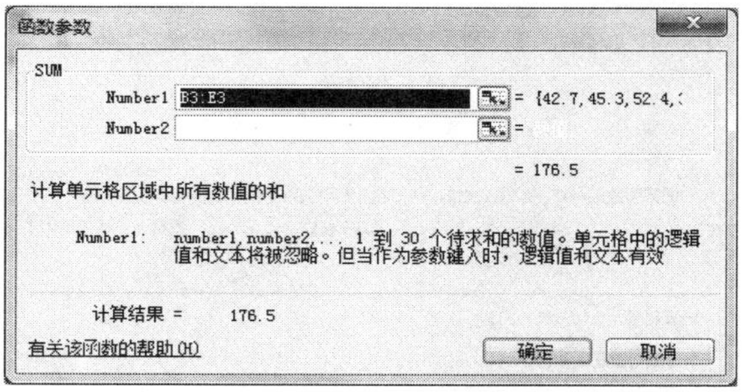

图 8-5　“函数参数”对话框

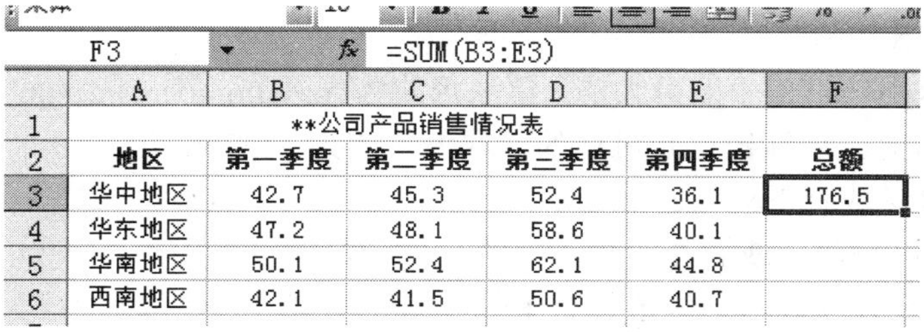

	A	B	C	D	E	F
1	**公司产品销售情况表					
2	地区	第一季度	第二季度	第三季度	第四季度	总额
3	华中地区	42.7	45.3	52.4	36.1	176.5
4	华东地区	47.2	48.1	58.6	40.1	
5	华南地区	50.1	52.4	62.1	44.8	
6	西南地区	42.1	41.5	50.6	40.7	

图 8-6　sum 函数计算总额

2. average 函数

average 函数的语法样式为 average (number1，number2，...)，number1 和 number2 分别代表参与求平均值的运算量，可以是具体的数值，也可以是单元格或者区域。average 函数只计算参数或参数所包含每一个数值单元格(或通过公式计算得到的数值)的平均数，不计算非数值区域；为空的单元格不会被计算，但为 0 的单元格会被计算。

本节成绩统计表中要计算平均分，average 函数即可实现这个功能。操作如下：激活 M7 单元格，依次选择菜单栏“插入”→“函数”，打开“插入函数”对话框，选择 average 函数，单击“确定”，打开函数参数对话框，如图 8-7 所示，在 number1 后的文本框中系统会给出一个计算平均值的区域，在本例中，该默认区域错误，用鼠标划出正确的区域 G3:G32，如图 8-8 所示，单击“确定”，计算完成，结果见图 8-9。

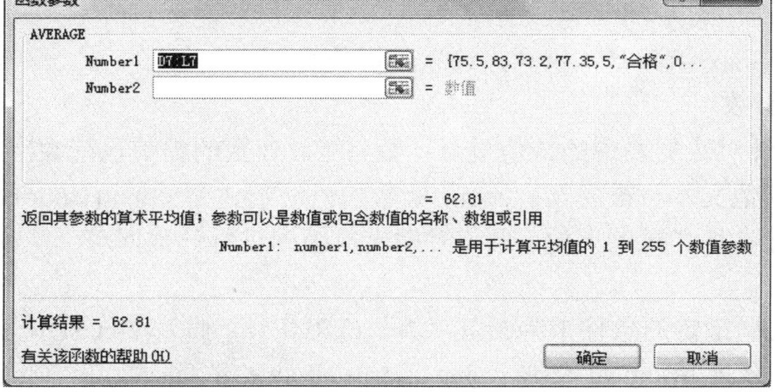

图 8-7　“函数参数”对话框

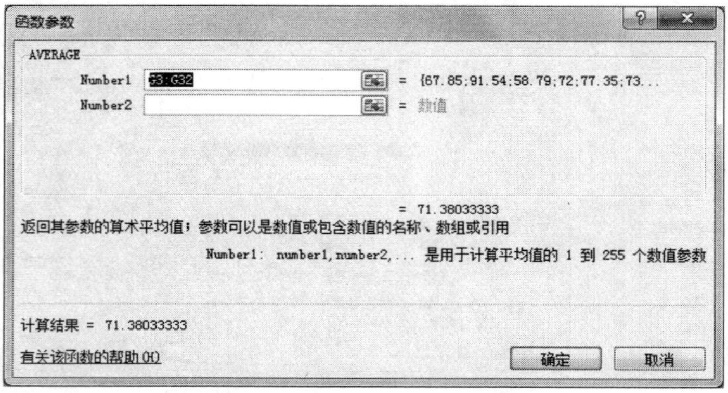

图 8-8 “函数参数”对话框

成绩分析表	
最高分	
最低分	
平均分	71.4
参加考试人数	
及格率	
男生人数	
女生人数	
男生平均分	
女生平均分	

图 8-9 成绩分析表

3. max 函数

max 函数返回一组值中的最大值，语法形式为 max(number1，[number2]，...)，其中 number1 是必需的，后续数值是可选的，取值范围为 1～255 个。

max 函数对参数有下列要求：

(1) 参数可以是数字或者是包含数字的名称、数组或引用。

(2) 逻辑值和直接键入到参数列表中代表数字的文本被计算在内。

(3) 如果参数不包含数字，函数 max 返回 0(零)。

在本案例中，要计算总评成绩的最大值，使用 max 函数，函数参数设置如图 8-10 所示。

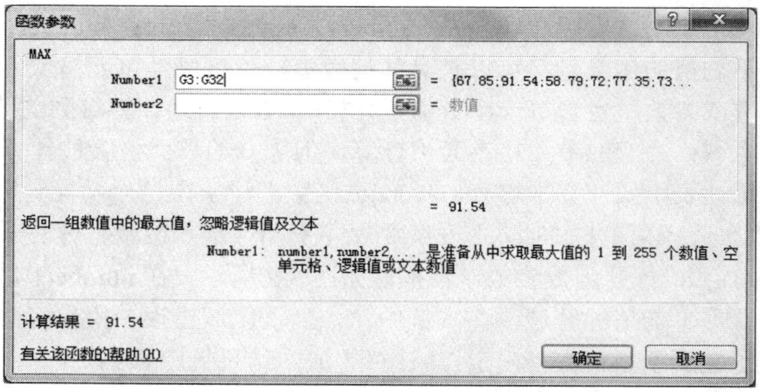

图 8-10 “函数参数”对话框

min 函数和 max 函数基本相同，这里不再赘述。

4. count 函数

count 函数针对数据表中的数值进行计数，能被计数的数值包括数字和日期，而错误值、逻辑值或其他文本将被忽略。count 函数的语法形式为 count(value1，value2，…)，在本例中要统计参加考试的人数，只需对期末成绩列进行计数即可，参数设置见图 8-11。

5. if 函数

if 函数是根据指定的条件来判断其“真”(TRUE)、“假”(FALSE)，从而返回相应的内容。其语法形式为 if(logical_test，value_if_true，value_if_false)。其中 logical_test 表示计算结果为 TRUE 或 FALSE 的任意值或表达式。例如，G3>=60 就是一个逻辑表达式，如果单元格 G3 中的值大于等于 60，表达式即为 TRUE，否则为 FALSE，本参数可使用任何比较运算符。

(1) value_if_true logical_test 为 TRUE 时返回的值。例如，如果本参数为文本字符串“优秀”而且 logical_test 参数值为 TRUE，则 if 函数将显示文本“优秀”。value_if_true 也可以是其他公式或函数。

(2) value_if_false logical_test 为 FALSE 时返回的值。例如，如果本参数为文本字符串“良好”而且 logical_test 参数值为 FALSE，则 if 函数将显示文本“良好”。Value_if_false 也可以是其他公式或函数。

(3) IF 函数可以嵌套七层，用 value_if_false 及 value_if_true 参数可以构造复杂的检测条件，8.3 节会详细讲解 if 函数的嵌套。

本例根据总评成绩是否大于 60 来划分等级合格与不合格，激活 I3 单元格，插入 if 函数，打开“函数参数”对话框，如图 8-12 所示，判断总评成绩是否大于 60，即 G3>=60 是真或假，如果为真，则在 I3 单元格填入“合格”，否则填入“不合格”。

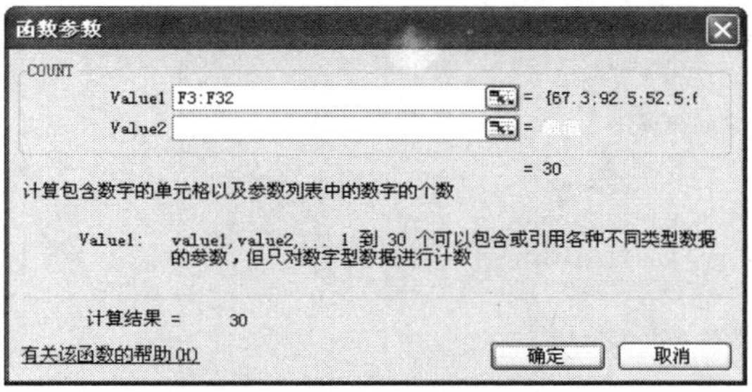

图 8-11　“函数参数”对话框

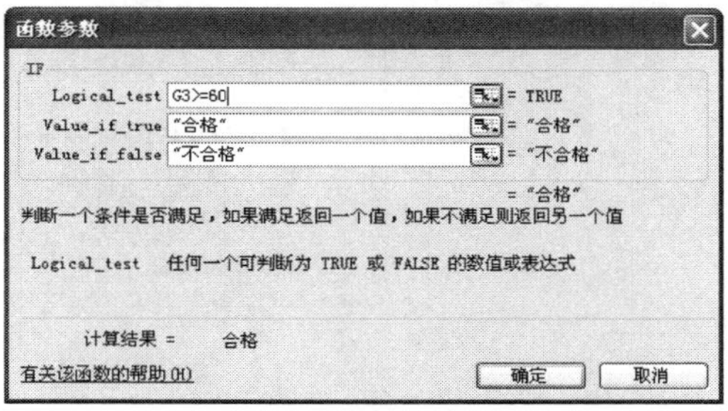

图 8-12　“函数参数”对话框

6. rank 函数

对数据进行排位或标注成绩名次是统计工作中的典型应用之一，Excel 提供了几个函数来辅助实现这样的需求。其中 rank 函数是比较常用的排名函数之一。

rank 的语法格式为 rank(number，ref，order)，其中 number 必须有一个数字值，ref 必须是一个单元格区域，包含数字数据值，可选的是 order，代表排位方式。如果省略 order，或者将它设置为 0(零)，即按照降序方式进行排位，如果 order 设置为非零值，则按升序方式排位。

本例按照学生总评成绩进行排位，插入 rank 函数，参数设置如图 8-13 所示。在这里之所以把第二个参数设置为绝对引用是为了后续对此函数进行复制，关于相对引用和绝对引用对公式、函数复制的影响，前面已有说明。

7. countif 函数

countif 函数主要用于有目的地统计工作表中满足指定条件的数据个数。countif 函数语法为 countif(range，criteria)，参数 range 必须是对单元格区域的直接引用或由引用函数产生的间接引用，不能使用常量数组或公式运算后的内存数组。要统计参加考试的男生人数，只需统计性别列中有多少个单元格为“男”即可，参数设置如图 8-14 所示。

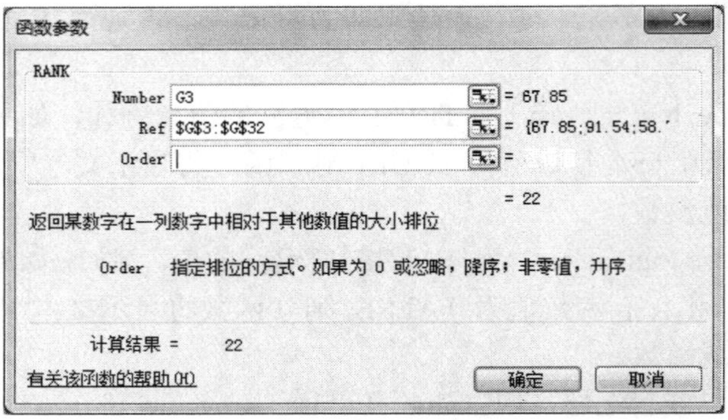

图 8-13 “函数参数”对话框

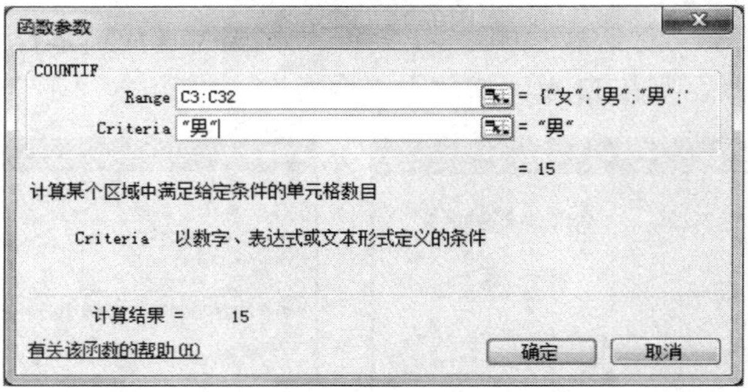

图 8-14 “函数参数”对话框

及格率则是总评成绩大于等于 60 的学生人数除以参加考试的学生总数，也要使用 countif 函数实现，参数设置如图 8-15 所示。

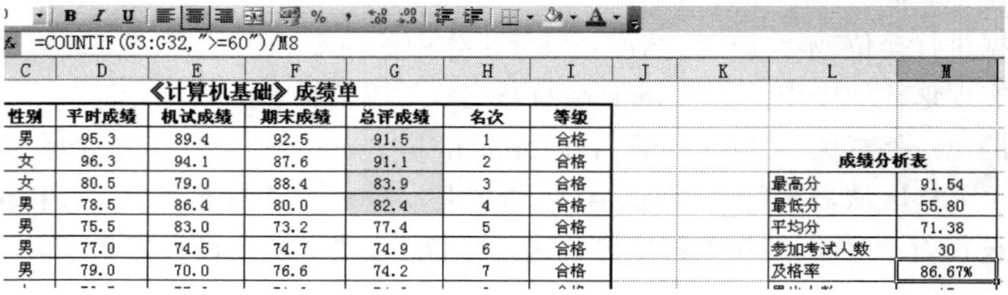

=COUNTIF(G3:G32,">=60")/M8

《计算机基础》成绩单

性别	平时成绩	机试成绩	期末成绩	总评成绩	名次	等级
男	95.3	89.4	92.5	91.5	1	合格
女	96.3	94.1	87.6	91.1	2	合格
女	80.5	79.0	88.4	83.9	3	合格
男	78.5	86.4	80.0	82.4	4	合格
男	75.5	83.0	73.2	77.4	5	合格
男	77.0	74.5	74.7	74.9	6	合格
男	79.0	70.0	76.6	74.2	7	合格

成绩分析表

最高分	91.54
最低分	55.80
平均分	71.38
参加考试人数	30
及格率	86.67%

图 8-15 成绩分析表

8. sumif 函数

sumif 函数是根据指定条件对若干单元格、区域或引用求和。语法形式为 sumif(range，criteria，sum_range)。第一个参数 range 为条件区域，用于条件判断的单元格区域。参数 criteria 是求和条件，是由数字、逻辑表达式等组成的判定条件。第三个参数 sum_range 为实际求和区域，需要求和的单元格、区域或引用。当省略第三个参数时，则条件区域就是实际求和区域。

criteria 参数中可以使用通配符(包括问号 (?) 和星号 (*))。问号匹配任意单个字符；星号匹配任意一串字符。如果要查找实际的问号或星号，请在该字符前键入波形符 (~)。

例如，在本例中要求男生的平均分，首先要计算男生的总分，在这里就需要用到 sumif

函数。根据性别列进行判断，如果性别为男，则对总评成绩求和。参数设置如图 8-16 所示，得到男生的总分为 1077.49。再除以前面计算得到的男生人数，如图 8-17 所示，即可求得男生的平均成绩。女生平均分用同样的方法计算得到。

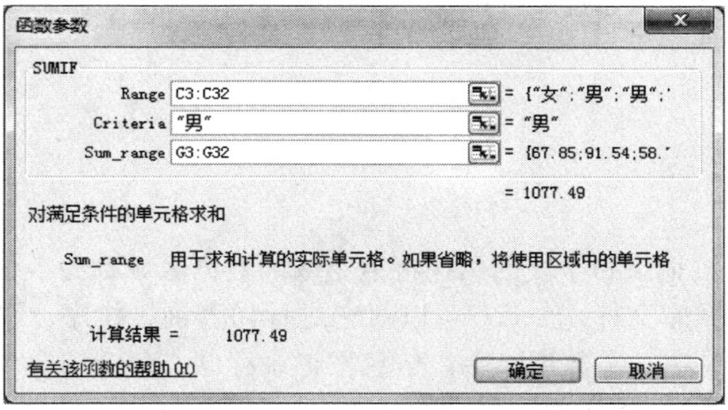

图 8-16　“函数参数”对话框

=SUMIF(C3:C32,"男",G3:G32)/M10

《计算机基础》成绩单

性别	平时成绩	机试成绩	期末成绩	总评成绩	名次	等级
女	78.0	66.0	67.3	67.9	22	合格
男	95.3	89.4	92.5	91.5	1	合格
男	61.0	66.1	52.5	58.8	27	不合格
女	78.5	81.0	63.5	72.0	15	合格
男	75.5	83.0	73.2	77.4	5	合格
男	79.0	75.0	71.5	73.7	9	合格
男	80.0	79.0	67.2	73.2	10	合格
男	77.5	67.5	65.5	67.5	24	合格
女	96.3	94.1	87.6	91.1	2	合格
女	80.5	79.0	88.4	83.9	3	合格
男	80.5	77.0	60.4	69.1	21	合格
女	73.5	73.5	57.1	65.3	25	合格

成绩分析表

最高分	91.54
最低分	55.80
平均分	71.38
参加考试人数	30
及格率	86.67%
男生人数	15
女生人数	15
男生平均分	71.83
女生平均分	68.34

图 8-17　成绩分析表

8.2　数据统计与分析

提出任务

根据前述成绩表，王老师要求吴明进一步对表中数据进行分析统计，完成以下要求：

1. 对成绩表数据按照总评成绩降序，总评成绩相同时按学号降序的顺序排序显示；
2. 分别统计并对比分析成绩表中男女生总评成绩的平均值；
3. 分别分析查看不同成绩等级男女生的成绩信息。

以上要求是在不改变原表中数据结果的前提下进行的。

分析任务

有了前面对 Excel 函数计算功能的掌握与体验，吴明对上述任务要求有了解决的信心。通过学习，吴明明确了 Excel 具有丰富强大的数据分析统计功能，上述任务就需要从以下几方面学习：

◆ 排序：Excel 支持多关键字排序，用以将表中数据的显示次序按要求进行调整。

◆ 分类汇总：在不改变原数据的前提下，用于将表中数据分门别类进行汇总统计。

◆ 筛选：用于将表中满足条件的数据进行显示，将不满足条件的数据进行隐藏，使用户可以对表中数据更加灵活地运用。

实现任务

8.2.1 数据清单

在 Excel 中，按记录和字段的结构特点组成的数据区域称为数据清单。一张数据清单可以看作一个数据库文件，Excel 可以对它进行如查询、排序、筛选以及分类汇总等数据库的基本操作。在一个数据库中，信息按记录存储。每个记录中包含信息内容的各项称为字段，如图 8-18 所示。

8.2.2 排序

对数据进行排序是 Excel 最常见的应用之一。在数据清单中，针对某些列的数据，可以用数据菜单中的排序命令来重新组织行的顺序。可以选择数据和选择排序次序，如图 8-19 所示，或建立和使用一个自定义排序次序。

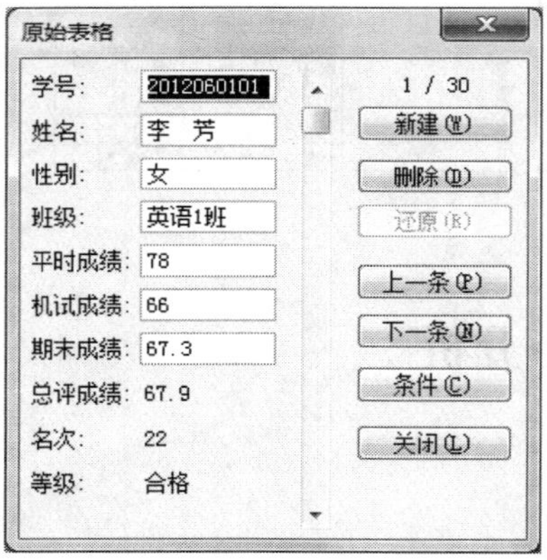

图 8-18 数据清单

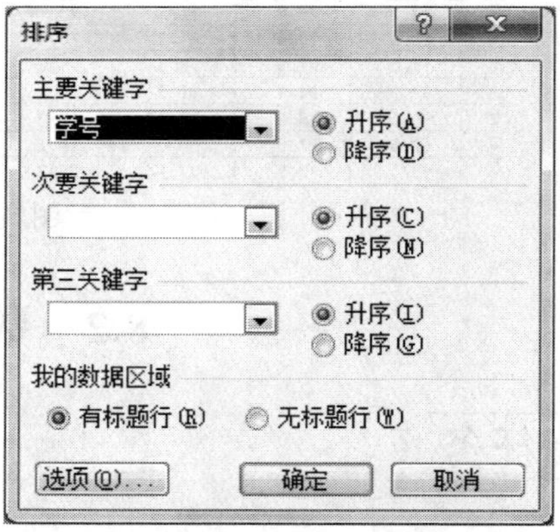

图 8-19 “排序”对话框

1. 排序原则

数据排序时，Excel 会遵循以下原则：

(1) 如果根据某一列来作排序，那么在该列上有完全相同项的行将保持它们的原始次序。

(2) 在排序列中有空白单元格的行会被放置在排序的数据清单的最后。

① 隐藏行不会被移动，除非它们是分级显示的一部分。

② 排序选项如选定的列、顺序(递增或递减)和方向(从上到下或从左到右)等，在最后一次排序后便会被保存下来，直到修改它们或修改选定区域或列标记为止。

③ 如果按一列以上作排序，主要列中有完全相同项的行会根据指定的第二列作排

序。第二列中有完全相同项的行会根据指定的第三列作排序。

2. 排序步骤

(1) 选中数据清单的某一单元格。

(2) 选择“数据”→“排序”，弹出“排序”对话框(图 8-20)。在对话框中可以指定排序的主要关键字和次要关键字，并设定按升序或是降序排列。如果在数据清单中的第一行包含列标记，在“当前数据清单”框中选定“有标题行”选项按钮，以使该行排除在排序之外，或选定“没有标题行”使该行也被排序。

(3) 单击“选项”按钮，弹出“排序选项”对话框(图 8-21)。可指定自定义的排列顺序，也可以指定在排列时是否区分大小写，或将排序方向改为按行排序。

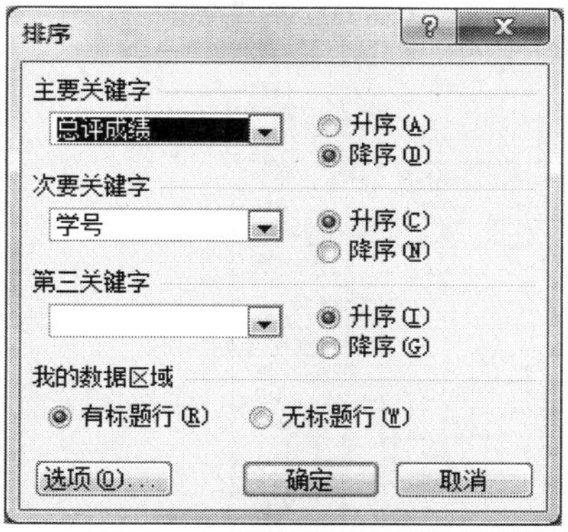

图 8-20　“排序”对话框

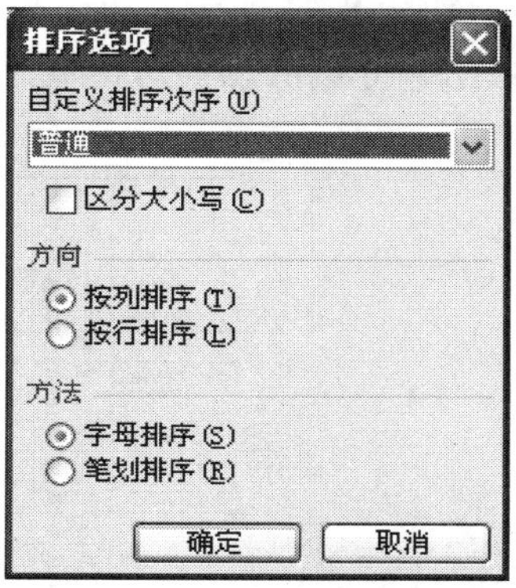

图 8-21　“排序选项”对话框

(4) 选定相应的选项后，单击“确定”按钮就可以完成排序，结果如图 8-22 所示。

	A	B	C	D	E	F	G	H	I
1	《计算机基础》成绩单								
2	学号	姓名	性别	平时成绩	机试成绩	期末成绩	总评成绩	名次	等级
3	2012060102	刘　平	男	95.3	89.4	92.5	91.5	1	合格
4	2012060109	孙　萍	女	96.3	94.1	87.6	91.1	2	合格
5	2012060110	任向丽	女	80.5	79.0	88.4	83.9	3	合格
6	2012060117	梁　謇	男	78.5	86.4	80.0	82.4	4	合格
7	2012060105	张　峰	男	75.5	83.0	73.2	77.4	5	合格
8	2012060118	李志鹏	男	77.0	74.5	74.7	74.9	6	合格
9	2012060129	唐　风	男	79.0	70.0	76.6	74.2	7	合格
10	2012060125	靳晓光	女	78.5	77.0	71.0	74.2	8	合格
11	2012060106	袁　涛	男	79.0	75.0	71.5	73.7	9	合格
12	2012060107	姚　龙	男	80.0	79.0	67.2	73.2	10	合格
13	2012060124	康文霞	女	81.0	76.5	68.3	72.9	11	合格
14	2012060123	李　昶	男	78.5	70.5	73.5	72.8	12	合格
15	2012060119	李艳艳	女	80.0	69.0	73.9	72.6	13	合格
16	2012060121	李瑞娟	女	74.5	80.0	65.8	72.4	14	合格
17	2012060104	张　丽	女	78.5	81.0	63.5	72.0	15	合格
18	2012060130	魏　静	女	77.0	76.0	66.5	71.4	16	合格
19	2012060127	陈　曦	男	79.5	74.0	67.0	71.1	17	合格
20	2012060122	李菊兰	女	78.5	71.0	69.1	70.8	18	合格
21	2012060126	赵　鑫	男	79.5	78.0	62.3	70.3	19	合格
22	2012060116	刘海艳	女	79.5	77.0	63.1	70.3	20	合格
23	2012060111	孟宪斌	男	80.5	77.0	60.4	69.1	21	合格
24	2012060101	李　芳	女	78.0	66.0	67.3	67.9	22	合格
25	2012060113	吕蕊莉	女	72.0	72.5	62.7	67.6	23	合格
26	2012060108	薛　钰	男	77.5	67.5	65.5	67.5	24	合格
27	2012060112	马亚娟	女	73.5	73.5	57.1	65.3	25	合格
28	2012060114	刘增文	男	77.5	78.0	49.6	63.8	26	合格
29	2012060103	张帅军	男	61.0	66.1	52.5	**58.8**	27	不合格
30	2012060120	马子奇	男	43.5	66.5	52.2	**57.1**	28	不合格
31	2012060128	方　怡	女	51.0	60.0	54.1	**56.2**	29	不合格
32	2012060115	刘　萍	女	77.5	62.5	46.1	**55.8**	30	不合格
33									

图 8-22　排序结果

对数据排序时，除了能够使用“排序”命令外，还可以利用工具栏上的两个排序按钮A↓Z和Z↓A。其中A到Z代表递增，Z到A代表递减。

8.2.3 分类汇总

分类汇总是 Excel 中最常用的功能之一，它能够快速地以某一个字段为分类项，对数据列表中的数值字段进行分门别类的统计计算，如求和、计数、平均值、最大值、最小值、乘积等。

例如，可以按照性别来汇总总评成绩的平均分，步骤为：

单击数据清单的某一单元格，选择“数据”→“排序”，按照分类字段对数据列表进行排序，如图 8-23 所示，该步骤相当于按性别进行分类。然后选择“数据”→“分类汇总”，弹出“分类汇总”对话框，如图 8-24 所示。

	A	B	C	D	E	F	G	H	I
1	《计算机基础》成绩单								
2	学号	姓名	性别	平时成绩	机试成绩	期末成绩	总评成绩	名次	等级
3	2012060102	刘 平	男	95.3	89.4	92.5	91.5	1	合格
4	2012060103	张帅军	男	61.0	66.1	52.5	58.8	27	不合格
5	2012060105	张 峰	男	75.5	83.0	73.2	77.4	5	合格
6	2012060106	袁 涛	男	79.0	75.0	71.5	73.7	9	合格
7	2012060107	姚 龙	男	80.0	79.0	67.2	73.2	10	合格
8	2012060108	薛 钰	男	77.5	67.5	65.5	67.5	24	合格
9	2012060111	孟宪斌	男	80.5	77.0	60.4	69.1	21	合格
10	2012060114	刘增文	男	77.5	78.0	49.6	63.8	26	合格
11	2012060117	梁 赛	男	78.5	86.4	80.0	82.4	4	合格
12	2012060118	李志鹏	男	77.0	74.5	74.7	74.9	6	合格
13	2012060120	马子奇	男	43.5	66.5	52.2	57.1	28	不合格
14	2012060123	李 昶	男	78.5	70.5	73.5	72.8	12	合格
15	2012060126	赵 鑫	男	79.5	78.0	62.3	70.3	19	合格
16	2012060127	陈 曦	男	79.5	74.0	67.0	71.1	17	合格
17	2012060129	唐 风	男	79.0	70.0	76.6	74.2	7	合格
18	2012060101	李 芳	女	78.0	66.0	67.3	67.9	22	合格
19	2012060104	张 丽	女	78.5	81.0	63.5	72.0	15	合格
20	2012060109	孙 萍	女	96.3	94.1	87.6	91.1	2	合格
21	2012060110	任向丽	女	80.5	79.0	88.4	83.9	3	合格
22	2012060112	马亚娟	女	73.5	73.5	57.1	65.3	25	合格
23	2012060113	吕蕊莉	女	72.0	72.5	62.7	67.6	23	合格
24	2012060115	刘 萍	女	77.5	62.5	46.1	55.8	30	不合格
25	2012060116	刘海艳	女	79.5	77.0	63.1	70.3	20	合格
26	2012060119	李艳艳	女	80.0	69.0	73.9	72.6	13	合格
27	2012060121	李瑞娟	女	74.5	80.0	65.8	72.4	14	合格
28	2012060122	李菊兰	女	78.5	71.0	69.1	70.8	18	合格
29	2012060124	康文霞	女	81.0	76.5	68.3	72.9	11	合格
30	2012060125	靳晓光	女	78.5	77.0	71.0	74.2	8	合格
31	2012060128	方 怡	女	51.0	60.0	54.1	56.2	29	不合格
32	2012060130	魏 静	女	77.0	76.0	66.5	71.4	16	合格
33									

图 8-23 按“性别”排序

图 8-24 “分类汇总”对话框

在“分类字段”中设定数据是按哪一字段进行分类，在汇总方式中选定要执行的汇总计算函数，在“选定汇总项”指定分类汇总的计算对象。设定好相应的选项，单击“确定”，结果如图 8-25 所示。

	A	B	C	D	E	F	G	H	I
1	《计算机基础》成绩单								
2	学号	姓名	性别	平时成绩	机试成绩	期末成绩	总评成绩	名次	等级
3	2012060102	刘　平	男	95.3	89.4	92.5	91.5	1	合格
4	2012060103	张帅军	男	61.0	66.1	52.5	**58.8**	28	不合格
5	2012060105	张　峰	男	75.5	83.0	73.2	77.4	5	合格
6	2012060106	袁　涛	男	79.0	75.0	71.5	73.7	9	合格
7	2012060107	姚　龙	男	80.0	79.0	67.2	73.2	10	合格
8	2012060108	薛　钰	男	77.5	67.5	65.5	67.5	25	合格
9	2012060111	孟宪斌	男	80.5	77.0	60.4	69.1	22	合格
10	2012060114	刘增文	男	77.5	78.0	49.6	63.8	27	合格
11	2012060117	梁　謇	男	78.5	86.4	80.0	82.4	4	合格
12	2012060118	李志鹏	男	77.0	74.5	74.7	74.9	6	合格
13	2012060120	马子奇	男	43.5	66.5	52.2	**57.1**	29	不合格
14	2012060123	李　昶	男	78.5	70.5	73.5	72.8	12	合格
15	2012060126	赵　鑫	男	79.5	78.0	62.3	70.3	20	合格
16	2012060127	陈　曦	男	79.5	74.0	67.0	71.1	18	合格
17	2012060129	唐　风	男	79.0	70.0	76.6	74.2	7	合格
18		男 平均值					71.8		
19	2012060101	李　芳	女	78.0	66.0	67.3	67.9	23	合格
20	2012060104	张　丽	女	78.5	81.0	63.5	72.0	15	合格
21	2012060109	孙　萍	女	96.3	94.1	87.6	91.1	2	合格
22	2012060110	任向丽	女	80.5	79.0	88.4	83.9	3	合格
23	2012060112	马亚娟	女	73.5	73.5	57.1	65.3	26	合格
24	2012060113	吕蕊莉	女	72.0	72.5	62.7	67.6	24	合格
25	2012060115	刘　萍	女	77.5	62.5	46.1	**55.8**	31	不合格
26	2012060116	刘海艳	女	79.5	77.0	63.1	70.3	21	合格
27	2012060119	李艳艳	女	80.0	69.0	73.9	72.6	13	合格
28	2012060121	李瑞娟	女	74.5	80.0	65.8	72.4	14	合格
29	2012060122	李菊兰	女	78.5	71.0	69.1	70.8	19	合格
30	2012060124	康文霞	女	81.0	76.5	68.3	72.9	11	合格
31	2012060125	靳晓光	女	78.5	77.0	71.0	74.2	8	合格
32	2012060128	方　怡	女	51.0	60.0	54.1	**56.2**	30	不合格
33	2012060130	魏　静	女	77.0	76.0	66.5	71.4	17	合格
34		女 平均值					70.9		
35		总计平均值					71.4		

图 8-25　分类汇总结果

在数据清单左侧，有“显示明细数据符号(+)”和“隐藏明细数据符号(−)”。单击“+”可显示出明细数据，同时“+”变“−”；单击“−”可隐藏由该行层级所指定的明细数据，同时“−”变成“+”，如图 8-26 所示。

	A	B	C	D	E	F	G	H	I
1	《计算机基础》成绩单								
2	学号	姓名	性别	平时成绩	机试成绩	期末成绩	总评成绩	名次	等级
18		男 平均值					71.8		
34		女 平均值					70.9		
35		总计平均值					71.4		

图 8-26　显示隐藏明细数据

8.2.4　数据筛选

数据筛选可以使工作表中满足设定条件的记录显示出来，而那些不满足条件的记录被隐藏，这样可以使查找和处理数据变得简单。数据筛选包括自动筛选和高级筛选，一般情况下，自动筛选足以满足大部分需要。通过几个示例来学习如何筛选自己感兴趣的记录。

1. 自动筛选

要使用 Excel 的“自动筛选”功能，首先选定整张表格，然后选择“数据”→“筛选”→“自动筛选”。这时候，数据表每一列标题的右下角都显示一个下拉箭头，单击数据列表任何一列标题行的下拉箭头，选择希望实现的特定行的信息，Excel 会自动筛选出包含这个特定行信息的全部数据。

示例 8.1 筛选出图 8-27 表格中所有男生的记录。

	A	B	C	D	E	F	G	H	I
1	《计算机基础》成绩单								
2	学号	姓名	性别	平时成绩	机试成绩	期末成绩	总评成绩	名次	等级
3	2012060101	李 芳	女	78.0	66.0	67.3	67.9	22	合格
4	2012060102	刘 平	男	95.3	89.4	92.5	91.5	1	合格
5	2012060103	张帅军	男	61.0	66.1	52.5	58.8	27	不合格
6	2012060104	张 丽	女	78.5	81.0	63.5	72.0	15	合格
7	2012060105	张 峰	男	75.5	83.0	73.2	77.4	5	合格
8	2012060106	袁 涛	男	79.0	75.0	71.5	73.7	9	合格
9	2012060107	姚 龙	男	80.0	79.0	67.2	73.2	10	合格
10	2012060108	薛 钰	男	77.5	67.5	65.5	67.5	24	合格
11	2012060109	孙 萍	女	96.3	94.1	87.6	91.1	2	合格
12	2012060110	任向丽	女	80.5	79.0	88.4	83.9	3	合格
13	2012060111	孟宪斌	男	80.5	77.0	60.4	69.1	21	合格

图 8-27 自动筛选

步骤：首先选定整张成绩表(注意：不要选表格标题单元格)，选择菜单栏“数据”→“筛选”→“自动筛选”，然后单击“性别”列标题右下角的下拉箭头，见图 8-28。

	A	B	C	D	E	F	G	H	I
1	《计算机基础》成绩单								
2	学号	姓名	性别	平时成绩	机试成绩	期末成绩	总评成绩	名次	等级
3	2012060101	李		78.0	66.0	67.3	67.9	22	合格
4	2012060102	刘		95.3	89.4	92.5	91.5	1	合格
5	2012060103	张帅		61.0	66.1	52.5	58.8	27	不合格
6	2012060104	张		78.5	81.0	63.5	72.0	15	合格
7	2012060105	张		75.5	83.0	73.2	77.4	5	合格
8	2012060106	袁 涛	男	79.0	75.0	71.5	73.7	9	合格
9	2012060107	姚 龙	男	80.0	79.0	67.2	73.2	10	合格
10	2012060108	薛 钰	男	77.5	67.5	65.5	67.5	24	合格
11	2012060109	孙 萍	女	96.3	94.1	87.6	91.1	2	合格
12	2012060110	任向丽	女	80.5	79.0	88.4	83.9	3	合格

升序排列
降序排列
(全部)
(前 10 个...)
(自定义...)
男
女

图 8-28 按性别自动筛选

在显示的条目中选择“男”，即可实现筛选，结果如图 8-29 所示。仔细观察左侧的行号，会发现行号不再是连续的，表明有部分行被隐藏起来，这些行就是不满足条件，性别为“女”的行。所以，筛选仅仅是将不满足条件的行隐藏起来，而并没有删除。

	A	B	C	D	E	F	G	H	I
1	《计算机基础》成绩单								
2	学号	姓名	性别	平时成绩	机试成绩	期末成绩	总评成绩	名次	等级
4	2012060102	刘 平	男	95.3	89.4	92.5	91.5	1	合格
5	2012060103	张帅军	男	61.0	66.1	52.5	58.8	27	不合格
7	2012060105	张 峰	男	75.5	83.0	73.2	77.4	5	合格
8	2012060106	袁 涛	男	79.0	75.0	71.5	73.7	9	合格
9	2012060107	姚 龙	男	80.0	79.0	67.2	73.2	10	合格
10	2012060108	薛 钰	男	77.5	67.5	65.5	67.5	24	合格
13	2012060111	孟宪斌	男	80.5	77.0	60.4	69.1	21	合格
16	2012060114	刘增文	男	77.5	78.0	49.6	63.8	26	合格
19	2012060117	梁 骞	男	78.5	86.4	80.0	82.4	4	合格
20	2012060118	李志鹏	男	77.0	74.5	74.7	74.9	6	合格
22	2012060120	马子奇	男	43.5	66.5	52.2	57.1	28	不合格
25	2012060123	李 昶	男	78.5	70.5	73.5	72.8	12	合格
28	2012060126	赵 鑫	男	79.5	78.0	62.3	70.3	19	合格
29	2012060127	陈 曦	男	79.5	74.0	67.0	71.1	17	合格
31	2012060129	唐 风	男	79.0	70.0	76.6	74.2	7	合格
33									

图 8-29 筛选结果

如何判断在哪一列上进行了筛选呢？仔细观察就会发现，实现了筛选的列右下角的下拉箭头变成了蓝色。

1) 在多列上进行自动筛选

示例 8.1 显示了在单独一列上进行筛选，但是在实际应用中，可能需要在多个列上组合条件筛选。

示例 8.2 筛选出男生成绩合格的记录。这就需要在“性别”和“等级”两列上同时做筛选。通过以下方法可以实现：首先筛选出性别为“男生”的所有记录，如图 8-30 所示(方法同示例 8.1)。

	A	B	C	D	E	F	G	H	I
1	《计算机基础》成绩单								
2	学号	姓名	性别	平时成绩	机试成绩	期末成绩	总评成绩	名次	等级
4	2012060102	刘　平	男	95.3	89.4	92.5	91.5	1	
5	2012060103	张帅军	男	61.0	66.1	52.5	**58.8**	[illegible]	
7	2012060105	张　峰	男	75.5	83.0	73.2	77.4	5	
8	2012060106	袁　涛	男	79.0	75.0	71.5	73.7	9	
9	2012060107	姚　龙	男	80.0	79.0	67.2	73.2	[illegible]	
10	2012060108	薛　钰	男	77.5	67.5	65.5	67.5	24	合格
13	2012060111	孟宪斌	男	80.5	77.0	60.4	69.1	21	合格
16	2012060114	刘增文	男	77.5	78.0	49.6	63.8	26	合格
19	2012060117	梁　骞	男	78.5	86.4	80.0	82.4	4	合格
20	2012060118	李志鹏	男	77.0	74.5	74.7	74.9	6	合格
22	2012060120	马子奇	男	43.5	66.5	52.2	**57.1**	28	不合格
25	2012060123	李　昶	男	78.5	70.5	73.5	72.8	12	合格
28	2012060126	赵　鑫	男	79.5	78.0	62.3	70.3	19	合格
29	2012060127	陈　曦	男	79.5	74.0	67.0	71.1	17	合格
31	2012060129	唐　风	男	79.0	70.0	76.6	74.2	7	合格

升序排列
降序排列
(全部)
(前 10 个...)
(自定义...)
不合格
合格

图 8-30　多条件筛选

然后在“等级”列的下拉列表中选择“合格”，就可以筛选出男生成绩合格的记录了(如图 8-31 所示)。

	A	B	C	D	E	F	G	H	I
1	《计算机基础》成绩单								
2	学号	姓名	性别	平时成绩	机试成绩	期末成绩	总评成绩	名次	等级
4	2012060102	刘　平	男	95.3	89.4	92.5	91.5	1	合格
7	2012060105	张　峰	男	75.5	83.0	73.2	77.4	5	合格
8	2012060106	袁　涛	男	79.0	75.0	71.5	73.7	9	合格
9	2012060107	姚　龙	男	80.0	79.0	67.2	73.2	10	合格
10	2012060108	薛　钰	男	77.5	67.5	65.5	67.5	24	合格
13	2012060111	孟宪斌	男	80.5	77.0	60.4	69.1	21	合格
16	2012060114	刘增文	男	77.5	78.0	49.6	63.8	26	合格
19	2012060117	梁　骞	男	78.5	86.4	80.0	82.4	4	合格
20	2012060118	李志鹏	男	77.0	74.5	74.7	74.9	6	合格
25	2012060123	李　昶	男	78.5	70.5	73.5	72.8	12	合格
28	2012060126	赵　鑫	男	79.5	78.0	62.3	70.3	19	合格
29	2012060127	陈　曦	男	79.5	74.0	67.0	71.1	17	合格
31	2012060129	唐　风	男	79.0	70.0	76.6	74.2	7	合格

图 8-31　筛选结果

2) 使用自动筛选查找前 10 条记录

在数据列表中的数字字段上使用“自动筛选”命令中的“前 10 个”功能，可以显示数据列表中的前 N 个最大值或者最小值，还可以查找那些占某列前百分之几或后百分之几的数据。例如，显示图所示数据列表中筛选出总评成绩最高的前 12 个人的记录，操作如下：

单击数据列表进入“自动筛选”模式，单击“总评成绩”下拉按钮，在下拉列表中选择“前 10 个”，在弹出的自动筛选前 10 个对话框中，显示选择“最大”，第 2 个框中将 10 改为 12，如图 8-32 所示。

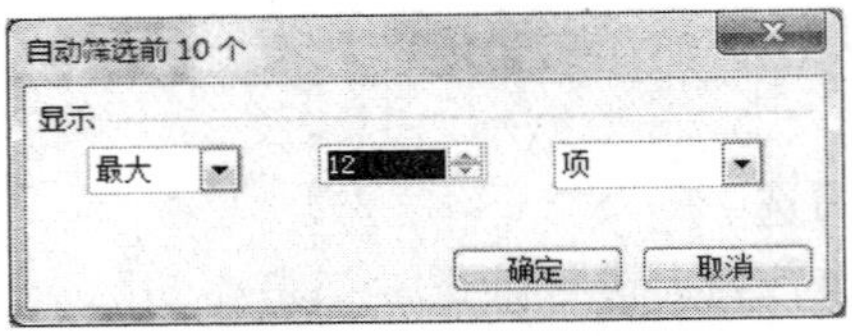

图 8-32 “自动筛选前 10 个”对话框

单击“确定”按钮完成筛选，效果如图 8-33 所示，通过名次列可以发现，正好是排名前 12 的学生信息。

	A	B	C	D	E	F	G	H	I
1	《计算机基础》成绩单								
2	学号	姓名	性别	平时成绩	机试成绩	期末成绩	总评成绩	名次	等级
4	2012060102	刘 平	男	95.3	89.4	92.5	91.5	1	合格
7	2012060105	张 峰	男	75.5	83.0	73.2	77.4	5	合格
8	2012060106	袁 涛	男	79.0	75.0	71.5	73.7	9	合格
9	2012060107	姚 龙	男	80.0	79.0	67.2	73.2	10	合格
11	2012060109	孙 苹	女	96.3	94.1	87.6	91.1	2	合格
12	2012060110	任向丽	女	80.5	79.0	88.4	83.9	3	合格
19	2012060117	梁 赛	男	78.5	86.4	80.0	82.4	4	合格
20	2012060118	李志鹏	男	77.0	74.5	74.7	74.9	6	合格
25	2012060123	李 祖	男	78.5	70.5	73.5	72.8	12	合格
26	2012060124	康文霞	女	81.0	76.5	68.3	72.9	11	合格
27	2012060125	靳晓光	女	78.5	77.0	71.0	74.2	8	合格
31	2012060129	唐 风	男	79.0	70.0	76.6	74.2	7	合格
33									

图 8-33 筛选结果

3) 使用自动筛选查找空白单元格

如果数据列表中的某列含有空白的单元格，则会在其“自动筛选”的下拉列表底部出现“空白”和“非空白”。如果要筛选出此列不含数据项所在的行，则可将“空白”指定为自动筛选的条件。如果想从数据列表中取消含有空白数据项的行，则应指定“非空白”为自动筛选的条件。

4) 使用自定义筛选

通过前面两个示例，大家会发现，我们设定的筛选条件都是“为”，也就是“等于”，性别为女，等级为合格。但是在很多情况下用到的条件可能是成绩大于 60 分，或者成绩在 80 分到 90 分之间，这该如何实现？

示例 8.3 筛选出总评成绩不及格的所有学生。总评成绩不及格也就意味着总评成绩小于 60 分，“小于 60 分”这个条件在下拉列表是找不到的，这时候我们要使用“自定义”条件来实现筛选。

步骤：首先选择菜单栏“数据”→“筛选”→“自动筛选”，然后单击“总评成绩”列标题右下角的下拉箭头，见图 8-34 所示。

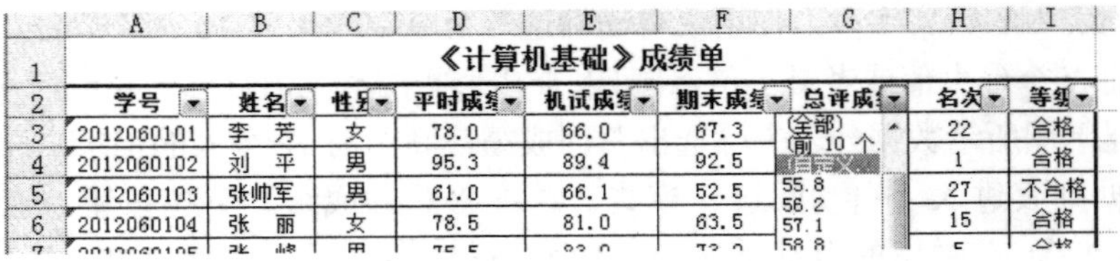

《计算机基础》成绩单
学号
姓名
平时成绩
机试成绩
期末成绩
名次
2012060101
李 芳
女
78.0
66.0
67.3
(全部)
(前 10 个
22
合格
2012060102
刘 平
男
95.3
89.4
92.5
1
合格
2012060103
张帅军
男
61.0
66.1
52.5
55.8
56.2
57.1
27
不合格
2012060104
张 丽
女
78.5
81.0
63.5
15
合格

图 8-34 自定义筛选

单击“自定义”，打开如图 8-35 所示对话框。

可以看到，在该对话框中对“总评成绩”，可以设定两个条件，并且这两个条件可以通过“与”和“或”来自由组合，单击第一个条件的左侧下拉列表，可以看到有多个表示范围的条件，如图 8-36 所示。

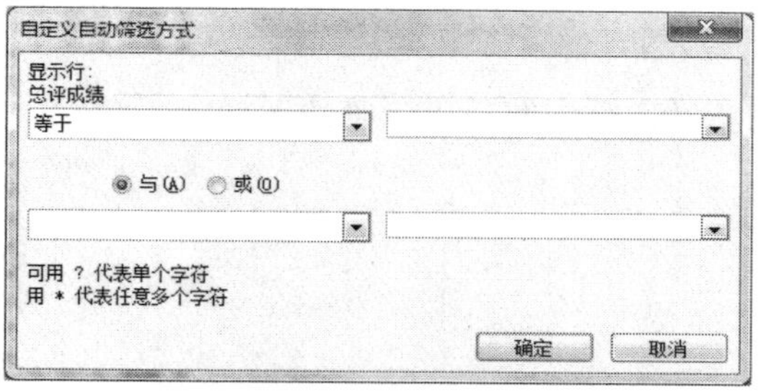

图 8-35　“自定义自动筛选方式”对话框

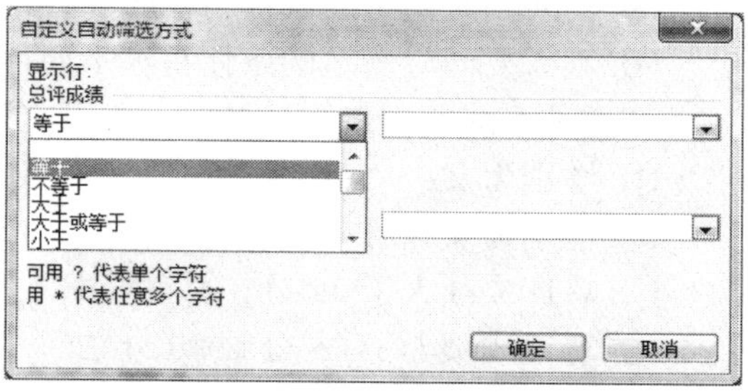

图 8-36　“自定义自动筛选方式”对话框

在本示例中，选择小于，在右侧的方框中输入“60”，如图 8-37 所示。

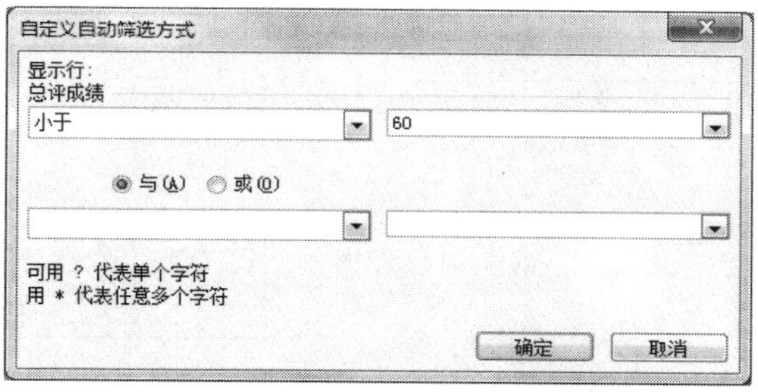

图 8-37　“自定义自动筛选方式”对话框

单击“确定”按钮，完成筛选，结果如图 8-38 所示。

	A	B	C	D	E	F	G	H	I
1	《计算机基础》成绩单								
2	学号	姓名	性别	平时成绩	机试成绩	期末成绩	总评成绩	名次	等级
5	2012060103	张帅军	男	61.0	66.1	52.5	58.8	27	不合格
17	2012060115	刘　萍	女	77.5	62.5	46.1	55.8	30	不合格
22	2012060120	马子奇	男	43.5	66.5	52.2	57.1	28	不合格
30	2012060128	方　怡	女	51.0	60.0	54.1	56.2	29	不合格
33									

图 8-38　筛选结果

5) 取消自动筛选

如果要取消当前设定的自动筛选，再次选择菜单栏“数据”→“筛选”→“自动筛选”，使得“自动筛选”前的“√”消失即可。

2. 高级筛选

自动筛选的不足之处在于如果要在多列上进行筛选，那么这些条件必须同时满足，因此有些条件无法实现，例如，性别为男或者总评成绩小于 60 分，要想更加灵活地实现筛选，就需要使用高级筛选，高级筛选可以自由组合各种筛选条件。

(1) 设置高级筛选的条件。

筛选条件遵循以下几个要求：

① 注明在哪些列上进行筛选；

② 筛选要求写在列标题下面；

③ 需要同时满足的条件写在同一行；

④ 不需要同时满足的条件写在不同行。

可通过下面示例来学习如何正确设定筛选条件。分别写出以下筛选条件：

① 性别为女；

② 性别为女并且等级为合格；

③ 总评成绩大于 75 分；

④ 总评成绩介于 75 分到 90 分之间；

⑤ 总评成绩大于 80 分或者小于 60 分；

⑥ 男生总评成绩大于 80 分或者女生总评成绩小于 60 分。条件写法如图 8-39 所示。

(1)

性别
女

(2)

性别	等级
女	合格

(3)

总评成绩
>75

(4)

总评成绩	总评成绩
>75	<90

(5)

总评成绩
>80
<60

(6)

性别	总评成绩	总评成绩
男	>80	
女		<60

图 8-39　高级筛选条件写法

(2) 实现高级筛选。

示例 8.4　筛选表格中男生总评成绩大于 80 分或者女生总评成绩小于 60 分的记录。

实现步骤：将筛选条件写在数据表右侧或者下侧的空白单元格中(筛选条件的写法在上例中)。依次选择“数据”→“筛选”→“高级筛选”，打开如图 8-40 所示对话框。

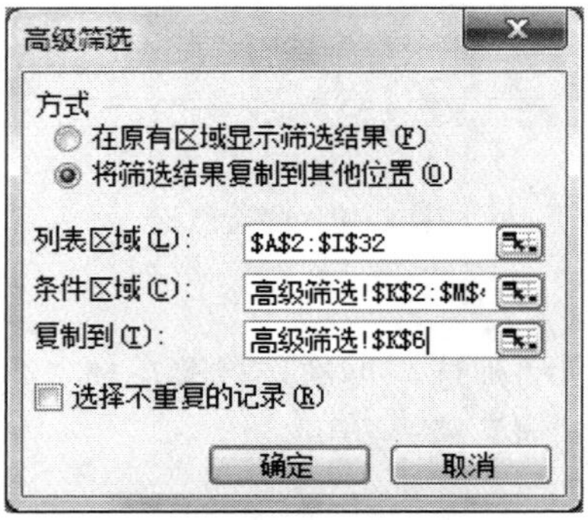

图 8-40　“高级筛选”对话框

选择第二种方式，将筛选结果复制到其他位置，在列表区域中选定表格所在区域，在条件区域中选定刚才筛选条件所在区域，复制到选定筛选结果要放置的位置，只选一个单元格即可，结果会以该单元格为左上角单元格，单击“确定”按钮，筛选结果如图 8-41 所示，只有两条符合条件的记录。

《计算机基础》成绩单

学号	姓名	性别	平时成绩	机试成绩	期末成绩	总评成绩	名次	等级
2012060101	李　芳	女	78.0	66.0	67.3	67.9	22	合格
2012060102	刘　平	男	95.3	89.4	92.5	91.5	1	合格
2012060103	张帅军	男	61.0	66.1	52.5	58.8	27	不合格
2012060104	张　丽	女	78.5	81.0	63.5	72.0	15	合格
2012060105	张　峰	男	75.5	83.0	73.2	77.4	5	合格
2012060106	袁　涛	男	79.0	75.0	71.5	73.7	9	合格
2012060107	姚　龙	男	80.0	79.0	67.2	73.2	10	合格
2012060108	薛　钰	男	77.5	67.5	65.5	67.5	24	合格
2012060109	孙　苹	女	96.3	94.1	87.6	91.1	2	合格
2012060110	任向丽	女	80.5	79.0	88.4	83.9	3	合格
2012060111	孟宪斌	男	80.5	77.0	60.4	69.1	21	合格
2012060112	马亚娟	女	73.5	73.5	57.1	65.3	25	合格

性别	总评成绩	总评成绩
男	>80	
女		<60

学号	姓名	性别	平时成绩	机试成绩	期末成绩	总评成绩	名次	等级
2012060102	刘　平	男	95.3	89.4	92.5	91.5	1	合格
2012060115	刘　萍	女	77.5	62.5	46.1	55.8	30	不合格
2012060117	梁　赛	男	78.5	86.4	80.0	82.4	4	合格
2012060128	方　怡	女	51.0	60.0	54.1	56.2	29	不合格

图 8-41　高级筛选结果

8.3　知识拓展

提出任务

前述几节完成了对成绩表相关计算与分析，在练习的过程中，吴明发现了一些问题：

1. 利用 if 函数计算成绩等级时，简单的 if 函数应用只能将成绩分为两个等级，如果对成绩的等级划分要进一步细化，假设根据成绩范围将成绩等级分为优秀、良好、合格、不合格四个等级，该如何设置 if 函数的参数呢？

2. 利用分类汇总功能可以对数据分门别类进行统计，上节示例是将数据仅按照性别一个字段作为分类项分类后进行了总评成绩平均值的统计，那如果需要将数据按多个分类项进行分类统计，又该如何实现呢？

分析任务

结合上述任务要求和疑问，为进一步提高数据分析能力，吴明从以下几方面展开了学习：

◆ if 函数的嵌套：使 if 函数的使用更加灵活，能满足多个条件的设置。

◆ 多字段分类汇总：使分类汇总的分类条件更加灵活，实现对表中数据分多个类别进行汇总统计。

实现任务

8.3.1　if 函数的嵌套

if 函数可以嵌套七层，通过下面的示例来学习如何实现函数的嵌套。

示例 8.5　对成绩表按照总评成绩重新进行等级划分，要求如下：

(1) 总评成绩>=85，等级为优秀；

(2) 85>总评成绩>=75，等级为良好；

(3) 75>总评成绩>=60，等级为合格；

(4) 总评成绩<60，则为不合格。

通过题目要求可知，此时一个 if 函数明显已经不能解决题目需要。要完成本题目要求，至少需要 if 函数嵌套三层才能够实现上面的要求。具体操作如下：

(1) 激活 I3 单元格，插入 if 函数，打开“函数参数”对话框，如图 8-42 所示。

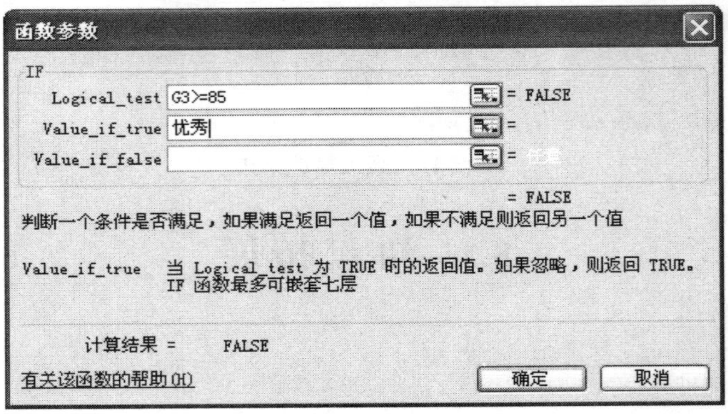

图 8-42 “函数参数”对话框

(2) 第一个参数用来判断总评成绩>=85 是否成立，如果表达式为真，第二个参数等级应该为优秀；如果表达式为假，则应继续判断总评成绩是否在 85 到 75 之间，这时需要进行嵌套，激活第三个参数后的文本框，单击 Excel 窗口上名称框右侧的下拉箭头，出现许多函数，如图 8-43 所示，选择 if 函数，打开“函数参数”对话框，设置如图 8-44 所示，由于刚才已经判断 G3>=85 不成立，即 G3<85，这里只需要判断 G3>=75 是否成立，如果成立，则等级为良好，否则继续判断 G3>=60 是否成立。继续单击名称框，选择 if 函数，参数设置如图 8-45 所示。单击“确定”，结果如图 8-46 所示，利用公式复制，整张表格修改如图 8-47 所示。

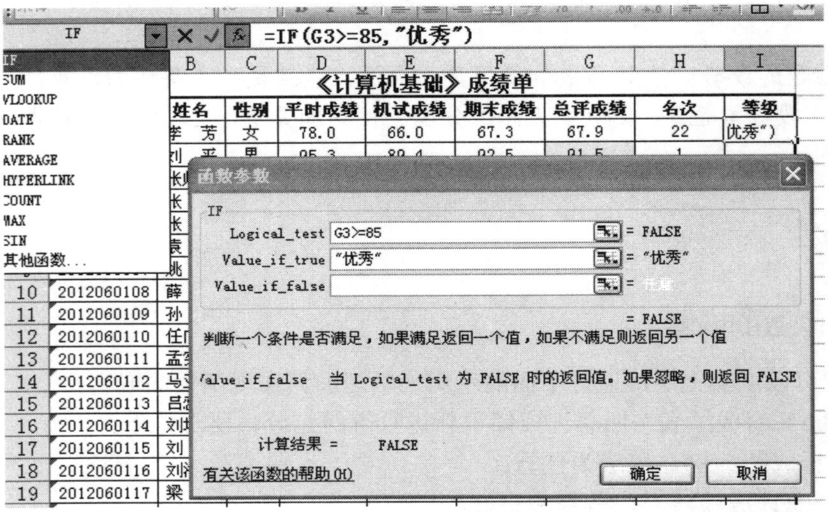

图 8-43 if 函数嵌套

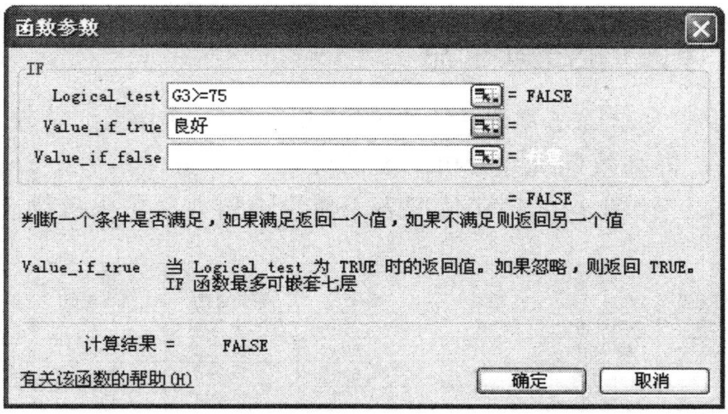

图 8-44 “函数参数”对话框(1)

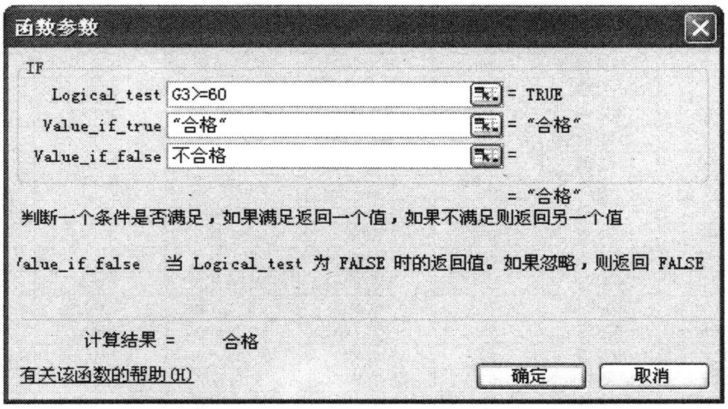

图 8-45 “函数参数”对话框(2)

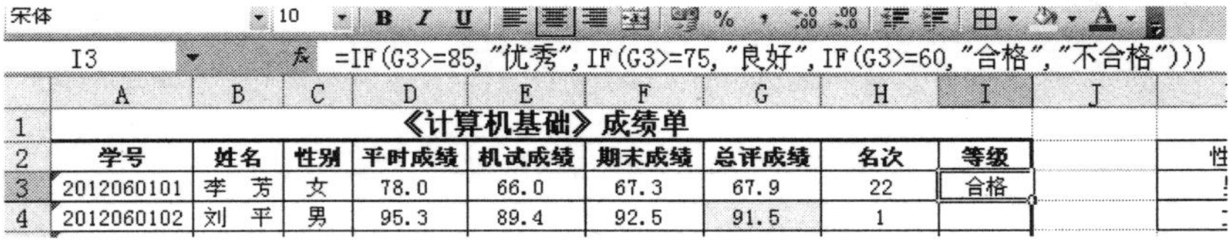

	A	B	C	D	E	F	G	H	I	J
1	《计算机基础》成绩单									
2	学号	姓名	性别	平时成绩	机试成绩	期末成绩	总评成绩	名次	等级	
3	2012060101	李 芳	女	78.0	66.0	67.3	67.9	22	合格	
4	2012060102	刘 平	男	95.3	89.4	92.5	91.5	1		

图 8-46 if 函数嵌套结果(1)

	A	B	C	D	E	F	G	H	I
1	《计算机基础》成绩单								
2	学号	姓名	性别	平时成绩	机试成绩	期末成绩	总评成绩	名次	等级
3	2012060101	李 芳	女	78.0	66.0	67.3	67.9	22	合格
4	2012060102	刘 平	男	95.3	89.4	92.5	91.5	1	优秀
5	2012060103	张帅军	男	61.0	66.1	52.5	**58.8**	27	不合格
6	2012060104	张 丽	女	78.5	81.0	63.5	72.0	15	合格
7	2012060105	张 峰	男	75.5	83.0	73.2	77.4	5	良好
8	2012060106	袁 涛	男	79.0	75.0	71.5	73.7	9	合格
9	2012060107	姚 龙	男	80.0	79.0	67.2	73.2	10	合格
10	2012060108	薛 钰	男	77.5	67.5	65.5	67.5	24	合格
11	2012060109	孙 萍	女	96.3	94.1	87.6	91.1	2	优秀
12	2012060110	任向丽	女	80.5	79.0	88.4	83.9	3	良好
13	2012060111	孟宪斌	男	80.5	77.0	60.4	69.1	21	合格
14	2012060112	马亚娟	女	73.5	73.5	57.1	65.3	25	合格
15	2012060113	吕蕊莉	女	72.0	72.5	62.7	67.6	23	合格
16	2012060114	刘增文	男	77.5	78.0	49.6	63.8	26	合格
17	2012060115	刘 萍	女	77.5	62.5	46.1	**55.8**	30	不合格
18	2012060116	刘海艳	女	79.5	77.0	63.1	70.3	20	合格
19	2012060117	梁 睿	男	78.5	86.4	80.0	82.4	4	良好
20	2012060118	李志鹏	男	77.0	74.5	74.7	74.9	6	合格
21	2012060119	李艳艳	女	80.0	69.0	73.9	72.6	13	合格

图 8-47 if 函数嵌套结果(2)

8.3.2 根据多个字段进行分类汇总

Excel 的分类汇总功能除了案例中介绍的按照一个字段分类汇总外，还可以根据多个字段进行分类汇总，提高数据统计分析的灵活性。

示例 8.6 要求统计图 8-48 销售情况表中每位销售人员售出每种商品的总台数。

	A	B	C	D	E	F	G
1	销售人员	产品名称	数量	单价	销售金额	销售年份	销售季度
2	刘璐	电冰箱	30	¥2,740	¥82,200	2012	2
3	刘璐	数码相机	21	¥1,590	¥33,390	2012	1
4	刘璐	数码相机	25	¥1,590	¥39,750	2013	1
5	刘璐	洗衣机	25	¥2,150	¥53,750	2012	4
6	刘璐	洗衣机	16	¥2,150	¥34,400	2013	4
7	刘璐	显示器	35	¥950	¥33,250	2012	3
8	刘璐	显示器	42	¥950	¥39,900	2013	3
9	刘璐	显示器	27	¥950	¥25,650	2013	4
10	刘璐	液晶电视	41	¥6,850	¥280,850	2013	2
11	王平	电冰箱	19	¥2,740	¥52,060	2012	2
12	王平	电冰箱	52	¥2,740	¥142,480	2013	2
13	王平	电冰箱	43	¥2,740	¥117,820	2012	3
14	王平	数码相机	26	¥1,590	¥41,340	2012	3
15	王平	吸尘器	60	¥1,080	¥64,800	2013	4
16	王平	洗衣机	62	¥2,150	¥133,300	2013	4
17	王平	显示器	42	¥950	¥39,900	2012	1
18	王平	显示器	38	¥950	¥36,100	2012	2
19	王平	显示器	45	¥950	¥42,750	2013	4
20	王平	液晶电视	17	¥6,850	¥116,450	2013	2
21	王平	液晶电视	75	¥6,850	¥513,750	2012	4
22	赵希	电冰箱	25	¥2,740	¥68,500	2013	1
23	赵希	电冰箱	47	¥2,740	¥128,780	2012	3
24	赵希	数码相机	50	¥1,590	¥79,500	2013	2
25	赵希	洗衣机	43	¥2,150	¥92,450	2013	2
26	赵希	显示器	30	¥950	¥28,500	2012	2
27	赵希	显示器	51	¥950	¥48,450	2012	4
28	赵希	显示器	62	¥950	¥58,900	2013	4
29	赵希	液晶电视	42	¥6,850	¥287,700	2013	1
30	赵希	液晶电视	42	¥6,850	¥287,700	2013	4

图 8-48 销售情况表

根据题目的要求，显然要用分类汇总来完成，但是单独使用销售人员或者产品名称字段来分类是不够的，需要两个字段组合来完成。首先进行排序，设定两个关键字，“销售人员”和“产品名称”，如图 8-49 所示。

图 8-49 “排序”对话框

关键字的先后顺序对本题的最终结果没有影响，有兴趣的同学可以试一下将“产品名称”作为主要关键字，“销售人员”作为第二关键字。排序结果如图 8-50 所示。

	A	B	C	D	E	F	G
1	销售人员	产品名称	数量	单价	销售金额	销售年份	销售季度
2	刘璐	电冰箱	30	¥2,740	¥82,200	2012	2
3	刘璐	数码相机	21	¥1,590	¥33,390	2012	1
4	刘璐	数码相机	25	¥1,590	¥39,750	2013	1
5	刘璐	洗衣机	25	¥2,150	¥53,750	2012	4
6	刘璐	洗衣机	16	¥2,150	¥34,400	2013	4
7	刘璐	显示器	35	¥950	¥33,250	2012	3
8	刘璐	显示器	42	¥950	¥39,900	2013	3
9	刘璐	显示器	27	¥950	¥25,650	2013	4
10	刘璐	液晶电视	41	¥6,850	¥280,850	2013	2
11	王平	电冰箱	19	¥2,740	¥52,060	2012	2
12	王平	电冰箱	52	¥2,740	¥142,480	2013	2
13	王平	电冰箱	43	¥2,740	¥117,820	2012	3
14	王平	数码相机	26	¥1,590	¥41,340	2012	3
15	王平	吸尘器	60	¥1,080	¥64,800	2013	4
16	王平	洗衣机	62	¥2,150	¥133,300	2013	4
17	王平	显示器	42	¥950	¥39,900	2012	1
18	王平	显示器	38	¥950	¥36,100	2012	2
19	王平	显示器	45	¥950	¥42,750	2013	4
20	王平	液晶电视	17	¥6,850	¥116,450	2013	2
21	王平	液晶电视	75	¥6,850	¥513,750	2012	4
22	赵希	电冰箱	25	¥2,740	¥68,500	2013	1
23	赵希	电冰箱	47	¥2,740	¥128,780	2012	3
24	赵希	数码相机	50	¥1,590	¥79,500	2013	2
25	赵希	洗衣机	43	¥2,150	¥92,450	2013	2
26	赵希	显示器	30	¥950	¥28,500	2012	2
27	赵希	显示器	51	¥950	¥48,450	2012	4
28	赵希	显示器	62	¥950	¥58,900	2013	4
29	赵希	液晶电视	42	¥6,850	¥287,700	2013	1

图 8-50　排序结果

可以看到，排序后，每个销售人员售出的同种商品被归到了一起，接下来完成分类汇总，选择“数据”→“分类汇总”，设置如图 8-51 所示。注意，当我们使用两个关键字来排序时，这里的分类字段应该与第二关键字一致，为什么要这样做，请大家看排序后的图自己思考。

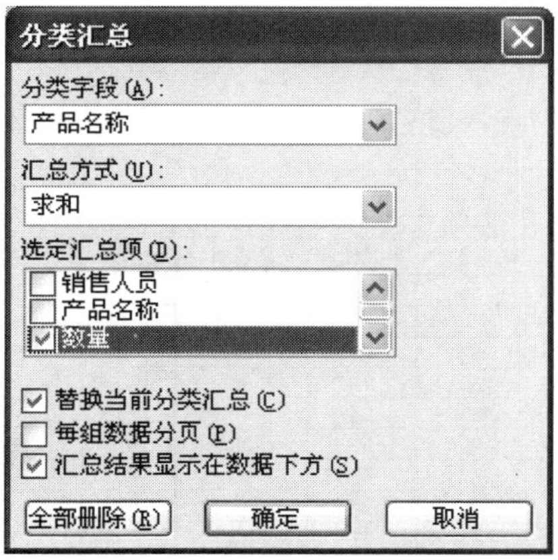

图 8-51　“分类汇总”对话框

汇总结果如图 8-52 所示。

	A	B	C	D	E	F	G
1	销售人员	产品名称	数量	单价	销售金额	销售年份	销售季度
2	刘璐	电冰箱	30	¥2,740	¥82,200	2012	2
3		电冰箱 汇总	30				
4	刘璐	数码相机	21	¥1,590	¥33,390	2012	1
5	刘璐	数码相机	25	¥1,590	¥39,750	2013	1
6		数码相机 汇总	46				
7	刘璐	洗衣机	25	¥2,150	¥53,750	2012	4
8	刘璐	洗衣机	16	¥2,150	¥34,400	2013	4
9		洗衣机 汇总	41				
10	刘璐	显示器	35	¥950	¥33,250	2012	3
11	刘璐	显示器	42	¥950	¥39,900	2013	3
12	刘璐	显示器	27	¥950	¥25,650	2013	4
13		显示器 汇总	104				
14	刘璐	液晶电视	41	¥6,850	¥280,850	2013	2
15		液晶电视 汇总	41				
16	王平	电冰箱	19	¥2,740	¥52,060	2012	2
17	王平	电冰箱	52	¥2,740	¥142,480	2013	2
18	王平	电冰箱	43	¥2,740	¥117,820	2012	3
19		电冰箱 汇总	114				
20	王平	数码相机	26	¥1,590	¥41,340	2012	3
21		数码相机 汇总	26				
22	王平	吸尘器	60	¥1,080	¥64,800	2013	4
23		吸尘器 汇总	60				
24	王平	洗衣机	62	¥2,150	¥133,300	2013	4
25		洗衣机 汇总	62				
26	王平	显示器	42	¥950	¥39,900	2012	1
27	王平	显示器	38	¥950	¥36,100	2012	2
28	王平	显示器	45	¥950	¥42,750	2013	4
29		显示器 汇总	125				
30	王平	液晶电视	17	¥6,850	¥116,450	2013	2

图表 / 高级筛选 / 筛选条件 / 成绩统计 / 分类汇总 / 数据透视表1 / 数据透视表2 / 数据输入 / if嵌套 / 多字段分

图 8-52　多字段分类汇总结果

8.4　实验实践

【实验实践目的】

1. 掌握常用函数的功能及其使用方法；
2. 掌握 Excel 排序的多种方法，能对数据按多个关键字进行排序；
3. 掌握筛选的作用，能熟练使用自动筛选与高级筛选对数据进行统计；
4. 掌握分类汇总的作用及使用技巧，能正确对数据分门别类进行统计。

【实验实践内容】

1. 在 Excel 中创建如下所示表格，并按以下要求进行数据计算。

	A	B	C	D	E	F	G	H	I
1	计算机专业2012级期中考试成绩统计表								
2	学号	姓 名	高等数学	数据结构	计算机英语	C语言	计算机网络	总 分	平均分
3	001	刘　刚	88	98	82	85	89		
4	002	张小平	100	98	100	97	100		
5	003	郭　霞	97	94	89	90	90		
6	004	张　宇	86	76	98	96	80		
7	005	徐　文	85	68	79	74	81		
8	006	王　伟	95	89	93	87	86		
9	007	沈　迪	87	75	78	96	68		
10	008	张国芸	94	84	98	89	94		
11	009	刘劲松	78	77	69	80	78		
12	010	赵国辉	80	69	76	79	80		
13	课程平均分								

(1) 求出每门课程的平均分，填入该课程的“课程平均分”一行中(保留 2 位小数)；

(2) 表格的行高改为 20，列标题单元格内的字改为蓝色楷体，字号 12，并垂直居中；

(3) 求出每位同学的总分后填入该同学的“总分”一列中；

(4) 求出每位同学的平均分后填入该同学的“平均分”一列中；

(5) 向表中插入一列“等级”，根据(3)计算的“总分”，分别统计其等级，即 80～100 为“优秀”，70～80 为“良好”，60～70 为“合格”，60 以下为“不合格”；

(6) 向表中插入一列“名次”，利用 rank 函数，根据(3)计算的“总分”，求出每个同学的名次。

2. 在 Excel 中创建如下所示数据表，根据以下要求进行数据计算。

	A	B	C	D	E	F	G	H
1								
2	编号	姓　名	基本工资	岗位津贴	奖励工资	应发工资	应扣工资	实发工资
3	001	王　敏	1200.00	600.00	644.00		25.00	
4	002	丁伟光	1000.00	580.00	500.00		12.00	
5	003	吴兰兰	1500.00	640.00	510.00		0.00	
6	004	许光明	800.00	620.00	450.00		0.00	
7	005	程坚强	900.00	450.00	480.00		15.00	
8	006	姜玲燕	750.00	480.00	480.00		58.00	
9	007	周兆平	1200.00	620.00	580.00		20.00	
10	008	赵永敏	1050.00	560.00	446.00		0.00	
11	009	黄永良	1800.00	850.00	850.00		125.00	
12	010	梁泉涌	1500.00	700.00	480.00		64.00	
13	011	任广明	800.00	550.00	580.00		32.00	
14	012	郝海平	900.00	350.00	650.00		0.00	
15	合计							
16	平均							

(1) 在单元格 A1 内输入标题“**汽车销售公司 8 月份工资表”；

(2) 将标题设为黑体 16 号字，并将 A1:H1 区域合并居中，标题与表格间插入一空行；

(3) 计算出每个人的“应发工资”和“实发工资”，并填入相应的单元格内(应发工资=基本工资+岗位津贴+奖励工资，实发工资=应发工资-应扣工资)；

(4) 求出数据表中除“编号”和“姓名”外其他栏目的合计和平均数，填入相应单元格中，并保留 2 位小数；

(5) 用 countif 函数计算基本工资大于等于 1000.00 的职工人数；

(6) 筛选出实发工资最高的前五个人。

3. 在 Excel 中创建如下所示数据表，根据以下要求进行数据计算统计。

	A	B	C	D	E	F	G	H	I
1	歌咏比赛得分统计表								
2	歌手编号	1号评委	2号评委	3号评委	4号评委	5号评委	6号评委	平均得分	名 次
3	1	9.00	8.80	8.90	8.40	8.20	8.90		
4	2	5.80	6.80	5.90	6.00	6.90	6.40		
5	3	8.00	7.50	7.30	7.40	7.90	8.00		
6	4	8.60	8.20	8.90	9.00	7.90	8.50		
7	5	8.20	8.10	8.80	8.90	8.40	8.50		
8	6	8.00	7.60	7.80	7.50	7.90	8.00		
9	7	9.00	9.20	8.50	8.70	8.90	9.10		
10	8	9.60	9.50	9.40	8.90	8.80	9.50		
11	9	9.20	9.00	8.70	8.30	9.00	9.10		
12	10	8.80	8.60	8.90	8.80	9.00	8.40		

(1) 将标题设置为红色楷体，字号 16；

(2) 将歌手编号用 001、002、003...010 来表示并居中；

(3) 求出每位选手的平均得分(保留 2 位小数)；

(4) 给整个表格加上细实线作为边框线；

(5) 按平均得分高低对各歌手排名；

(6) 分别用自动筛选和高级筛选，从表中筛选出平均得分大于等于 9.0 且 1 号评委打分大于等于 9.0 的歌手信息。

4. 在 Excel 中创建如下所示数据表，根据以下要求进行数据计算统计。

(1) 统计各班学生成绩的平均值；

(2) 统计男女生成绩的平均值；

(3) 对比(1)和(2)在用分类汇总分别实现时有何区别。

	A	B	C	D	E	F
1	序号	班级	性别	姓名	成绩	
2	1	财务管理	男	王刚	71	
3	2	财务管理	男	王鹏	72	
4	3	财务管理	男	张宁宁	64	
5	4	财务管理	女	张晶	70	
6	5	汽车服务	女	柳青	72.5	
7	6	汽车服务	女	张婷	66.5	
8	7	汽车服务	男	石磊	57.5	
9	8	汽车服务	女	张豆	72	
10	9	汽车服务	男	田彦榕	65	
11	10	工程管理	男	赵强	54.5	
12	11	工程管理	男	王旭辉	59	
13	12	工程管理	男	尚继龙	56.5	
14	13	工程管理	女	李娜	53	
15	14	工程管理	女	梁静	68	
16	15	工程管理	女	陈亮亮	64.5	
17	16	生物技术	男	毛天宇	71	
18	17	生物技术	女	南凤	70.5	
19	18	生物技术	男	马淇	62	
20	19	生物技术	男	李强	62.5	
21	20	生物技术	女	张蕾	77.5	
22	21					

第 9 章　Excel 高级应用

为了更直观形象、灵活地分析数据，Excel 提供了图表和数据透视表功能，前者可将数据表数据以更加直观的形式进行表示，便于从总体上对数据的变化规律和趋势进行归纳总结；后者可以将数据表数据从多个角度灵活对比，便于对数据进行更全面更灵活的分析。

9.1　图　表

提出任务

小冯假期没有回家，而是找了一份工作，在**公司做文员，主要对公司的销售数据进行处理分析。最近，主管要小冯准备年底的汇报材料，要求将近两年公司的销售数据绘制成折线图，以供对比查看。

虽然小冯学习过图表的制作，但是总感觉自己做的图表效果不理想，于是她向教计算机课的杨老师请教，经过杨老师的耐心讲解，小冯发现完成以上任务要求并不困难，关键是掌握相关的方法。

分析任务

对上述问题，小冯是按照下述思路解决的：

◆ 掌握 Excel 图表生成的四个步骤；
◆ 图表生成后对其进行个性化格式设置；
◆ 根据需求对图表选项进行恰当的设置；
◆ 设置图表位置，并进行打印设置。

实现任务

图表是图形化的数据，由点、线、面等图形与数据文件按特定的方式组合而成。一般情况下，用户使用 Excel 工作簿内的数据制作图表，生成的图表也存放在工作簿中。图表是 Excel 的重要组成部分，最大的特点就是直观形象，能使人一目了然地看清数据的大小、差异和变化趋势。Excel 图表包括了 14 种标准图表类型和 20 种内置自定义图表类型，种类非常丰富。图表可随表数据的变化而同步变化，反之亦然，大大提升了数据与图表的联动性。

9.1.1 创建图表

数据是图表的基础，想要创建图表，首先需要在工作表中为图表准备数据，然后才能依据数据生成图表。生成图表需要完成四个步骤，我们将通过示例来详细介绍。

示例 9.1 根据图 9-1 中数据绘制图表。

	A	B	C	D	E
1	**公司产品销售情况表				
2	地区	第一季度	第二季度	第三季度	第四季度
3	华中地区	42.7	45.3	52.4	36.1
4	华东地区	47.2	48.1	58.6	40.1
5	华南地区	50.1	52.4	62.1	44.8
6	西南地区	42.1	41.5	50.6	40.7

图 9-1 **公司产品销售情况表

选择菜单栏上的“插入”→“图表”命令，启动图表向导，利用向导可以快速生成图表。

1. 图表向导第 1 步——图表类型

在该步骤中，选择适当的图表类型和子类型，如图 9-2 所示，本示例我们选择折线图，子图表类型选择数据点折线图，然后单击“下一步”。

2. 图表向导第 2 步——源数据

在弹出的“源数据”对话框中，“数据区域”选定要绘制图表的区域，只选定有用区域，如图 9-3 所示，不需要显示在图表中的内容不用选定(在本示例中，只选择前五列，不选“总额”列，有兴趣的同学可以试一下，如果连“总额”列一起选定后图表会发生什么变化)，单击“下一步”。

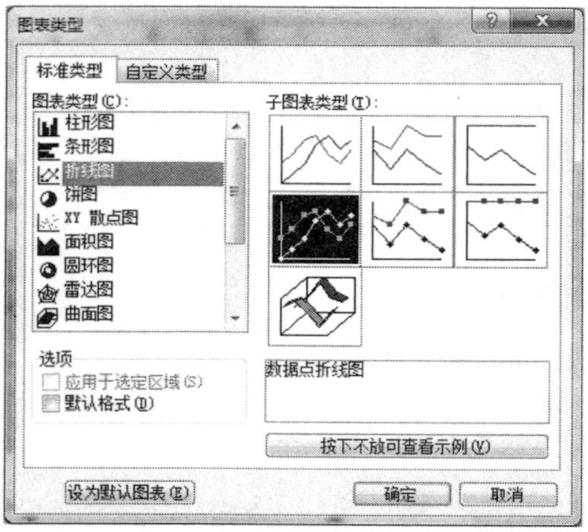

图 9-2 “图表类型”对话框

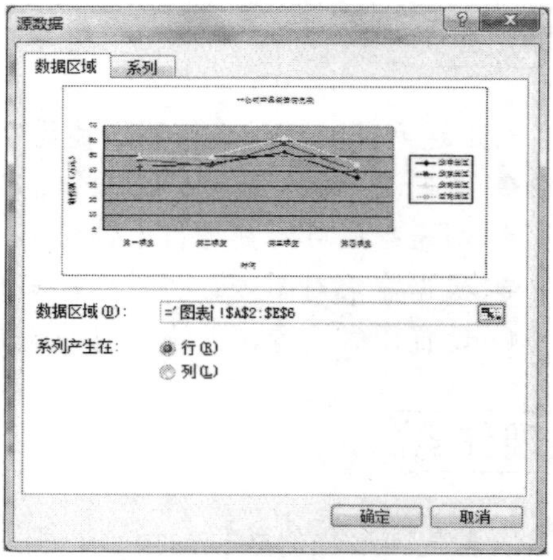

图 9-3 “源数据”对话框

3. 图表向导第 3 步——图表选项

图表选项可以设置的内容有很多，可以添加图表标题、分类轴和数值轴的名称，修改显示主次坐标轴，添加网格线，设置图例的位置，增加数据标志，在图表下方显示数据表，在本示例中，我们只添加标题就可以了，如图 9-4 所示，单击“下一步”。

4. 图表向导第 4 步——图表位置

图表位置有两种，如图 9-5 所示，选择作为其中对象插入，单击“下一步”。结果如图 9-6 所示，经过这样的四个步骤，一个简单的图表就制作完成了，此时的图表如果不是很合理，还可以通过后续的步骤继续修改完善。

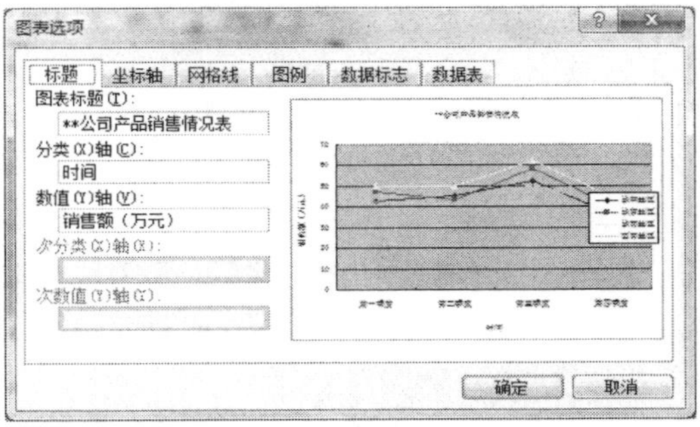

图 9-4　“图表选项”对话框

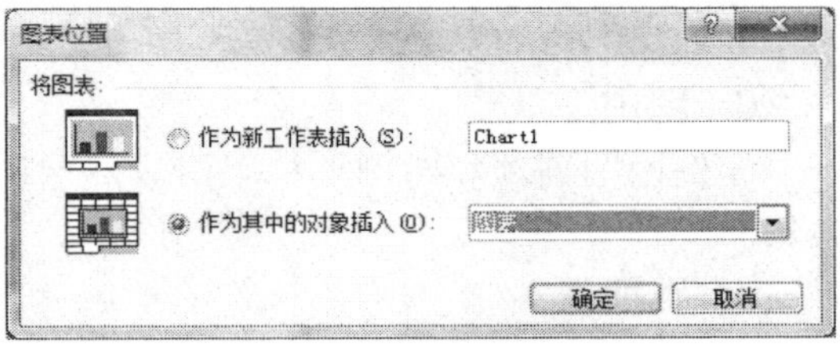

图 9-5　“图表位置”对话框

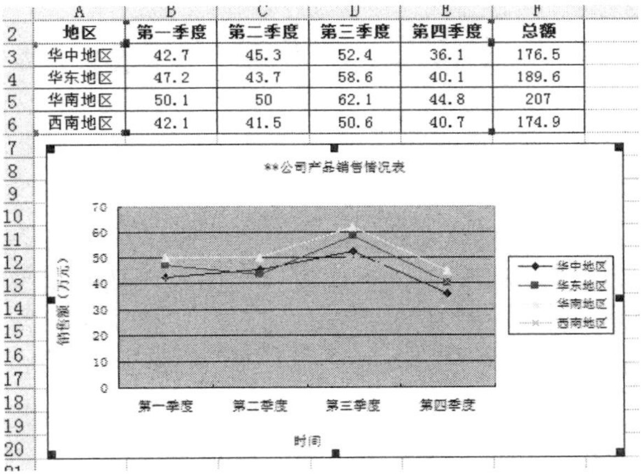

地区	第一季度	第二季度	第三季度	第四季度	总额
华中地区	42.7	45.3	52.4	36.1	176.5
华东地区	47.2	43.7	58.6	40.1	189.6
华南地区	50.1	50	62.1	44.8	207
西南地区	42.1	41.5	50.6	40.7	174.9

图 9-6　**公司产品销售情况表

9.1.2　图表组成

认识图表的各个组成部分，有助于正确地选择和设置图表的各种对象。Excel 图表由图标区、绘图区、坐标轴标题、数据系列图例等基本组成部分构成。此外，图表还包括数据表和三维背景等特定情况下才显示的对象。

1. 图表区

图表区是指图表的全部范围，Excel 默认的图表区是由白色填充区域和黑色细实线边框组成的，可以通过设置图案、字体、属性改变图表区格式。

2. 绘图区

绘图区是指图表区内的图形表示的范围，即以坐标轴为边的长方形区域。设置绘图区格式，可以改变绘图区边框的样式和内部区域的填充颜色及效果。

3. 标题

标题包括图表标题和坐标轴标题。图表标题是显示在绘图区上边的类文本框，坐标轴标题是显示在坐标轴边上的类文本框。图表标题只有一个，而坐标轴标题最多允许有 4 个。Excel 默认的标题是无边框的黑色文字。

4. 数据系列

数据系列是由数据点构成的，每个数据点对应工作表中一个单元格内的数据，数据系列对应工作表中一行或一列数据，在绘图区中表现为彩色的点、线、面等图形。

5. 坐标轴

坐标轴按位置不同可分为主坐标轴和次坐标轴两类，Excel 默认显示的是绘图区左边的主 y 轴和下边的主 x 轴。

6. 图例

图例由图列项和图例项标示组成，默认显示在绘图区右侧，为细实线边框围成的长方形。

7. 数据表

数据表显示图表中所有数据系列的数据。对于设置了显示数据表的图表，数据表将固定显示在绘图区的下方，只有带分类轴的图表类型才能显示数据表。

8. 三维背景

三维背景由基底和背景强组成，可以通过设置三维视图格式，调整三维图表的透视效果。

9.1.3 修饰图表

在一般情况下，利用图表向导完成的图表都有着默认的风格，往往只能满足制作简单常用图表的要求。如果需要用图表清晰地表达数据的含义或制作出与众不同或更为美观的图表，需要对图表进行进一步修饰处理。

1. 选中图表对象

修饰图表实际上就是图表中的各个对象，使它们在形、色上更加人性化。如果要修饰这些图表对象，首先需要选中它，常用的方法有两种：

方法一：直接用鼠标单击选取；

方法二：通过“图表”工具栏(依次选择菜单栏的“视图”→“工具栏”→“图表”命令，打开“图表”工具栏)的“图表对象”下拉列表选取，如图 9-7 所示。

图 9-7 “图表”工具栏

2. 设置数据系列格式

选中数据系列然后选择菜单“格式”→“数据系列”命令，打开“数据系列格式”对话框(图 9-8 和 9-9)，设置数据系列格式。

3. 设置坐标轴格式

选中坐标轴，选择菜单“格式”→“坐标轴”命令，打开“坐标轴格式”对话框，可以设置坐标轴格式，如图 9-10 所示。

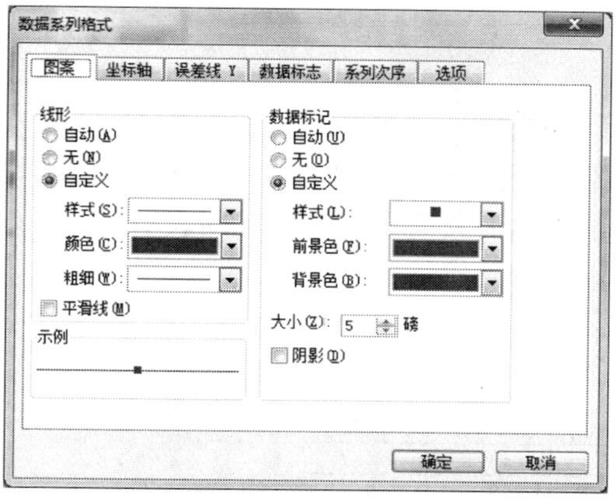

图 9-8 “数据系列格式”图案对话框

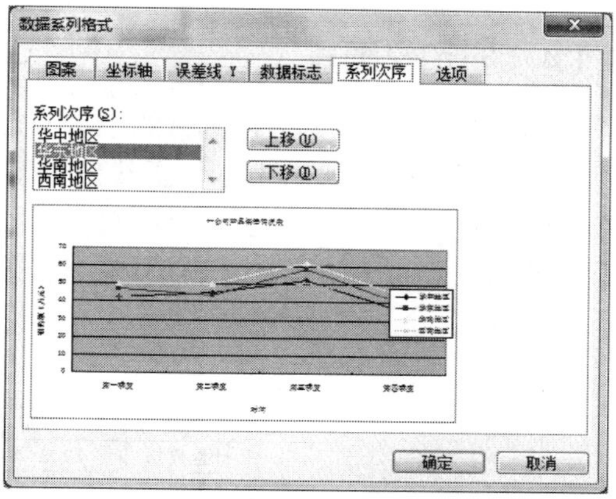

图 9-9 “数据系列格式”系列次序对话框

实际应用中经常会修改坐标轴的刻度，在示例创建的图表中，可以看到所有的数据系列都位于 30 的上方，我们可以通过修改坐标轴的最小刻度来使图表显示更加合理，如图 9-11 和 9-12 所示。修改后的图表如图 9-13 所示。

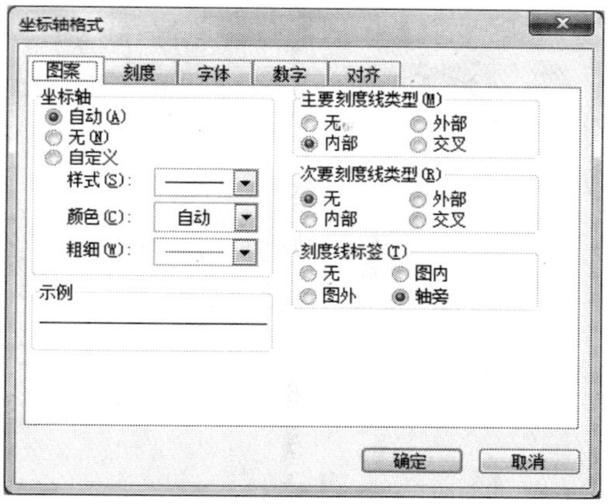

图 9-10 “坐标轴格式”图案对话框

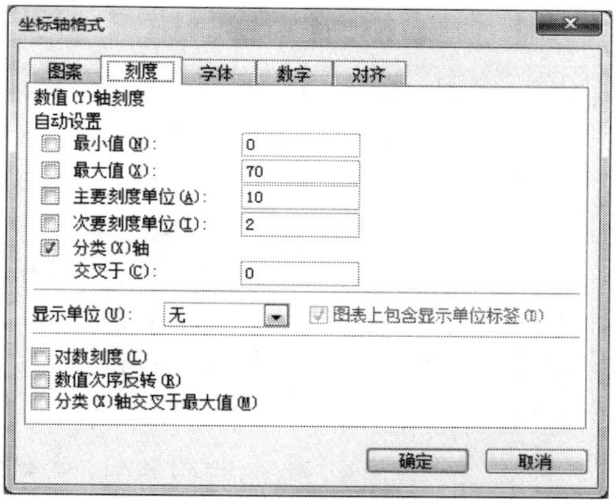

图 9-11 “坐标轴格式”刻度对话框

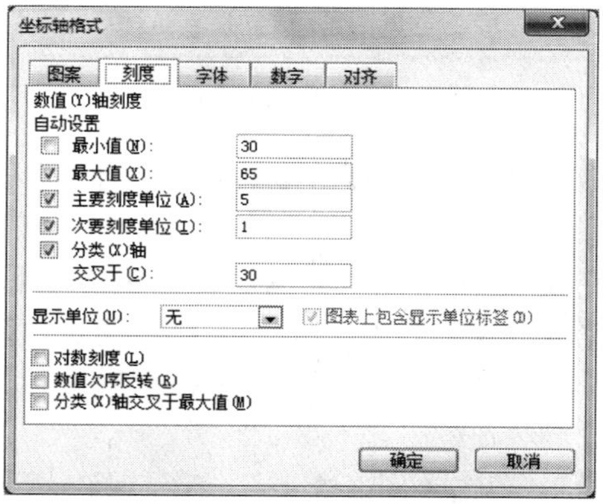

图 9-12 “坐标轴格式”刻度对话框

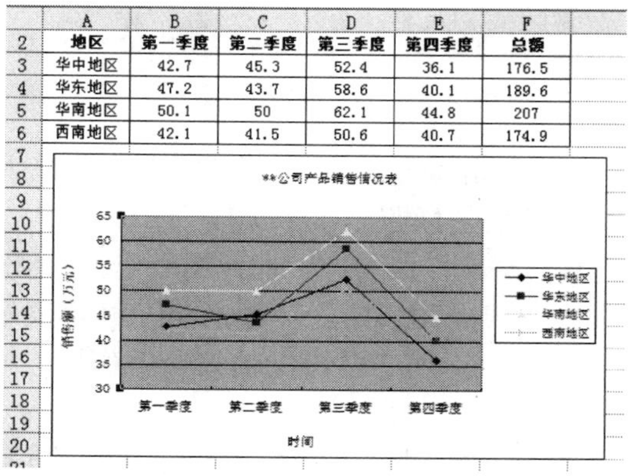

地区	第一季度	第二季度	第三季度	第四季度	总额
华中地区	42.7	45.3	52.4	36.1	176.5
华东地区	47.2	43.7	58.6	40.1	189.6
华南地区	50.1	50	62.1	44.8	207
西南地区	42.1	41.5	50.6	40.7	174.9

图 9-13 **公司产品销售情况表

9.1.4 自定义图表

在标准类型的图表中，所有的系列只能用同种图形显示。例如，在柱形图中，所有系列用不同颜色的柱状图表示，折线图中不同系列用不同形状和颜色的图案表示。但是在有些应用中，需要用不同的形状来区分数据系列，这时就要用到自定义图表。

示例 9.2 根据图 9-14 中的表格绘制图表。

	A	B	C	D	E
1	**车间生产情况表				
2				单位：万吨	
3	产量	第一车间	第二车间	第三车间	第四车间
4	计划产量	42.5	47.1	50.1	44.3
5	实际产量	43.1	46.5	49.8	45.1

图 9-14 **车间生产情况表

从表格中可以看出，主要有两个数据系列“计划产量”和“实际产量”，如果用同种图形表示，区分不是很明显。在这里，我们使用自定义图表来做。

(1) 选择“插图”→“图表”，选择“自定义类型”，如图 9-15 所示，选择“线-柱图”。

(2) 单击“确定”，选定数据区域，如图 9-16 所示。

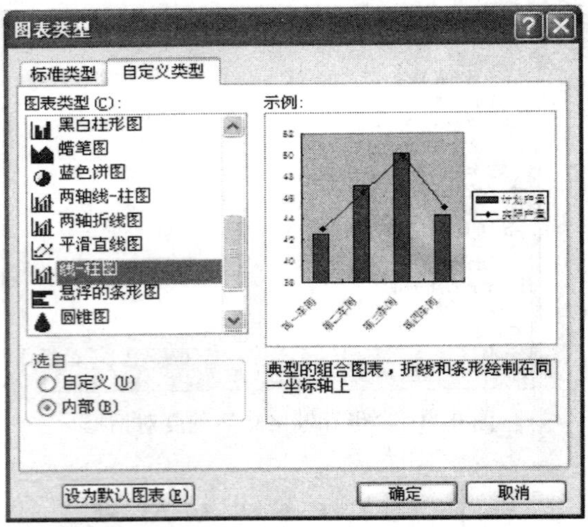

图 9-15 “自定义类型”选项卡

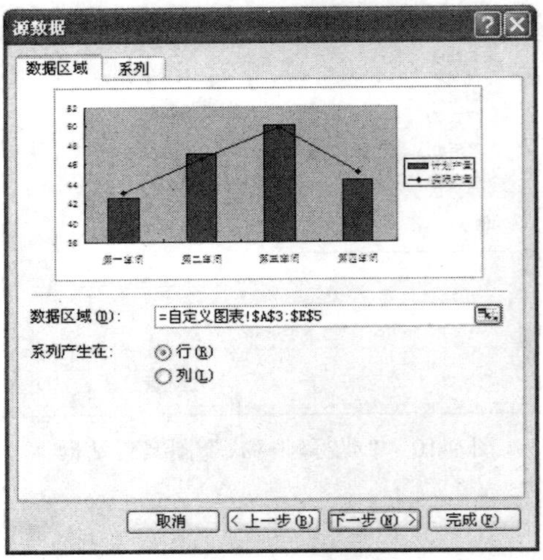

图 9-16 “数据区域”选项卡

(3) 单击“下一步”，打开图表选项对话框，在“标题”选项卡中输入图表标题、分类轴和数值轴标题，如图 9-17 所示。

(4) 单击“下一步”，选择图表位置后单击“完成”按钮，生成的图表如图 9-18 所示。

在完成的图表中，计划产量用柱形表示，实际产量用折线表示，用户可能更关注实际产量，计划产量仅仅起到参考作用，如果希望更改数据系列的图形，可以进行如下操作：

(1) 在“图表工具栏”中选择系列“实际产量”，单击“图表类型”按钮右侧的下拉箭头，如图 9-19 所示，选择“柱形图”。

(2) 用同样的办法将系列“计划产量”修改为折线图。

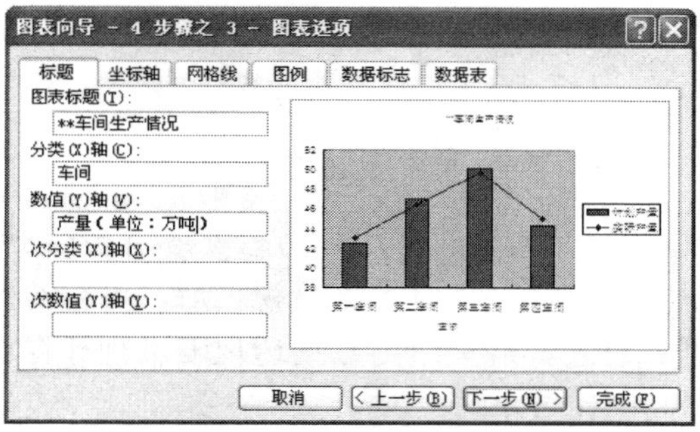

图 9-17　“标题”选项卡

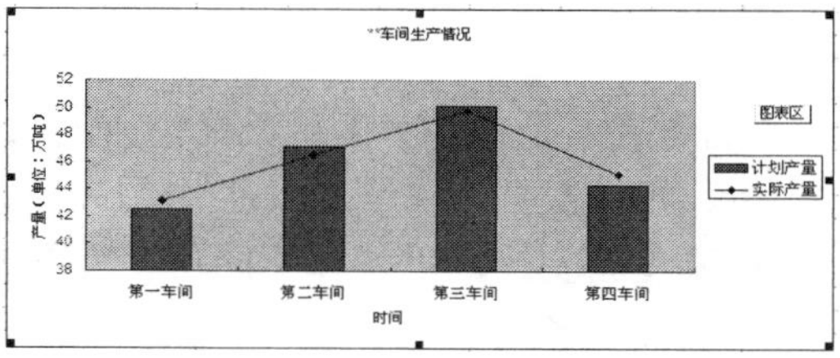

图 9-18　**车间生产情况线-柱图

(3) 再对图表进行其他格式设置，比如修改柱形的颜色，修改折线的粗细，修改字体等，最后图表的效果如图 9-20 所示。

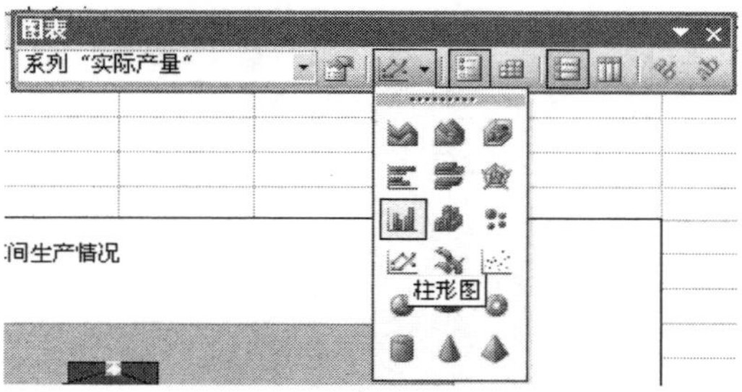

图 9-19　图表工具栏

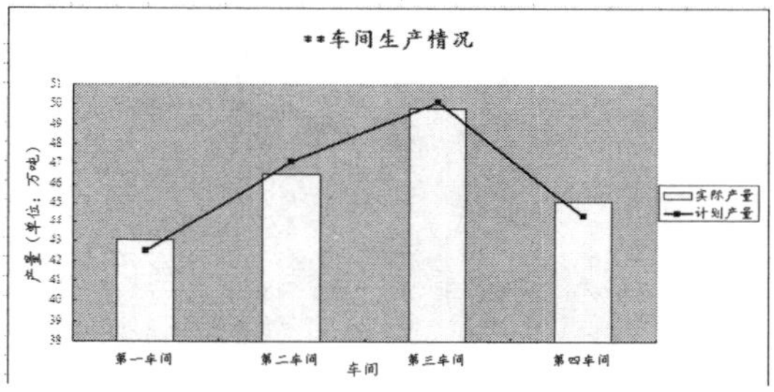

图 9-20　**车间生产情况线-柱图

9.2　数据透视表

提出任务

9.1 节中小冯利用 Excel 提供的图表功能制作出了销售数据的折线图，但折线图在反映数据之间的关系时还是比较单一、不灵活。为更全面地反映数据之间的对应关系，主管要求小冯根据销售表数据创建数据透视表，从多个角度分析对比和统计数据。

对小冯而言，数据透视表是一个全新的概念，为此他继续向杨老师请教。通过杨老师的指点，小冯明确了数据透视表可以从多个角度对数据进行分析统计这一强大的功能，并明确了数据透视表制作的关键是合理布局数据的分析要求。

分析任务

为解决上述问题，小冯按照下述思路进行了学习：

- ◆ 明确数据透视表可以从多个角度对数据进行分析这一强大功能；
- ◆ 做透视表前对数据分析作透彻理解；
- ◆ 恰当设置透视表中页、行、列的数据布局；
- ◆ 对生成的透视表进行多方位查看对比分析。

最后，小冯顺利地完成了工作任务，同时对 Excel 的应用与功能有了更深刻的体会。

实现任务

数据透视表是一种对大量数据快速汇总和建立交叉列表的交互式动态表格，能帮助用户分析、组织数据，属于 Excel 中的高级数据处理功能。建好数据透视表后，可以对数据透视表重新安排，以便从不同角度查看数据。总之，合理运用数据透视表进行计算与分析，能使许多复杂的问题简单化并极大地提高工作效率。

示例 9.3 根据图 9-21 所示数据列表创建数据透视表。

	A	B	C	D	E	F	G
1	销售人员	产品名称	数量	单价	销售金额	销售年份	销售季度
2	刘璐	电冰箱	30	¥2,740	¥82,200	2012	2
3	刘璐	数码相机	21	¥1,590	¥33,390	2012	1
4	刘璐	数码相机	25	¥1,590	¥39,750	2013	1
5	刘璐	洗衣机	25	¥2,150	¥53,750	2012	4
6	刘璐	洗衣机	16	¥2,150	¥34,400	2013	4
7	刘璐	显示器	35	¥950	¥33,250	2012	3
8	刘璐	显示器	42	¥950	¥39,900	2013	3
9	刘璐	显示器	27	¥950	¥25,650	2013	4
10	刘璐	液晶电视	41	¥6,850	¥280,850	2013	2
11	王平	电冰箱	19	¥2,740	¥52,060	2012	2
12	王平	电冰箱	52	¥2,740	¥142,480	2013	2
13	王平	电冰箱	43	¥2,740	¥117,820	2012	3
14	王平	数码相机	26	¥1,590	¥41,340	2012	3
15	王平	吸尘器	60	¥1,080	¥64,800	2013	4
16	王平	洗衣机	62	¥2,150	¥133,300	2013	4
17	王平	显示器	42	¥950	¥39,900	2012	1
18	王平	显示器	38	¥950	¥36,100	2012	2
19	王平	显示器	45	¥950	¥42,750	2013	4
20	王平	液晶电视	17	¥6,850	¥116,450	2013	2
21	王平	液晶电视	75	¥6,850	¥513,750	2012	4
22	赵希	电冰箱	25	¥2,740	¥68,500	2013	1
23	赵希	电冰箱	47	¥2,740	¥128,780	2012	3
24	赵希	数码相机	50	¥1,590	¥79,500	2013	2
25	赵希	洗衣机	43	¥2,150	¥92,450	2013	2
26	赵希	显示器	30	¥950	¥28,500	2012	2
27	赵希	显示器	51	¥950	¥48,450	2012	4
28	赵希	显示器	62	¥950	¥58,900	2013	4
29	赵希	液晶电视	42	¥6,850	¥287,700	2013	1
30	赵希	液晶电视	42	¥6,850	¥287,700	2013	4

图 9-21　产品销售情况表

使用数据透视表和数据透视图向导可以创建数据透视表，选择菜单“数据”→“数据透视表和数据透视图”命令，在该向导的指导下，用户只要按部就班地一步一步进行操作，就可以轻松地完成数据透视表的创建。它的操作共分 3 个步骤：①选择数据源类型；②选择数据源区域；③指定数据透视表位置。

9.2.1 指定数据源类型

选定图 9-21 所示的销售数据清单中任意一个数据单元格，选择菜单“数据”→“数据透视表和数据透视图”命令，打开“数据透视表和数据透视图向导——3 步骤之 1”对话框，如图 9-22 所示。

该步骤帮助用户确定数据源类型和报表类型，单击不同选项的选项按钮，对话框左侧的图像将会产生相应变化。此处为对默认选项的选择，即数据源类型为 Excel 数据列表，报表类型为数据透视表。

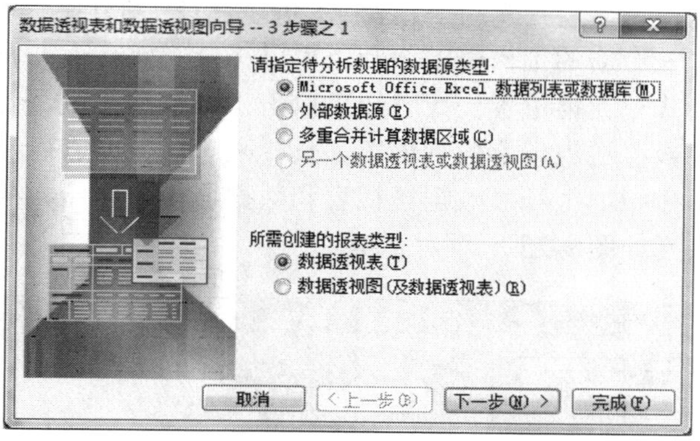

图 9-22　数据透视表步骤一

9.2.2　选择数据源区域

指定了数据源类型后，单击“下一步”按钮。显示“3 步骤之 2”对话框，要求指定数据源的位置，如图 9-23 所示。

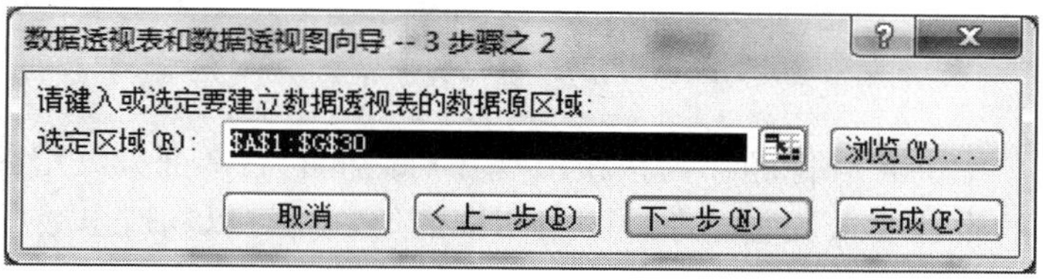

图 9-23　数据透视表步骤二

由于数据列表都是某个连续的单元格区域，所以，一般情况下 Excel 会自动识别数据源所在的单元格区域，并填入“选定区域”框。如果 Excel 识别的数据源区域不正确，则需要重新选定区域。如果数据源是当前没有开打的数据列表，可以单击“浏览”按钮打开另一个工作表，并选择范围。

9.2.3　指定数据透视表位置

选定数据源位置后单击“下一步”按钮，打开最后一个对话框，如图 9-24 所示。

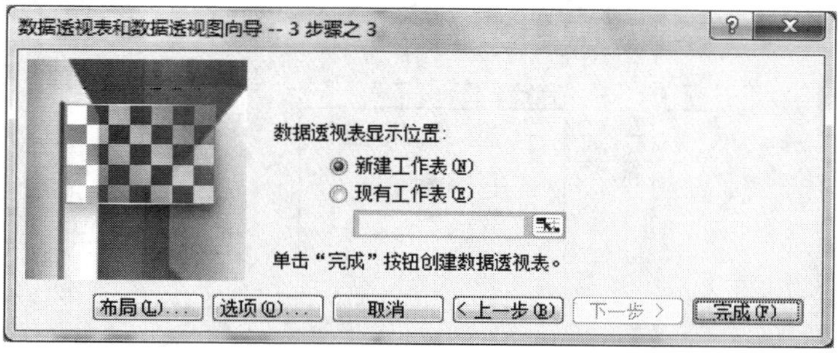

图 9-24　数据透视表步骤三

如果要将数据透视表显示到新的工作表上，可以选择“新建工作表”选项按钮，Excel将为数据透视表插入一个新的工作表。否则，可以选择“现有工作表”选项按钮，并且在文本框中指定带格式单元格位置。此时如果单击“完成”按钮，会生成一张空白数据透视表，需要使用“数据透视表字段列表”工具栏来布局数据透视表。在本例中，我们将通过单击“布局”按钮，打开“数据透视表和数据透视图向导——布局”来完成。单击“布局”按钮，打开如图9-25所示对话框。

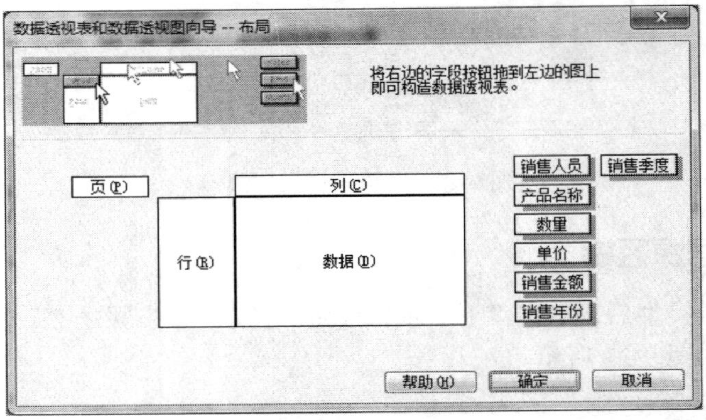

图 9-25　数据透视表之布局

销售数据清单中的各列标题作为按钮出现在对话框的右半部分。用鼠标拖曳这些按钮，将其按自己的设计要求放置在左边图中相应的位置就可以构造出数据透视表。

从结构上看，数据透视表分为4个部分：

(1) 页：此标志区域中按钮将作为数据透视表的分页符。

(2) 行：此标志区域中按钮将作为数据透视表的行字段。

(3) 列：此标志区域中按钮将作为数据透视表的列字段。

(4) 数：据此标志区域中按钮将作为数据透视表的显示汇总数据。

将“销售人员”、“销售年份”、“销售季度”字段按钮拖动到行区域，将“产品名称”字段拖动到列区域，将“销售金额”字段按钮拖动到数据区域，如图9-26所示。

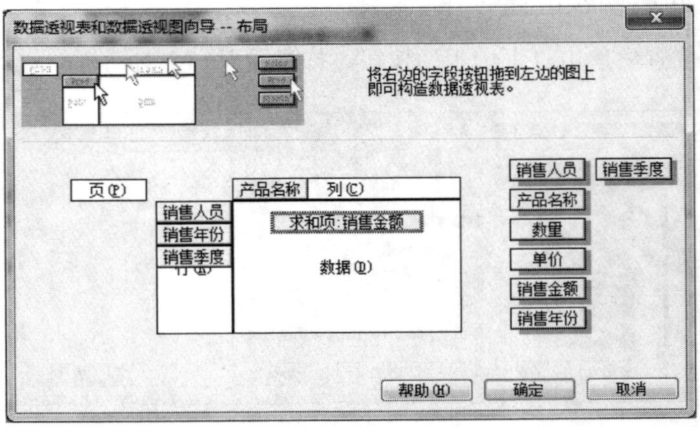

图 9-26　数据透视表之布局

双击图中数据区域“求和项：销售金额”按钮，可以打开“数据透视表字段”对话框，如图 9-27 所示。

修改此对话框内容可以改变汇总方式，并且修改数字格式。最后单击“确定”按钮，关闭“布局”对话框，在步骤 3 对话框中单击“完成”按钮，即可创建如图 9-28 所示数据透视表。

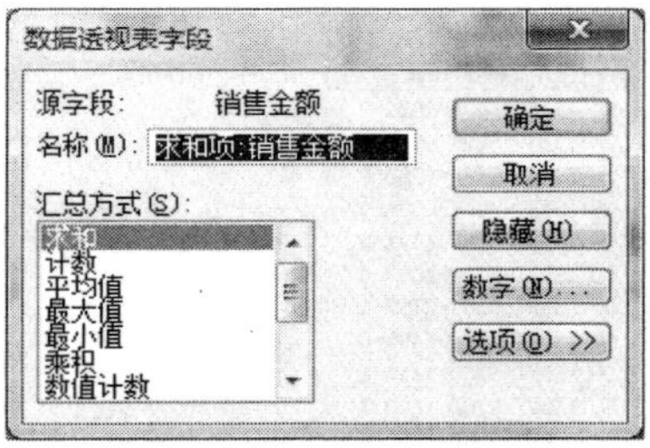

图 9-27 数据透视表字段

求和项:销售			产品名称						
销售人员	销售年份	销售季度	电冰箱	数码相机	吸尘器	洗衣机	显示器	液晶电视	总计
刘璐	2012	1		33390					33390
		2	82200						82200
		3					33250		33250
		4				53750			53750
	2012 汇总		82200	33390		53750	33250		202590
	2013	1		39750					39750
		2						280850	280850
		3					39900		39900
		4				34400	25650		60050
	2013 汇总			39750		34400	65550	280850	420550
刘璐 汇总			82200	73140		88150	98800	280850	623140
王平	2012	1					39900		39900
		2	52060				36100		88160
		3	117820	41340					159160
		4						513750	513750
	2012 汇总		169880	41340			76000	513750	800970
	2013	2	142480					116450	258930
		4			64800	133300	42750		240850
	2013 汇总		142480		64800	133300	42750	116450	499780
王平 汇总			312360	41340	64800	133300	118750	630200	1300750
赵希	2012	2					28500		28500
		3	128780						128780
		4					48450		48450
	2012 汇总		128780				76950		205730
	2013	1	68500					287700	356200
		2		79500		92450			171950
		4					58900	287700	346600
	2013 汇总		68500	79500		92450	58900	575400	874750
赵希 汇总			197280	79500		92450	135850	575400	1080480
总计			591840	193980	64800	313900	353400	1486450	3004370

图 9-28 数据透视表

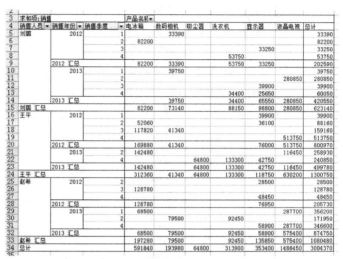

至此，一个简单的数据透视表就完成了，单击表中的下拉列表可以灵活改变显示内容，如图 9-29 和 9-30 所示。

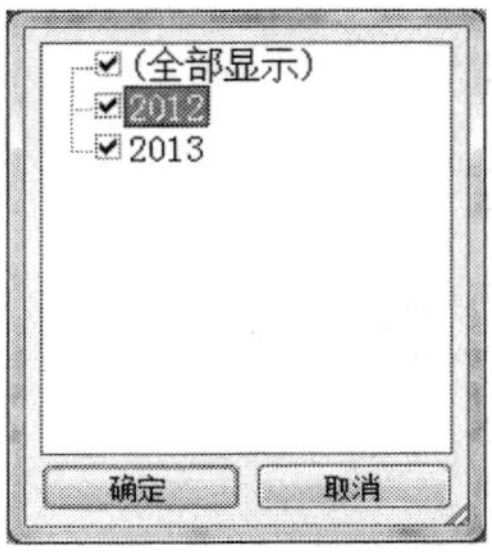

图 9-29 数据透视表显示选项

求和项:销售			产品名称						
销售人员	销售年份	销售季度	电冰箱	数码相机	吸尘器	洗衣机	显示器	液晶电视	总计
刘璐	2013	1		39750					39750
		2						280850	280850
		3					39900		39900
		4				34400	25650		60050
	2013 汇总			39750		34400	65550	280850	420550
刘璐 汇总				39750		34400	65550	280850	420550
王平	2013	2	142480					116450	258930
		4			64800	133300	42750		240850
	2013 汇总		142480		64800	133300	42750	116450	499780
王平 汇总			142480		64800	133300	42750	116450	499780
赵希	2013	1	68500					287700	356200
		2		79500		92450			171950
		4					58900	287700	346600
	2013 汇总		68500	79500		92450	58900	575400	874750
赵希 汇总			68500	79500		92450	58900	575400	874750
总计			210980	119250	64800	260150	167200	972700	1795080

图 9-30 数据透视表

9.3 实验实践

【实验实践目的】

1. 掌握将数据图表化的基本方法；
2. 掌握对图表进行格式化的方法与技巧；
3. 掌握各种不同类型图表的应用特点；
4. 掌握数据透视表对数据进行多角度分析的方法；

5. 了解自定义图表的使用方法与应用场合。

【实验实践内容】

1. 在 Excel 中，创建工作簿文件 Excel1.xls，在其中 sheet1 中创建图示中的数据表，并按如下要求进行数据统计:

(1) 设置最适合的行高与列宽;

(2) 将整个表格添上蓝色粗实线的外边框;

(3) 筛选出作者为“巴金”的所有记录;

(4) 在筛选出的记录中再筛选出书的价格在￥10.00 以上的记录;

(5) 在 sheet3 的 B5:G18 范围内插入各商品销售金额的柱形图表(总销售额除外)，选第一种柱形图，分类 X 轴为商品品名，数值 Y 轴为销售金额。

	A	B	C	D	E	F
1	图书编号	图书名称	作者	出版社编号	价格	标准书号
2	G0004824	荒唐不是梦	柏一	7-5434	￥8.80	ISBN7-5434-2551-3
3	G0005308	都会的忧郁	白嗣宏	7-5396	￥6.20	ISBN7-5396-0794-7
4	G0005329	中国典故故事大观	包启新	7-5324	￥43.20	ISBN7-5324-1763-8
5	G0005341	数学思維方法 1	柏均和	7-5077	￥11.00	ISBN7-5077-0306-1
6	G0053729	历史教学问题探讨	白月桥	7-5041	￥16.50	ISBN7-5041-1741-2
7	G0065585	论证的技法	鲍德明	7-5334	￥5.00	ISBN7-5334-1033-5
8	G0065598	英语奥林匹克高中版高一分册	包天仁	7-5383	￥11.00	ISBN7-5383-2759-2
9	H0019522	走向坟墓的二战战犯	白飞	7-209	￥4.00	ISBN7-209-01495-0
10	H0059647	教师口才学	柏恕斌	7-5068	￥9.00	ISBN7-5068-0413-1
11	I0000314	杜纲与南北史 演义	包紹明	7-5382	￥2.50	ISBN7-5382-1670-7
12	I0002983	古代小说与宗教	白化文	7-5382	￥2.50	ISBN7-5382-1693-6
13	I0007914	天孽	白煤	7-223	￥14.80	ISBN7-223-00957-8
14	I0009313	家	巴金	7-02	￥5.50	ISBN7-02-001080-3
15	I0009361	巴金选集 2	巴金	7-220	￥16.50	ISBN7-220-02739-7
16	I0009380	快速写作法	鲍德明	7-5628	￥12.80	ISBN7-5628-0831-7
17	I0009619	爱 情三部曲	巴金	7-02	￥13.20	ISBN7-02-000231-5
18	I0009650	爱 情三部曲	巴金	7-02	￥13.20	ISBN7-02-000231-5
19	I0010073	大街温柔	白桦	7-538	￥9.00	ISBN7-5387-0
20	I0010777	巴金选集 4	巴金	7-220	￥16.50	ISBN7-220-02739-7
21	I0010780	英语奥林匹克高中版高二分册	包天仁	7-5383	￥10.00	ISBN7-5383-2760-6
22	I0010811	英语奥林匹克高中版高三分册	包天仁	7-5383	￥11.00	ISBN7-5383-2761-4
23	I0011107	巴金讲真话的书	巴金	7-220	￥51.00	ISBN7-220-03016-9
24	I0011311	天荒	白煤	7-223	￥14.80	ISBN7-223-00954-3
25	I0011500	家	巴金	7-02	￥5.50	ISBN7-02-001080-3
26	I0064180	巴尔扎克全集 20	巴尔扎克	7-02	￥32.20	ISBN7-02-001930-7
27	K0015074	毒树	般吉姆	7-217	￥2.20	ISBN7-217-00353-9
28	K0015203	巴尔扎克全集 22	巴尔扎克	7-02	￥37.90	ISBN7-02-001036-9
29	K0015216	巴金代表作	巴金	7-215	￥14.85	ISBN7-215-01527-
30	K0016055	中国古代的农民起义	白光耀	7-5304	￥3.90	ISBN7-5304-1630-8
31	S0057320	数学思維方法 2	柏均和	7-5077	￥9.00	ISBN7-5077-0307-X
32	T0019054	巴尔扎克全集 28	巴尔扎克	7-02	￥35.30	ISBN7-02-002259-6
33	T0054431	数学思維方法 3	柏均和	7-5077	￥10.00	ISBN7-5077-0308-8

2. 新建工作簿文件 Excel2.xls，在 sheet1 中按照图示输入文字内容并进行格式设置，并完成下列操作:

	A	B	C	D	E	F	G
1	**超市饮料销售数量统计表（单位：箱）						
2							（单位：箱）
3	年份	冰红茶	绿茶	奶茶	可乐	矿泉水	蜂蜜柚子茶
4	2008年	550	540	490	480	510	540
5	2009年	345	390	345	610	600	610
6	2010年	230	210	230	780	770	670
7	2011年	950	900	1300	150	120	100
8	2012年	800	890	820	200	170	200

(1) 绘制**超市 5 年来各种饮料销售情况柱形图。

类型：簇状柱形图图表

分类轴：年份
数据轴：冰红茶、绿茶、奶茶、可乐、矿泉水、蜂蜜柚子茶
图表标题：**超市饮料销售数量统计表
分类轴标题：年份
数值轴标题：销售数量(单位：箱)

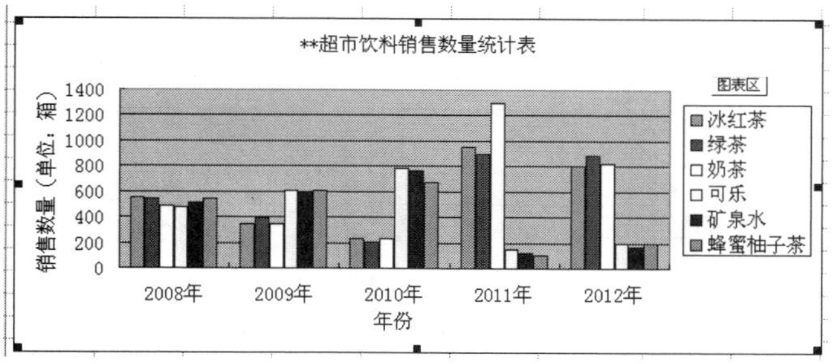

(2) 绘制 2012 年**超市各饮料销售份额饼图。
图表类型：三维饼图
图表标题：**超市 2012 年各饮料销售份额
绘制**超市 5 年来矿泉水销售折线图
图表类型：数据点折线图
分类轴：年份
数据轴：矿泉水
图表标题：**超市矿泉水销售数量统计表
分类轴标题：年份
数值轴标题：销售数量(单位：箱)

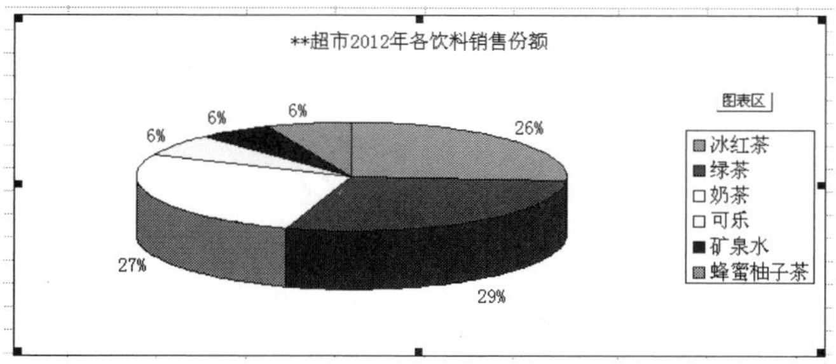

(3) 绘制**超市 5 年来矿泉水销售情况折线图，要求最后结果如下所示。

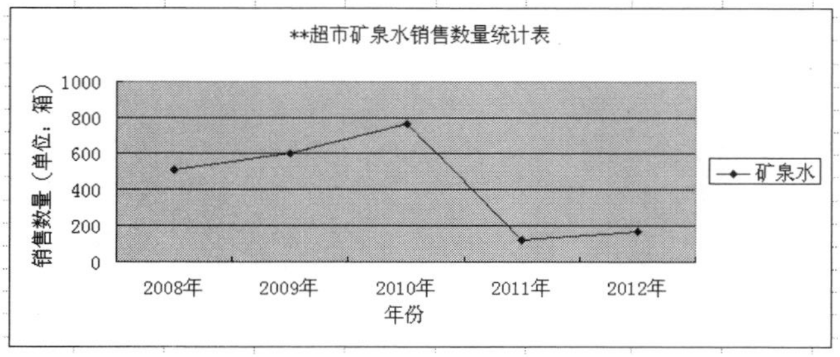

3. 在新建工作簿文件 Excel3.xls，在 sheet1 中按照图示输入文字内容并进行格式设置，并完成下列操作：

(1) 用数据透视表分析统计各班男女生的平均成绩；

(2) 在做好的数据透视表中分别按班级和性别查看平均成绩。

	A	B	C	D	E	F
1	序号	班级	性别	姓名	成绩	
2	1	财务管理	男	王刚	71	
3	2	财务管理	男	王鹏	72	
4	3	财务管理	男	张宁宁	64	
5	4	财务管理	女	张晶	70	
6	5	汽车服务	女	柳青	72.5	
7	6	汽车服务	女	张婷	66.5	
8	7	汽车服务	男	石磊	57.5	
9	8	汽车服务	女	张豆	72	
10	9	汽车服务	男	田彦榕	65	
11	10	工程管理	男	赵强	54.5	
12	11	工程管理	男	王旭辉	59	
13	12	工程管理	男	尚继龙	56.5	
14	13	工程管理	女	李娜	53	
15	14	工程管理	女	梁静	68	
16	15	工程管理	女	陈亮亮	64.5	
17	16	生物技术	男	毛天宇	71	
18	17	生物技术	女	南凤	70.5	
19	18	生物技术	男	马淇	62	
20	19	生物技术	男	李强	62.5	
21	20	生物技术	女	张蕾	77.5	
22	21					

第 10 章　PowerPoint 基础应用

PowerPoint 2003 是一个功能很强的演示文稿制作软件，用户可以用它来创建和演示演示文稿。它所生成的演示文稿包含文本、图表、绘制对象、图形、剪贴画以及声音剪辑、背景音乐、影片等对象。创建的演示文稿既可以在个人计算机上播放，也可以充分利用网络特性，在 Internet 上“虚拟”演示。

10.1　认识 PowerPoint 2003

提出任务

小王是刚刚入学的大一新生，最近班级要召开以“家乡美、爱家乡”为主题的主题班会，班里大部分同学准备了发言稿，但小王觉得要介绍美丽的家乡，只用语言和文字是无法完全展现的。他想借助计算机相关软件，制作一份图文并茂并能让大家观看的短片，以全新的方式展现家乡美。为尽快完成制作，小王请教了学长，学长建议他借助演示文稿软件 PowerPoint 来实现。

分析任务

通过相关查询了解，小王知道了 PowerPoint 是 Office 办公组件之一，用于创建和制作演示文稿。演示文稿是一种特殊的文件形式，它可以将文字、图片、声音、动画等媒体对象灵活地结合在一张张的幻灯片中，设置每个对象的动画效果，并进行播放。一个准备充分、设计合理、动画得当的演示文稿，可以强有力地说明一个主题任务。

实现任务

10.1.1　PowerPoint 2003 相关术语

1. 幻灯片：PowerPoint 中创建和编辑的单页文档。

2. 演示文稿：为某一演示而设计制作的由多张幻灯片组成的文件，称为演示文稿或演示文件，默认扩展名为.ppt。

10.1.2　PowerPoint 2003 窗口介绍

1. PowerPoint 2003 窗口组成

启动 PowerPoint 2003 后，系统会自动创建一个空演示文稿，可看到如图 10-1 所示的窗口，它主要包括标题栏、菜单栏、工具栏、大纲窗格、幻灯片窗格、备注窗格和状态栏等。

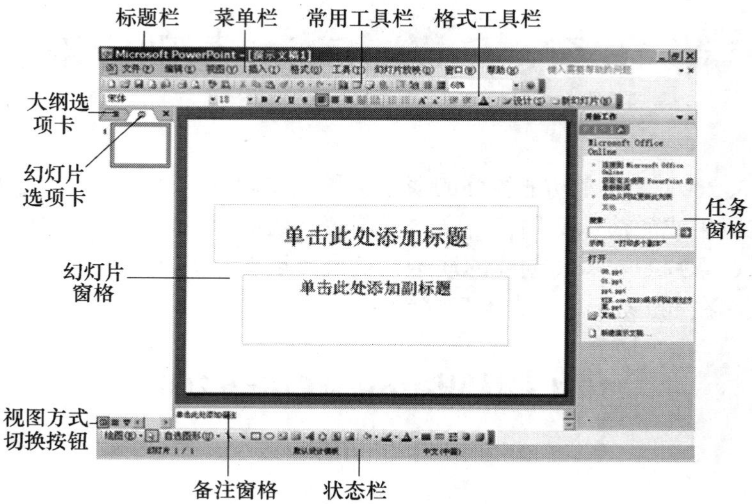

PowerPoint 2003的工作界面

图 10-1　PowerPoint 2003 窗口

(1) 任务窗格。

任务窗格中显示的是一些常用菜单中的命令。例如，在任务窗格中包含有“幻灯片版式”、“幻灯片设计”、“幻灯片切换”、“自定义动画”等命令。可使用“视图”→“任务窗格”打开任务窗格。

(2) 大纲/幻灯片窗格。

大纲/幻灯片窗格是幻灯片列表窗口，用户通过点击“大纲 / 幻灯片窗格”中的“幻灯片”标签或“大纲”标签，即可打开“幻灯片窗格”或“大纲窗格”。在“幻灯片窗格”中幻灯片以缩略图的形式显示，便于观看幻灯片的设计效果，一般用于添加、删除、移动和复制幻灯片等。而“大纲窗格”窗口较宽，方便输入和编辑演示文稿的内容，是调整、管理幻灯片的工具窗口。

(3) 幻灯片窗格。

幻灯片窗格是用户用来显示、加工、制作演示文稿的工作窗口。

(4) 备注窗格。

备注窗格是注释信息的窗口，用户可以在备注窗格中写一些有关该张幻灯片的说明或注释，以便于日后维护和演示文稿时查阅。注释信息只出现在备注页视图中，在文稿演示时不会出现。

2. 视图及其切换

为了建立、编辑和放映幻灯片的需要，PowerPoint 提供了多种不同的视图窗格，包括普通视图、大纲视图、幻灯片视图、幻灯片浏览视图、放映幻灯片等五种视窗。各种视窗有不同的应用特征，提供了对演示文稿不同的观察视窗和操作方式。视窗方式的切换可以单击水平滚动条上的按钮。

(1) 普通视图。

普通视图由左边的大纲/幻灯片窗格、右边的幻灯片窗格和右下边的备注窗格组成。单击这三个窗格中的任何一个窗格，就可以对演示文稿的大纲、幻灯片和备注进行编辑。普通视图是 PowerPoint 系统默认的工作视图，在该视图中一次只能操作一张幻灯片。

(2) 大纲视图。

大纲视图仅显示演示文稿中的所有标题和正文，同时显示“大纲”工具栏。这种工作方式为用户组织材料、编写大纲提供了简明的环境。用户也可以用图 10-2“大纲”工具栏来调整幻灯片标题、正文的布局和修改内容、展开折叠幻灯片以及移动幻灯片的位置。如果不见“大纲”工具栏，可选择主菜单的“视图”→“工具”→“大纲”来打开。

图 10-2　“大纲”工具栏

(3) 幻灯片视图。

在幻灯片视图下，可以建立幻灯片和对幻灯片中的各个对象进行编辑，还可以插入剪贴画、表格、图表、艺术字及组织结构图等图片。

(4) 幻灯片浏览视图。

幻灯片浏览视图同时显示多张幻灯片，用户可以看到整个演示文稿的外观。可以轻松地添加、复制、删除或移动幻灯片。使用“幻灯片浏览”工具栏中的按钮，还可设置幻灯片的自动放映时间，选择幻灯片的动画切换方式，但不能编辑幻灯片中的对象。

(5) 放映幻灯片。

用户演示手工放映幻灯片，幻灯片按顺序、以最大化方式显示文稿中的每张幻灯片。进入幻灯片放映视图后，PowerPoint 窗口暂时隐去，每张幻灯片占据整个屏幕。每按一次鼠标左键或回车键，屏幕上就放映下一张幻灯片，按 Esc 键或放映完所有的幻灯片退出演示状态。

10.2　演示文稿的基本操作

提出任务

在对 PowerPoint 做了初步的了解之后，小王开始着手制作介绍家乡美的演示文稿。由于小王对 PowerPoint 具体的应用方法还不太清楚，所以学长建议他先确定演示文稿的主题、风格，搜集相关素材资料，然后为他制定了学习 PowerPoint 的计划和内容。

分析任务

学长建议小王在学习制作演示文稿的过程中应从以下几方面入手:

◆ 演示文稿的的创建、打开、保存。

◆ 演示文稿的编辑：幻灯片的增加、删除、移动、复制等。
◆ 幻灯片中图文的处理：文本框、图形、图表、组织结构图、表格、艺术字等。
◆ 使用设计模板、幻灯片版式和配色方案对幻灯片进行格式设置。
◆ 对幻灯片中的对象设置动画效果和超级链接。
◆ 演示文稿的打印设置。

实现任务

10.2.1 演示文稿的创建、打开与保存

1. 创建演示文稿

演示文稿是由一组按一定顺序排列的幻灯片组成的一个文件，制作一个演示文稿的过程实际上就是按照布局制作一张张幻灯片的过程。然后，作为一个文件保存，其文件类型为.ppt。

PowerPoint 2003 为我们提供了 4 种创建演示文稿的基本方法，分别是根据内容提示向导、根据设计模板、根据空演示文稿、根据现有演示文稿来创建，如图 10-3 所示。

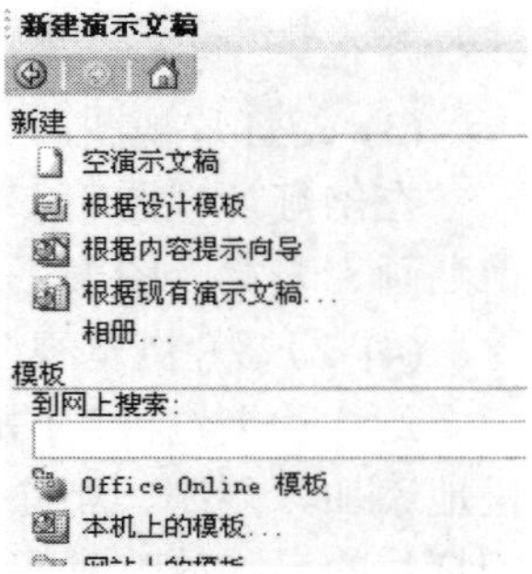

图 10-3 “新建”演示文稿

(1) 利用“空演示文稿”创建演示文稿。

新建一个空白演示文稿是创建新演示文稿的最简单的方法。在空白演示文稿中，用户可以完全按照自己的意愿设计演示文稿的版式，创建有个性的演示文稿。操作步骤：启动 PowerPoint 后，选择“文件” →“新建”命令，在“新建演示文稿”选项区域中选择“空演示文稿”，在“应用幻灯片版式”列表中选取需要的版式，如图 10-4 所示。

(2) 利用“设计模板”创建演示文稿。

PowerPoint 2003 提供了一系列设计精美的设计模板，使用户可以在已经具备设计概念、字体和颜色方案的 PowerPoint 模板基础上轻松地创建演示文稿。设计模板中包含项目符号和字体的类型及大小、占位符大小及位置、背景设计及填充、配色方案以及幻灯片母版，用户只需考虑演示文稿的文本及内容即可。

操作步骤：启动 PowerPoint 后，选择“文件” →“新建”命令，在“新建演示文稿”选项区域中选择“根据设计模板”，在“应用设计模板”列表中选取需要的模板，如图 10-5 所示。

(3) 根据“内容提示向导”创建演示文稿。

使用“内容提示向导”创建演示文稿时，“内容提示向导”中包含演示文稿的主题及结构，用户可直接选择包含有建议内容和版式设计的演示文稿类型。该向导中包含有各种不同主题的演示文稿示范，如常规、企业、项目、销售等。我们可从中选择符合自己需要的演示文稿类型作为设计文稿的出发点，分五步完成演示文稿的建立。图 10-6 是第一个“内容提示向导”界面。该方法适合在已知要创建的演示文稿的大概内容时使用。

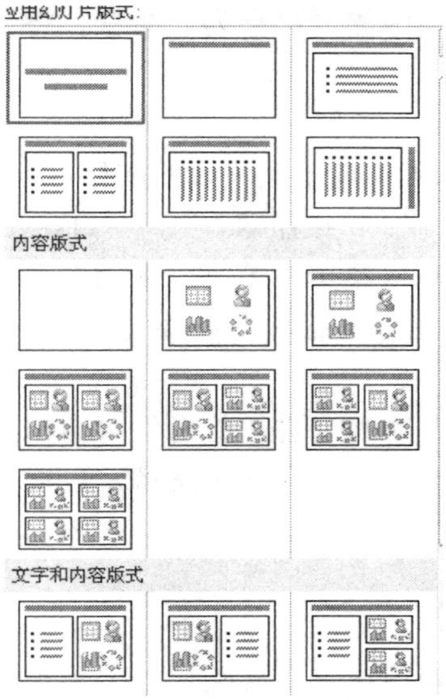

图 10-4　利用“空演示文稿”创建演示文稿

图 10-5　“应用设计模板”窗口

(4) 利用“现有的演示文稿”创建演示文稿。

如果在用户的计算机中储存一些现成的演示文稿，那么当需要再创建同类型的新演示文稿时，可以参照这些现有的演示文稿。具体创建是在“新建演示文稿”对话框中选择“打开已有的演示文稿”，如图 10-7 所示。在文件列表中单击所要的演示文稿后根据需要在其中进行修改即可。

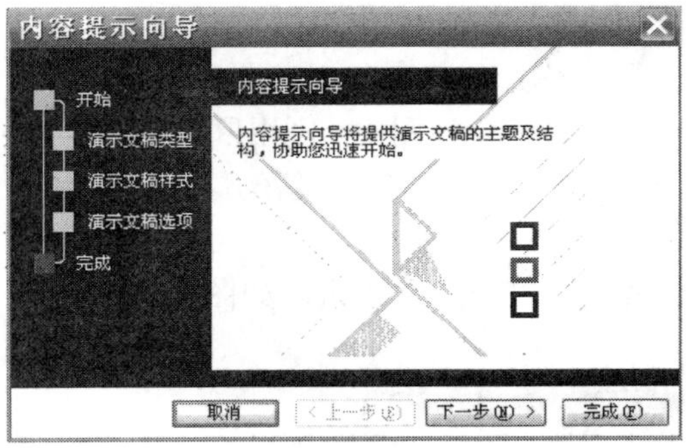

图 10-6　“内容提示向导”对话框

图 10-7　利用“现有演示文稿”创建演示文稿

2. 保存演示文稿

保存新建立的演示文稿，PowerPoint 2003 提供了三种方法：

方法一：用鼠标选择“文件”菜单中的“保存”命令，在“保存”对话框中选择盘符和输入文件名，单击“保存”按钮。

方法二：将当前正在编辑的文件存盘或按组合键 Ctrl+S 或单击工具栏中的“保存”按钮。

方法三：对磁盘中已存在，但打开后经过修改的文件，不必再指定文件夹和文件名，直接运用菜单“文件”中的“保存”命令，或单击工具栏中的“保存”按钮，即可完成文件的保存。已修改过的文件也可以运用“文件”菜单中的“另存为”命令，将当前文件改名保存。

3. 关闭演示文稿

如果已打开了多个演示文稿，要关闭其中某个文件时，选中欲关闭的文件，选择“文件”菜单中的“退出”命令，或单击窗口标题栏右上角的“关闭”按钮，或单击 PowerPoint 窗口标题栏最左边的“控制”按钮，在弹出的“控制”菜单中单击“关闭”按钮或按组合键 Alt+F4，均可关闭 PowerPoint 窗口，退出 PowerPoint 操作。

4. 打开演示文稿

启动 PowerPoint 2003 后，选择“文件”→“打开”命令，在“打开”对话框中选择要打开文件所在盘符和文件名，单击“打开”按钮。对于已存在演示文稿，可以直接双击或右击打开该文档。

10.2.2 幻灯片管理

一份演示文稿是由许多张幻灯片组成的，因此，制作演示文稿的过程中为使文稿内容更连贯，经常需要通过选择、插入、删除、移动以及复制幻灯片来逐渐完善演示文稿。

1. 选择幻灯片

对幻灯片进行复制、移动、剪切等操作之前，要选定被操作。选择某张幻灯片只需单击大纲窗格中幻灯片编号；单击一张幻灯片后，按住 Shift 键再单击另一张幻灯片，可选取两张幻灯片之间连续编号的所有幻灯片；单击一张幻灯片后，然后按住 Ctrl 键再单击其他幻灯片编号，可同时选取多张连续或不连续的幻灯片；若要选定所有的幻灯片，选择“编辑”菜单当中的“全选”命令或者按 Ctrl+A 键。

2. 插入、隐藏和删除幻灯片

当需要插入一张新的幻灯片时，可按下列步骤操作：

(1) 在大纲窗格中单击某张幻灯片编号，或在幻灯片浏览视图中，则用鼠标单击该幻灯片左、右侧的空白处，此时可看到一根竖直线，该竖直线就代表将插入新幻灯片的位置。

(2) 选择“插入”菜单下的“新幻灯片”命令。

(3) 在对话框中选取需要的幻灯片版式，然后单击“确定”按钮，如图 10-8 所示，就可以编辑新的幻灯片了。

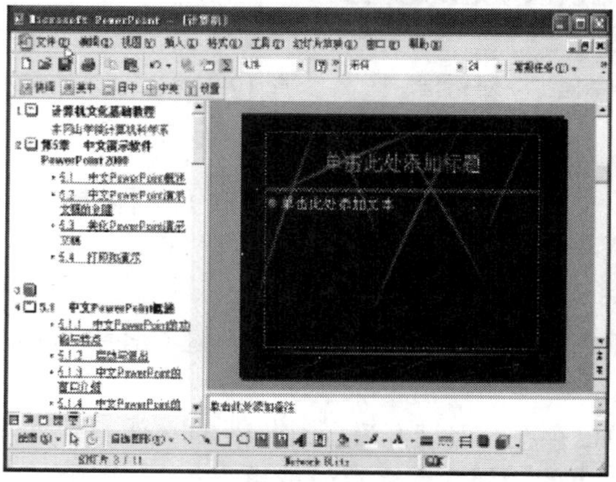

图 10-8　插入“新幻灯片”

在演示文稿放映时，用户可以隐藏某些幻灯片使其不被看到。这此被隐藏的幻灯片仍然保留在文件中。隐藏幻灯片的方法很简单，只需选定要隐藏的幻灯片，然后选择“幻灯片放映”菜单当中“隐藏幻灯片”命令。隐藏了幻灯片后，如果要重新设置被隐藏的幻灯片以在幻灯片放映中进行查看，可选取要显示的隐藏幻灯片，然后再选择“幻灯片放映”菜单当中“隐藏幻灯片”命令。

如果需要删除某些多余的幻灯片，先选定要删除的幻灯片，然后按 Delete 键或选择“编辑”菜单中的“删除幻灯片”命令即可。

3. 移动幻灯片

可以通过移动幻灯片调整演示文稿中的幻灯片的顺序。移动幻灯片的方法有两种，一种是利用剪贴板，另一种是直接用鼠标拖放。两种方法分别如下：

方法一：在普通视图的“大纲”选项卡或“幻灯片” 选项卡上或在幻灯片浏览视图中，选择一个或多个幻灯片缩略图，选择“编辑”菜单下的“剪切”命令，或在右键快捷菜单中选取“剪切”命令，或单击常用工具栏中的“剪切”按钮；再确定需要将幻灯片移动或复制到的目标位置，选择“编辑”菜单下的“粘贴”命令，或在右键快捷菜单中选取“粘贴”命令，或单击常用工具栏中的“粘贴”按钮，将选取的幻灯片移动到目标位置。

方法二：在普通视图的“大纲”选项卡或“幻灯片” 选项卡上或在幻灯片浏览视图中，选择一个或多个幻灯片缩略图，然后将其拖动到一个新位置。

10.2.3　编辑幻灯片的内容

在幻灯片中除可以插入文本外，还可以插入图片、绘制图形、剪贴画、艺术字、组织结构图、图表、公式等对象。添加这些对象有助于增强演示文稿的说服力。图形、图片、图表等对象的有关操作，与 Word、Excel 等其他 Office 2003 应用程序是相同的，这里仅作简要说明。

在此之前，需要了解一下幻灯片的版式，以便更好地安排幻灯片中的文本和内容的相对位置。所谓幻灯片的版式就是指幻灯片内容在幻灯片上的排列方式。在“幻灯片版式”对话框中，用户可以看到 PowerPoint 2003 提供了各种不同的自动版式，如图 10-9 所示。

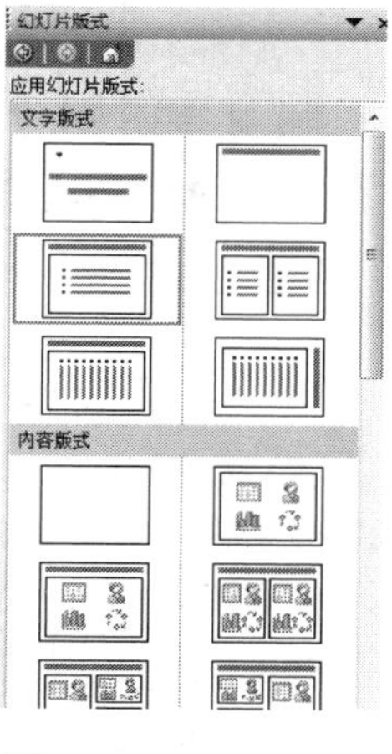

图 10-9　幻灯片版式

演示文稿是由若干张幻灯片组成的，制作一个演示文稿的过程实际上就是按照布局和选择的版式制作一张张幻灯片的过程。要创建一个好的演示文稿，就必须掌握好幻灯片的各种制作技术。

1. 文本的录入与编辑

幻灯片中文本的录入与编辑与 Word 相同，用鼠标左键单击幻灯片中的“占位符”，输入文字内容。文本输入完成后，选择主菜单的“格式” → “字体”，在“字体”对话框中对文字的字体、字形、字号、效果和颜色进行设置。对于项目列表区，用户还可以利用工具栏的“编号”、“项目符号”、“增大字号”、“减小字号”、“升级”、“降级”来分别设置项目编号、项目符号、文字的字号以及对项目进行“升级”或“降级”处理。

在固定版式幻灯片中，标题文字、解释说明性文字都有其固定的放置位置，将文本添加到幻灯片是直接将文本键入幻灯片中的文本占位符中。

(1) 选择“插入” →“新幻灯片”命令，插入第 2 张幻灯片，选择“格式” →“幻灯片版式”，在弹出的“幻灯片版式”任务窗口的“应用幻灯片版式”列表中选择“标题、文本与内容”版式，如图 10-10 所示。

(2) 在标题占位符中输入标题“目录”。在文本占位符中输入天水概况、人文历史、名胜古迹等内容，如图 10-11 所示。

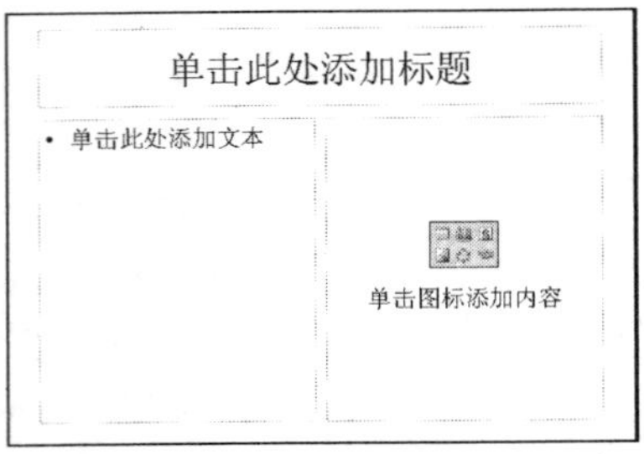

图 10-10 “标题、文本与内容”版式

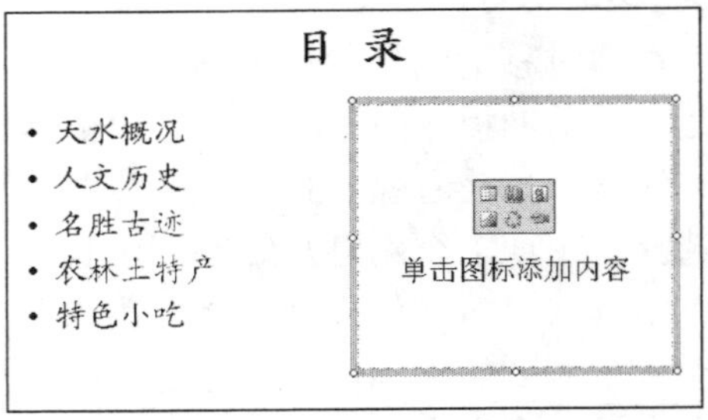

图 10-11 第 2 张幻灯片的文本内容

2. 插入艺术字

(1) 选择“格式”菜单下的“幻灯片版式”命令，在弹出的“幻灯片版式”任务窗口的“应用幻灯片版式”列表中选择“空白”版式。

(2) 选择“插入”→“图片”→“艺术字”命令，在弹出的“艺术字库”对话框中选择一种艺术字样式，如图 10-12 所示，单击“确定”按钮。

(3) 在弹出的“编辑‘艺术字’文字”对话框中输入文字：美丽的家乡，并将艺术字字体设置为“楷体-GB2312”、字号为 96 磅、加粗，如图 10-13 所示，单击“确定”按钮。

图 10-12 “艺术字库”对话框

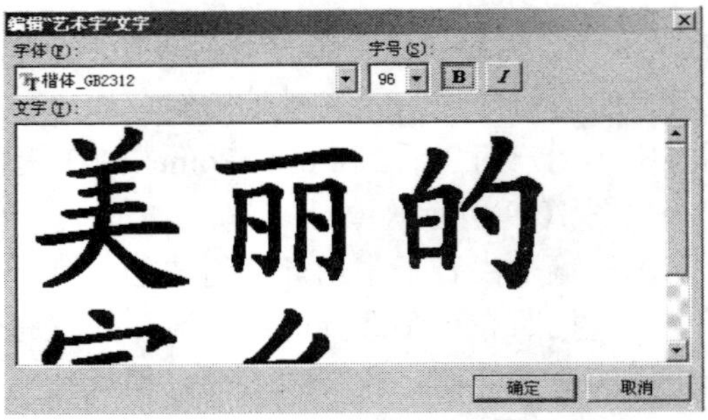

图 10-13 “编辑‘艺术字’文字”对话框

(4) 在幻灯片中选中插入的艺术字，会弹出“艺术字”工具栏。在工具栏中选择“艺术字形状”为“八边形”，如图 10-14 和图 10-15 所示。

3. 插入文本框

若要在空白演示文稿或要在占位符之外添加文字，则选择“插入”菜单下的“文本框”，按需要选择“水平”或“垂直”按钮。操作步骤如下：

(1) 单击“插入”菜单下的“文本框”按钮(横排)或(竖排)。

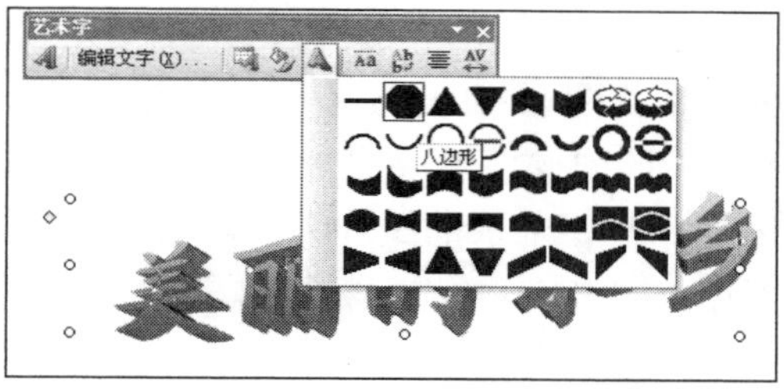

图 10-14　“艺术字形状”设置

图 10-15　第一张幻灯片艺术字效果图

(2) 将鼠标移到幻灯片上，在幻灯片的适当位置按下鼠标左键，然后拖动鼠标至需要位置后释放鼠标左键，得到如图 10-16 所示的文本框。

(3) 在文本框中输入文本，如图 10-17 所示，完成输入后单击文本框外区域的任意位置。

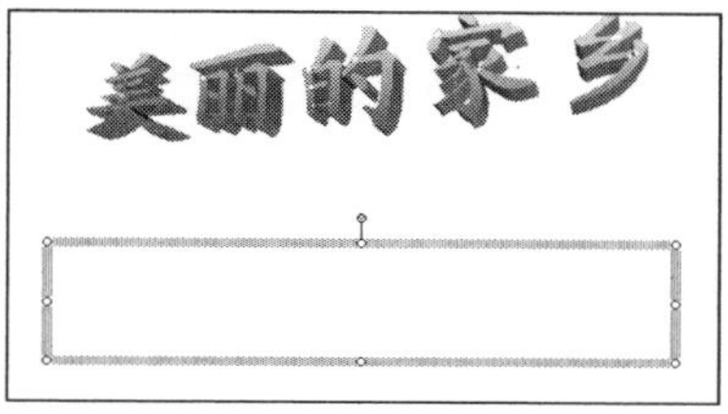

图 10-16　插入“文本框‘水平’”

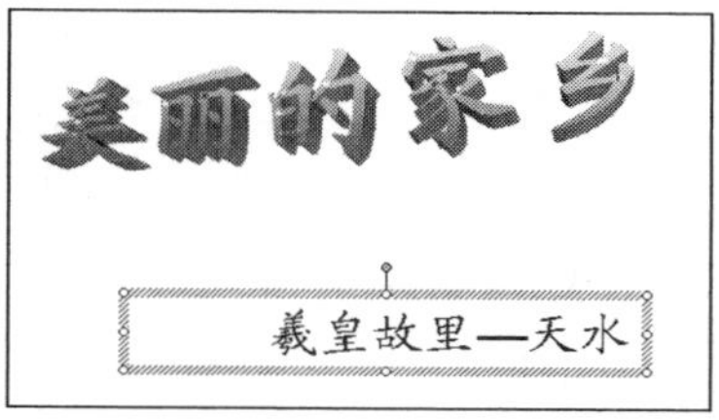

图 10-17　文本框中输入文字

4. 插入图片

在内容占位符中单击“插入图片”按钮，弹出“插入图片”对话框，如图 10-18 所示，在下拉列表中选择合适的图片，单击“插入”按钮，将所选图片插入到幻灯片中，编辑者可以选中图片，利用图片上的 8 个方向控制点调整图片大小，如图 10-19 所示。

图 10-18　“插入图片”对话框

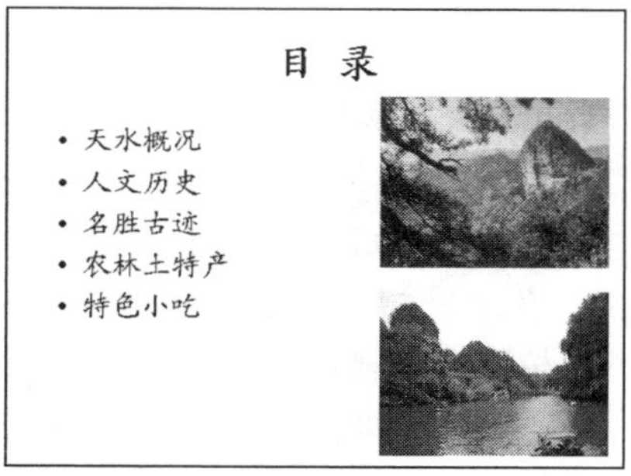

图 10-19　第 2 张幻灯片的内容

5. 绘制图形

利用绘图工具栏，如图 10-20 所示，可以在幻灯片中绘制出直线、曲线、连接线、矩形、多边形、椭圆形、流程图、立体图、标注文字等各种图形。

图 10-20　绘图工具栏

6. **插入剪贴画**

在幻灯片中可以插入剪贴画、来自文件的各种格式图像(如 bmp、jpg、gif 等格式)，自选图形、组织结构图、艺术字、来自扫描仪或相机的图像、Word 表格等。这些图片对象的操作方法是非常类似的，单击图 10-21 所示子菜单中需要的图片类型，系统弹出相应的对话框，然后按照提示即可在幻灯片中插入图片。

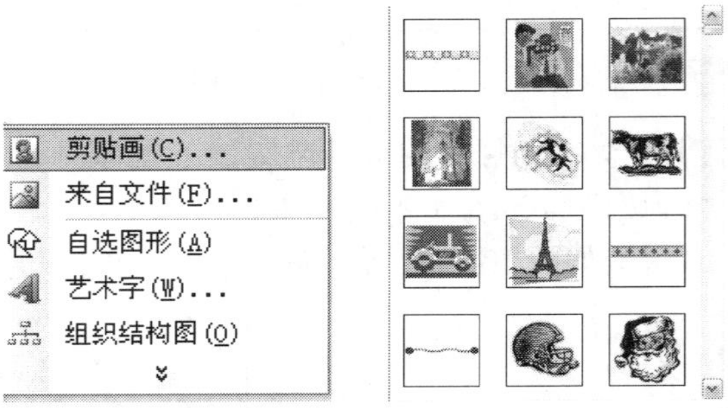

图 10-21　插入剪贴画

7. **插入组织结构图**

组织结构图是由一组具有层次关系的图框组成的，它广泛地应用于一个企事业单位内部机构组织、学科分支情况等描述。

创建组织结构图可以使用两种方法：一种是利用“组织结构图”自动版式创建，双击该幻灯片中的“组织结构图”的占位符；另一种是使用“插入”→“图片”→“组织结构图”菜单命令，通过“组织结构图”工具栏进行具体的组织结构图设计，如图 10-22 所示。

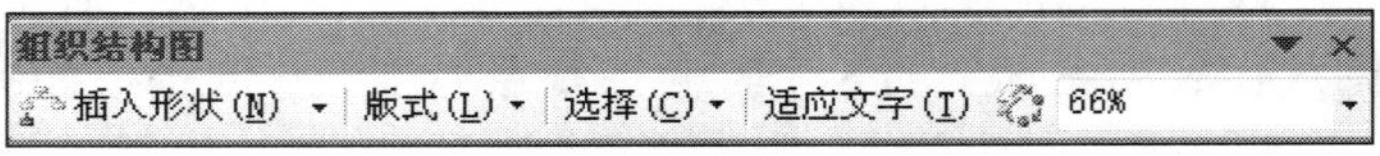

图 10-22　“组织结构图”工具栏

8. **插入对象**

1) 插入图表

可以将 Excel 中制作的图表通过链接或嵌入的方法直接导入到幻灯片中，对于一些简单的统计图表可以在 PowerPoint 2003 中制作。 若要在 PowerPoint 2003 中直接制作图表，可按下列步骤操作：

(1) 根据不同的空演示文稿，执行下列操作之一，系统弹出如图 10-23 所示的数据表，并进入数据表和图表编辑状态，即系统将弹出有关数据表、图表操作的工具按钮以及“数据”和“图表”菜单项：

① 对于有图表占位符的空演示文稿，双击图表占位符。

② 对于无图表占位符的空演示文稿，选择“插入”菜单下的“图表”命令或单击常用工具栏中的“图表”按钮。

(2) 更改数据表中的数据，然后单击常用工具栏中的“查看数据工作表”按钮，隐藏数据表。

(3) 运用菜单命令或图表工具按钮更改类型、格式等，各菜单命令和工具按钮的功能及操作方法与 Excel 2003 中的相应项相一致。

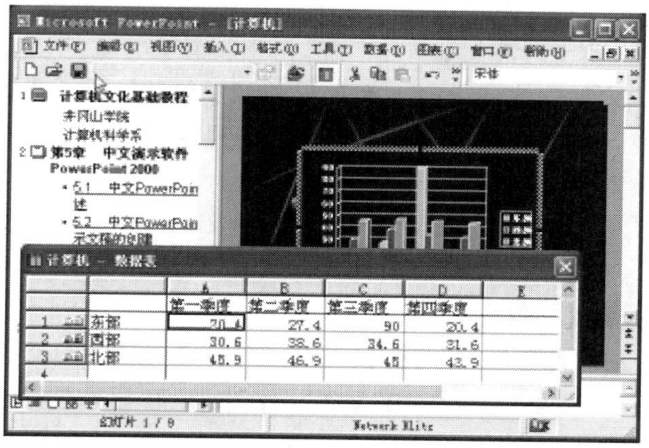

图 10-23 插入图表示例

(4) 单击“图表”区域外的任意一处，退出图表和数据表的编辑状态。

这样就可以在幻灯片中插入图表了，根据需要，可以对插入的图表添加一些文字说明。

2) 插入公式

在学术演示文稿中，经常要引用各种各样的公式，执行下列操作可在幻灯片中插入公式：

(1) 选择“插入”菜单下的“对象”命令，系统将弹出如图 10-24 所示的“插入对象”对话框。

(2) 在对话框中选取“新建”单选框，然后在“对象类型”列表中双击“Microsoft 公式 3.0 公式编辑器”。

(3) 在公式编辑器中编辑需要的公式，具体操作方法同 Word 文件中的公式编辑。

(4) 完成公式编辑后，选择“公式编辑器”中“文件”菜单下的“退出并返回到演示文稿”命令，或单击右上角的叉形按钮，或按快捷键 Alt+F4，退出公式编辑器。

这样就可以在幻灯片中添加公式了，若要对添加的公式进行修改等编辑工作，则双击公式对象，在“公式编辑器”中操作。

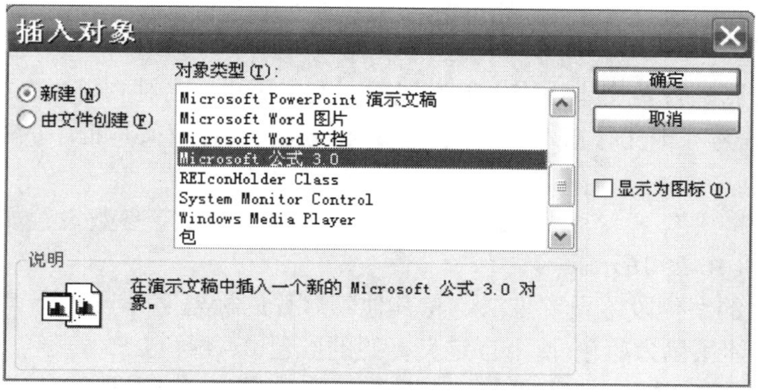

图 10-24 “插入对象”对话框

10.2.4 编辑幻灯片的格式

当幻灯片中的内容输入完成之后，为加强演示文稿的效果，需要对其幻灯片及其中的内容进行格式设置，达到美化和强化演示文稿的视觉效果。

1. 设置文本和段落格式

为增强幻灯片的效果，可对幻灯片中的文本和段落进行格式设置，例如字体、字号、字形、字体效果等。大多数的文本格式可以通过“字体”对话框和“格式”工具栏中的“字体格式”按钮来设置。

(1) 选中第 2 张幻灯片标题“目录”，选择“格式”→“字体”命令，在弹出的“字体对话框”中将其字体设为“楷体_GB2312”，字号为 60 磅，加粗，单击“颜色”下拉列表，选择“其他颜色”，颜色为红色(使用自定义标签的红色 255、绿色 0、蓝色 0)，对齐方式为居中，如图 10-25 和 10-26 所示。也可以选中要设置格式的文本内容，单击工具栏上的“字体格式”按钮进行相应设置，如单击“加粗”按钮 **B** 可将文本内容字体加粗，单击“阴影”按钮 **S** 可以给所选文本内容添加阴影效果，如图 10-27 所示。

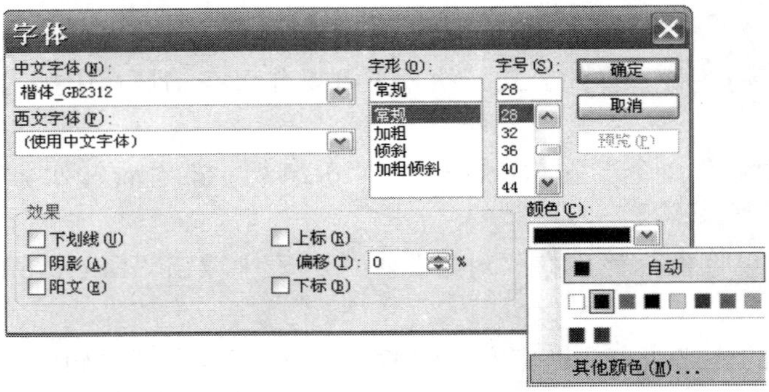

图 10-25 “字体”对话框

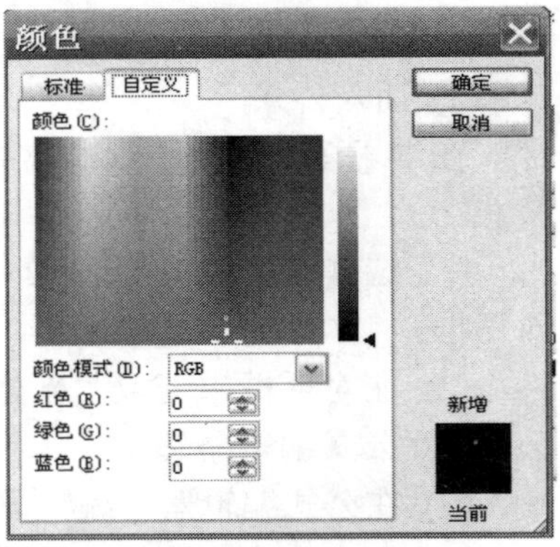

图 10-26 “颜色”对话框

图 10-27 “格式”工具栏

(2) 将第 2 张幻灯片文本内容“天水概况、人文历史、名胜古迹、农林土特产、特色小吃”字体设置为“华文行楷”，字号设置成 40 磅(若要选取文本框中的所有文本，可单击文本框的边框)。

(3) 选择“格式”→“行距”命令，设置文本的段落格式，参数设置如图 10-28 所示，幻灯片效果如图 10-29 所示。

(4) 用同样的字体段落设置方法，将其他幻灯片的标题字体设置为“华文行楷”，字号为 54 磅，字体颜色为蓝色(使用自定义标签的红色 0、绿色 255、蓝色 255)，居中；将文本字体设置为“楷体_GB2312”，字号为 28 磅，加粗；行距设置为 1.3 行，段前间距 0.4 行，效果如图 10-30 所示。

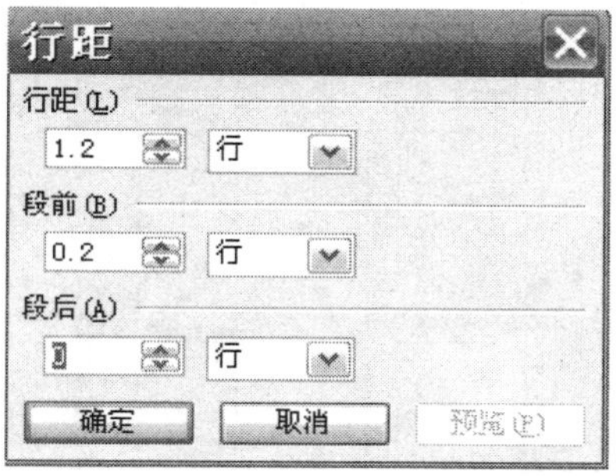

图 10-28　“行距”对话框

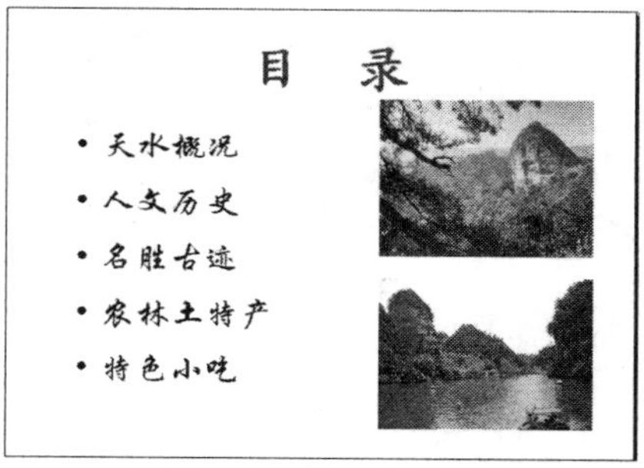

图 10-29　第 2 张幻灯片格式效果图

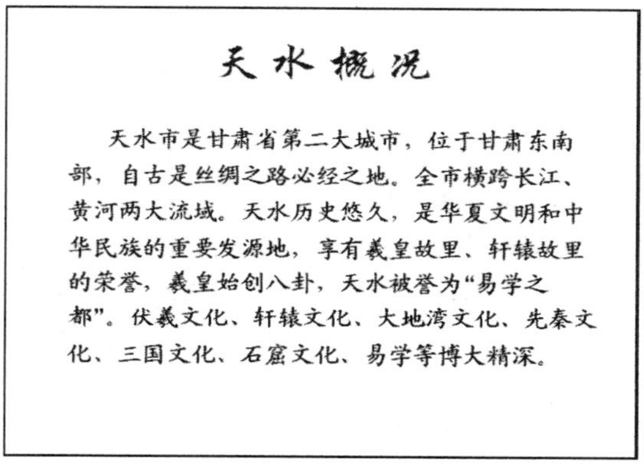

图 10-30　字体段落设置效果图

2. 设置项目符号和编号

选中第 2 张幻灯片中的文本内容，选择“格式”→“项目符号和编号”命令，弹出“项目符号和编号”对话框，选择所列样式，效果如图 10-31 所示。

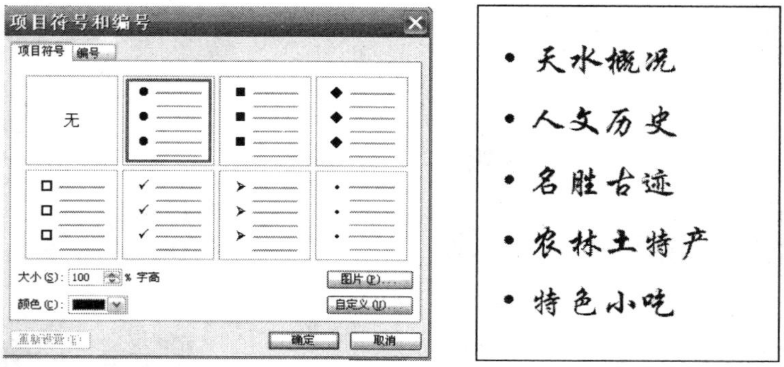

图 10-31　“项目符号和编号”设置(1)

“项目符号和编号”与段落有关，所以选择一个或多个段落，单后单击工具栏上的“项目符号”按钮 或“编号”按钮 ，则所选段落被加上项目符号或编号。也可以用其他图片和字符来代替项目符号，并且可以改变大小和颜色，这个操作可以通过“项目符号和编号”对话框的“图片”和“自定义”按钮实现，如图 10-32 所示。

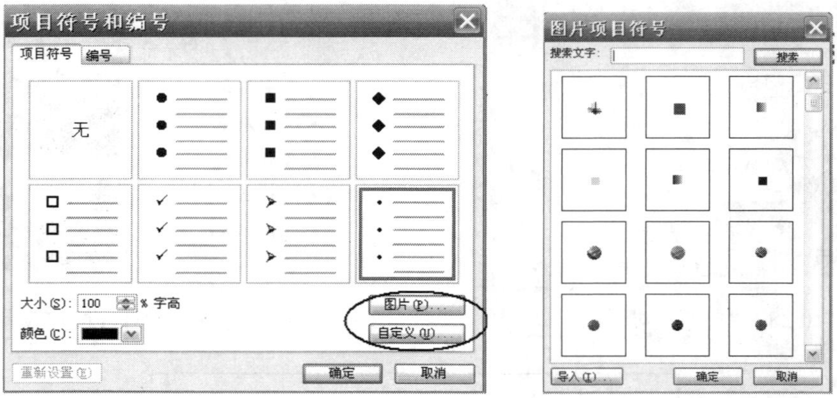

图 10-32 “项目符号和编号”设置(2)

3. 模板的使用

模板可以快速地为演示文稿选择同一背景和配色方案，统一演示文稿的外观。在演示文稿中应用设计模板的具体操作是：打开演示文稿，选择“格式”→“幻灯片设计”菜单命令，在系统弹出的“设计模板”列表框中，选择一个满意的模板应用于当前的演示文稿中。之后，整个演示文稿的幻灯片都按照选择的模板进行改变，如图 10-33 所示。

4. 设置配色方案

配色方案由幻灯片设计中使用的 8 种颜色组成，这 8 种颜色分别用于背景、文本和线条、阴影、标题文本、填充、强调和超链接，如图 10-34 所示。方案中的每种颜色都会自动用于幻灯片上的不同项目。用户可以挑选一种配色方案用于个别幻灯片或整份演示文稿中。

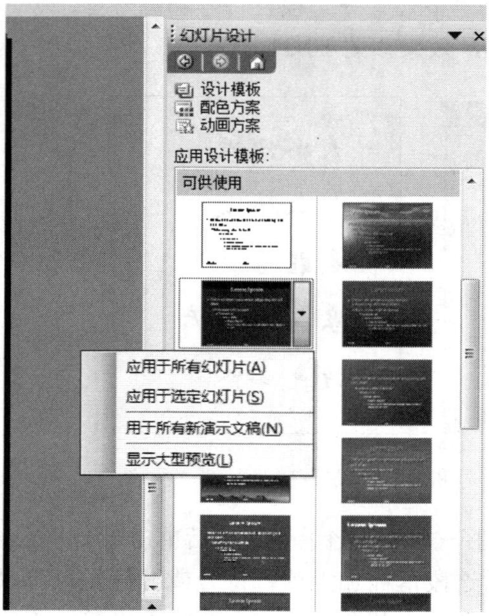

图 10-33 设计模板

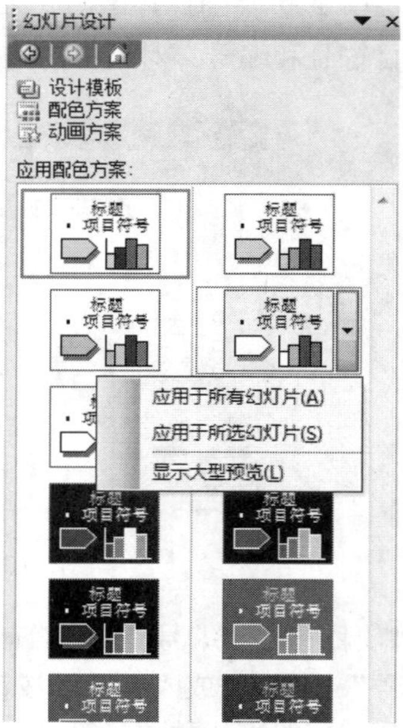

图 10-34 “配色方案”对话框

当对系统提供的配色方案不满意时，可更改幻灯片配色方案，操作步骤如下：

(1) 幻灯片浏览视图中选取需要改变配色的幻灯片。

(2) 执行下列操作之一，弹出如图 10-34 所示的“配色方案”对话框。

① 选择“格式”菜单中的“幻灯片配色方案”命令。

② 右击选取的幻灯片，然后在弹出的快捷菜单中选择“幻灯片配色方案”命令。

(3) 单击“标准”选项卡，然后从中选择一种需要的配色方案。

(4) 根据需要，执行下列操作之一：

① 若要将选取的配色方案应用于当前选定的幻灯片，则单击“应用”按钮。

② 若要将选取的配色方案应用于当前演示文稿中所有的幻灯片，则单击“全部应用”按钮。

如果用户对“标准”选项卡中的配色方案都不满意，则可以应用自定义配色方案，只需在上图中选取“自定义”，就可以将用户自定义的配色方案应用到选取的幻灯片中了。

5. 设置幻灯片背景

选择“格式”→“背景”菜单命令。在打开的如图 10-35 所示的“背景”对话框中，可以选择颜色，若选择“其他颜色”则有更多的背景颜色可选择。选择“充填效果”，可设置“过渡”效果、“纹理”效果、“图案”效果和“图片”效果作为背景。单击“全部应用”按钮，将新的背景应用到演示文稿中的所有幻灯片。如果单击“应用”按钮，则仅将新背景应用到当前幻灯片中。

6. 添加页眉页脚

添加页眉页脚，是向幻灯片中添加一些注释性的内容，如日期、时间、页码等。这些信息可以帮助记录幻灯片的制作时间和页码信息，便于管理幻灯片。

(1) 选择“视图”→“页眉和页脚”命令，打开“页眉和页脚”对话框。

(2) 在“幻灯片”选项卡中，选择“日期和时间”、“幻灯片编号”和“页脚”复选框，并在页脚文本框中输入“美丽的天水”，如图 10-36 所示。

(3) 单击“全部应用”按钮，将页脚添加到演示文稿中的所有幻灯片。如果单击“应用”按钮，则仅将页脚应用到当前幻灯片中。

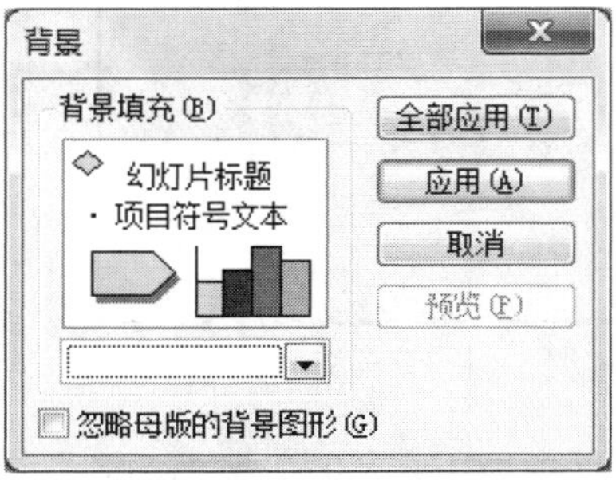

图 10-35　“背景”对话框

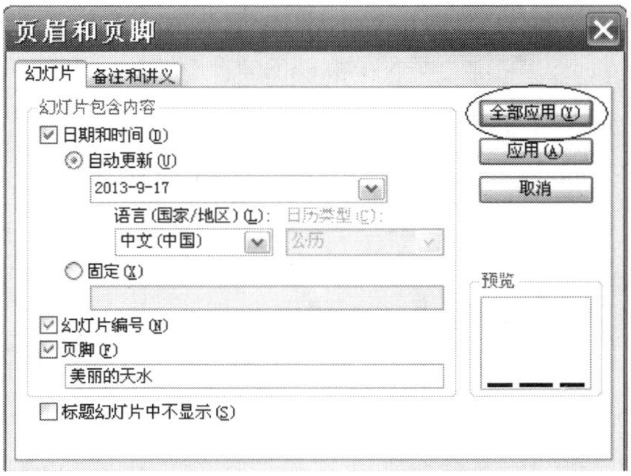

图 10-36　“页眉和页脚”对话框

10.2.5 动画效果设置

1. 动画方案的使用

在 PowerPoint 2003 提供了已经设计好的多种动画方案，可以直接使用。设置方法如下：打开演示文稿，选择“幻灯片放映”→“动画方案”命令，从右侧的任务窗口的“动画方案”列表框中选择合适的动画方案，如图 10-37 所示。选定动画方案后，从中间的编辑区中可以看到设置效果，如不满意，还可进行修改。如想为所有幻灯片中的对象设置相同的动画效果，方法是单击“用于所有幻灯片”按钮。

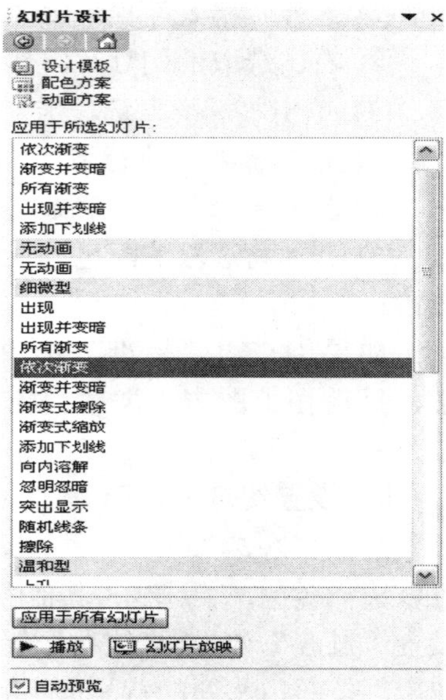

图 10-37 “动画方案”选项

2. 自定义动画

为了使演示文稿的内容更加丰富，视觉上更加醒目吸引观众的注意力，编辑者可以为幻灯片中的文本和对象添加动画效果。制作方法如下：

(1) 选中第 1 张幻灯片的艺术字“美丽的家乡”，选择“幻灯片放映”→“自定义动画”命令，打开“自定义动画” 任务窗口。

(2) 单击“自定义动画”任务窗口中的“添加效果”按钮 添加效果 ，弹出快捷菜单，选择“动作路径”→“绘制自定义路径”→“曲线”命令，通过鼠标绘制想要的动作路径。效果如图 10-38 所示。

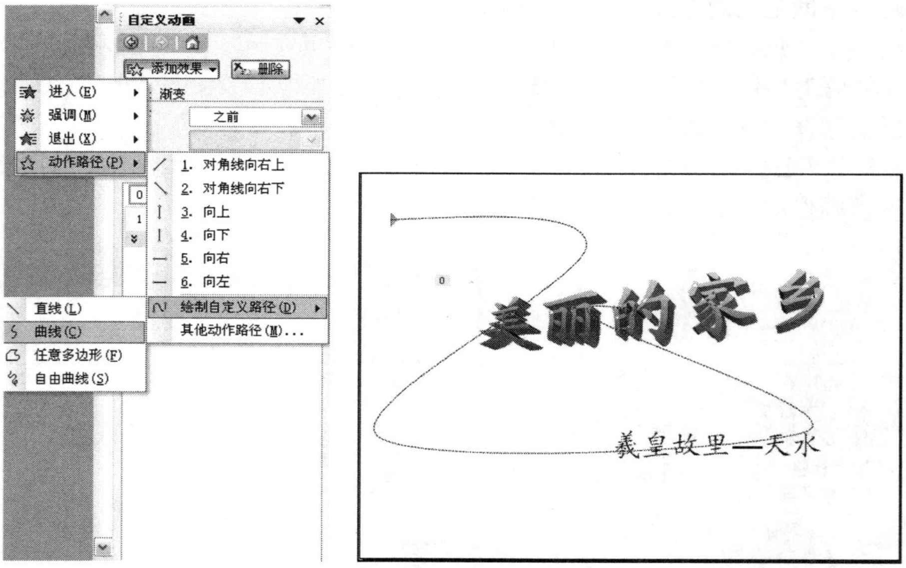

图 10-38 “自定义”动画

(3) 在“自定义动画”任务窗口中，开始设置为“之前”，路径设置为“解除锁定”，速度为“慢速”。选中下拉列表中的动作设置，单击右侧的“向下”按钮，在下拉列表框中选择“效果”选项，在弹出的“自定义路径”对话框中，增强声音设置为“风铃”，如图 10-39 所示。

(4) 选中第 1 张幻灯片的文本“羲皇故里—天水”，选择“自定义动画”→“添加效果”→“进入”→“其他效果”命令，在弹出的“添加进入效果”对话框中选择“缓慢进入”，如图 10-40 所示，将“自定义动画”任务窗口中开始设置为“之前”，方向设置为“自右侧”，速度为“慢速”。

图 10-39　“自定义路径”对话框

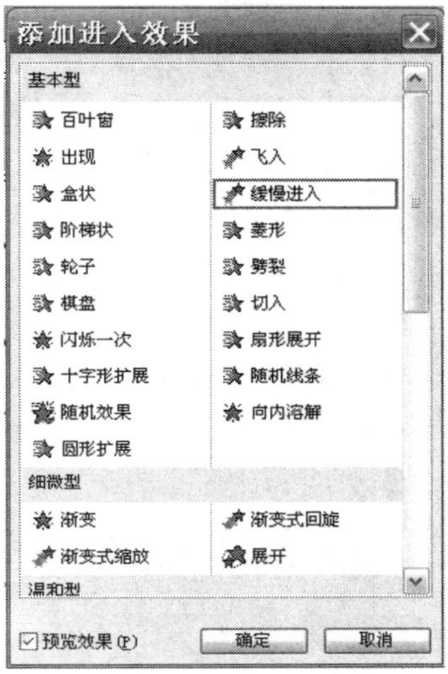

图 10-40　“添加进入效果”对话框

(5) 同上述设置方法，将第 2 张幻灯片的标题动画设置为“强调”、“陀螺旋”，开始为“之前”，“快速”；文本部分动画设置为“进入”、“展开”，开始为“单击”，方向为“自左侧”，速度为“快速”。第 1 张图片动画效果设置为“进入”、“霹雳”，开始为“之后”，方向为“上下向中央收缩”，速度为“中速”。第 2 张图片动画效果设置为“进入”、“菱形”，开始为“之后”，方向为“外”，速度为“中速”。

3. 切片方式的设置

“切换效果”是一种加在幻灯片之间的特殊效果。在放映幻灯片的过程中，当由一个幻灯片进入另一个幻灯片是通过多种不同的“切换效果”进入到下一个幻灯片的。在切换幻灯片时还可为其添加声音。

(1) 选择第 1 张幻灯片，选择“幻灯片放映”→“幻灯片切换”命令。

(2) 在“幻灯片切换”任务窗口的“应用于所选幻灯片”下拉列表框中选择“盒装展开”，在“速度”下拉列表中选择“中速”，在“声音”下拉列表中选择“捶打”，换片方式中复选框“每隔 00:05”，并单击应用于所有幻灯片，如图 10-41 所示。

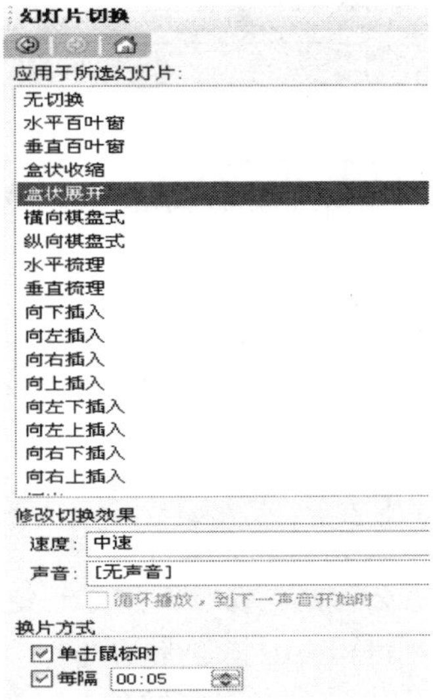

图 10-41　“幻灯片切换”任务窗口

如果希望每张幻灯片的切换效果不一样，则不选该按钮，依次将单张幻灯片进行设置。

10.2.6 超级链接设置

超级链接是 PowerPoint 2003 中的一种重要工具。为了使幻灯片在放映过程中更加灵活、方便，突显交互性，可以在幻灯片中设置动作按钮，也可以对演示文稿中的文本和对象设置超链接。

1. 动作按钮的应用

(1) 选中第 1 张幻灯片，选择“幻灯片放映”→“动作按钮”命令，在弹出的子菜单中，单击“前进或下一项”按钮，在幻灯片的底部拖动鼠标绘制按钮，弹出“动作设置”对话框，选择“单击鼠标”选项卡，在“单击鼠标时的动作”区域中单击“超链接到”单选按钮，在其下拉列表中选择“下一张幻灯片”，同时选中“播放声音”复选框，在下拉列表中选择“风铃”，如图 10-42 所示。单击“确定”按钮，退出“动作设置”对话框。

(2) 用同样的方法，在第 2 张幻灯片中放置“后退或上一项”按钮，将“单击鼠标”的动作设置为超链接到上一张幻灯片，播放声音设置为“风声”。放置“前进或下一项”按钮，将“单击鼠标”的动作设置为超链接到下一张幻灯片，播放声音设置为“风声”。设置效果如图 10-43 所示。

图 10-42 “单击鼠标”选项卡

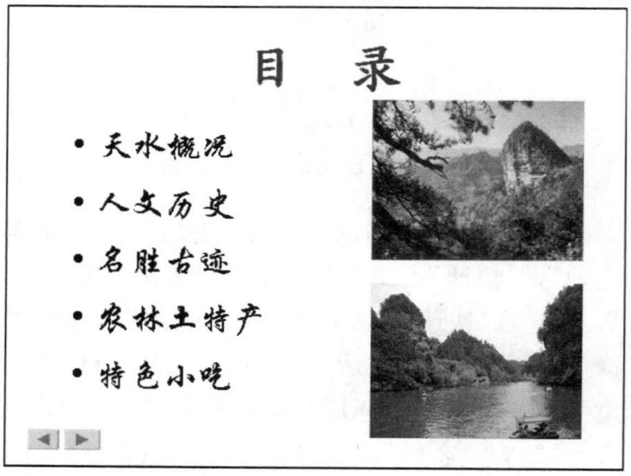

图 10-43 第 2 张幻灯片动作设置效果图

(3) 用同样的方法，为除最后一张幻灯片外的其他张设置动作按钮。放置“后退或上一项”按钮，将“单击鼠标”的动作设置为超链接到上一张幻灯片，播放声音设置为“鼓声”。放置“前进或下一项”按钮，将“单击鼠标”的动作设置为超链接到下一张幻灯片，播放声音设置为“鼓声”。

(4) 在最后一张幻灯片中，放置“结束”按钮，将“鼠标移动”设置为超链接到结束放映，播放声音为“鼓掌”。

2. 文本或对象建立超链接

(1) 选中第 2 张幻灯片“目录”文本，然后选择“插入”菜单下的“超链接”命令，在弹出的“插入超链接”对话框中选择“本文档中的位置”，然后在“请选择文档中的位置”下拉列表中选择“3. 天水概况”，单击“确定”按钮，如图 10-44 所示。

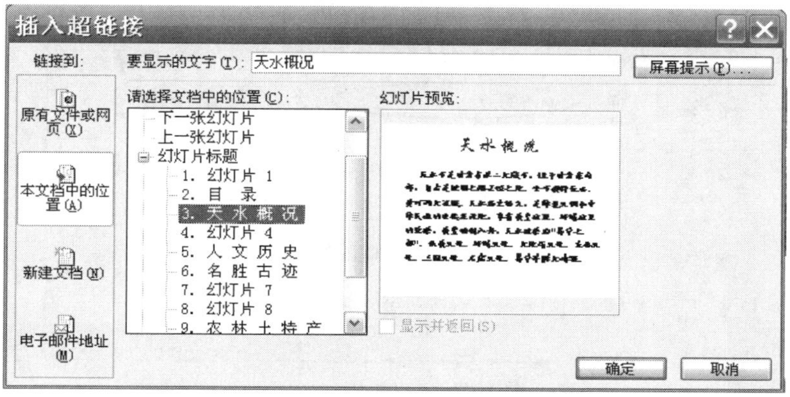

图 10-44　“插入超级链接”对话框

(2) 用同样的方法将“人文历史”文本链接至第 5 张幻灯片，“名胜古迹”链接至第 6 张。其他链接雷同。

3. 超链接到其他对象

1) 超链接到网页

选中需设置链接的幻灯片，再从中选中建立超链接的文本或图片。在“插入超链接”对话框中选择“链接到：原有文件或网页”，在地址栏中输入要链接的网页地址，如图 10-45 所示，单击文本或对象时会自动启动 IE 浏览器，打开指定网页。

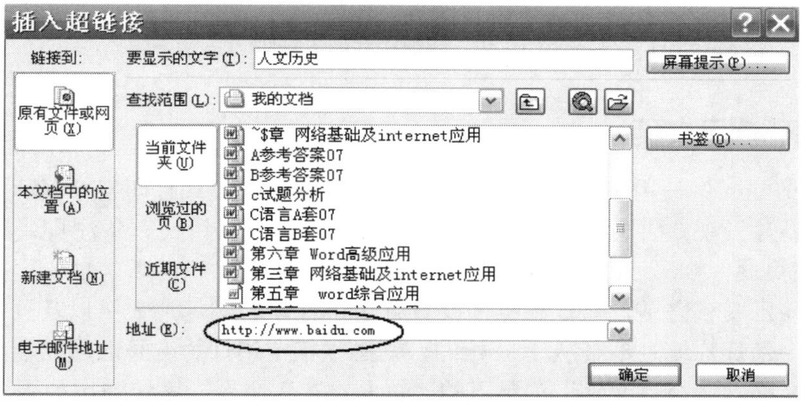

图 10-45　超链接到网页

2) 超链接到文档

选中需设置链接的幻灯片，再从中选中建立超链接的文本或图片。在“插入超链接”对话框中选择“链接到：原有文件或网页”，通过查找范围来选择要链接的文件，如图 10-46 所示。

3) 超链接到电子邮件

选中需设置链接的幻灯片，再从中选中建立超链接的文本或图片。在“插入超链接”对话框中选择“链接到：电子邮件地址”，通过查找范围来选择要链接的文件，如图 10-47 所示。

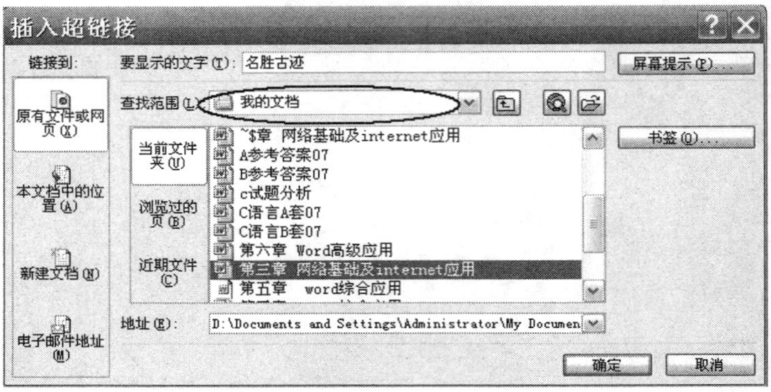

图 10-46　超链接到文档

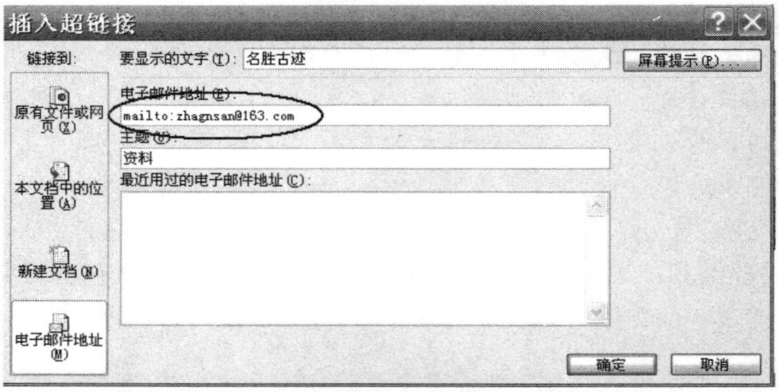

图 10-47　超链接到电子邮件

10.2.7　打印演示文稿

在 PowerPoint 中，用户可以选择彩色、灰度或纯黑白方式打印整个演示文稿的幻灯片、大纲、备注及观众讲义，也可以只打印特定的幻灯片、讲义、备注页或批注信息。

1. 设置页面

在打印演示文稿之前，可以根据需要设置用于打印的幻灯片大小以及打印方向。如果演示文稿中幻灯片编号不是从 1 开始的，则必须指定幻灯片编号的起始值。打开需要打印的演示文稿，选择“文件”菜单下的“页面设置”命令，系统弹出如图 10-48 所示的“页面设置”对话框。

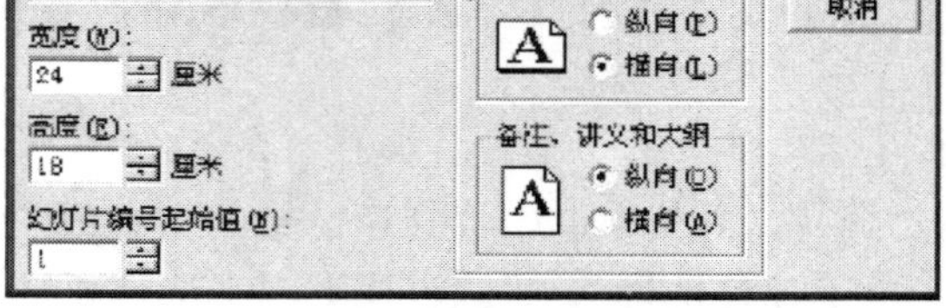

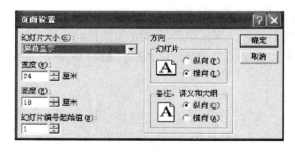

图 10-48　“页面设置”对话框

2. 打印前预览页面

通过打印预览功能，可以在正式打印之前浏览打印效果。打印预览时若发现问题，可以及时返回编辑状态进行修改和调整。打印预览时，用户可以选择以彩色、灰度或纯黑白方式预览幻灯片。选择“文件”菜单下的“打印预览”命令，或者单击“常用”工具栏上的“打印预览”按钮，即可切换到打印预览状态。

3. 打印演示文稿

演示文稿制作设置并预览后，用户可以根据需要将其打印出来。可以打印演示文稿中的全部或部分幻灯片，也可以打印讲义、大纲或备注页。不论打印的内容如何，基本过程都是相同的，具体操作步骤如下：

(1) 打开需要打印的演示文稿。

(2) 执行下列操作之一，系统弹出“打印”对话框。

方法一：单击“文件”菜单中的“打印”命令。

方法二：按 Ctrl＋P 快捷键。

(3) 在“打印机”栏中选择打印机的名称和并设置其属性。

(4) 在“打印范围”方框内单击选择本次打印的数量范围。

(5) 在“打印内容”列表框中选取需要打印的内容，如打印幻灯片、备注页和大纲。

(6) 若在上一步选取打印“讲义”，则在右侧的“讲义”方框内的“每页幻灯片数”列表框中选取每页纸中要放置的幻灯片数目，并在该列表框下的“顺序”栏中设置幻灯片放置的顺序。

(7) 在“份数”栏内设置打印副本的数量及多份副本打印的方式。

(8) 设置“打印”对话框下部的其他选项。

(9) 准备好打印机，单击“确定”按钮开始打印。

10.3　演示文稿的放映方式

提出任务

在完成了演示文稿的初步制作和格式、动画设置后，小王又开始学习演示文稿的播放演示，因为他深刻体会到演示文稿的效果只有在演示播放时才能动态展现其图文并茂的效果。为达到预期效果，小王计划设置演示文稿播放方式为自动播放，但系统默认的播放方式为手动播放，如何设置演示文稿的放映方式及对放映过程的控制成为小王学习的新知识点。

分析任务

通过网络查询，小王在学习演示文稿的放映方法时是从以下几方面入手的：

- 放映方式的设置；
- 放映时间的设置；
- 放映过程的控制。

实现任务

10.3.1 放映方式的设置

演示文稿制作好后，如何放映也是一个很关键的问题。设置幻灯片的放映方式包括以下几项内容：放映类型、放映范围、换片方式、放映性能、在放映时是否循环放映、是否加入旁白以及是否加入动画等，用户可以根据需要选取不同的放映方式。

(1) 选择“幻灯片放映”→“设置放映方式”命令，在“设置放映方式”对话框中，放映类型设置为“观众自行浏览(窗口)”，放映幻灯片为“全部”，放映方式为“循环放映，按 Esc 键中止”，换片方式为“如果存在排练时间，则使用它”，如图 10-49 所示。

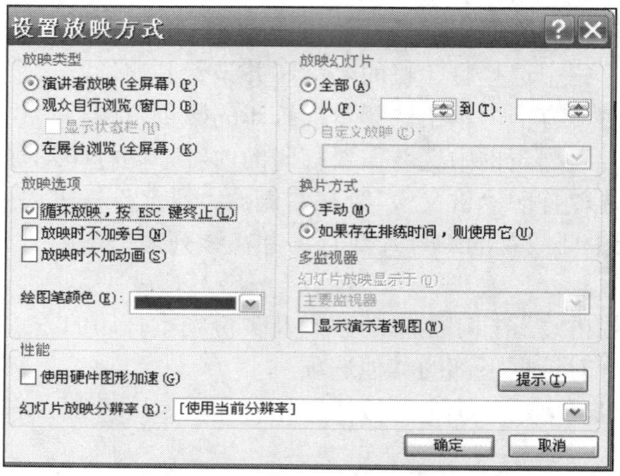

图 10-49 “设置放映方式”对话框

① “演讲者放映(全屏幕)”可全屏显示演示文稿，这是最常用的幻灯片播放方式，也是系统默认的选项。演讲者具有完全控制权，可以将演示文稿暂停，添加会议细节或即席反映，还可以在播放过程中录制旁白。

② “观众自行浏览(窗口)”适用于小规模的演示。这种方式提供演示文稿播放时移动、编辑、复制和打印等命令，便于观众自己浏览演示文稿。

③ “在展台浏览(全屏幕)”适用于展览会场或会议的演示。观众可以更换幻灯片或单击超级链接对象和动作按钮，但不能更改演示文稿。

(2) 选择“幻灯片放映”菜单下的“观看放映”命令，欣赏其放映效果。

(3) 选择“文件”→“保存”命令，对“美丽的家乡”演示文稿动画设置操作进行保存。

10.3.2 放映时间的设置

1. 手动换片

在“幻灯片切换”对话中，用户可以设置换片方式。如果需要手动换片，选择“换片方式”组框中的“手动”单选框，这样当放映幻灯片时，讲演者根据需要自行控制幻灯片的切换时间。

2. 自动换片

演示文稿在放映时也可以自动换片。如果需要自动换片播放，则可以选中“换片方式”框中的“如果存在排练时间，则使用它”选项，则用户需要先试讲演示文稿，让PowerPoint 自动记录下每张幻灯片需要在屏幕上停留的时间，然后根据记录结果决定每张幻灯片在屏幕上显示的时间长度。操作步骤如下：

(1) 打开希望进行试讲的演示文稿。

(2) 选择“幻灯片放映”→“排练计时”命令，将会从第一张幻灯片开始放映演示文稿，并显示如图 10-50 所示的“预演”工具栏。

图 10-50　“预演”工具栏

(3) 开始排练。伴随着演讲，幻灯片放映所用的总时间将显示在“预演”工具栏右端，而当前幻灯片所用的时间出现在工具栏中的“幻灯片放映时间”文本框中。

(4) 单击“下一项”按钮，可为下一张幻灯片继续排练。

(5) 全部幻灯片排练完毕，右击幻灯片打开快捷菜单，选择其中的“结束放映”命令，结束幻灯片放映，此时将打开如图 10-51 所示的提示对话框，询问是否保留该排练时间。

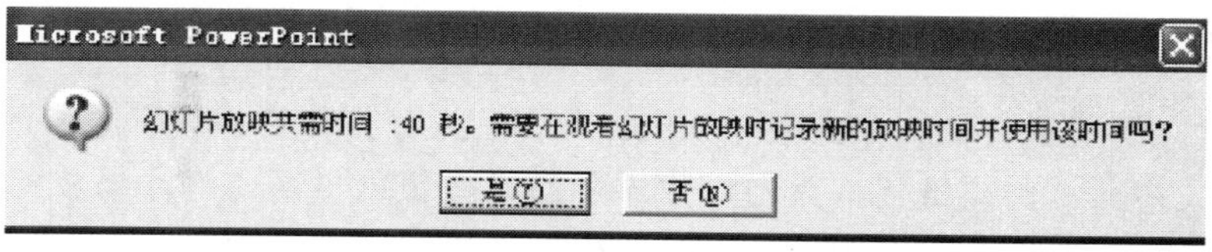

图 10-51　“排练时间提示”对话框

(6) 单击“是”或“否”按钮。

3. 幻灯片跳转放映

在放映演示文稿的过程中，常常需要从一张幻灯片上跳转到另一张幻灯片上，可以根据需要，选择下面的方法来实现。

(1) 定位法：鼠标右键单击，在弹出的快捷菜单中，选择“定位至幻灯片”→(要跳转的)“幻灯片”即可。

(2) 序号法：如果知道跳转的幻灯片序号，可以用键盘直接输入相应的序号，然后按下 Enter 键即可跳转过去。

10.3.3 放映幻灯片

设置好演示文稿的放映方式后，就可以观看放映效果了。操作步骤如下：

(1) 幻灯片的放映，首先选定要开始演示的第一张幻灯片，或在“设置放映方式”对话框的“幻灯片”中选择从第几张到第几张的放映范围。然后，单击“幻灯片放映”、“观看放映”或单击选择“视图”菜单水平滚动条上的“幻灯片放映”按钮，便可开始放映。

(2) 如果选择了“全屏幕”放映方式并选择了手动换片方式，则鼠标单击放映下一张，也可以用键盘上的→或↑键选择上一张，用←或↓键选择下一张来控制播放过程。特别是单击鼠标右键，用户可以在快捷菜单中进行一些很有用的操作，例如，使用“定位”命令直接跳到指定的幻灯片，使用“指针指向”、“绘图笔”命令将鼠标指针变为一支笔，在播放过程中用绘图笔在幻灯片上书写或绘图。使用 “会议记录”可以记下幻灯片播放过程中的细节和即席反应，并将它们添加到备注页中等。单击 Esc 键，则结束放映。

(3) 如果选择了“窗口”放映方式并选择了手动换片方式，则用屏幕右下角的±或∓图标按钮了选择上一张或下一张来控制播放过程。单击 Esc 键，则结束放映。

10.4 实验实践

【实验实践目的】

1. 掌握演示文稿创建方法；
2. 掌握幻灯片编辑方法及不同视图效果；
3. 掌握幻灯片中对象的插入方法；
4. 掌握“版式”与“模板”的作用；
5. 掌握幻灯片中动画方案、自定义动画、超链接、动作按钮等动画效果的设置方法；
6. 掌握演示文稿放映方式。

【实验实践内容】

1. 新建一个演示文稿“个人简介 1.ppt”，要求为每张幻灯片设置不同的切换效果，对其中的相关内容添加超链接，为幻灯片添加动作按钮以提高幻灯片播放时的灵活性。

(1) 整个演示文稿设置成“Blends.pot”模板修饰全文。

(2) 将第 1 张幻灯片的标题通过艺术字对话框输入文字：个人简介，并将字体设置为“华文行楷”、字号 96 磅、加粗、倾斜，“艺术字形状”为“波形 2”。

(3) 将第 2 张幻灯片版式改为“标题、文本与内容”，在标题占位符中输入文字“介绍内容”，字体设置为“华文行楷”、字号 67 磅，加粗，紫色，对齐方式为居中；文本占位符中输入“个人介绍”和“努力方向”，字体为“楷体 2312”，字号 48 磅，加粗，行距 1.3 行，段前 0.4 行。在剪贴画区域插入收藏集“人物”类剪贴画，将背景填充预设纹理“蓝色面巾纸”。

(4) 第 3、4 张幻灯片版式为“标题和文本”，标题文字分别输入“个人简介”和“努力方向”，字体设置为“华文行楷”、字号 67 磅，加粗，紫色，对齐方式为居中；将文本字体设置为“楷体 2312”，字号设置为 32 磅，加粗。设置幻灯片文本部分的动画效果设置为“进入效果_基本_飞入”、“自底部”。

(5) 将第 2 张幻灯片的内容超级链接到第 3 和第 4 张，并分别为第 2、3、4 张幻灯片设置自定义动作按钮，使其可以链接至上一张或下一张。

(6) 添加页眉和页脚，将幻灯片日期和时间设置成“自动更新”，显示“幻灯片编号”，将页脚设置为“个人简介”。

(7) 奇数页幻灯片的切换效果设置成“盒装展开”，换片方式为“每隔 00：05”，偶数页幻灯片的切换效果设置成“垂直百叶窗”，换片方式为“每隔 00：05”，换片声音为“风铃”。

(8) 将该演示文稿保存为“个人简介.ppt”。

2. 新建一个演示文稿“家乡美.ppt”，演示文稿模板不限，请根据自己的家乡制作一份图文并茂的演示文稿，文件名保存为“家乡美.ppt”。要求：

(1) 幻灯片中内容完整，有丰富的图片、文字、图表等说明；

(2) 为幻灯片选择恰当的版式和模板；

(3) 对文本和标题等对象分别通过动画方案和自定义动画设置动画效果；

(4) 为幻灯片中相关对象添加超链接和幻灯片切换效果；

(5) 使用配色方案为部分幻灯片设置配色效果；

(6) 为演示文稿设置排练计时，并进行自动播放设置。

第 11 章　PowerPoint 综合应用

提出任务

小王在计算机协会某同学的指导和帮助下，终于制作了一份图文并茂的、以介绍“家乡美、爱家乡”为主题的演示文稿(图 11-1)。通过学习 Microsoft PowerPoint 2003 的基本操作后，小王对演示文稿有了一定的了解，随之产生了一些新的想法和构思，想利用 PowerPoint 的其他功能，譬如自定义模板、录制旁白、添加声音和音乐等，进一步完善自己的演示文稿，真正达到制作一份有声有色、图文并茂的演示文稿的目的。

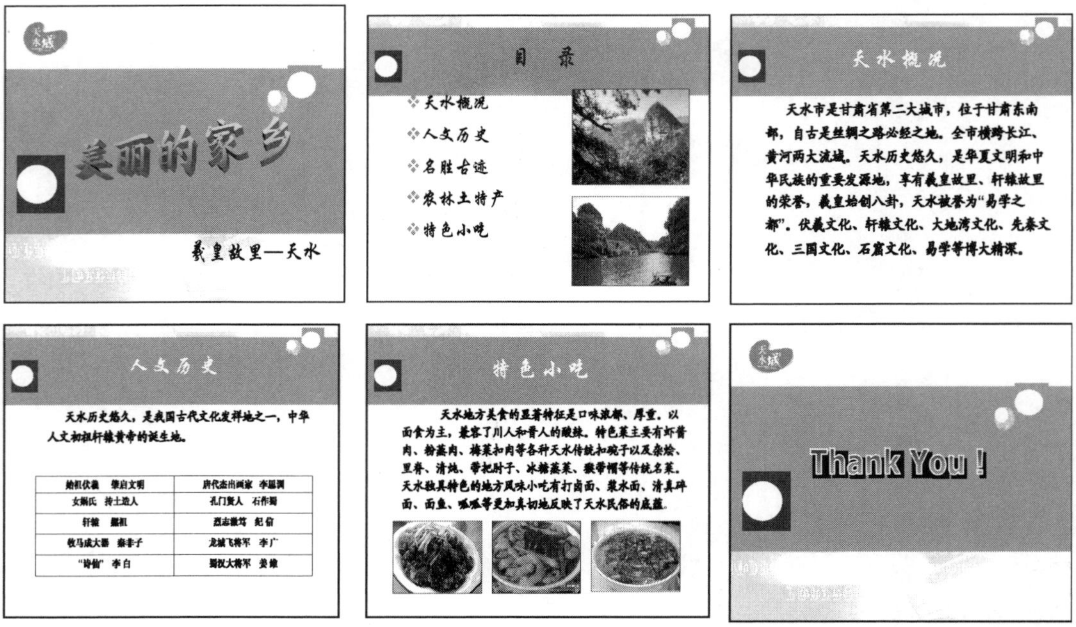

图 11-1　美丽的家乡整体效果(部分)

分析任务

为了实现自己的最终目标，小王查看了相关的书籍和资料，确定从以下几方面入手：

- ◆ 演示文稿自定义模板的设置与使用；
- ◆ 演示文稿母版的设置与使用；
- ◆ 演示文稿声音、视频及动画的使用；
- ◆ 演示文稿和 Word 文档的互相转换；

◆ 演示文稿的打包处理。

实现任务

11.1　自定义模板

11.1.1　自定义模板的制作

为了使演示文稿在放映时更能吸引观众，针对不同的演示内容、不同的观众对象，使用不同风格的幻灯片外观是十分重要的。PowerPoint 2003 的一大特色就是可以根据用户的需要，制作能充分展示自己个性的外观，该应用叫自定义模板。如果经常使用风格和版式类似的演示文稿，可以先制作一份，然后将其保存为模板，以后直接调用就可以了。在制作自定义模板之前，可以先找一些素材，譬如图片或小图标等，对自己的自定义模板进行修饰。自定义模板的方法如下：

(1) 制作好演示文稿后，执行“文件”→“另存为”命令，打开“另存为”对话框。

(2) 单击“保存类型”右侧的下拉按钮，在随后出现的下拉列表框中选择“演示文稿设计模板(*.pot)” 选项。

(3) 为模板取名(如“家乡题材模板.pot”)，然后单击“保存”按钮即可。

(4) 保存演示文稿设计模板的默认路径为系统盘： C:\Documents and Settings\Administrator\Application Data\Microsoft\Templates，此路径不要随意修改，否则模板无法在可供使用的模板中出现。

11.1.2　自定义模板的调用

1. 根据设计模板

启动 PowerPoint 后，执行“文件”→“新建”命令，如图 11-2 所示。

选择其中的新建演示文稿“根据设计模板”选项，在“可供使用”的应用设计模板中找到已保存的“家乡题材模板”单击使用，如图 11-3 所示。

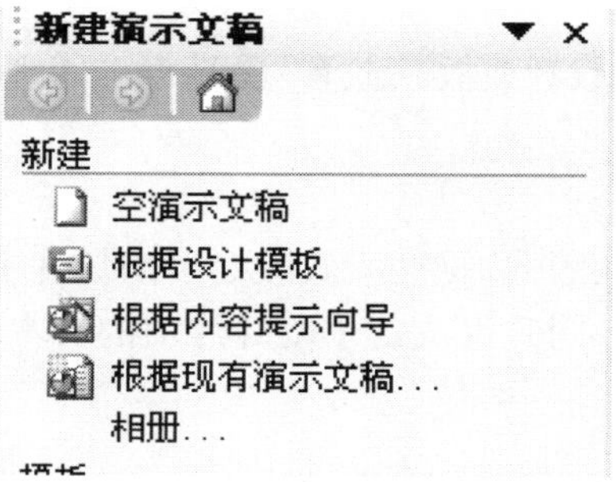

图 11-2　新建演示文稿

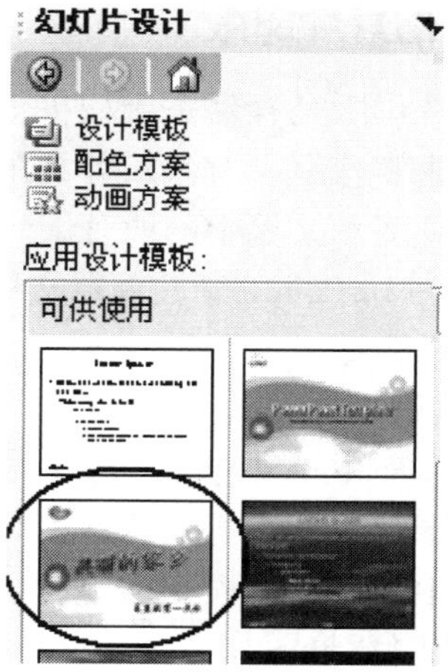

图 11-3　可供使用的应用设计模板

2. 根据内容提示向导

启动 PowerPoint 后，执行“文件”→“新建”命令，如图 11-4 所示，新建演示文稿。

(1) 选择其中新建演示文稿“根据内容提示向导”选项，单击“下一步”按钮。

(2) 单击“添加”按钮，将制作好的“家乡题材模板”添加到通用演示文稿类型中，单击“完成”按钮即可，如图 11-5 所示。

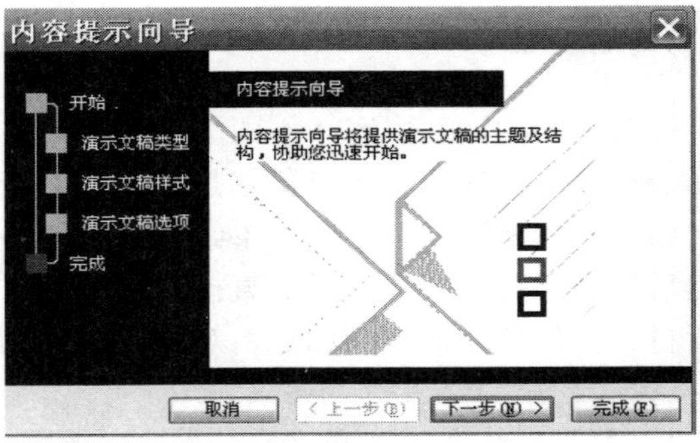

图 11-4　内容提示向导

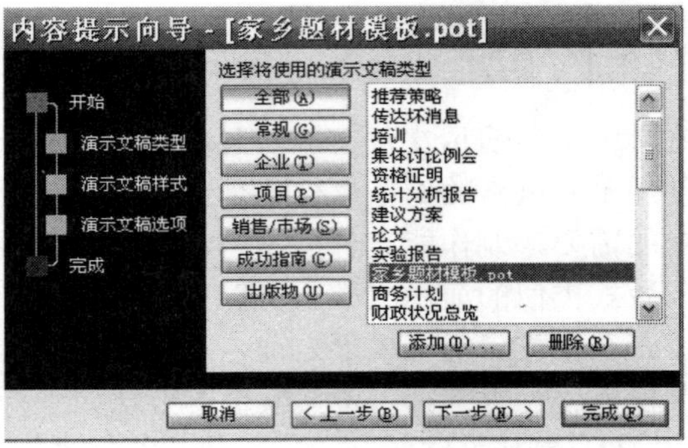

图 11-5　添加家乡题材模板

如果保存的模板不在系统默认的路径下，则需要使用“可供使用模板”下的“浏览”按钮来找到保存到其他路径下的模板。

11.2 母版设计

母版是设置演示文稿中所有幻灯片或页面格式的幻灯片视图或页面。这些格式包括：幻灯片上文本的大小、颜色和所插入对象的属性，以及幻灯片的背景设计和配色方案等。使用幻灯片母版可以进行全局更改，并使更改应用到演示文稿中的所有幻灯片中。PowerPoint 中包含 3 种母版，即幻灯片母版、讲义母版和备注母版。利用母版对幻灯片预设默认版式和格式，可减少大量的重复工作，且使演示文稿具有较为统一的外观。

11.2.1 幻灯片母版

幻灯片母版是存储关于模板信息的设计模板的一个元素，这些模板信息包括字形、占位符大小和位置、背景设计和配色方案。使用幻灯片母版可以进行全局更改，并使该更改应用到演示文稿中的所有幻灯片。

启动 PowerPoint，新建演示文稿，选择要用的设计模板。选择“视图”→“母版”→“幻灯片母版”命令，如图 11-6 所示。

1. 改变模板版式

在 PowerPoint 中创建的演示文稿都带有默认版式，这些版式决定了幻灯片中占位符、文本框、图片、图表等对象在幻灯片中的位置，同时也决定了幻灯片中的文本的样式。在该母版中，用户可根据需要设置母版的版式。

2. 编辑背景图片

一个精美的设计模板少不了背景图片和图标，用户可以根据需要在幻灯片母版视图中添加、移动或删除背景对象。譬如，想让“天河注水”出现在每张幻灯片的同一位置，只需在幻灯片母版中添加即可，不需要在每张张幻灯片中重复去加载，如图 11-7 所示。

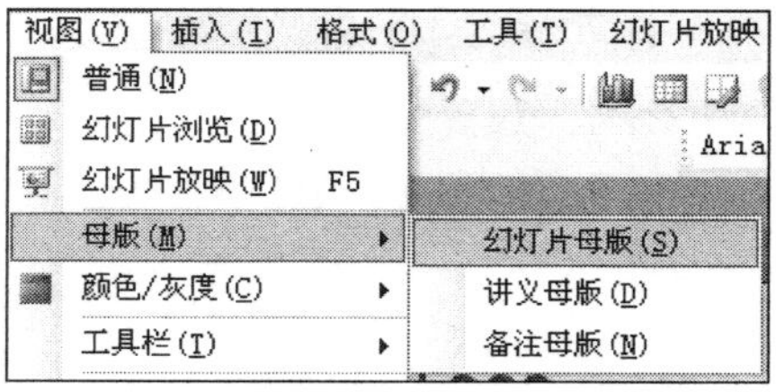

图 11-6　母版

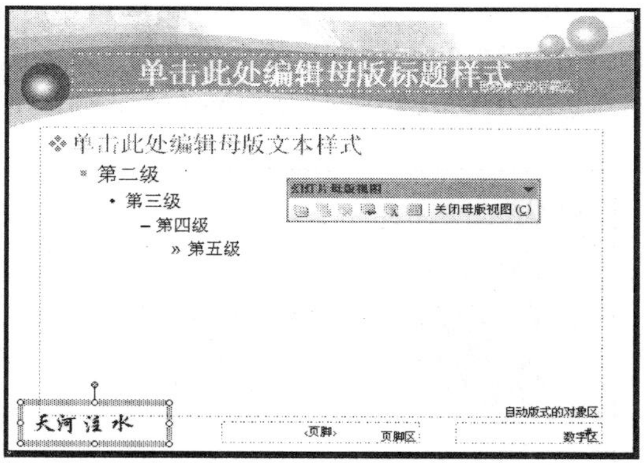

图 11-7　幻灯片母版

11.2.2　讲义母版

讲义母版是用于添加和修改在每页讲义中出现的页眉和页脚信息。使用讲义母版，用户可以把演示文稿以多张幻灯片为一页的形式打印出来，分发给听众，以便于大家的阅读。对讲义母版所作的更改包含重新定位页眉、页脚、日期和数字占位符大小或设置占位符的格式。对于讲义母版所做的任何更改在打印大纲时也会显示出来。

选择“视图”→“母版”→“讲义母版”命令，如图 11-8 所示。

11.2.3　备注母版

备注母版可以控制备注页的版式和备注文本的格式。系统提供的备注母版有 6 个设置：页眉区、日期区、幻灯片缩略图、备注文本区、页脚区和数字区。通过执行“视图”→“母版”→“备注母版”命令，可以打开如图 11-9 所示的备注母版。

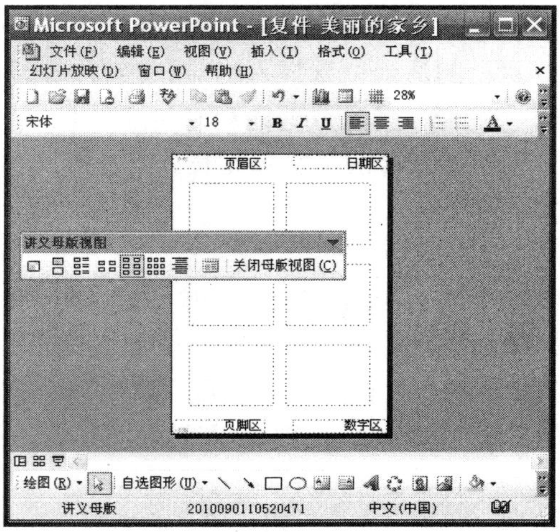

图 11-8　“讲义母版”

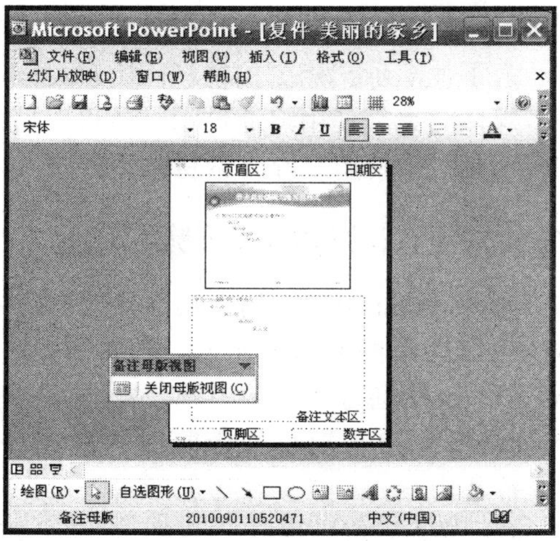

图 11-9　“备注母版”

11.2.4 自定义模板中的标题母版和幻灯片母版

在 PPT 演示文稿使用过程中经常需要将第一张和最后一张作为封面和封底，从第二张开始使用同一风格或样式。这样第一张和最后一张幻灯片要采用标题母版，除此以外的其他幻灯片均采用幻灯片母版，如图 11-10 所示。

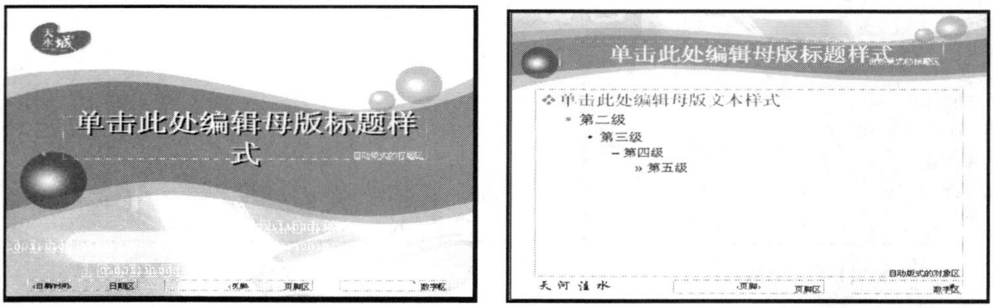

图 11-10　标题模板和幻灯片母版

打开 PowerPoint 软件，新建空白演示文稿，选择任意一种版式，选择“视图”→“母版”→“幻灯片母版”命令，打开“母版”进行编辑。可以对母版进行背景、字体、动画等设置。幻灯片母版设置好了，此时再插入一张新幻灯片，如图 11-11 所示，用设置幻灯片母版的方法对标题母版作相应设置即可。

图 11-11　插入新标题母版

11.3　插入声音、视频

为了使演示文稿更加精彩，用户可以在幻灯片上的适当位置插入音乐、声音或影片等多媒体对象，使用户通过幻灯片可以更加形象、生动、多方位地向观众传递信息。但在演示文稿中使用多媒体素材时，要恰到好处，否则就显得演示文稿冗长。

11.3.1 幻灯片中插入视频和动画

PowerPoint 中插入的视频格式可以有十几种，可插入的动画主要是 gif 格式，根据媒体播放器的不同而有所不同。PowerPoint 中支持 avi/mpeg/mpg/wmv 等视频格式，在 PowerPoint 中通过“从剪辑管理器插入”和“从文件插入”两种方式实现。

PowerPoint 剪辑库中提供的视频有时不能满足用户的需求，这时可以选择“插入”→“影片和声音”→“文件中的影片”命令，如图 11-12 所示。

对于插入到幻灯片中的视频，可以调整它的位置、大小、亮度、对比度、旋转等，还可以进行剪裁、设置透明度、重新着色及边框线条设置等操作。这和对图片的操作是相同的。

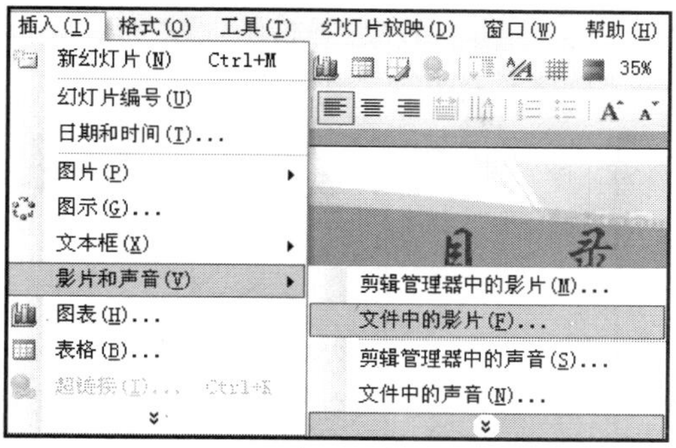

图 11-12 插入文件中的影片

11.3.2 幻灯片中插入音乐、声音

除了可以使用动画效果中的声音效果外，还可以在幻灯片中插入来自剪辑库、CD、文件或自己录制音乐、声音等声音效果。

在 PowerPoint 中通过“从剪辑管理器插入”和“从文件插入”两种方式实现。下面以在幻灯片中插入来自文件的声音为例，说明为幻灯片添加声音的过程。

1. 简单插入声音

(1) 选择“插入”→“影片和声音”→“文件中的声音”命令。

当用户每插入一个声音文件时，系统就会自动创建一个声音图标，用以显示当前幻灯片中插入的声音。用户选中该声音图标，通过鼠标拖动可以移动其位置，或拖动其控制点来改变大小。

(2) 在幻灯片中选中声音图标，右键单击将出现“编辑声音对象”选项卡，如图 11-13 所示。

(3) 对声音图标常规设置如图 11-14 所示。

图 11-13 编辑声音对象

图 11-14 声音选项

2. 设置背景音乐

(1) 选择“幻灯片放映”→“自定义动画”命令。

(2) 在屏幕右侧会出现插入音乐的名字。把鼠标放在音乐上面，右击“效果选项”选项，如图 11-15 所示。

(3) 设置“播放声音”对话框的“效果”选项卡为“从头开始”(根据需要也可设置其他标签中的选项)，单击“确定”即可，如图 11-16 所示。

图 11-15　效果选项

图 11-16　播放声音效果设置

11.4　插入 Flash 动画

在 PPT 中除了插入声音、视频外还可以插入 SWF 动画，但 PPT 不直接支持 SWF，所以必须在计算机中先安装 Macromedia 的 Shockwave Flash 控件后才可插入。不过，由于 SWF 动画已经是网络动画的标准了，一般情况下，计算机中都有这个控件。

插入 SWF 动画具体制作步骤如下：

(1) 选择“视图”→“工具栏”→“控件工具箱”，如图 11-17 所示。

(2) 单击其他控件按钮，选择 Shockwave Flash Object 控件，如图 11-18 所示。

(3) 然后在幻灯片中拖出一个 Shockwave 控件，出现一个 X 矩形框。如图 11-19 所示，X 矩形框的大小即是演示文稿播放 SWF 动画时的播放区域大小。

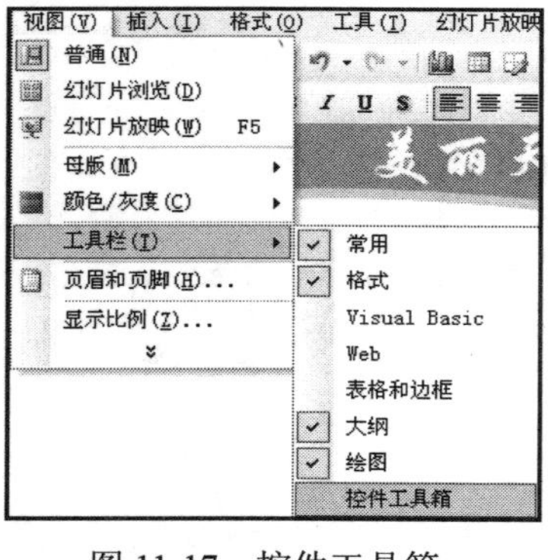

图 11-17　控件工具箱

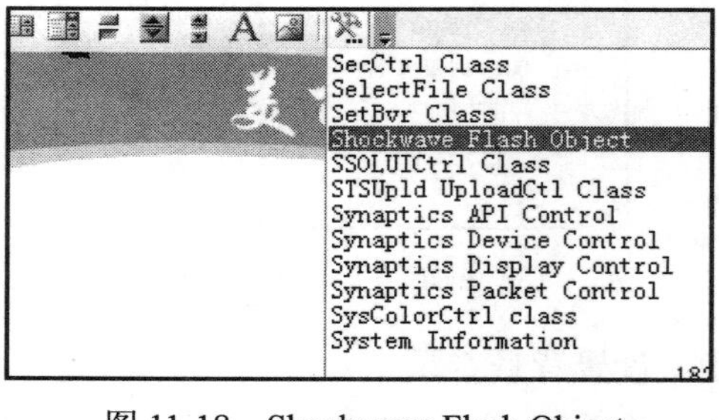

图 11-18　Shockwave Flash Object

(4) 双击 X 矩形框，编辑画面变成 Visual Basic，设置 EnableMoive 为“True”，如图 11-20 所示。

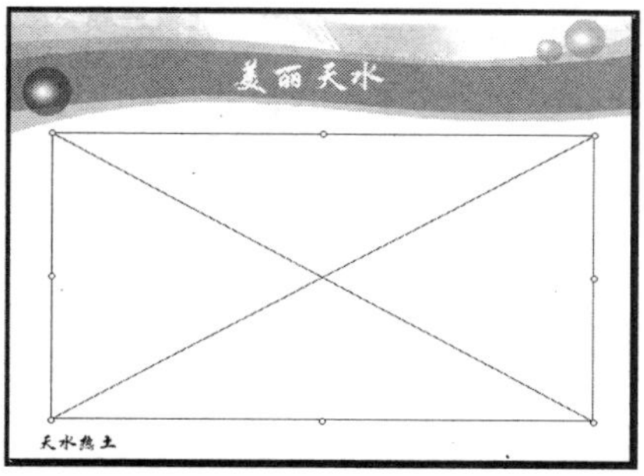

图 11-19　播放区域 X 矩形框

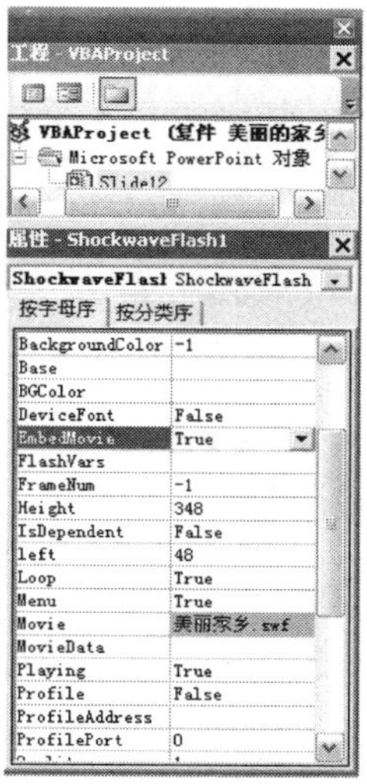

图 11-20　加载动画设置

(5) 指定该控件加载哪个 SWF 动画，填入动画名称即可。

(6) 保存控件设置属性，观看播放效果。

加载 SWF 动画时，SWF 文件要与 PPT 文件在同一文件夹下，直接填写要插入的 SWF 文件名即可。如果不在同一文件夹下，须填写具体路径，例如："E: \素材\美丽家乡.swf"。

11.5　Word 文档和 PPT 文档互相转换

11.5.1　PPT 转换成 Word 文档

(1) 首先打开需要转换成中文 Word 文档的中文 PowerPoint 文件，选择菜单"文件"→"发送"→"Microsoft Office Word"命令，如图 11-21 所示。

(2) 选择后，系统首先会出现"撰写"对话框，此时应当在"Microsoft Office Word 使用的版式"栏中选择一种版面的设置，例如选择"只使用大纲"，如图 11-22 所示。

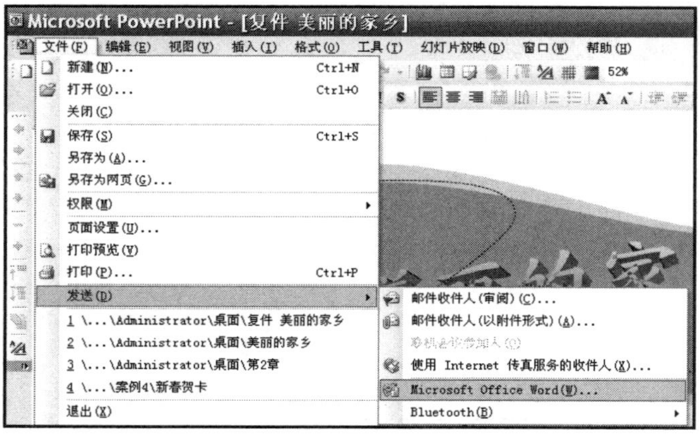

图 11-21　发送"Microsoft Office Word"命令项

图 11-22　只使用大纲

(3) 完成以上选择后，单击“确定”按钮，即可启动中文 Word，然后自动实现将中文 PowerPoint 文件转换到中文 Word 文件中，该 PPT 文件以大纲形式保存成 Word 文档，根据用户需要可以在 Word 文档中做适当修改，如图 11-23 所示。

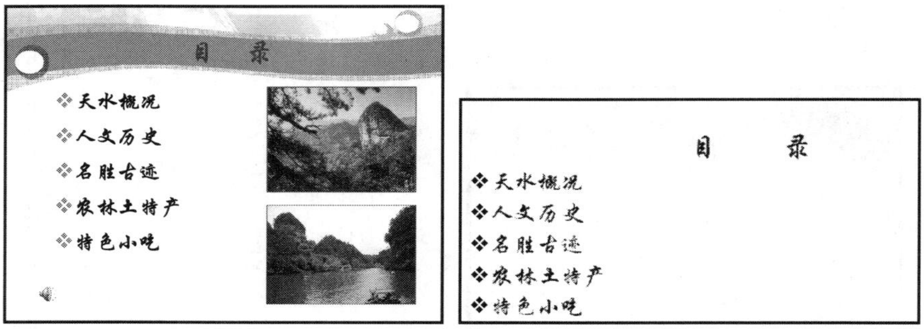

图 11-23　PPT 转 Word

> 注意：要转换的演示文稿必须是用 PowerPoint 内置的“幻灯片版式”制作的幻灯片，如果是通过插入文本框或图片等其他方法输入的文字或图片，是不能实现转换的。

11.5.2　Word 文档转换成 PPT

1. 发送法

(1) 启动 Word，打开需要转换的 Word 文档。

(2) 将每张幻灯片标题的字符设置为“标题 1”样式，将小标题和幻灯片内容的字符分别设置为“标题 2”和“标题 3”样式。

(3) 执行菜单“文件”→“发送”→“Microsoft Office PowerPoint”命令，系统会自动启动 PowerPoint，并将上述字符转换到幻灯片中。

(4) 根据需要，进一步美化修饰幻灯片。

2. 插入法

在 PowerPoint 中执行“插入”→ “幻灯片(从大纲)”命令，打开“插入大纲”对话框，选中需要调用的 Word 文档，单击“插入”即可，如图 11-24 所示。用此法可将 TXT 文本文件、DOC 等格式的文档插入到幻灯片中。

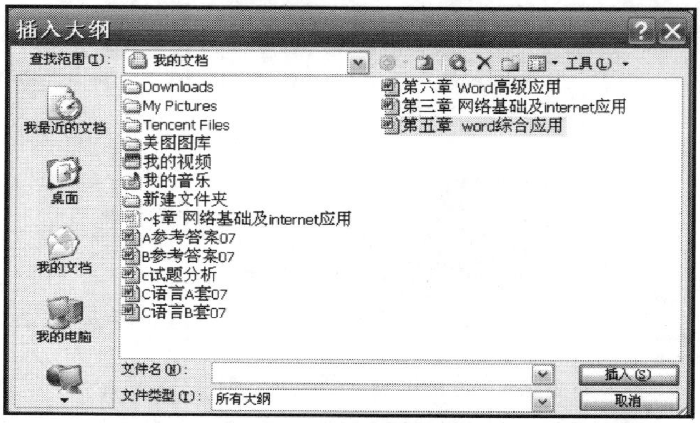

图 11-24　插入大纲对话框

11.6　打包演示文稿

如果不想启动 PowerPoint 或计算机中没有安装 PowerPoint，在这种情况下可以把演示文稿打包生成能自动播放的 PPS 文件，脱离 PowerPoint 2003 的运行环境来播放。

11.6.1　直接保存文件

用 PowerPoint 打开 PPT，然后选择“另存为...”，选择文件类型为 PPS，另存为放映文件即可，如图 11-25 所示。

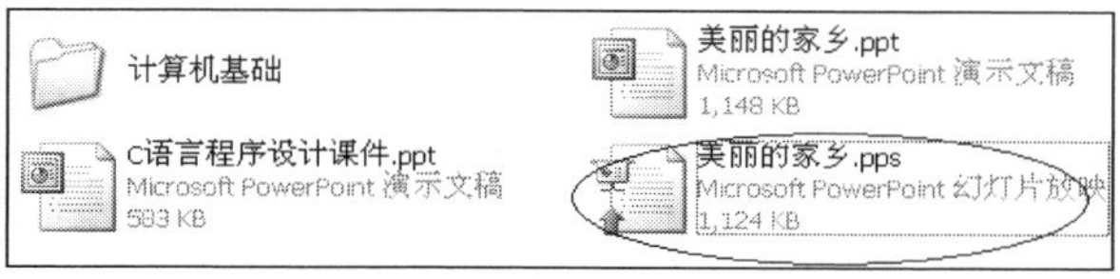

图 11-25　打包后的 PPS

11.6.2　改变文件扩展名

可以通过修改文件的扩展名，把 PPT 改为 PPS，就可以直接播放了。用这种方法的前提是文件的扩展名是可见的，如果隐藏了扩展名，可以通过设置“工具”→“文件夹选项”的“查看”标签，将“隐藏已知文件类型的扩展名”前的“√”去掉即可，如图 11-26 所示。

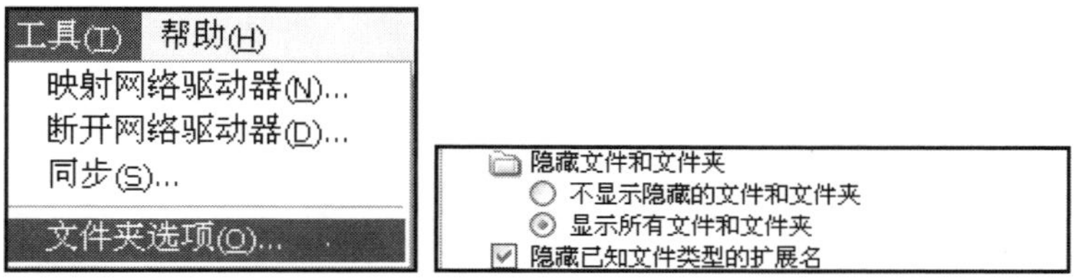

图 11-26　文件夹选项——显示扩展名

11.7　实验实践

【实验实践目的】

1. 掌握自定义模板的功能；
2. 掌握模板的功能与应用；
3. 掌握幻灯片中音频、视频数据的添加与播放；
4. 掌握 PPT 与 DOC 的转换方法；
5. 了解演示文稿打包的作用，掌握打包方法。

【实验实践内容】

1. 制作介绍家乡风光及风俗的演示文稿。要求如下：

(1) 自定义模板，模板背景为家乡代表景区或建筑的灰度图片;

(2) 利用幻灯片母版为幻灯片统一设置幻灯片中文本及对象的外观格式;

(3) 为幻灯片添加背景音乐;

(4) 在第一张幻灯片中添加有家乡特色的视频;

(5) 为演示文稿设置排练时间，并将放映方式设为自动播放进行观看;

(6) 将制作好的演示文稿转换为 DOC 文档。

2. 制作介绍关于“中国梦”主题的演示文稿。要求如下:

(1) 自定义模板，模板背景为五星红旗;

(2) 利用幻灯片母版为幻灯片统一设置幻灯片中文本分级设置格式;

(3) 利用标题母版为第一张和最后一张幻灯片，添加“中国梦”艺术字，位置为幻灯片的右下角;

(4) 为所有幻灯片添加背景音乐“我的祖国”；

(5) 为演示文稿设置排练时间，并将放映方式设为自动播放;

(6) 将制作好的演示文稿打包，注意将演示文稿与相关素材放在同一文件夹下。

第 12 章　常用工具软件

在日常使用计算机的过程中，为解决某些问题，我们必须使用各种工具软件，这些工具软件大大丰富并简化了用户的劳动强度，为用户更好、更方便地利用计算机解决工作、学习、生活中的问题提供了帮助。不同的需求会用到不同的工具软件，即使相同的需求，也会面临在多种版本的工具软件中进行选择。因此，有必要将常用的工具软件进行简单介绍。

提出任务

周明拥有自己的笔记本计算机，在日常使用过程中，经常需要浏览电子文档、对文件压缩或解压、观看视频电影，每隔一段时间还需要对计算机查杀病毒等常规性的操作。在此过程中，会用到很多专用工具，为便于管理自己的计算机，他想对常用的工具软件有一个概要性的了解，以明确这些工具的功能。

分析任务

基于周明的需求，同学建议他从以下几方面入手:

◆ 常用的工具软件有些需要购买安装光盘，以获取安装序列号，有些则可以从网上下载后直接安装;

◆ 对于已经安装好的工具软件，有些需要经常或定期进行更新升级，以适应计算机系统或网络的变化;

◆ 已安装的工具软件在不需要的时候，建议卸载以提高系统运行速度和利用空间;

◆ 对具有相同功能的工具软件，可从中择优安装使用;

◆ 压缩软件、下载软件、电子阅览器、多媒体播放软件、图像处理软件、杀毒软件是平常使用频率最高的工具软件。

实现任务

12.1　压缩软件

压缩就是利用算法将文件有损或无损地处理，以达到保留最多文件信息，而令文件体积变小。这种压缩机制是一种很方便的发明，尤其是对网络用户，因为它可以减小文件中的比特和字节总数，使文件能够通过较慢的互联网连接实现更快传输，此外还可以减少文件的磁盘占用空间。

压缩软件就是利用压缩原理压缩数据的工具，压缩后所生成的文件称为压缩包，体积只有原来的几分之一甚至更小。当然，压缩包已经是另一种文件格式了，如果想使用其中的数据，首先得用压缩软件把数据还原，这个过程称作解压缩。自解压文件是压缩文件的一种，它可以不用借助任何压缩工具，而只需双击该文件就可以自动执行解压缩。同普通压缩文件相比，自解压的压缩文件体积要大于普通的压缩文件(因为它内置了自解压程序)，但它的优点就是可以在没有安装压缩软件的情况下打开压缩文件。常见的压缩软件有 Winzip、Winrar 等。WinRAR 5.0 工作窗口如图 12-1 所示。

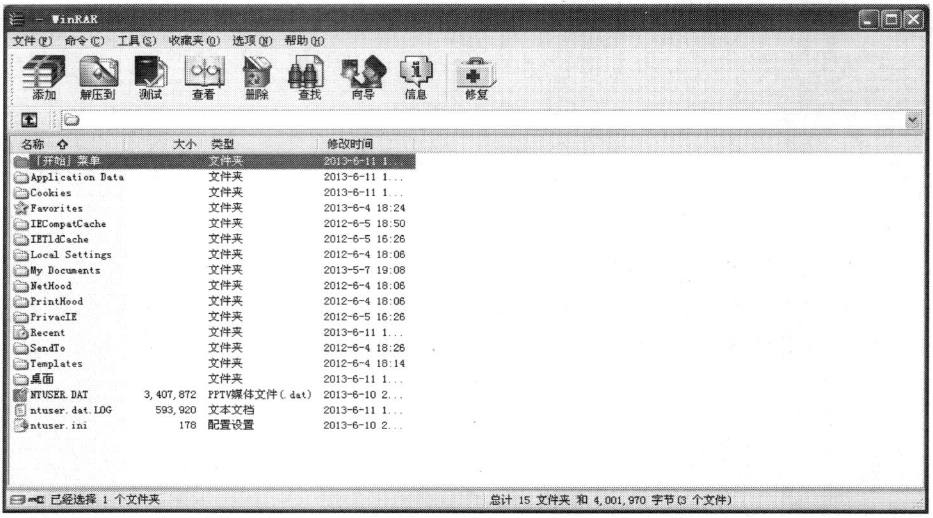

图 12-1 Winrar 工作窗口

12.2 图形图像软件

12.2.1 ACDSee

ACDSee 是目前非常流行的看图工具之一。它提供了良好的操作界面、简单人性化的操作方式、优质的快速图形解码方式，支持丰富的图形格式、强大的图形文件管理功能等等。ACDSee 是使用最为广泛的看图工具软件，大多数计算机爱好者都使用它来浏览图片。它的特点是支持性强，能打开包括 ICO、PNG、XBM 在内的 20 余种图像格式，并且能够高品质地快速显示它们，甚至近年在互联网上十分流行的动画图像档案都可以利用 ACDSee 来欣赏。它还有一个特点是快，与其他图像观赏器比较，ACDSee 打开图像档案的速度无疑是较快的，如图 12-2 所示。

12.2.2 Photoshop

Adobe Photoshop，简称“PS”，是一个由 Adobe Systems 开发和发行的图像处理软件。Photoshop 主要处理以像素所构成的数字图像。使用其众多的编修与绘图工具，可以更有效地进行图片编辑工作，如图 12-3 所示。

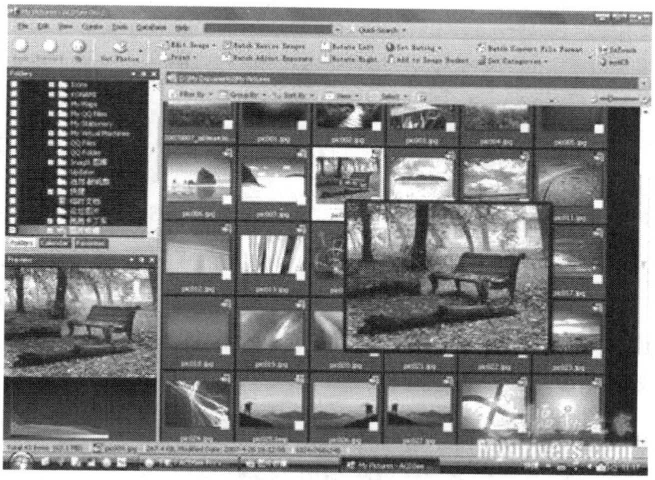

图 12-2　ACDSee

图 12-3　Photoshop 界面

12.2.3　美图秀秀

美图秀秀由美图网研发推出，是一款很好用的免费图片处理软件，不用学习就会用，比 Adobe Photoshop 简单很多。独有的图片特效、美容、拼图、场景、边框、饰品等功能，加上每天更新的精选素材，可以 1 分钟内做出影楼级照片，如图 12-4 所示。

图 12-4　美图秀秀

12.3 影音播放软件

12.3.1 Windows 自带的播放器

Windows Media Player 是 Windows 操作系统自带的一种多媒体播放器，可以播放多种格式的音、视频和动画等格式文件，如 ASF、MPEG、WAV、AVI、MIDI、VOD、AU、MP3、JPG 等。这些文件可以是本地的多媒体文件，还可以是来自 Internet 的流媒体文件。安装插件后的 Windows Media Player 还可以播放 QuickTime 电影文件以及 Internet 上较流行的 RMVB 视频文件，如图 12-5 所示。

图 12-5 Windows Media Player

12.3.2 常用视频播放软件

1. 暴风影音

暴风影音是暴风网际公司推出的一款视频播放器，该播放器兼容大多数的视频和音频格式。独有的视频资源盒子，每日更新大量影视资源，鼠标一点即播，并对影片的播放热度和时长进行标识，区分专辑和单视频，可迅速定位想找的视频。同时，独有的 SHD 视频专利技术满足了 1M 带宽用户流畅观看 720P、1080P 高清在线影片的需求。

2. 快播

快播是一款国内自主研发的基于准视频点播 (QVOD) 内核的、多功能、个性化的播放器软件。快播集成了全新播放引擎，不但支持自主研发的准视频点播技术，而且还是免费的 BT 点播软件，用户只需通过几分钟的缓冲即可直接观看丰富的 BT 影视节目。快播具有的资源占用低、操作简捷、运行效率高、扩展能力强等特点，使其成为目前国内颇受欢迎的万能播放器。

3. PPS

PPS 是目前全球最大的 P2P 视频服务运营商，一直在为上海文广、新浪网、TOM、CCTV、新传体育、凤凰网、21CN 等媒体和门户提供 P2P 视频服务技术解决方案。PPS(全称 PPStream)是全球第一家集 P2P 直播点播于一身的网络电视软件，能够在线收看电影、电视剧、体育直播、游戏竞技、动漫、综艺、新闻、财经资讯等。PPS 网络电视完全免费，灵活播放，随点随看，时间自由掌握；播放流畅，P2P 传输，越多人看越流畅。

4. PPTV

PPTV 网络电视：别名 PPLive，是由上海聚力传媒技术有限公司公司开发运营的在线视频软件，它以全球华人领先的、规模最大、拥有巨大影响力的视频媒体，全面聚合和精编影视、体育、娱乐、资讯等各种热点视频内容，并以视频直播和专业制作为特色，基于互联网视频云平台 PPCLOUD，通过包括 PC 网页端和客户端，手机和 PAD 移动终端，以及与牌照方合作的互联网电视和机顶盒等多终端向用户提供新鲜、及时、高清和互动的网络电视媒体服务。

12.4　文档阅读器与网上图书阅读器

12.4.1　Adobe Reader

Adobe Reader(也称为 Acrobat Reader)是美国 Adobe 公司开发的一款优秀的 PDF 文件阅读软件。文档的撰写者可以向任何人分发自己制作(通过 Adobe Acrobat 制作)的 PDF 文档而不用担心被恶意篡改。

PDF(Portable Document Format)文件格式是 Adobe 公司开发的电子文件格式。这种文件格式与操作系统平台无关，也就是说，PDF 文件不管是在 Windows、Unix 还是在苹果公司的 Mac OS 操作系统中都是通用的。这一特点使它成为在 Internet 上进行电子文档发行和数字化信息传播的理想文档格式。越来越多的电子图书、产品说明、公司文告、网络资料、电子邮件开始使用 PDF 格式文件。PDF 格式文件目前已成为数字化信息事实上的一个工业标准。Adobe Reader 的工作窗口如图 12-6 所示。

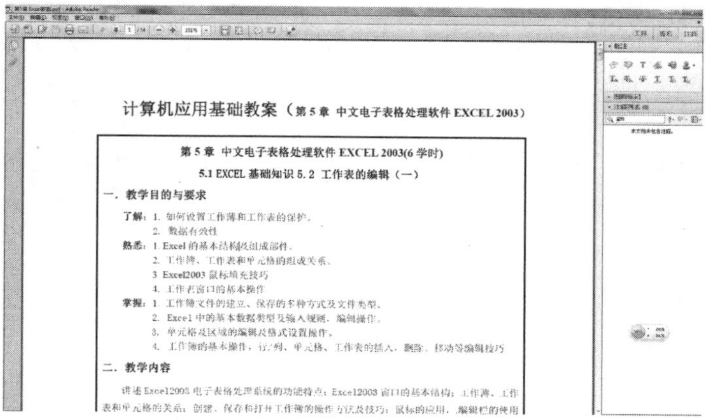

图 12-6　Adobe Reader

12.4.2　超星数字图书馆

超星数字图书馆(SSReader)是天津市超星信息发展有限公司拥有自主知识产权的图书阅览器，是专门针对数字图书的阅览、下载、打印、版权保护和下载计费而研究开发的。超星数字图书馆为目前世界最大的中文在线数字图书馆，提供大量的电子图书资源，其中包括文学、经济、计算机等 50 余大类，数十万册电子图书，300 万篇论文，全文总量 4 亿余页，数据总量 30000GB，包含大量免费电子图书，并且每天仍在不断增加与更新。其界面如图 12-7 和 12-8 所示。

图 12-7　超星数字图书馆

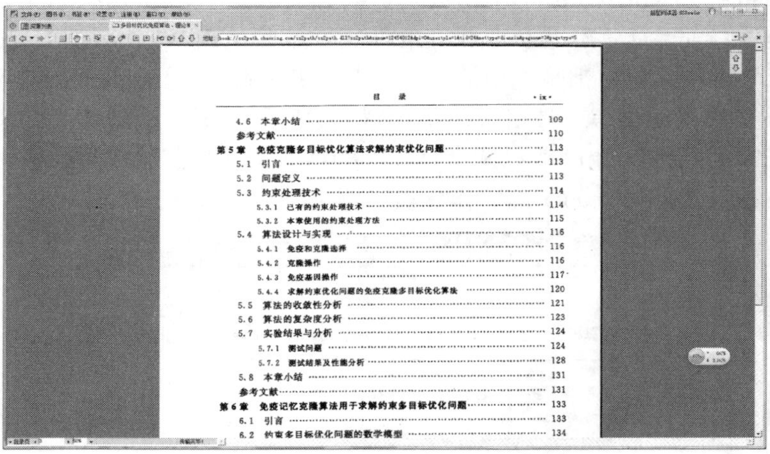

图 12-8　超星数字图书馆

12.5　网络下载软件

网络下载软件是利用网络，通过 HTTP://、FTP://、ed2k://、.torrent 等协议，下载数据(电影、软件、图片等)到计算机上的软件。

迅雷是由深圳市迅雷网络技术有限公司出品的一款下载软件，它本身并不支持上传资源，只是一个提供下载和自主上传的工具软件。迅雷的资源取决于拥有资源网站的多少，同时只要有任何一个迅雷用户使用迅雷下载过相关资源，迅雷就能有所记录。

迅雷使用的多资源超线程技术基于网格原理，能够将网络上存在的服务器和计算机资源进行有效的整合，构成独特的迅雷网络，通过迅雷网络各种数据文件能够以最快的速度进行传递。多资源超线程技术还具有互联网下载负载均衡功能，在不降低用户体验的前提下，迅雷网络可以对服务器资源进行均衡，有效降低了服务器负载。其界面如图 12-9 所示。

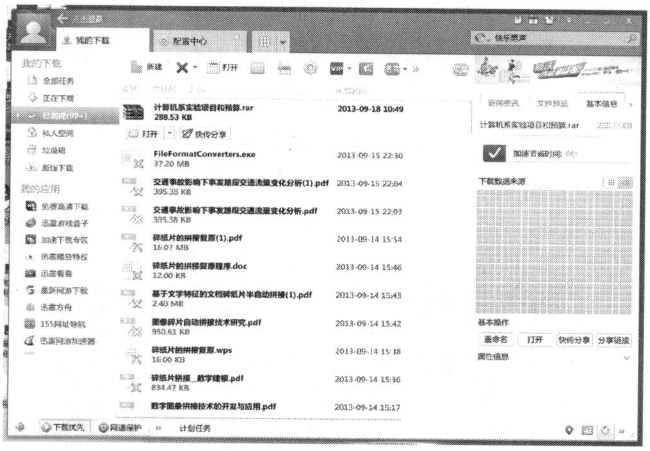

图 12-9　迅雷

常用的网络下载软件还有网际快车、哇嘎、网络蚂蚁等。

12.6　杀毒软件及计算机防护软件

12.6.1　卡巴斯基

随着计算机网络飞速的发展和普及，计算机网络传播病毒是计算机感染病毒的重要途径之一，计算机感染病毒的可能性也随之增加，危害范围越来越大。防毒、杀毒、对查杀病毒软件更新成为使用计算机不可忽视的问题。目前，查杀计算机病毒的软件很多，常用的有卡巴斯基、瑞星、KV3000、Norton 等。本节以卡巴斯基为例简要介绍防病毒软件的使用，如图 12-10 所示。

图 12-10　卡巴斯基

12.6.2 金山毒霸

金山毒霸(Kingsoft Antivirus)是金山网络旗下研发的云安全智扫反病毒软件。它融合了启发式搜索、代码分析、虚拟机查毒等经业界证明成熟可靠的反病毒技术，使其在查杀病毒种类、查杀病毒速度、未知病毒防治等多方面达到先进水平，同时金山毒霸具有病毒防火墙实时监控、压缩文件查毒、查杀电子邮件病毒等多项先进的功能。它紧随世界反病毒技术的发展，为个人用户和企事业单位提供完善的反病毒解决方案，如图 12-11 所示。

图 12-11　金山毒霸

12.6.3 瑞星杀毒

瑞星杀毒软件(Rising Antivirus)，简称 RAV，采用获得欧盟及中国专利的六项核心技术，形成全新软件内核代码，具有“八大绝技”和多种应用特性,是目前国内外同类产品中最具实用价值和安全保障的杀毒软件产品，如图 12-12 所示。

图 12-12　瑞星杀毒

12.6.4 360 安全卫士

360 安全卫士是奇虎公司推出的完全免费的安全类上网辅助工具软件，它拥有查杀流行木马、清理恶评系统插件、管理应用软件、系统实时保护、修复系统漏洞、双重备份使用更安全等数个强劲功能模块，同时还提供系统全面诊断，清理使用痕迹以及系统还原等特定辅助功能，启动时自动检查更新病毒库，并且提供对系统的全面诊断报告，方便用户及时定位问题所在，真正为计算机用户提供全方位的系统安全保护。

打开 360 安全卫士，主界面如图 12-13 所示。

图 12-13　360 安全卫士

界面上方有 8 个常用工具按钮，依次为“电脑体检”、“木马查杀”、“漏洞修复”、“系统修复”、“电脑清理”、“优化加速”、“电脑专家”和“软件管家”。着重介绍以下几项。

(1) “电脑体检”:“电脑体检”就是帮助用户检查计算机是否存在潜在的问题和隐患，并对这些问题进行修复，保障系统的健康运行。

(2) “木马查杀”:“木马”是目前比较流行的病毒文件，与一般的病毒不同，它不会自我繁殖，也并不“刻意”地去感染其他文件。它通过将自身伪装吸引用户下载执行，向施种木马者提供打开被种者计算机的门户，使施种者可以任意毁坏、窃取被种者的文件，甚至远程操控被种者的计算机。360 安全卫士的木马查杀功能能够帮助用户查找安装在计算机上的木马程序，并且进行处理。360 安全卫士可对流行木马进行查杀，确保系统帐户安全。

(3) “漏洞修复”：360 安全卫士具有系统漏洞修补功能和安全风险，漏洞所需补丁均从微软官方网站获取，用户应及时修复漏洞，确保系统安全。操作步骤：单击“漏洞修复”，进入“修复系统”界面，将自动检测系统中需要安装的漏洞补丁个数及系统中存在的安全风险，并对这些安全风险给出相应的修复建议。选中需要修复漏洞的复选框，单击“立即修复”按钮，360 安全卫士将会自动从微软官方网站下载补丁程序完成安装。

(4) “电脑清理”:“电脑清理”功能主要用来清理计算机中的垃圾文件，使用计算机以及在上网过程中产生的临时文件，注册表中的多余项和计算机中不必要的插件。

(5) “优化加速”：优化加速功能可以禁止一些不需要的项目在开机时启动，缩短计算机的开机时间。

(6) “软件管家”：软件管家可以对计算机中安装的所有软件进行管理，包括升级和卸载，还能够快速下载安装新的软件。

目前，除了 360 安全卫士，奇虎 360 还拥有 360 安全浏览器、360 保险箱、360 杀毒软件、360 软件管家、360 网页防火墙、360 手机卫士、360 极速浏览器、360 安全桌面等系列产品。

附录一　全国计算机等级考试一级 MS Office

考 试 大 纲

基本要求

1. 具有微型计算机的基础知识(包括计算机病毒的防治常识)。

2. 了解微型计算机系统的组成和各部分的功能。

3. 了解操作系统的基本功能和作用，掌握Windows的基本操作和应用。

4. 了解文字处理的基本知识，熟练掌握文字处理MS Word的基本操作和应用，熟练掌握一种汉字(键盘)输入方法。

5. 了解电子表格软件的基本知识，掌握电子表格软件Excel的基本操作和应用。

6. 了解演示软件的基本知识，掌握演示文稿制作软件PowerPoint的基本操作和应用。

7. 了解计算机网络的基本概念和因特网(Internet)的初步知识，掌握IE 浏览器软件和Outlook Express软件的基本操作和使用。

考试内容

一、计算机基础知识

1. 计算机的发展、类型及其应用领域。
2. 计算机中数据的表示、存储与处理。
3. 多媒体技术的概念与应用。
4. 计算机病毒的概念、特征、分类与防治。
5. 计算机网络的概念、组成和分类；计算机与网络信息安全的概念和防控。
6. 因特网网络服务的概念、原理和应用。

考查题型：选择题。

二、操作系统的功能和使用

1. 计算机软、硬件系统的组成及主要技术指标。
2. 操作系统的基本概念、功能、组成及分类。
3. Windows 操作系统的基本概念和常用术语，如文件、文件夹、库等。
4. Windows 操作系统的基本操作和应用：

(1) 桌面外观的设置，基本的网络配置。

(2) 熟练掌握资源管理器的操作与应用。

(3) 掌握文件、磁盘、显示属性的查看、设置等操作。

(4) 中文输入法的安装、删除和选用。

(5) 掌握检索文件、查询程序的方法，文件和文件夹的创建、移动、复制、删除、更名、查找、打印和属性设置。

(6) 了解软、硬件的基本系统工具。

(7) 软盘的格式化和整盘复制，磁盘属性的查看等操作。

(8) 快捷方式的设置和使用。

考查题型：Windows基本操作。主要考查文件或文件夹的创建、移动、复制、删除、更名、查找及属性的设置。

三、文字处理软件的功能和使用

1. Word 的基本概念，Word 的基本功能和运行环境，Word 的启动和退出。

2. 文档的创建、打开、输入、保存等基本操作。

3. 文本的选定、插入与删除、复制与移动、查找与替换等基本编辑技术；多窗口和多文档的编辑。

4. 字体格式设置、段落格式设置、文档页面设置、文档背景设置和文档分栏等基本排版技术。

5. 表格的创建、修改；表格的修饰；表格中数据的输入与编辑；数据的排序和计算。

6. 图形和图片的插入；图形的建立和编辑；文本框、艺术字的使用和编辑。

7. 文档的保护和打印。

考查题型：主要考查文档格式及表格格式的设置、表格数据的处理。

四、电子表格软件的功能和使用

1. 电子表格的基本概念和基本功能，Excel 的基本功能、运行环境、启动和退出。

2. 工作簿和工作表的基本概念和基本操作，工作簿和工作表的建立、保存和退出；数据输入和编辑；工作表和单元格的选定、插入、删除、复制、移动；工作表的重命名和工作表窗口的拆分和冻结。

3. 工作表的格式化，包括设置单元格格式、设置列宽和行高、设置条件格式、使用样式、自动套用模式和使用模板等。

4. 单元格绝对地址和相对地址的概念，工作表中公式的输入和复制，常用函数的使用。

5. 图表的建立、编辑和修改以及修饰。

6. 数据清单的概念，数据清单的建立，数据清单内容的排序、筛选、分类汇总，数据合并，数据透视表的建立。

7. 工作表的页面设置、打印预览和打印，工作表中链接的建立。

8. 保护和隐藏工作簿和工作表。

考查题型：电子表格题。主要考查工作表和单元格的插入、复制、移动、更名和保存，单元格格式的设置，在工作表中插入公式及常用函数；数据的排序、筛选、分类汇总，图表的建立和格式的设置。

五、PowerPoint的功能和使用

1. 中文PowerPoint的功能、运行环境、启动和退出。

2. 演示文稿的创建、打开、关闭和保存。

3. 演示文稿视图的使用，幻灯片基本操作(版式、插入、移动、复制和删除)。

4. 幻灯片基本制作(文本、图片、艺术字、形状、表格等插入及其格式化)。

5. 演示文稿主题选用与幻灯片背景设置。

6. 演示文稿放映设计(动画设计、放映方式、切换效果)。

7. 演示文稿的打包和打印。

考查题型：演示文稿题。主要考查幻灯片的建立、插入、移动、删除、幻灯片字符格式的设置，文字、图片、艺术字、表格及图表的插入，超级链接的设置，版式、应用设计模板、背景填充效果的设置，幻灯片的切换、动画效果及放映方式的设置。

六、因特网(Internet)的初步知识和应用

1. 了解计算机网络的基本概念和因特网的基础知识，主要包括网络硬件和软件，TCP/ IP 协议的工作原理，以及网络应用中常见的概念，如域名、IP 地址、DNS 服务等。

2. 能够熟练掌握浏览器、电子邮件的使用和操作。

考查题型：选择题和上网题。选择题主要考查计算机网络的概念和分类，因特网的概念及接入方式。上网题主要考查网页的浏览、保存，电子邮件的发送、收取、回复、转发，以及附件的收发和保存。

考试方式

1. 采用无纸化考试，上机操作。考试时间为90分钟。

2. 软件环境:Windows XP操作系统，Microsoft Office 2003办公软件。

3. 在指定时间内，完成下列各项操作:

(1) 选择题(计算机基础知识和网络的基本知识)。(20分)

(2) Windows 操作系统的使用。(10分)

(3) Word 操作。(25分)

(4) Excel 操作。(20分)

(5) PowerPoint 操作。(15分)

(6) 浏览器(IE)的简单使用和电子邮件收发。(10分)

考试软件

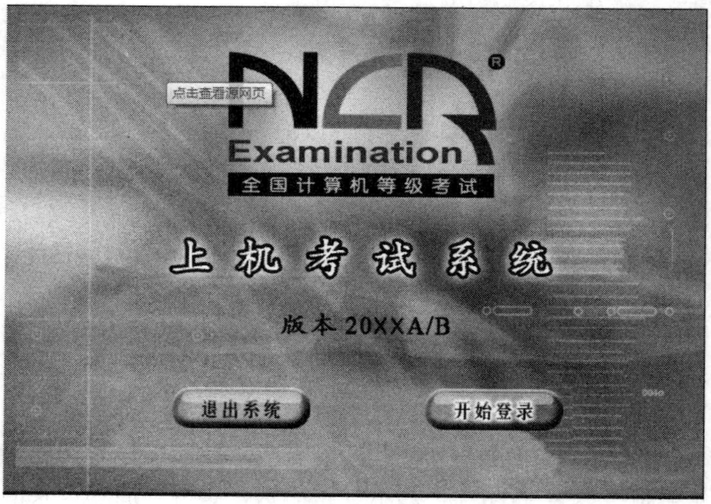

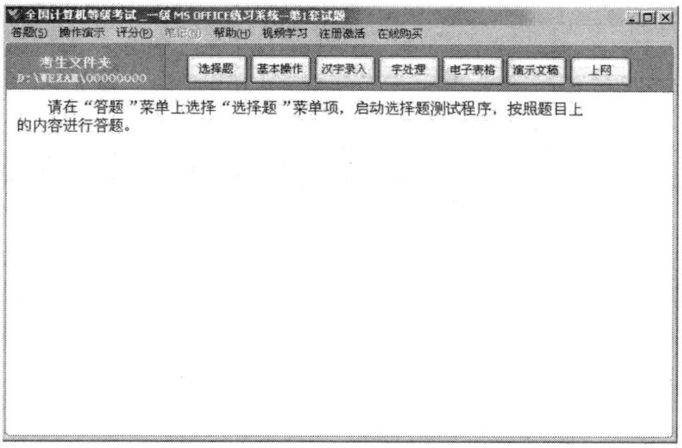
全国计算机等级考试_一级 MS OFFICE练习系统—第1套试题
答题(S) 操作演示 评分(P) 笔记(N) 帮助(H) 视频学习 注册激活 在线购买
考生文件夹
D:\WEXAM\00000000
选择题
基本操作
汉字录入
字处理
电子表格
演示文稿
上网
请在“答题”菜单上选择“选择题”菜单项，启动选择题测试程序，按照题目上的内容进行答题。

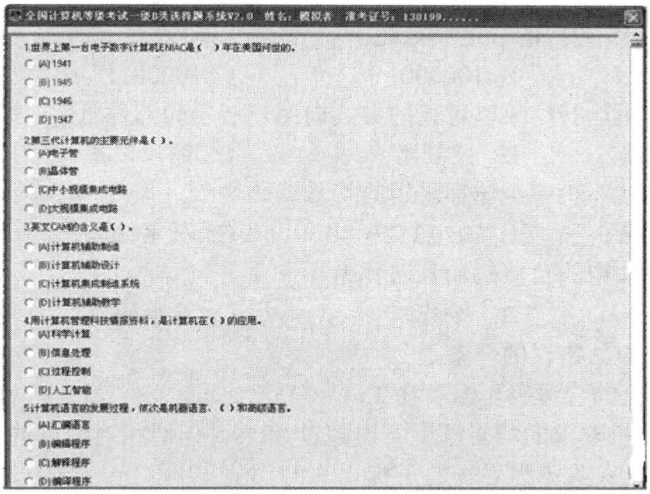
1.世界上第一台电子数字计算机ENIAC是（　）年在美国研制的。
(A) 1941
(B) 1945
(C) 1946
(D) 1947
2.第三代计算机的主要元件是（ ）。
(A)电子管
(B)晶体管
(C)中小规模集成电路
(D)大规模集成电路
3.英文CAM的含义是（ ）。
(A)计算机辅助制造
(B)计算机辅助设计
(C)计算机集成制造系统
(D)计算机辅助教学
4.用计算机管理科技情报资料，是计算机在（ ）的应用。
(A)科学计算
(B)信息处理
(C)过程控制
(D)人工智能
5.计算机语言的发展过程，依次是机器语言、（ ）和高级语言。
(A)汇编语言
(B)编辑程序
(C)解释程序
(D)编译程序

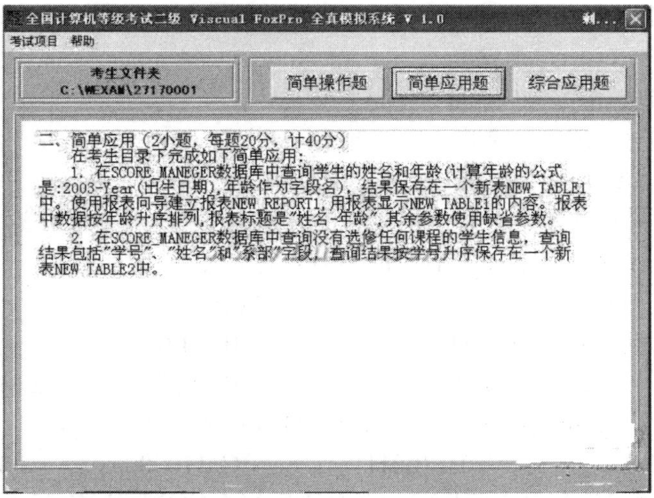
全国计算机等级考试二级 Viscual FoxPro 全真模拟系统 V 1.0
考试项目 帮助
考生文件夹
C:\WEXAM\27170001
简单操作题
简单应用题
综合应用题
二、简单应用（2小题，每题20分，计40分）
在考生目录下完成如下简单应用：
1. 在SCORE_MANEGER数据库中查询学生的姓名和年龄(计算年龄的公式是:2003-Year(出生日期)，年龄作为字段名)，结果保存在一个新表NEW_TABLE1中。使用报表向导建立报表NEW_REPORT1，用报表显示NEW_TABLE1的内容。报表中数据按年龄升序排列，报表标题是"姓名-年龄"，其余参数使用缺省参数。
2. 在SCORE_MANEGER数据库中查询没有选修任何课程的学生信息，查询结果包括"学号"、"姓名"和"系部"字段，查询结果按学号升序保存在一个新表NEW_TABLE2中。

附录二　全国计算机等级考试一级 MS Office

考试模拟试题

一、选择题(20 分)

(1) 下列不能用作存储器容量单位的是_____。

A. KB　　B. MB　　C. Bytes　　D. Hz

(2) 十进制数 65 对应的二进制数是_____。

A. 1100001　　B. 1000001　　C. 1000011　　D. 1000010

(3) 能将计算机运行结果以可见的方式向用户展示的部件是_______。

A. 存储器　　B. 控制器　　C. 输入设备　　D. 输出设备

(4) 目前，在计算机中全球都采用的符号编码是_____。

A. ASCII 码　　B. GB 2312—80　　C. 汉字编码　　D. 英文字母

(5) 汉字输入法中的自然码输入法称为_____。

A. 形码　　B. 音码　　C. 音形码　　D. 以上都不是

(6) 下列叙述中，错误的一条是_____。

A. 计算机的合适工作温度在 15℃～35℃之间

B. 计算机要求的相对湿度不能超过 80%，但对相对湿度的下限无要求

C. 计算机应避免强磁场的干扰

D. 计算机使用过程中特别注意：不要随意突然断电关机

(7) 二进制数 1000100 对应的十进制数是_____。

A. 63　　B. 68　　C. 64　　D. 66

(8) 下列四条叙述中，正确的一条是_____。

A. 字节通常用英文字母“bit”来表示

B. 目前广泛使用的 Pentium 机，其字长为 5 字节

C. 计算机存储器中将 8 个相邻的二进制位作为一个单位，这种单位称为字节

D. 微型计算机的字长并不一定是字节的倍数

(9) 如某台计算机的型号是 486/25，其中 25 的含义是_____。

A. 该微机的内存为 25MB　　B. CPU 中有 25 个寄存器

C. CPU 中有 25 个运算器　　D. 时钟频率为 25MHz

(10) 下列两个二进制数进行算术运算，11101+10011＝_____。

A. 100101　　B. 100111　　C. 110000　　D. 110010

(11) 运用“助记符”来表示机器中各种不同指令的符号语言是_____。

A. 机器语言　　B. 汇编语言　　C. C 语言　　D. BASIC 语言

(12) 软件系统中，具有管理软、硬件资源功能的是_____。

A. 程序设计语言　　　　B. 字表处理软件

C. 操作系统　　　　D. 应用软件

(13) 容量为 640KB 的存储设备，最多可存储_____个西文字符。

A. 655360　　B. 655330　　C. 600360　　D. 640000

(14) 下列关于高级语言的说法中，错误的是_____。

A. 通用性强　　　　B. 依赖于计算机硬件

C. 要通过翻译后才能被执行　　　　D. BASIC 语言是一种高级语言

(15) 多媒体信息在计算机中的存储形式是_____。

A. 二进制数字信息　　　　B. 十进制数字信息

C. 文本信息　　　　D. 模拟信号

(16) 下列关于计算机系统硬件的说法中，正确的是_____。

A. 键盘是计算机输入数据的唯一手段

B. 显示器和打印机都是输出设备

C. 计算机硬件由中央处理器和存储器组成

D. 内存可以长期保存信息

(17) 主要在网络上传播的病毒是_____。

A. 文件型　　B. 引导型　　C. 网络型　　D. 复合型

(18) 若出现_____现象时，应首先考虑计算机是否感染了病毒。

A. 不能读取光盘　　　　B. 启动时报告硬件问题

C. 程序运行速度明显变慢　　　　D. 软盘插不进驱动器

(19) 下列关于总线的说法，错误的是_____。

A. 总线是系统部件之间传递信息的公共通道

B. 总线有许多标准，如 ISA、AGP 总线等

C. 内部总线分为数据总线、地址总线、控制总线

D. 总线体现在硬件上就是计算机主板

(20) 下列关于网络协议说法正确的是_____。

A. 网络使用者之间的口头协定

B. 通信协议是通信双方共同遵守的规则或约定

C. 所有网络都采用相同的通信协议

D. 两台计算机如果不使用同一种语言，它们之间就不能通信

以下各题均在所发试题文件夹中操作保存。

二、Windows 操作(10 分)

(1) 将考生文件夹下 TREE.BMP 文件复制到考生文件夹下 GREEN 文件夹中。

(2) 在考生文件夹下创建名为 FILE 的文件夹。

(3) 将考生文件夹下 OPEN 文件夹中的文件 SOUND.AVI 移动到考生文件夹下 GOOD 文件夹中。

(4) 将考生文件夹下 ADD 文件夹中的文件 LOW.TXT 文件删除。

(5) 为考生文件夹下 LIGHT 文件夹中的文件 MAY.BMP 文件建立名为 MAY 的快捷

方式，并存放在考生文件夹中。

三、汉字录入(10 分)命名为“汉字录入.doc”保存在桌面文件夹中。

四、Word 操作题(25 分)

在考生文件夹下打开文档 WD1.DOC，按要求完成以下操作并原名保存：

(1) 将文中所有错词“张略总身”替换为“战略纵深”，将第一段文字设为四号、加粗、红色，倾斜。

(2) 给文章添加页眉：内容为“景点介绍”，居中。

(3) 将第二段文字设置为空心字，字体效果设为阴文效果；段落行距 2 倍行距，悬挂缩进 2 字符，段后间距 2 行。

(4) 将全文对齐方式设为右对齐，纸张大小设为自定义，高为 27.9 厘米，宽为 18.8 厘米。

(5) 将文中最后 4 行文字转换为一个 4 行 5 列的表格，再将表格的文字设为黑体、倾斜、红色。

(6) 将表格的第一列的单元格设置成黄色底纹；计算“合计”列数据，再将表格内容按“合计”列升序进行排序，并以原文件名保存文档。

五、Excel 操作题(15 分)

在考生文件夹下打开“车队运输情况表.xls”，按要求完成以下操作并原名保存：

(1) 在最左端插入一列，标题为“工号”，李大方、赵美丽、张可爱的工号分别是 01，02，03；在最右端插入一列，标题为“净重”，计算出“净重”(净重=毛重-皮重)。

(2) 在最一行前插入一行，行高 35，并在 A1 单元格输入标题“车队运输情况表”，黑体、30 磅、红色；全并及居中 A1：F1 单元格。

(3) 设置 A2：F2 区域文字为楷体、16 磅、水平居中，列宽 12；设置 A3：F19 文字为楷体、14 磅、黑色；为 A2：F19 添加蓝色细实线边框。

(4) 所有数值单元格均设置为数值型、负数第四种、保留两位小数，右对齐。

(5) 将 Sheet1 复制到、Sheet3 中，同时将 Sheet1 重命名为“运输情况表”。

(6) 在“运输情况表”中选择“司机、净重”所在列，建立图表：嵌入式簇状柱形图，分类轴为“司机”，数值轴为净重，图表标题：“个人运输量对比图”，隶书、18 磅、蓝色，图例靠右。

(7) 在 Sheet2 中按“司机”分尖汇总“毛重、净重”之和。

(8) 在 Sheet3 中自动筛选货物类别为“废石”的记录。

六、PowerPoint 操作题(10 分)

打开考生文件夹下的演示文稿 yswg3.ppt，按要求完成此操作并保存。

(1) 在幻灯片的标题区中输入“中国的 DXF100 地效飞机”，字体设置为：红色(注意：请用自定义标签中的红色 255，绿色 0，蓝色 0)，黑体，加粗，54 磅。从所给文件中插入一张飞机图片，自己设置为合适大小。插入一版式为“项目清单”的新幻灯片，作为第二张幻灯片；输入第二张幻灯片的标题内容：“DXF100 主要技术参数”；输入第二张幻灯片的文本内容：“可载乘客多人，装有两台 300 马力航空发动机”。

(2) 第二张幻灯片的背景预设颜色为“宝石蓝”，底纹样式为“横向”；全文幻灯片换效果设置为“从上抽出”；第一张幻灯片中的飞机图片动画设置为“右侧飞入”。

七、网络操作题(10 分)

(1) 打开 Web1.htm 文件，将该网页中的全部文本，以文件名 Web1.txt 保存到当前文件夹中。

(2) 启动收发电子邮件软件 Outlook Express。

编辑电子邮件：　收件人地址：tt@163.com　　主题：T1 稿件

正文如下：

老师：　您好！

本机 IP：(请考生在此输入本机的 IP 地址)。(1 分)

本机 DNS：(请考生在此输入本机的 DNS 服务器地址)。(1 分)

此致

敬礼！

(考生姓名)

2012 年 12 月 25 日

(3) 将 pic1.jpg 文件作为电子邮件的附件。(2 分)

(4) 以文件名 T1.eml 另存邮件到当前文件夹中。(1 分)

附录三　全国计算机等级考试一级 MS Office

选择题专项

1

1. 在计算机内部用来传送、存储、加工处理的数据或指令都是以_____形式进行的。
   A. 十进制码　　B. 二进制码　　C. 八进制码　　D. 十六进制码
2. 磁盘上的磁道是______。
   A. 一组记录密度不同的同心圆　　B. 一组记录密度相同的同心圆
   C. 一条阿基米德螺旋线　　D. 两条阿基米德螺旋线
3. 下列关于世界上第一台电子计算机 ENIAC 的叙述中，______是不正确的。
   A. ENIAC 是 1946 年在美国诞生的
   B. 它主要采用电子管和继电器
   C. 它首次采用存储程序和程序控制使计算机自动工作
   D. 它主要用于弹道计算
4. 用高级程序设计语言编写的程序称为______。
   A. 源程序　　B. 应用程序　　C. 用户程序　　D. 实用程序
5. 二进制数 011111 转换为十进制整数是______。
   A. 64　　B. 63　　C. 32　　D. 31
6. 将用高级程序语言编写的源程序翻译成目标程序的程序称_____。
   A. 连接程序　　B. 编辑程序　　C. 编译程序　　D. 诊断维护程序
7. 在微机系统中，麦克风属于__________。
   A. 输入设备　　B. 输出设备　　C. 放大设备　　D. 播放设备
8、在现代的 CPU 芯片中又集成了高速缓冲存储器(Cache)，其作用是_____。
   A. 扩大内存储器的容量_____ 。
   B. 解决 CPU 与 RAM 之间的速度不匹配问题
   C. 解决 CPU 与打印机的速度不匹配问题
   D. 保存当前的状态信息
9. 标准的 ASCII 码用 7 位二进制位表示，可表示不同的编码个数是_____。
   A. 127　　B. 128　　C. 255　　D. 256
10. 一个汉字的机内码与它的国标码之间的差是_____。
   A. 2020H　　B. 4040H　　C. 8080H　　D. A0A0H
11. 计算机能直接识别、执行的语言是_____。

A. 汇编语言　　B. 机器语言

C. 高级程序语言　　D. C 语言

12. 按操作系统的分类，UNIX 操作系统是_____。

A. 批处理操作系统　　B. 实时操作系统

C. 分时操作系统　　D. 单用户操作系统

13. 在因特网上，一台计算机可以作为另一台主机的远程终端，使用该主机的资源，该项服务称为_____ 。

A. Telnet　　B. BBS　　C. FTP　　D. WWW

14. 下列关于电子邮件的叙述中，正确的是_______。

A. 如果收件人的计算机没有打开时，发件人发来的电子邮件将丢失

B. 如果收件人的计算机没有打开时，发件人发来的电子邮件将退回

C. 如果收件人的计算机没有打开时，当收件人的计算机打开时再重发

D. 发件人发来的电子邮件保存在收件人的电子邮箱中，收件人可随时接收

15. 现代计算机中采用二进制数字系统是因为它_______。

A. 代码表示简短，易读

B. 物理上容易表示和实现、运算规则简单、可节省设备且便于设计

C. 容易阅读，不易出错

D. 只有 0 和 1 两个数字符号，容易书写

16. 目前，PC 机中所采用的主要功能部件(如 CPU)是______。

A. 小规模集成电路　　B. 大规模集成电路

C. 晶体管　　D. 光器件

17. 下列关于计算机病毒的叙述中，错误的是_______。

A. 反病毒软件可以查杀任何种类的病毒

B. 计算机病毒是人为制造的、企图破坏计算机功能或计算机数据的一段小程序

C. 反病毒软件必须随着新病毒的出现而升级，提高查杀病毒的功能

D. 计算机病毒具有传染性

18. 假设某台计算机的内存容量为 256MB，硬盘容量为 40GB。硬盘容量是内存容量的________。

A. 80 倍　　B. 100 倍　　C. 120 倍　　D. 160 倍

19. 冯·诺依曼(Von Neumann)型体系结构的计算机硬件系统的五大部件是_______。

A. 输入设备、运算器、控制器、存储器、输出设备

B. 键盘和显示器、运算器、控制器、存储器和电源设备

C. 输入设备、中央处理器、硬盘、存储器和输出设备

D. 键盘、主机、显示器、硬盘和打印机

20、下列的英文缩写和中文名字的对照中，错误的是_______。

A. URL——统一资源定位器　　B. ISP——因特网服务提供商

C. ISDN——综合业务数字网　　D. ROM——随机存取存储器

答案：BACCD　CABBC　BCADB　BADAD

2

1. 计算机网络技术包含的两个主要技术是计算机技术和__________ 。

A. 微电子技术　　B. 通信技术

C. 数据处理技术　　D. 自动化技术

2. 计算机和计算器的本质区别是________。

A. 运算速度不一样

B. 体积不一样

C. 是否具有存储能力

D. 是否具有存储程序和自动化控制程度的高低

3. 硬盘属于

A. 内部存储器　　B. 外部存储器

C. 只读存储器　　D. 输出设备

4、十进制数 32 转换成无符号二进制整数是___________。

A. 100000　　B. 100100　　C. 100010　　D. 101000

5. 下列软件中，属于系统软件的是___________。

A. C++编译程序　　B. Excel 2000

C. 学籍管理系统　　D. 财务管理系统

6. 无符号二进制整数 01001001 转换成十进制整数是___________。

A. 69　　B. 71　　C. 73　　D. 75

7. 操作系统将 CPU 的时间资源划分成极短的时间片，轮流分配给各终端用户，使终端用户单独分享 CPU 的时间片，有独占计算机的感觉，这种操作系统称为_______。

A. 实时操作系统　　B. 批处理操作系统

C. 分时操作系统　　D. 分布式操作系统

8. 计算机指令由两部分组成，它们是________。

A. 运算符和运算数　　B. 操作数和结果

C. 操作码和操作数　　D. 数据和字符

9. 当计算机病毒发作时，主要造成的破坏是______。

A. 对磁盘片的物理损坏

B. 对磁盘驱动器的损坏

C. 对 CPU 的损坏

D. 对存储在硬盘上的程序、数据甚至系统的破坏

10. 下面关于随机存取存储器(RAM)的叙述中，正确的是___________。

A. 存储在 SRAM 或 DRAM 中的数据在断电后将全部丢失且无法恢复

B. SRAM 的集成度比 DRAM 高

C. DRAM 的存取速度比 SRAM 快

D. DRAM 常用来做 Cache

11. 显示器的主要技术指标之一是_________。

A. 分辨率　　B. 亮度　　C. 重量　　D. 耗电量

12. 计算机技术中，下列的英文缩写和中文名字的对照中，正确的是________。

A. CAD——计算机辅助制造　　B. CAM——计算机辅助教育

C. CIMS——计算机集成制造系统　　D. CAI——计算机辅助设计

13. 主机域名 PUBLIC.TPT.TJ.CN 由 4 个子域组成，其中________表示计算机名

A. CN　　B. TJ　　C. TPT　　D. PUBLIC

14. 设任意一个十进制整数为 D，转换成二进制数为 B。根据数制的概念，下列叙述中正确的是________。

A. 数字 B 的位数<数字 D 的位数　　B. 数字 B 的位数≤数字 D 的位数

C. 数字 B 的位数≥数字 D 的位数　　D. 数字 B 的位数>数字 D 的位数

15. 微机的销售广告中“P42.4G/256M/80G”中的 2.4G 是表示________。

A. CPU 的运算速度为 2.4GIPS

B. CPU 为 Pentium4 的 2.4 代

C. CPU 的时钟主频为 2.4GHz

D. CPU 与内存间的数据交换速率是 2.4Gbps

16. 下面关于 USB 的叙述中，错误的是________。

A. USB 接口的尺寸比并行接口大得多

B. USB2.0 的数据传输率大大高于 USB1.1

C. USB 具有热插拔与即插即用的功能

D. 在 Windows 下，使用 USB 接口连接的外部设备(如移动硬盘、U 盘等)不需要驱动程序

17. 用户在 ISP 注册拨号入网后，其电子邮箱建在________。

A. 用户的计算机上　　B. 发件人的计算机上

C. ISP 的邮件服务器上　　D. 收件人的计算机上

18. 存储一个 48×48 点的汉字字形码需要的字节数是________。

A. 384　　B. 144　　C. 256　　D. 288

19. 世界上第一台计算机是 1946 年在美国研制成功的，该计算机的英文缩写名为 ________。

A. MARK-II　　B. ENIAC　　C. EDSAC　　D. EDVAC

20. 一个完整的计算机系统就是指________。

A. 主机、键盘、鼠标器和显示器　　B. 硬件系统和操作系统

C. 主机和它的外部设备　　D. 软件系统和硬件系统

答案：BDBAA　CCCDA　ACCCC　ACDBD

3

1. 下列计算机技术词汇的英文缩写和中文名字对照中，错误的是________。

A. OS—输出服务　　B. CU—控制部件

C. ALU—算术逻辑部件　　D. CPU—中央处理器

2. 下列叙述中，正确的是______。

A. CPU 可以直接存取硬盘中的数据
B. 存储在 ROM 中的信息断电后会全部丢失
C. 高速缓冲存储器(Cache)一般用 SRAM 来实现
D. 高级程序设计语言的编译系统属于应用软件

3. 全拼或简拼汉字输入法的编码属于______。
A. 区位码　B. 音码　C. 形声码　D. 形码

4. 当前流行的 Pentium 4 CPU 的字长是______。
A. 32bits　B. 64bits　C. 8bits　D. 16bits

5. 调制解调器(Modem)的主要技术指标是数据传输速率，它的度量单位是______。
A. dpi　B. KB　C. MIPS　D. Mbps

6. 下列关于计算机病毒的叙述中，正确的是______。
A. 计算机病毒可通过读写移动硬盘或 Internet 网络进行传播
B. 所有计算机病毒只在可执行文件中传染
C. 清除病毒的最简单的方法是删除已感染病毒的文件
D. 只要把带毒优盘设置成只读状态，此盘上的病毒就不会因读盘而传染给另一台计算机

7. 下列各条中，对计算机操作系统的作用完整描述的是______。
A. 它对用户存储的文件进行管理，方便用户
B. 它管理计算机系统的全部软、硬件资源，合理组织计算机的工作流程，以达到充分发挥计算机资源的效率，为用户提供使用计算机的友好界面
C. 它是用户与计算机的界面
D. 它执行用户键入的各类命令

8. 下列存储器中，存取周期最短的是______。
A. CD-ROM　B. SRAM　C. 硬盘存储器　D. DRAM

9. 下列说法中，错误的是______。
A. 硬盘的技术指标除容量外，另一个是转速
B. 硬盘可以是多张盘片组成的盘片组
C. 硬盘安装在机箱内，属于主机的组成部分
D. 硬盘驱动器和盘片是密封在一起的，不能随意更换盘片

10. 已知汉字“中”的区位码是 5448，则其国标码是______.
A. 5650H　B. 7468D　C. 3630H　D. 6862H

11. 下列叙述中，正确的是______。
A. 同一个英文字母(如字母 A)的 ASCII 码和它在汉字系统下的全角内码是相同的
B. 一个字符的标准 ASCII 码占一个字节的存储量，其最高位二进制总为 0
C. 标准 ASCII 码表的每一个 ASCII 码都能在屏幕上显示成一个相应的字符
D. 大写英文字母的 ASCII 码值大于小写英文字母的 ASCII 码值

12. 下列不属于计算机特点的是______。
A. 处理速度快、存储量大　B. 不可靠、故障率高。
C. 具有逻辑推理和判断能力　D. 存储程序控制，工作自动化

13. Internet 提供的最常用、便捷的通讯服务是______。

A. 文件传输(FTP)　　B. 远程登录(Telnet)

C. 万维网(WWW)　　D. 电子邮件(E-mail)

14. 操作系统管理用户数据的单位是______。

A. 文件夹　　B. 磁道　　C. 扇区　　D. 文件

15. 计算机技术中，下列度量存储器容量的单位中，最大的单位是______。

A. GB　　B. Byte　　C. MB　　D. KB

16. 目前，度量中央处理器 CPU 时钟频率的单位是______。

A. Mbps　　B. G　　C. MIPS　　D. GHz

17. 下列叙述中，正确的是______。

A. Word 文档不会带计算机病毒

B. 计算机杀病毒软件可以查出和清除任何已知或未知的病毒

C. 计算机病毒具有自我复制的能力

D. 感染了计算机病毒的文件不能再用了

18. 目前，在市场上销售的微型计算机中，标准配置的输入设备是______。

A. 键盘+扫描仪　　B. 鼠标器+键盘

C. 显示器+键盘　　D. 键盘+CD-ROM 驱动器

19. 英文缩写 CAI 的中文意思是______。

A. 计算机辅助制造　　B. 计算机辅助管理

C. 计算机辅助教学　　D. 计算机辅助设计

20. 目前市售的 USB FLASH DISK(俗称优盘)是一种______。

A. 显示设备　　B. 输出设备　　C. 输入设备　　D. 存储设备

答案：ACBAD　ABBDB　BBDDA　DCBCD

4

1. 下列设备组中，完全属于输出设备的一组是______。

A. 打印机，绘图仪，显示器　　B. 喷墨打印机，显示器，键盘

C. 激光打印机，键盘，鼠标器　　D. 键盘，鼠标器，扫描仪

2. 在标准 ASCII 码表中，已知英文字母 K 的十进制码值是 75，英文字母 k 的十进制码是______。

A. 107　　B. 101　　C. 105　　D. 106

3. 计算机硬件系统主要包括：运算器、存储器、输入设备、输出设备和______。

A. 显示器　　B. 磁盘驱动器　　C. 控制器　　D. 打印机

4. 下列软件中，不是操作系统的是______。

A. MS-Office　　B. MS-DOS　　C. Linux　　D. UNIX

5. 下列叙述中，正确的是______。

A. 计算机能直接识别、执行用汇编语言编写的程序

B. 机器语言编写的程序执行效率最低

C. 用高级语言编写的程序称为源程序

D. 不同型号的 CPU 具有相同的机器语言

6. 下列叙述中，错误的是______。

A. 硬盘与 CPU 之间不能直接交换数据

B. 硬盘在主机箱内，它是主机的组成部分

C. 硬盘属于外部存储器

D. 硬盘驱动器既可做输入设备又可做输出设备用

7. 按电子计算机传统的分代方法，第一代至第四代计算机依次是______。

A. 电子管计算机，晶体管计算机，小、中规模集成电路计算机，大规模和超大规模集成电路计算机

B. 晶体管计算机，集成电路计算机，大规模集成电路计算机，光器件计算机

C. 机械计算机，电子管计算机，晶体管计算机，集成电路计算机

D. 手摇机械计算机，电动机械计算机，电子管计算机，晶体管计算机

8. 操作系统将 CPU 的时间资源划分成极短的时间片，轮流分配给各终端用户，使终端用户单独分享 CPU 的时间片，有独占计算机的感觉，这种操作系统称为______。

A. 实时操作系统　　B. 批处理操作系统

C. 分时操作系统　　D. 分布式操作系统

9. 在所列的软件中：1、WPS Office 2003；2、Windows XP；3、UNIX；4、AutoCAD；5、Oracle；6、Photoshop；7、Linux，属于应用软件的是______。

A. 1，3，4　　B. 2，4，5，6

C. 1，4，5，6　　D. 1，4，6

10. 下列关于汉字编码的叙述中，错误的是______。

A. 无论两个汉字的笔画数目相差多大，但它们的机内码的长度是相同的

B. 同一汉字用不同的输入法输入时，其输入码不同但机内码却是相同的

C. 一个汉字的区位码就是它的国标码

D. BIG5 码是通行于香港和台湾地区的繁体汉字编码

11. 假设 ISP 提供的邮件服务器为 bj163.com，用户名为 XUEJY 的正确电子邮件地址是______。

A. XUEJY@bj163.com　　B. xuejy @ bj163.com

C. XUEJY&bj163.com　　D. XUEJY#bj163.com

12. 在计算机中，条码阅读器属于______。

A. 输出设备　　B. 存储设备　　C. 输入设备　　D. 计算设备

13. 下列叙述中，不正确的是______。

A. 汉字的机内码就是它的国标码　　B. Cache 一般由 SRAM 构成

C. 指令由控制码和操作码组成　　D. 数据库管理系统是系统软件

14. 在计算机网络中，英文缩写 LAN 的中文名是______。

A. 无线网　　B. 广域网　　C. 城域网　　D. 局域网

15. 下面叙述中错误的是_____。

A. 闪存(Flash Memory)的特点是断电后还能保持存储的数据不丢失

B. 移动硬盘和优盘均有重量轻、体积小的特点

C. 移动硬盘的容量比优盘的容量大

D. 移动硬盘和硬盘都不易携带

16. 用 GHz 来衡量计算机的性能，它指的是计算机的______。

A. CPU 时钟主频　　B. 存储器容量

C. 字长　　D. CPU 运算速度

17. 电子数字计算机最早的应用领域是______。

A. 辅助制造工程　　B. 过程控制

C. 数值计算　　D. 信息处理

18. 十进制数 215 用二进制数表示是______。

A. 1100001　　B. 1101001　　C. 0011001　　D. 11010111

19. 微型计算机的主机由 CPU、______构成。

A. RAM　　B. RAM、ROM 和硬盘

C. RAM 和 ROM　　D. 硬盘和显示器

20. 下列既属于输入设备又属于输出设备的是______。

A. 软盘片　　B. CD-ROM　　C. 内存储器　　D. 软盘驱动器

答案：DACAC　BACDC　ACADD　ACDCD

5

1. 已知字符 A 的 ASCII 码是 01000001B，字符 D 的 ASCII 码是______。

A. 01000011B　　B. 01000100B　　C. 01000010B　　D. 01000111B

2. 1MB 的准确数量是______。

A. 1024×1024 Words　　B. 1024×1024 Bytes

C. 1000×1000 Bytes　　D. 1000×1000 Words

3. 一个计算机操作系统通常应具有______。

A. CPU 的管理、显示器管理、键盘管理、打印机和鼠标器管理等五大功能

B. 硬盘管理、软盘驱动器管理、CPU 的管理、显示器管理和键盘管理等五大功能

C. 处理器(CPU)管理、存储管理、文件管理、输入/出管理和作业管理五大功能

D. 计算机启动、打印、显示、文件存取和关机等五大功能

4. 下列存储器中，属于外部存储器的是______。

A. ROM　　B. RAM　　C. Cache　　D. 硬盘

5. 计算机系统由______两大部分组成。

A. 系统软件和应用软件　　B. 主机和外部设备

C. 硬件系统和软件系统　　D. 输入设备和输出设备

6. 下列叙述中，错误的一条是______。

A. 计算机硬件主要包括主机、键盘、显示器、鼠标器和打印机五大部件

B. 计算机软件分系统软件和应用软件两大类

C. CPU 主要由运算器和控制器组成

D. 内存储器中存储当前正在执行的程序和处理的数据

7. 下列存储器中，属于内部存储器的是______。

A. CD-ROM　　B. ROM　　C. 软盘　　D. 硬盘

8. 在 Windows 中，文件被放入回收站后_______。

A. 文件已被删除，不能恢复　　B. 该文件可以恢复

C. 该文件无法永久删除　　D. 该文件虽已永久删除，但可以安全恢复

9. 根据汉字国标 GB2312—80 的规定，二级次常用汉字个数是______。

A. 3000 个　　B. 7445 个　　C. 3008 个　　D. 3755 个

10. 下列叙述中，错误的一条是______。

A. CPU 可以直接处理外部存储器中的数据

B. 操作系统是计算机系统中最主要的系统软件

C. CPU 可以直接处理内部存储器中的数据

D. 一个汉字的机内码与它的国标码相差 8080H

11. 编译程序的最终目标是______。

A. 发现源程序中的语法错误

B. 改正源程序中的语法错误

C. 将源程序编译成目标程序

D. 将某一高级语言程序翻译成另一高级语言程序

12. 汉字的区位码由一汉字的区号和位号组成。其区号和位号的范围各为______。

A. 区号 1-95 位号 1-95　　B. 区号 1-94 位号 1-94

C. 区号 0-94 位号 0-94　　D. 区号 0-95 位号 0-95

13. 计算机之所以能按人们的意志自动进行工作，主要是因为采用了______。

A. 二进制数制　　B. 高速电子元件

C. 存储程序控制　　D. 程序设计语言

14. 32 位微机是指它所用的 CPU 是______。

A. 一次能处理 32 位二进制数　　B. 能处理 32 位十进制数

C. 只能处理 32 位二进制定点数　　D. 有 32 个寄存器

15. 用 MIPS 为单位来衡量计算机的性能，它指的是计算机的______。

A. 传输速率　　B. 存储器容量　　C. 字长　　D. 运算速度

16. 根据汉字国标码 GB2312—80 的规定，将汉字分为常用汉字(一级)和次常用汉字(二级)两级汉字。一级常用汉字按_______排列。

A. 部首顺序　　B. 笔画多少

C. 使用频率多少　　D. 汉语拼音字母顺序

17. 微机正在工作时电源突然中断供电，此时计算机______中的信息全部丢失，并且恢复供电后也无法恢复这些信息。

A. 软盘片　　B. ROM　　C. RAM　　D. 硬盘

18. 已知字符 A 的 ASCII 码是 01000001B，ASCII 码为 01000111B 的字符是______。

A. D　　B. E　　C. F　　D. G

19. 微型计算机的技术指标主要是指______。

A. 所配备的系统软件的优劣

B. CPU 的主频和运算速度、字长、内存容量和存取速度

C. 显示器的分辨率、打印机的配置

D. 硬盘容量的大小

20. 微型机中，关于 CPU 的“PentiumIII/866”配置中的数字 866 表示______。

A. CPU 的型号是 866　　B. CPU 的时钟主频是 866MHz

C. CPU 的高速缓存容量为 866KB　　D. CPU 的运算速度是 866MIPS

答案：BBCDC　ABDCA　CBCAD　DCDBB

6

1. 下列字符中，其 ASCII 码值最小的一个是______。

A. 空格字符　　B. 0　　C. A　　D. a

2. 下列存储器中，CPU 能直接访问的是______。

A. 硬盘存储器　　B. CD-ROM　　C. 内存储器　　D. 软盘存储器

3. 微型计算机的性能主要取决于______。

A. CPU 的性能　　B. 硬盘容量的大小

C. RAM 的存取速度　　D. 显示器的分辨率

4. 如果要运行一个指定的程序，那么必须将这个程序装入到_____中。

A. RAM　　B. ROM　　C. 硬盘　　D. CD-ROM

5. 十进制数是 56，对应的二进制数是______。

A. 00110111　　B. 00111001　　C. 00111000　　D. 00111010

6. 调制解调器(Modem)的作用是______。

A. 将计算机的数字信号转换成模拟信号

B. 将模拟信号转换成计算机的数字信号

C. 将计算机数字信号与模拟信号互相转换

D. 为了上网与接电话两不误

7. 存储一个汉字的机内码需 2 个字节。其前后两个字节的最高位二进制值依次分别是______。

A. 1 和 1　　B. 1 和 0　　C. 0 和 1　　D. 0 和 0

8. 显示或打印汉字时，系统使用的是汉字的______。

A. 机内码　　B. 字形码　　C. 输入码　　D. 国标交换码

9. 存储一个 48×48 点的汉字字形码，需要______字节。

A. 72　　B. 256　　C. 288　　D. 512

10. CD-ROM 属于______。

A. 大容量可读可写外部存储器

B. 大容量只读外部存储器

C. 可直接与 CPU 交换数据的存储器

D. 只读内存储器

11. 一台微型计算机要与局域网连接，必须安装的硬件是 ______。

A. 集线器　　B. 网关　　C. 网卡　　D. 路由器

12. 在微机系统中，对输入输出设备进行管理的基本系统是存放在______中。

A. RAM　　B. ROM　　C. 硬盘　　D. 高速缓存

13. 要想把个人计算机用电话拨号方式接入 Internet 网，除性能合适的计算机外，硬件上还应配置一个______。

A. 连接器　　B. 调制解调器　　C. 路由器　　D. 集线器

14. Internet 实现了分布在世界各地的各类网络的互联，其最基础和核心的协议是_____。

A. HTTP　　B. FTP　　C. HTML　　D. TCP/IP

15. Internet 中，主机的域名和主机的 IP 地址两者之间的关系是______。

A. 完全相同，毫无区别　　B. 一一对应

C. 一个 IP 地址对应多个域名　　D. 一个域名对应多个 IP 地址

16. 下列关于计算机病毒的说法中，正确的一条是_____。

A. 计算机病毒是对计算机操作人员身体有害的生物病毒

B. 计算机病毒将造成计算机的永久性物理损害

C. 计算机病毒是一种通过自我复制进行传染的、破坏计算机程序和数据的小程序

D. 计算机病毒是一种感染在 CPU 中的微生物病毒

17. 微机硬件系统中最核心的部件是______。

A. 内存储器　　B. 输入输出设备

C. CPU　　D. 硬盘

18. 下列叙述中，______是正确的。

A. 反病毒软件总是超前于病毒的出现，它可以查杀任何种类的病毒

B. 任何一种反病毒软件总是滞后于计算机新病毒的出现

C. 感染过计算机病毒的计算机具有对该病毒的免疫性

D. 计算机病毒会危害计算机用户的健康

19. 组成计算机指令的两部分是______。

A. 数据和字符

B. 操作码和地址码

C. 运算符和运算数

D. 运算符和运算结果

20. 计算机的主要特点是______。

A. 速度快、存储容量大、性能价格比低

B. 速度快、性能价格比低、程序控制

C. 速度快、存储容量大、可靠性高

D. 性能价格比低、功能全、体积小

答案：ACAAC　CABCB　CBBDB　CCBBC

7

1. 在一个非零无符号二进制整数之后添加一个 0，则此数的值为原数的______倍。

A. 4　　B. 2　　C. 1/2　　D. 1/4

2. 一个字长为 6 位的无符号二进制数能表示的十进制数值范围是______。

A. 0-64　　B. 1-64　　C. 1-63　　D. 0-63

3. 用来存储当前正在运行的程序指令的存储器是______。

A. 内存　　B. 硬盘　　C. 软盘　　D. CD-ROM

4. 下列各类计算机程序语言中，______不是高级程序设计语言。

A. Visual Basic　　B. FORTRAN 语言

C. Pascal 语言　　D. 汇编语言

5. 下列各项中，______不能作为 Internet 的 IP 地址。

A. 202.96.12.14　　B. 202.196.72.140

C. 112.256.23.8　　D. 201.124.38.79

6. 微型机运算器的主要功能是进行______。

A. 算术运算　　B. 逻辑运算　　C. 加法运算　　D. 算术和逻辑运算

7. 下列各存储器中，存取速度最快的是______。

A. CD-ROM　　B. 内存储器　　C. 软盘　　D. 硬盘

8. 在因特网技术中，缩写 ISP 的中文全名是______。

A. 因特网服务提供商　　B. 因特网服务产品

C. 因特网服务协议　　D. 因特网服务程序

9. 主机域名 MH.BIT.EDU.CN 中最高域是______。

A. MH　　B. EDU　　C. CN　　D. BIT

10. 下列传输介质中，抗干扰能力最强的是______。

A. 双绞线　　B. 光缆　　C. 同轴电缆　　D. 电话线

11. 域名 MH.BIT.EDU.CN 中主机名是______。

A. MH　　B. EDU　　C. CN　　D. BIT

12. 计算机网络最突出的优点是______。

A. 精度高　　B. 容量大　　C. 运算速度快　　D. 共享资源

13. 计算机病毒除通过有病毒的软盘传染外，另一条可能途径是通过______进行传染。

A. 网络　　B. 电源电缆　　C. 键盘　　D. 输入不正确的程序

14. 完整的计算机软件指的是______。

A. 程序、数据与相应的文档　　B. 系统软件与应用软件

C. 操作系统与应用软件　　D. 操作系统和办公软件

15. 把内存中数据传送到计算机的硬盘上去的操作称为______。

A. 显示　　B. 写盘　　C. 输入　　D. 读盘

16. 在因特网上，一台计算机可以作为另一台主机的远程终端，从而使用该主机的资源，该项服务称为______。

A. Telnet　　B. BBS　　C. FTP　　D. Gopher

17. 在微机的配置中常看到“P42.4G”字样，其中数字“2.4G”表示______。

A. 处理器的时钟频率是 2.4GHz　　B. 处理器的运算速度是 2.4

C. 处理器是 Pentium4 第 2.4 代　　D. 处理器与内存间的数据交换速率

18. 以下说法中正确的是______。

A. 域名服务器中存放 Internet 主机的 IP 地址

B. 域名服务器中存放 Internet 主机的域名

C. 域名服务器中存放 Internet 主机域名与 IP 地址的对照表

D. 域名服务器中存放 Internet 主机的电子邮箱的地址

19. 下列关于电子邮件的说法，正确的是______。

A. 收件人必须有 E-mail 账号，发件人可以没有 E-mail 账号

B. 发件人必须有 E-mail 账号，收件人可以没有 E-mail 账号

C. 发件人和收件人均必须有 E-mail 账号

D. 发件人必须知道收件人的邮政编码

20. 英文缩写 CAD 的中文意思是______。

A. 计算机辅助设计　　B. 计算机辅助制造

C. 计算机辅助教学　　D. 计算机辅助管理

答案：BDADC　DBACB　ADABB　AACCA

8

1. 在 Windows 的“回收站”中，存放的______。

A. 只能是硬盘上被删除的文件或文件夹

B. 只能是软盘上被删除的文件或文件夹

C. 可以是硬盘或软盘上被删除的文件或文件夹

D. 可以是所有外存储器中被删除的文件或文件夹

2. 下列叙述中不正确的是_______。

A. Windows 中用户可同时打开多个窗口

B. Windows 可利用“剪贴板”实现多个文件之间的复制

C. Windows 中不能对文件夹重命名

D. 在桌面上，双击某文档图标，可运行相应的应用程序

3. 在 Windows 中，文件被放入回收站后_______。

A. 文件已被删除，不能恢复

B. 该文件可以恢复

C. 该文件无法永久删除

D. 该文件虽已永久删除，但可以安全恢复

4. 在 Windows 中，“任务栏”______。

A. 只能改变位置不能改变大小　　B. 只能改变大小不能改变位置

C. 既不能改变位置也不能改变大小　　D. 既能改变位置也能改变大小

5. 在 Windows 中，每个窗口最上面有一个“标题栏”，把鼠标光标指向该处，然后拖放，则可以________。

A. 变动该窗口上边缘，从而改变窗口大小　　B. 移动该窗口

C. 放大该窗口　　D. 缩小该窗口

6. 下列操作中，不能关闭当前活动窗口的是________。

A. 单击任务栏上的窗口图标

B. 按<Alt>+F4 键

C. 单击窗口右上角的“×”按钮

D. 单击控制菜单，选择“退出”菜单

7. Windows 的“开始”菜单包含了系统的________。

A. 主要功能　　B. 部分功能　　C. 全部功能　　D. 初始化功能

8. 在 Windows 的各种对话框中，有些项目在文字说明的左边标有一个小方框，当小框里有“√”符号时，表明________。

A. 这是一单选框，且已被选中　　B. 这是一单选框，且未被选中

C. 这是一复选框，且已被选中　　D. 这是一复选框，且未被选中

9. 如果只记得某个文件或文件夹的名称，忘记了它的位置，那么要打开它的最简便方法是________。

A. 在资源管理器的窗口中去找

B. 使用系统菜单中的查找命令项

C. 使用系统菜单中的运行命令项

D. 启动一个应用程序，在其窗口里使用文件菜单中的打开命令项

10. 在 Windows 下对任务栏的错误描述是________。

A. 任务栏的位置大小均可改

B. 任务栏始终隐藏不了

C. 任务栏上可添加图标和快捷方式

D. 任务栏显示的是已打开文档或已运行程序的标题

11. 在 Windows 中，用鼠标双击一个窗口左上角的控制菜单按钮，可以________。

A. 放大该窗口　　B. 关闭该窗口

C. 缩小该窗口　　D. 打开一个窗口

12. 在“资源管理器”中用鼠标双击软盘 C：图标，将会________。

A. 格式化该软盘　　B. 把该软盘的内容复制到硬盘

C. 删除该软盘的所有的文件　　D. 显示该软盘的内容

13. 安装新中文输入方法的操作在________窗口中进行。

A. 我的电脑　　B. 资源管理器

C. 文字处理程序　　D. 控制面板

14. Windows 的“桌面”是指________。

A. 整个屏幕　　B. 活动窗口　　C. 某个窗口　　D. 全部窗口

15. 在 Windows 中，屏幕上可以同时打开若干个窗口，但是其中只能有一个是当前活动窗口，指定当前活动窗口的方法是________。

A. 把其他窗口都关闭，只留下一个窗口，即为当前窗口

B. 把其他窗口都最小化，只留下一个窗口，即为当前窗口

C. 用鼠标在该窗口内任一位置上双击

D. 用鼠标在该窗口内任一位置上单击

16. 有些下拉菜单中有这样一组命令项，它们自成一组，与其他项之间用一条横线隔开，用鼠标单击其中一个命令时其左面会显示有圆点符号，这是一组________。

A. 多选设置按钮　　B. 单选设置按钮

C. 有对话框的命令　　D. 有子菜单的命令

17. 当一个文档窗口被关闭后，该文档将________。

A. 保存在外存中　　B. 保存在内存中

C. 保存在剪贴板中　　D. 既保存在外存也保存在内存中

18. 为了选择整个段落的文本，可以用鼠标________。

A. 单击该段落任意位置　　B. 双击该段落任意位置

C. 在该段落任意位置双击右键　　D. 三击该段落任意位置

19. 下列关于 Word 文档窗口的说法正确的是________。

A. 只能打开一个文档窗口

B. 可以同时打开多个文档窗口，被打开的窗口都是活动窗口

C. 可以同时打开多个文档窗口，但其中只有一个是活动窗口

D. 可以同时打开多个文档窗口，但在屏幕上只能见到一个文档的窗口

20. Word 中，可以利用________的各种元素，很方便地改变段落的缩排方式，调整左右边界，改变表格列的宽度和行的高度。

A. 标尺　　B. 格式工具栏　　C. 符号工具栏　　D. 常用工具栏

答案：AABBB　ACCBB　BDDAD　BABCA

9

1. Word 中的文本区插入点位于某段落的某个字符前时，从“格式”工具栏的“样式”框中选择了某种样式，这种样式将对当前的________起作用。

A. 字符　　B. 行　　C. 段落　　D. 所有段落

2. 在 Word 中，字符格式应用于________。

A. 插入点所在的段落　　B. 所选定的文本

C. 文档中的所有节　　D. 插入点所在的节

3. Word 中对于误操作的纠正方法是________。

A. 单击“恢复”按钮　　B. 单击“撤消”按钮

C. 单击 <Esc> 键　　D. 不存盘退出再重新打开文档

4. Word 中，在进行文字移动、复制和删除之前，首先要________。

A. 复制　　B. 选定　　C. 删除　　D. 剪切

5. 在使用 Word 过程中，可随时按键盘上的________键以获得联机帮助。

A. <Esc>　　B. <Alt>

C. <Shift>+<F1>　　D. <F1>

6. Windows 的文件组织结构是一种_______结构。

A. 表格　　B. 树形　　C. 网状　　D. 线性

7. 在 Word 中选定全文可用的快捷键是_______。

A. <Ctrl>+S　　B. <Ctrl>+V　　C. <Ctrl>+A　　D. <Ctrl>+C

8. 选定 Word 表格中的一行，再执行“编辑”菜单中的“剪切”命令，则_______。

A. 将该行各单元格的内容删除，变成空白

B. 删除该行，表格减少一行

C. 将该行的边框删除，保留文字

D. 在该行合并表格

9. 在编辑 Word 文档时，要设置字间距，可执行_______命令。

A. 格式/字体/字符间距　　B. 格式/段落/字符间距

C. 格式/字符间距　　D. 格式/段落/缩进与间距

10. 在计算机中，既可作为输入设备又可作为输出设备的是_______。

A. 显示器　　B. 磁盘驱动器　　C. 键盘　　D. 图形扫描仪

11. 在 Word 中有关文本框的说法正确的是_______。

A. 文字或图片不可以与文本框重叠

B. 文字或图片可以与文本框重叠

C. 文本框可以随着键入的文本的增加而自动扩展

D. 文本框必须带有外框线条

12. 关于 Excel 的下列说法正确的是_______。

A. 拖动列标的右边界时，改变对应列的宽度

B. 输入公式时，前边可以没有=

C. 当插入空白列时，右边单元的列标号不会改变

D. 拖动单元格的边框可调节单元格的宽度或高度

13. Excel 操作中将一行或一列的数据填充到另一行或一列时，应_______。

A. 既不选中源数据区又不选中目标单元区域

B. 只选中源数据区

C. 既选中源数据区又选中目标单元区域

D. 只选中目标区域

14. Excel 中如果要在 G2 单元得到 B2 到 F2 单元的数值和，应在 G2 单元输入_______。

A. =SUM(B2 F2)　　B. =SUM(B2：F2)

C. =B：F　　D. SUM(B2：F)

15. Excel 中要删除选定的一列单元区域，单击_______后，再单击鼠标右键，在快捷菜单中选择删除选项，删除一列单元区域。

A. 全选框　　B. 行号

C. 对应列中的一个单元　　D. 列标

16. Excel 中要在选定单元格的左边插入一个单元格，在单击鼠标右键后，选择快捷菜单中的“插入”选项，打开“插入”对话框，单击_______。

A. 整行　　B. 整列
C. 活动单元格右移　　D. 活动单元格左移

17. Excel 中的数据清单是_______。
A. 包含相关数据的一系列工作表数据行
B. 纯数据的工作表
C. 加表格线的工作表
D. 数据库

18. Excel 中被合并的单元格_______。
A. 不能是一列单元格　　B. 只能是不连续的单元格
C. 只能是一个单元格　　D. 只能是连续的单元格

19. 在 Excel 表格的单元格中出现一连串的"############"符号，则表示_______。
A. 需要重新输入数据　　B. 需要调整单元格的宽度
C. 需删去该单元格　　D. 需删去这些符号

20. 在 Excel 中，修改活动单元格中的数据时，可先将插入点置于_______中待修改数据的位置，然后进行修改。
A. 编辑栏　　B. 名称栏　　C. 菜单栏　　D. 工具栏

答案：CBBBD　BCBAD　CACBD　BADBB

10

1．在 Excel 中，利用菜单调节列宽时，应单击_______菜单中"列"的"列宽"命令。
A. 格式　　B. 编辑　　C. 插入　　D. 工具

2. Excel 文档以_______为基本单位组织数据。
A. 工作簿　　B. 工作表　　C. 数据　　D. 报表

3. Excel 中如果要将所有单元格的数据居中，应先用鼠标单击_______，再单击居中按钮。
A. 全选框　　B. 编辑框　　C. 名称框　　D. A1 单元

4．Excel 中如果要在工作簿中选中工作表 Sheet2，应在_______中单击 Sheet2。
A. 工作表标签　　B. 公式栏　　C. 菜单栏　　D. 工具栏

5. Excel 表示工作表 Sheet1 的 B6 单元格的公式为_______。
A. Sheet1：B6　　B. Sheet1+B6　　C. Sheet1！B6　　D. Sheet1，B6

6. 在 Excel 中输入完全由数字组成的字符数据时，应在前面加_______。
A. 直接输入　　B. 双引号　　C. 单引号　　D. 句号

7. PowerPoint 文件称为演示文稿文件，其扩展名为_______。
A. DOC　　B. TXT　　C. BMP　　D. PPT

8. PowerPoint 中，移动和复制幻灯片一般在_______中进行。
A. 任意视图中　　B. 大纲视图和幻灯片浏览视图
C. 幻灯片视图和备注页视图　　D. 大纲视图和幻灯片放映视图